Hochfrequenzspektroskopie
in der Polymerforschung

Hans-Klaus Roth · Friedrich Keller · Horst Schneider

Hochfrequenzspektroskopie in der Polymerforschung

Mit 112 Abbildungen und 22 Tabellen

Akademie-Verlag · Berlin
1984

Autoren:

Professor Dr. sc. nat. Hans-Klaus Roth
Technische Hochschule Leipzig
Sektion Naturwissenschaften

Dr. sc. nat. Friedrich Keller
Karl-Marx-Universität Leipzig
Anatomisches Institut, Abteilung Histophysik

Professor Dr. sc. nat. Horst Schneider
Technische Hochschule „Carl Schorlemmer", Leuna-Merseburg
Sektion Physik

Erschienen im Akademie-Verlag, DDR-1086 Berlin, Leipziger Straße 3–4

Lizenznummer: 202 · 100/428/83
Printed in the German Democratic Republic
Gesamtherstellung: VEB Druckerei „Thomas Müntzer", 5820 Bad Langensalza
Lektor: Renate Trautmann
Einbandgestaltung: Rolf Kunze
LSV 1275, 1175
Bestellnummer: 763 105 3 (6696)

03800

Vorwort

Unseren akademischen Lehrern,
den Herren Nationalpreisträgern
Professor Dr. W. Holzmüller,
Professor Dr. A. Lösche,
Professor Dr. H. Pfeifer
in Dankbarkeit gewidmet

Bei der vorliegenden Publikation handelt es sich um eine Monographie über angewandte Hochfrequenzspektroskopie. Anhand von Forschungsaufgaben und Beispielen aus Polymerphysik, -chemie und -werkstoffkunde werden die vielseitigen Anwendungsmöglichkeiten verschiedener Methoden der kernmagnetischen Resonanz und Relaxation (NMR) sowie der paramagnetischen Elektronen(spin)resonanz (EPR oder ESR) dargestellt und auf der Grundlage molekülphysikalischer Erkenntnisse interpretiert.

Die diskutierten HF-spektroskopischen Meßverfahren sind Methoden der magnetischen Resonanzspektroskopie. Dieser moderne und sich noch immer erweiternde Meßmethodenkomplex hat in den vergangenen Jahren in der Polymerforschung breite Anwendung gefunden. Seine prinzipiellen Möglichkeiten werden jedoch oft noch nicht voll ausgeschöpft. Die HF-Spektroskopie ermöglicht sowohl die Untersuchung von Elementarprozessen während und nach der Polymersynthese als auch die Klärung verschiedenster Probleme der Molekül- und Festkörperstruktur sowie grundlegende Untersuchungen zur Mikrodynamik und zur Eigenschaftscharakterisierung von Polymeren.

Mit dieser Publikation wollen wir insbesondere jenen in Industrie- und Forschungslaboratorien tätigen Chemikern, Physikern und Ingenieuren helfen, die sich im Zusammenhang mit der Charakterisierung makromolekularer Werkstoffe oder verwandter Stoffsysteme einen Überblick über die vielfältigen Anwendungsmöglichkeiten und die Aussagekraft der HF-Spektroskopie verschaffen möchten. Aber auch Interessenten aus Nachbardisziplinen wie der Molekularbiologie, der Photochemie, der organischen und analytischen Chemie, der Flüssigkeits- und Festkörperphysik möchten wir Anregungen vermitteln. Beim Schreiben des Buches konnten wir uns auf mehrjährig gehaltene Vorlesungen stützen. Es eignet sich deshalb für Chemie- und Physikstudenten höherer Semester in der Fachausbildung.

Die Monographie ist so konzipiert, daß sie Grundzüge eines Lehrbuches mit denen eines Fortschrittsberichtes verbindet. Eine große Anzahl von Originalarbeiten wird zitiert, und auf die darin enthaltenen markantesten Ergebnisse wird näher eingegangen, ohne dabei ein Vollständigkeitsprinzip anzustreben.

Im Gegensatz zu umfassenden Publikationen über die Polymerwissenschaften, wie den von Holzmüller und Altenburg [1.48], Elias [1.49], Bovey und Winslow [1.50], Bartenev und Zelenev [1.51] veröffentlichten Büchern, ist die vorliegende Publikation primär weder substanz- noch problemorientiert aufgebaut, sondern wir gehen in den einzelnen Kapiteln von der Methode aus. In den Unterkapiteln bzw. Abschnitten steht jedoch die zu bearbeitende wissenschaftliche Fragestellung im Vordergrund. Bei der Theorie und Spezifik der NMR- und EPR-Methoden haben wir uns auf die Darstellung eines Minimums beschränkt, das als Grundlage für die Anwendung in der Polymerforschung unerläßlich erscheint. Hinsichtlich der allgemeinen Grundlagen der NMR verweisen wir beispielsweise auf die 1981 im gleichen Verlag erschienene Publikation von Michel [1.52].

Wenn die Monographie auch ausschließlich der HF-Spektroskopie gewidmet ist, so möchten wir doch betonen, daß wir im Rahmen von Polymerphysik und -chemie die HF-Spektroskopie als *eine von vielen* nützlichen Meßmethoden betrachten. Viele ihrer Resultate erhalten erst in Kombination mit Aussagen anderer Untersuchungsmethoden ihren vollen Wert. Es würde jedoch den Rahmen dieses Buches sprengen, wollten wir all die fruchtbaren Beziehungen herausarbeiten, die zu anderen Meßmethoden der Polymerforschung bestehen.

Für die einzelnen Kapitel zeichnen folgende Autoren verantwortlich: Kapitel 1: H.-K. Roth, H. Schneider; Kapitel 2. und 3.: H.-K. Roth; Kapitel 4.: F. Keller; Kapitel 5.: F. Keller, H.-K. Roth; Kapitel 6. und 7.: H. Schneider.

Wir danken unseren Kollegen und Mitarbeitern in den Wissenschaftsbereichen Polymerphysik und Angewandte Physik an den Sektionen Physik der Karl-Marx-Universität Leipzig und der Technischen Hochschule „Carl Schorlemmer“ Leuna-Merseburg für die fördernde Zusammenarbeit. Unser besonderer Dank gilt dabei Frau Ch. Adolph, den Herren Dr. A. Ebert, Dr. sc. G. Griebel und Dr. G. Hempel, Frau A. Liebert, Herrn Dipl.-Phys. R. Richter, Frau Dr. H. Roth, Herrn Dr. W. Schenk, Frau H. Schröter und Herrn Dr. sc. P. Wünsche. Für gute Ratschläge bei der Durchsicht des Manuskriptes danken wir den Herren Professor Dr. W. Holzmüller und Professor Dr. H. Götz.

Beim Akademie-Verlag, insbesondere bei Frau R. Trautmann, möchten wir uns für das Entgegenkommen in vielen Spezialfragen und für die Unterstützung bei der Endausfertigung der vorliegenden Publikation bedanken.

H.-K. Roth F. Keller H. Schneider

Inhaltsverzeichnis

Die wichtigsten Symbole und Abkürzungen

In Klammern ist jeweils die Einheit im SI-System, ggf. mit Zahlenwert, angegeben. Unterschiedliche Indizierungen und Ergänzungen für spezielle Komponenten, Anteile, Zuordnungen u. a. sind nicht gesondert aufgeführt.

Symbole

A	Betrag von $\boldsymbol{A}$
[X]	Konzentration von X
$\langle \Delta X^2 \rangle$	2. Moment von X
A	Hyperfeinstrukturkopplungstensor (Hz oder T)
a	Hyperfeinstrukturkopplungskonstante (T)
$\boldsymbol{B}$	magnetische Flußdichte (T)
c	Konzentration
D	Feinstrukturkonstante (T)
D_s	Selbstdiffusionskoeffizient ($m^2\ s^{-1}$)
E	Energie (J)
e	Elementarladung ($e = 1{,}6022 \cdot 10^{-19}$ A s)
F, f	Molverhältnis
F	relative Intensität
F	Spektrenbreite (Hz)
F	freie Energie (J)
G	Linienformfunktion
G	freie Enthalpie ($J\ mol^{-1}$)
G_α	Chlorgehalt (Masse-%)
g	LANDÉ-Faktor ($g_e = 2{,}002319$)
g	g-Tensor
g_I	Kern-g-Faktor
H	Enthalpie ($J\ mol^{-1}$)
$\hat{H}$	HAMILTON-Operator
h	PLANCKsches Wirkungsquantum ($h = 6{,}6262 \cdot 10^{-34}$ J s)

$\hbar$	$h/2\pi$ ($\hbar = 1{,}0546 \cdot 10^{-34}$ J s)
I	Kernspin (als Index steil I)
i	isotaktische Verknüpfung
J	Kernspinkopplungskonstante (Hz)
J	Austauschwechselwirkung
K	Verteilungsfunktion
$\tilde{K}$	Komplexbildungskonstante
k	Geschwindigkeitskonstante
k	BOLTZMANNsche Konstante ($k = 1{,}3807 \cdot 10^{-23}$ J K^{-1})
M	Molekulargewicht, Molmasse
$\mathbf{M}$	Magnetisierung (A m^{-1})
M_2	2. Moment
m	Magnetquantenzahl
m_e	Masse des Elektrons ($m_e = 9{,}1095 \cdot 10^{-31}$ kg)
m_p	Masse des Protons ($m_p = 1{,}6726 \cdot 10^{-27}$ kg)
P	Wahrscheinlichkeit
P	Polarisation
P	HF-Impuls
$\overline{P}_n$	Polymerisationsgrad
p	relative Häufigkeit
R	allgemeine Gaskonstante ($R = 8{,}3144$ J K^{-1} mol^{-1})
R	Blockzahl (run number)
R	Relaxationsfunktion
$\dot{\mathrm{R}}$	freies Radikal
r_i	Monomerreaktivitätsverhältnis
S	Elektronenspin oder Spin (als Index steil S)
S	Inkrement
S	Entropie (J K^{-1} mol^{-1})
s	syndiotaktische Verknüpfung
T	absolute Temperatur (K)
T_g	Glasübergangstemperatur (K)
T_∞	VOGELsche Grenztemperatur (K)
T_1	Kernspin- oder Elektronenspin-Relaxationszeiten (s)
t	Breiten und Abstände von HF-Impulsen
V	Verstärkungsfaktor
V	Gesamtverzweigungsgrad
W	Wahrscheinlichkeit
x_w	Masseanteil des Weichmachers
α	Chlorierungsgrad

α	Glasübergang
α_M	Magischer Winkel ($\alpha_M = 54° 44'$)
β	lokale Relaxation
γ	gyromagnetisches Verhältnis (s^{-1} T^{-1}) (Elektron: $\gamma_s = -1{,}7608 \cdot 10^{11}$ s^{-1} T^{-1} Proton: $\gamma_p = 2{,}6751 \cdot 10^8$ s^{-1} T^{-1})
Δ	Differenz chemischer Verschiebungen (ppm oder Hz)
δ	chemische Verschiebung, bezogen auf TMS (ppm oder Hz)
δX	Fluktuation der thermodynamischen Variablen X
λ	Wellenlänge
λ	Spin-Bahn-Kopplungskonstante
μ	magnetisches Dipolmoment (J T^{-1}) (BOHRsches Magneton: $\mu_B = 9{,}2741 \cdot 10^{-24}$ J T^{-1}), Kernmagneton: $\mu_K = 5{,}0508 \cdot 10^{-27}$ J T^{-1})
μ_0	Permeabilität des Vakuums ($\mu_0 = 4\pi \cdot 10^{7-}$ Vs A^{-1} m^{-1})
ν	Frequenz (Hz)
ν	chemische Verschiebung (Hz)
ϱ	Elektronenspindichte
ϱ_α	Defektkonzentration
σ	Abschirmkonstante
σ	Molanteil isotaktischer Verknüpfungen τ in Copolymeren
σ_{ii}, σ_i	Hauptachsenelemente des Tensors der chemischen Verschiebung
τ	Impulsabstand
τ	Korrelationszeit, Aufenthalts- oder Lebensdauer (s)
τ	chemische Verschiebung ($\tau = 10$ ppm $- \delta$)
φ	Umsatz (Molanteil)
χ	Imaginärteil der magnetischen Suszeptibilität
ψ	Elektronenwellenfunktion
Ω	obere Grenzfrequenz (WLF-Diagramm)
ω	Kreisfrequenz (s^{-1})

Abkürzungen

A	Absorptionssignal
AN	Acrylnitril
AN˙	Monomerradikal des Acrylnitril
AS	Acrylnitril-Styren {AAS alternierendes SAS statistisches
BNMR	Breitlinien-NMR
BPO	Benzoylperoxid
BPP	Theorie nach BLOEMBERGEN, PURCELL, POUND [6.09]

CAPP	Chloriertes ataktisches Polypropylen
CIDEP	chemisch induzierte dynamische Elektronenspinpolarisation
CIDNP	chemisch induzierte dynamische Kernspinpolarisation (chemically induced dynamic nuclear spin polarization)
CP	Kreuzpolarisation (cross polarization)
CPE	chloriertes Polyethylen
CPVC	chloriertes Polyvinylchlorid
crr	kooperative Umordnungsbereiche (cooperatively rearranging regions)
CW	kontinuierliche HF-Einstrahlung (contineous wave)
DMF	Dimethylformamid
DMP	Dimethylphthalat
DPPH	Diphenylpikrylhydrazil
E	Ethylen, Emissionssignal
E·	Monomerradikal des Ethylen
EA	Ethylacrylat
EDA	Elektronen-Donator-Akzeptor
EPR	paramagnetische Elektronenresonanz
ESR	Elektronenspinresonanz
EVAc	Ethylen-Vinylacetat(-Copolymer)
FID	Abfall der freien Induktion (free induction decay)
F-Paare	freie bzw. ausgangs-unkorrelierte Radikalpaare
FT	FOURIER-Transformation
GPC	Gelpermeationschromatographie
H-Brücken	Wasserstoffbrückenbindungen
HF	Hochfrequenz
HFS	Hyperfeinstruktur
HMDS	Hexamethyldisiloxan
hNMR	hochauflösende NMR (high resolution NMR)
^{1}H-NMR	Protonenresonanz
IBVE	Isobutylvinylether
INDO	quantenchemisches Näherungsverfahren bei teilweiser Vernachlässigung der differentiellen Überlappung (intermediate neglect of differential overlap)
INMR	Impuls-NMR
IR	Infrarot(-Spektroskopie)
ISC	Intersystemcrossing
KK	Kurzkettenverzweigung
LK	Langkettenverzweigung
LM	Lösungsmittel

MA bzw. MSA	Maleinsäureanhydrid (maleic anhydride)
MAc	Methylacetat
MAS	Rotation um den magischen Winkel (magic angle spinning)
ME	Monomereinheit
MRV	Monomerreaktivitätsverhältnis
MW 4	Impulsgruppe nach MANSFIELD und WAUGH [7.1, 7.2]
NDDO	quantenchemisches Näherungsverfahren bei Vernachlässigung der diatomischen differentiellen Überlappung (neclet of diatomic differential overlap)
NMR	kernmagnetische Resonanz (nuclear magnetic resonance)
NOE	Kern-OVERHAUSER-Effekt (nuclear Overhauser effect (oder enhancement))
PAR	polymeranaloge Reaktionen
PC	Polycarbonat (poly carbonate)
PE	Polyethylen
PEHD	Polyethylen hoher Dichte
PEND	Polyethylen niederer Dichte
P (EVAc + VC)	Ethylen-Vinylacetat-Vinylchlorid-Pfropfcopolymer
PFT	Impuls-FOURIER-Transformation (pulse Fourier transform)
PMA	Polymethacrylat
PMMA	Polymethylmethacrylat
PPO	Polyphenylenoxid
PpPT	Poly-para-Phenylenterephthalamid
PS	Polystyren
PVAc	Polyvinylacetat
PVC	Polyvinylchlorid
RPM	Radikalpaarmechanismus
S	Singulett(zustand)
T	Triplett(zustand)
THF	Tetrahydrofuran
TMS	Tetramethylsilan
UV	Ultraviolett(strahlung)
VAc	Vinylacetat
VC	Vinylchlorid
VC·	Monomerradikal des Vinylchlorid
VdC	Vinylidenchlorid
WHH 4	Impulsgruppe nach WAUGH, HUBER, HAEBERLEN [7.4]
WLF	Beziehung nach WILLIAMS, LANDEL, FERRY [6.73]
WW	Wechselwirkung

1. Einführung in die HF-Spektroskopie und Überblick über ihre Beiträge zur Polymerforschung

Als Geburtsstunde der HF-Spektroskopie kann man die von SAWOISKI [1.01] im Hochfrequenzgebiet ausgeführten Experimente zur paramagnetischen Relaxation in Salzen ansehen. Dabei gelang SAWOISKI 1944 der experimentelle Nachweis der paramagnetischen Elektronenspinresonanz (EPR oder ESR)[1]. Wenig später, im Jahre 1946, konnten BLOCH und Mitarbeiter [1.02] sowie PURCELL und andere [1.03] über den unabhängig voneinander gelungenen Nachweis der kernmagnetischen Resonanz (NMR) in kondensierter Materie berichten. Die aus diesen Anfängen entwickelten Methoden der *magnetischen Resonanzspektroskopie* sind die auch heute noch in steter Weiterentwicklung befindlichen Hauptmethoden der *Hochfrequenzspektroskopie*. Sie haben in den letzten 25 Jahren breite Anwendung in der Polymerforschung und in anderen Teilbereichen von Chemie, Physik, Biologie, Pharmazie und Medizin gefunden. Dies belegen unter anderem die zahlreichen grundlegenden und zusammenfassenden Publikationen, die auf diesem Gebiete erschienen sind [1.04 bis 1.25].

Das Vorliegen dieser Publikationen und das Vorhandensein von Fortschrittsberichten [1.26 bis 1.36] erlauben es, daß wir uns bezüglich der allgemeinen Grundlagen der magnetischen Resonanz sehr kurz fassen können und diese nur zu ergänzen brauchen hinsichtlich spezieller Methoden der EPR- und NMR-Spektroskopie, soweit diese in jüngster Zeit entwickelt wurden bzw. erst jetzt Bedeutung für die aktuelle Polymerforschung gewinnen.

1.1. Theoretische Grundlagen der magnetischen Resonanz

Für die *magnetische Resonanzspektroskopie* wird häufig die Bezeichnung *HF-Spektroskopie* benutzt, weil die bei NMR und EPR eingestrahlten Wechselfelder im Mega- und Gigahertzgebiet liegen. Dies bedeutet, daß Spektro-

[1] In der Polymerforschung sind die synonymen Termini EPR und ESR äquivalent, insbesondere weil bei den hier untersuchten Spezies der Paramagnetismus fast ausschließlich vom Spinmoment herrührt.

skopie mit einer energiearmen Strahlung betrieben wird. Das garantiert selbst bei längerem Einwirken der Meßfelder eine zerstörungsfreie Untersuchung. Die eingestrahlten Energiequanten und nachzuweisenden Energieunterschiede ΔE sind nicht nur sehr klein gegenüber den Bindungsenergien, sondern sogar klein gegenüber der thermischen Energie ($\Delta E \ll kT$).

Bei EPR werden Mikrowellen und bei NMR Radiowellen eingestrahlt, d. h. Wellenlängen, die groß sind gegenüber der Ausdehnung der Spezies, deren Mikrostruktur und -dynamik wir untersuchen wollen. Deshalb können die Informationen über die molekularen Systeme, im Gegensatz zur Licht- und Elektronenmikroskopie, zur Röntgenstreuung und zu verschiedenen anderen in der Polymerforschung genutzten Methoden nicht über Streu- oder Beugungsphänomene gewonnen werden.

Bei der magnetischen Resonanzspektroskopie erhält man die Informationen über die zu untersuchenden Substanzen auf Grund der Wechselwirkung der magnetischen Dipolmomente $\boldsymbol{\mu}_I$ und $\boldsymbol{\mu}_S$ von Kern- und Elektronenspins mit Magnetfeldern $\boldsymbol{B}$, die nahezu mit dem von außen angelegten Magnetfeld $\boldsymbol{B}_0$ identisch sind, jedoch durch lokale, vom molekularen System ausgehende Felder nicht unwesentlich modifiziert werden.[1] Das Elektronenspinmoment $\boldsymbol{\mu}_S$ ist — wie Tabelle 1.1 zeigt — etwa 10^3 bis 10^4 mal größer als die Kernmomente $\boldsymbol{\mu}_I$. Für das Erfüllen der Resonanzbedingung (1.13) wirken bei den NMR-Experimenten Felder von ca. 0,5 bis 12 T (1 T $\hat{=}$ 10 kG) auf die Proben ein, während in der paramagnetischen Elektronenresonanz äußere Felder in der Größenordnung von 0,1 bis 1,5 T angewandt werden.

Die magnetischen Dipolmomente $\boldsymbol{\mu}$ der Elektronen und Kerne sind starr mit ihrem Eigendrehimpulsvektor $\boldsymbol{S}$ (bzw. $\boldsymbol{I}$) verbunden,

$$\boldsymbol{\mu} = \gamma \boldsymbol{S}\,, \tag{1.1}$$

wobei der Spin- oder Eigendrehimpulsvektor $\boldsymbol{S}$ mit der Spinquantenzahl S auf folgende Weise gekoppelt ist:

$$|\boldsymbol{S}| = \sqrt{S(S+1)}\,\hbar\,. \tag{1.2}$$

Für die z-Komponente von $\boldsymbol{S}$ gilt

$$S_z = m\hbar \tag{1.3}$$

mit der Orientierungsquantenzahl $m = -S, -S+1, ..., +S$.

Die Spinquantenzahlen S sind — wie auch aus Tabelle 1.1 hervorgeht — ganzzahlige Vielfache von 1/2. $\hbar$ ist das durch 2π geteilte PLANCKsche Wirkungsquantum.

[1] In diesem Buch wird der Begriff Magnetfeld als Kurzbezeichnung für Magnetische Flußdichte (Induktion) verwendet.

2*

Tabelle 1.1. Charakteristika des Elektrons und verschiedener Kerne, deren Spinresonanz und Hyperfeinstrukturwechselwirkung in der Polymerforschung genutzt werden

Resonanz-objekt	Spinquanten-zahl S	magnetisches Dipolmoment+) $\mu_z = S_z\gamma$	gyromagnetisches Verhältnis+) γ in $s^{-1}\,T^{-1}$	Resonanzfrequenz ν bei $\boldsymbol{B} = 1$ T in MHz	natürliches Vorkommen in %
e^-	1/2	$-1{,}0011\mu_B$	$-1{,}7607 \cdot 10^{11}$	$2{,}802 \cdot 10^4$	100
^1H	1/2	$2{,}7928\mu_K$	$2{,}6752 \cdot 10^8$	42,577	99,9844
$^2H(D)$	1	$0{,}8574\mu_K$	$0{,}4106 \cdot 10^8$	6,535	0,0156
^{13}C	1/2	$0{,}7022\mu_K$	$0{,}6726 \cdot 10^8$	10,703	1,108
^{14}N	1	$0{,}4036\mu_K$	$0{,}1933 \cdot 10^8$	3,076	99,635
^{15}N	1/2	$-0{,}2830\mu_K$	$-0{,}2711 \cdot 10^8$	4,315	0,365
^{17}O	5/2	$-1{,}8930\mu_K$	$-0{,}3627 \cdot 10^8$	5,772	0,037
^{19}F	1/2	$2{,}6273\mu_K$	$2{,}5167 \cdot 10^8$	40,055	100
^{29}Si	1/2	$-0{,}5548\mu_K$	$-0{,}5314 \cdot 10^8$	8,457	4,70
^{31}P	1/2	$1{,}1305\mu_K$	$1{,}0829 \cdot 10^8$	17,235	100
^{35}Cl	3/2	$0{,}8209\mu_K$	$0{,}2621 \cdot 10^8$	4,171	75,4
^{37}Cl	3/2	$0{,}6833\mu_K$	$0{,}2182 \cdot 10^8$	3,472	24,6

+) negative Vorzeichen bei μ_z und γ bedeuten, daß das Dipolmoment antiparallel zum Spin gerichtet ist.

μ_B = Bohrsches Magneton, $\mu_B = \frac{e\hbar}{2m_e} = 9{,}2741 \cdot 10^{-24}\ J\,T^{-1}$, $\mu_K = \frac{\mu_B m_e}{m_p} = 5{,}0508 \cdot 10^{-27}\ J\,T^{-1}$.

μ_K = Kernmagneton.

Der den magnetomechanischen Parallelismus vermittelnde Proportionalitätsfaktor γ heißt gyromagnetisches Verhältnis. γ ist eine für jede Teilchenart charakteristische Konstante (vgl. Tab. 1.1). Für Elektronenspins gilt

$$\gamma_S = -\frac{g\mu_B}{\hbar}, \tag{1.4}$$

für Kernspins

$$\gamma_I = \frac{g_I\mu_K}{\hbar}, \tag{1.5}$$

wobei g der LANDÉ-Faktor, μ_B das BOHRsche Magneton, g_I der Kern-g-Faktor und μ_K das Kernmagneton sind.

Die Beziehung (1.3) besagt, daß die Spinvektoren $\boldsymbol{S}$ (oder $\boldsymbol{I}$) und die mit ihnen verbundenen magnetischen Momente $\boldsymbol{\mu}_S$ (bzw. $\boldsymbol{\mu}_I$) in einem äußeren Magnetfeld nur ganz bestimmte Winkel mit dem Feldvektor $\boldsymbol{B}_0$ bilden können. Die erlaubten Einstellmöglichkeiten der magnetischen Dipolmomente ergeben sich aus (1.1) und (1.3) zu

$$\mu_z = \gamma m\hbar . \tag{1.6}$$

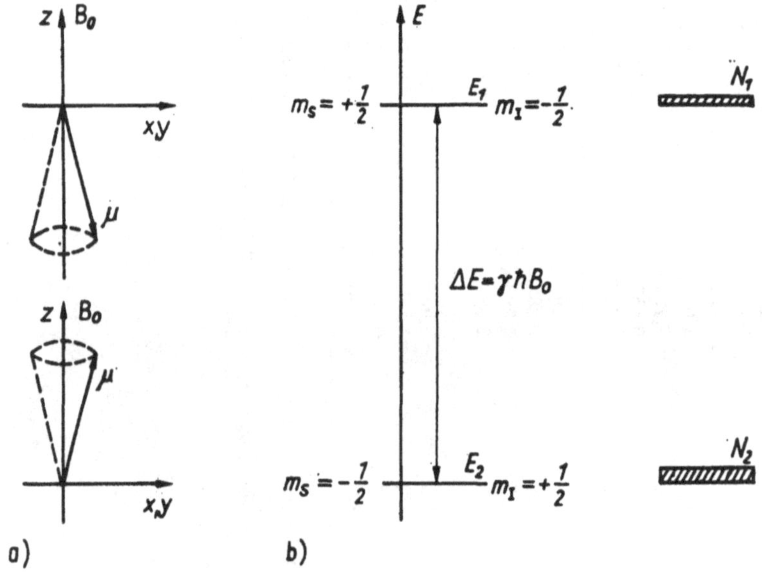

Abb. 1.1. Schematische Darstellung a) der LARMOR-Präzession der Dipolmomente $\boldsymbol{\mu}$ von Elektronen- oder Kernspins unter Einwirkung des Magnetfeldes $\boldsymbol{B}_0$ im klassischen Bild, b) der durch Quantenbeziehung festgelegten Energieniveaus und der zugehörigen Besetzungszahlen im thermischen Gleichgewicht

Für die Polymerforschung — wie überhaupt für die Mehrzahl der Untersuchungen mit magnetischer Resonanz — sind die *Spins der ungepaarten Elektronen, der Wasserstoffkerne* ^{1}H und des *Kohlenstoffisotopes* ^{13}C von größter Bedeutung. Für diese Spins und ihre magnetischen Momente gibt es — wie auch für alle anderen *Resonanzobjekte mit Spinquantenzahlen I oder* $S = (1/2)$ — nur zwei Einstellmöglichkeiten zum äußeren Magnetfeld $\boldsymbol{B}_0$. Wie in Abbildung 1.1 a) schematisch wiedergegeben ist, präzedieren im klassischen Bild die Elementarmagnete $\boldsymbol{\mu}$ entweder um das in der $+z$-Richtung liegende $\boldsymbol{B}_0$-Feld oder um die negative z-Richtung mit der LARMOR-Frequenz

$$\nu_L = \frac{1}{2\pi} \gamma B_0 . \tag{1.7a}$$

Mit $\omega_L = 2\pi\nu_L$ ergibt sich daraus die bekannte LARMOR-Beziehung

$$\omega = \gamma B_0 . \tag{1.7b}$$

Für einen durch den Wert von Gleichung (1.6) — und im klassischen Bild durch die Richtung der LARMOR-Präzession — festgelegten Quantenzustand eines atomaren Dipols berechnet sich die Energie E im Magnetfeld $\boldsymbol{B}_0$ gemäß

$$E = -\mu_z B_0 . \tag{1.8}$$

Daraus geht hervor, daß die Präzession der magnetischen Dipolmomente $\boldsymbol{\mu}$ um die (positive) $\boldsymbol{B}_0$-Feldrichtung energetisch günstiger als die andere Präzessionsmöglichkeit ist. Entsprechend der BOLTZMANN-Statistik präzedieren im thermischen Gleichgewicht mehr magnetische Dipolmomente um die $(+z)$- als um die $(-z)$-Richtung.

Da bei ^{1}H- und ^{13}C-Kernen die Vektoren des Eigendrehimpulses $\boldsymbol{I}$ und des Dipolmomentes $\boldsymbol{\mu}_I$ parallel gerichtet sind, gilt die aus (1.8) gefolgerte Aussage auch für die Spinvektoren $\boldsymbol{I}$, während beim Elektronenspinvektor $\boldsymbol{S}$ (wie auch bei allen Kernspins, deren μ_z und γ negative Vorzeichen tragen) zu beachten ist, daß die Dipolmomente antiparallel zu ihrem Spinvektor gerichtet sind. Die Spinorientierung, bei der das Elektronenspinmoment $\boldsymbol{\mu}_S$ parallel und der Spinvektor $\boldsymbol{S}$ antiparallel um die $\boldsymbol{B}_0$-Feldrichtung präzedieren, ist die Einstellung minimaler Energie. Ihr entspricht die Quantenzahl $m_S = -1/2$. Im thermischen Gleichgewicht ist bei EPR das zu $m_S = -1/2$ gehörende Spinniveau stärker besetzt, während bei ^{1}H- und ^{13}C-NMR die Zustände mit $m_I = +1/2$ energetisch bevorzugt sind. — Die in Abbildung 1.1 eingezeichneten Energieniveaus haben bei Protonen und ^{13}C-Resonanz die Werte

$$E_1 = +\tfrac{1}{2}\hbar\gamma_I B_0 , \qquad E_2 = -\tfrac{1}{2}\hbar\gamma_I B_0 , \tag{1.9}$$

wofür wegen (1.5) auch geschrieben werden kann:

$$E_1 = +\tfrac{1}{2} g_I \mu_K B_0 , \qquad E_2 = -\tfrac{1}{2} g_I \mu_K B_0 . \tag{1.10}$$

Für die EPR gilt:

$$E_1 = -\tfrac{1}{2} g \mu_B B_0 , \qquad E_2 = +\tfrac{1}{2} g \mu_B B_0 . \tag{1.11}$$

Im thermischen Gleichgewicht sind die Niveaus entsprechend der BOLTZMANN-Statistik besetzt,

$$\frac{N_2}{N_1} = e^{\frac{E_1 - E_2}{kT}}, \qquad (1.12)$$

woraus sich eine Besetzungszahldifferenz $\Delta N = N_2 - N_1 > 0$ ergibt. Aus dem Überschuß der in $+z$-Richtung präzedierenden magnetischen Dipolmomente resultiert die Gleichgewichtsmagnetisierung $\boldsymbol{M}_0$ parallel zur Richtung des Feldvektors $\boldsymbol{B}_0$.

Läßt man neben dem magnetischen Gleichfeld $\boldsymbol{B}_0$ auf die Probe ein Wechselfeld $\boldsymbol{B}_1$ einwirken, dessen Frequenz mit der LARMOR-Frequenz ν_L übereinstimmt und das senkrecht zu $\boldsymbol{B}_0$ steht, so werden durch dieses Wechselfeld Übergänge von einer Spineinstellung zur anderen induziert, die Besetzungszahlen der Spinniveaus gleichen sich an, es kommt zur Verringerung der Magnetisierung in z-Richtung und zum Aufbau einer Quermagnetisierung $M_\perp$. Diese Quermagnetisierung $M_\perp$ rotiert in der x-y-Ebene mit der Kreisfrequenz $\omega = 2\pi\nu$ des $\boldsymbol{B}_1$-Feldes und induziert dabei (im Falle der NMR) in der Empfangsspule des Spektrometers eine Wechselspannung, das Kerninduktionssignal, das gleichgerichtet, verstärkt und nachgewiesen wird. Auf dieser Methode basieren die Kerninduktionsspektrometer nach BLOCH und Mitarbeitern [1.02].

Strahlt man das im Hochfrequenzgebiet liegende $\boldsymbol{B}_1$-Feld jeweils nur einige Mikrosekunden impulsförmig ein und ermittelt die Zeiten, die in der betreffenden Probe für den Zerfall der Quermagnetisierung $M_\perp$ und den Wiederaufbau der Gleichgewichtsmagnetisierung ($M_z \to M_{z0}$) notwendig sind, so mißt man die für das molekulare System unter den betreffenden Bedingungen charakteristischen Relaxationszeiten, betreibt also Relaxationszeitspektroskopie. Die $\boldsymbol{B}_1$-Felder, die bei der normalen Resonanzabsorptionsspektroskopie (d. h. in stationären HF-Spektrometern) eingestrahlt werden, weisen im Vergleich zur Impulsspektroskopie eine um 3 bis 4 Zehnerpotenzen geringere Leistung auf. Sie sind von so geringer Intensität, daß (in Verbindung mit der Spinrelaxation) der Besetzungszahlunterschied der Energieniveaus immer nahe dem des thermischen Gleichgewichtszustandes bleibt. Dies ist bei EPR und den stationären NMR-Methoden wesentlich; denn es kann nur dann ein Teil der eingestrahlten Leistung des $\boldsymbol{B}_1$-Feldes absorbiert werden, wenn die Besetzung des unteren Niveaus größer ist als die des oberen (Nettoabsorption) und wenn die Frequenz ν des eingestrahlten elektromagnetischen Feldes $\boldsymbol{B}_1$ gleich der LARMOR-Frequenz (nach (1.7)) ist. Pro Übergang eines Spins vom Spinniveau E_2 zum Niveau E_1, (vgl. Abb. 1.1) wird aus dem $\boldsymbol{B}_1$-

Feld die Energie (bei $\nu = \nu_L$)

$$\Delta E = \gamma \hbar B_0 = h\nu \tag{1.13}$$

absorbiert. Die absorbierte Leistung kann zum Beispiel mit Spektrometern, die auf Brückenanordnungen beruhen, gemessen werden. (Vgl. Abschnitt 1.2.)

Die beobachtbaren Signale sind dem Produkt aus dem gyromagnetischen Verhältnis γ und der Besetzungszahldifferenz $\Delta N = N_2 - N_1$ proportional. Letztere berechnet sich mittels (1.12) und $N = N_1 + N_2$ zu

$$\Delta N \approx N \frac{\Delta E}{2kT}, \tag{1.14}$$

wobei für diese Abschätzung genutzt wird, daß $\Delta E \ll kT$ ist. Aus der reziproken Abhängigkeit der Differenz ΔN von der Temperatur folgt unter anderem, daß unter sonst gleichen Bedingungen ein bei der Temperatur des flüssigen Stickstoffs aufgezeichnetes Absorptionssignal fast viermal so groß ist wie ein bei Zimmertemperatur registriertes.

ΔE ist entsprechend der Beziehung (1.13) dem von außen angelegten Magnetfeld $\boldsymbol{B}_0$ und dem gyromagnetischen Verhältnis der betreffenden Spezies proportional. Mittels (1.5) und (1.6) können die den NMR- und EPR-Experimenten zugrunde liegenden Energieunterschiede folgendermaßen aufgeschrieben werden:

$$\Delta E_{\text{NMR}} = g_I \mu_K B_0, \qquad \Delta E_{\text{EPR}} = g \mu_B B_0. \tag{1.15}$$

Allgemein gilt:

$$\Delta E_{\text{NMR}} \ll \Delta E_{\text{EPR}} \ll kT, \tag{1.16}$$

so daß bei den Kernresonanzexperimenten im allgemeinen von wesentlich geringeren Besetzungszahldifferenzen ausgegangen wird als bei EPR, was zusammen mit dem Verhältnis von $\gamma_I : \gamma_S$ die geringere Nachweisempfindlichkeit der NMR bedingt.

Bezüglich der Summe $N = N_1 + N_2$ sei vermerkt, daß N die Gesamtzahl *der* in der Probe enthaltenen Kerne ist, die bei dem anliegenden Feld $\boldsymbol{B}_0$ die Resonanzbedingung erfüllen, und daß zum EPR-Spektrum nicht alle Elektronen, sondern nur die N ungepaarten Elektronen beitragen.[1]

Bevor wir auf die verschiedenen Methoden der magnetischen Resonanz und Relaxation detailliert eingehen, sei noch vermerkt, daß sowohl bei den stationären als auch bei den Impuls-Verfahren unter Resonanzbedingung[2] gemessen wird und daß zwischen den beiden grundsätzlichen Signalformen,

[1] In der EPR liegt bei einer Linienbreite von $\Delta B = 10^{-4}$ T die Minimalzahl der noch nachweisbaren Spezies bei $N_{\text{min}} \approx 10^{10}$, was unter realen Meßbedingungen einer minimalen Radikalkonzentration von 10^{-7} mol l^{-1} entspricht.

[2] Erfüllung der Resonanzbedingung bedeutet stets, daß die Frequenz ν des eingestrahlten Hochfrequenzfeldes mit der Präzessionsfrequenz ν_L der Elementarmagnete (d. h. Kern- oder Elektronenspinvektoren) überreinstimmt.

den Resonanzabsorptionskurven $P(\omega)$ und dem Abfall der Induktion $U_{\text{ind}}(t)$ bei hinreichend kleinen Magnetfeldern $\boldsymbol{B}_1$ (keine Sättigung) über die FOURIER-Transformation ein eindeutiger formelmäßiger Zusammenhang besteht (s. z. B. [1.53]):

$$\chi''(\omega) = \frac{\omega}{B_0} \int_0^\infty M_\perp(t) \cos \omega t \, dt\,, \qquad \omega = 2\pi\nu\,, \tag{1.17}$$

$$M_\perp(t) = 4B_0 \int_0^\infty \frac{\chi''(\omega)}{\omega} \cos \omega t \, d\omega\,, \tag{1.18}$$

wobei χ'' den Imaginärteil der komplexen Suszeptibilität der Probe ($\chi'' \sim P$) und $M_\perp(t)$ die Querkomponente der Magnetisierung der Probe ($U_{\text{ind}} \sim M_\perp$) darstellt. P bezeichnet die absorbierte Leistung und U_{ind} die in der Empfängerspule induzierte Spannung. Die Beziehungen (1.17) und (1.18) bilden die Basis für die im Abschnitt 1.2.3. skizzierte FOURIER-Transformations-Spektroskopie.

1.1.1. Einflußgrößen und Wechselwirkungen in der magnetischen Kernresonanz (NMR)

Da für die Erfüllung der Resonanzbedingung $\nu = \nu_L$ entsprechend Gleichung (1.13) mit (1.7) das am Ort der Kerne vorhandene Magnetfeld ausschlaggebend ist, das sich infolge der Abschirmung durch die Elektronenhüllen sowie durch intra- und intermolekulare Felder zum Teil erheblich von dem von außen angelegten Feld unterscheidet, ist es möglich, aus der Lage und der Form der Resonanzsignale wichtige Aussagen über die Mikrostruktur der Moleküle sowie über die Mikrodynamik und Morphologie der molekularen Systeme zu gewinnen. Wie sich die verschiedenen Wechselwirkungen und Einflußgrößen in den Kernresonanzspektren widerspiegeln, läßt sich am besten an Hand des HAMILTON-Operators skizzieren. Der die Kernresonanz bestimmende HAMILTON-Operator läßt sich näherungsweise als Summe von Teiloperatoren darstellen:

$$\begin{aligned}\hat{H} &= \hat{H}_M + \hat{H}_\sigma^i + \hat{H}_J^i + \hat{H}_{SR} \\ &\quad + (3\cos^2\varphi - 1)\,(\hat{H}_\sigma^a + \hat{H}_J^a + \hat{H}_D + \hat{H}_Q)\,.\end{aligned} \tag{1.19}$$

Dabei symbolisiert $\hat{H}_M$ den ZEEMAN-Operator, der die Kopplung der Kernmomente mit dem äußeren Magnetfeld $\boldsymbol{B}_0$ beschreibt. $\hat{H}_\sigma^i$ und $\hat{H}_\sigma^a$ sind die

Operatoren des isotropen und anisotropen Teils der chemischen Verschiebung. Durch sie wird berücksichtigt, daß am Ort der Kerne für die Erfüllung der Resonanzbedingung $\nu = 1/2\pi\, \gamma B$ nicht das von außen angelegte Magnetfeld $\boldsymbol{B}_0$ zur Verfügung steht, sondern ein durch die chemische Umgebung mehr oder weniger stark abgeschirmtes Feld. $\hat{H}_J^i$ und $\hat{H}_J^a$ sind die Operatoren der isotropen bzw. anisotropen indirekten (elektronengekoppelten) Wechselwirkung der Kernspins. $\hat{H}_D$ ist der Operator der direkten Dipol-Dipol-Wechselwirkung der Kernspins untereinander, $\hat{H}_Q$ der der elektrischen Quadrupolwechselwirkung und $\hat{H}_{SR}$ der der Spin-Rotations-Wechselwirkung. φ ist der Winkel zwischen dem Kernverbindungsvektor $\boldsymbol{r}$ und dem äußeren Magnetfeld $\boldsymbol{B}_0$. Die Quadrupolwechselwirkung tritt nur bei Kernspinquantenzahlen $I \geqq 1$ auf. Für die in diesem Buch vorrangig diskutierten Kerne ^{1}H und ^{13}C hat sie keine Bedeutung, kann aber z.B. in der Deuteriumresonanz vorteilhaft zum Informationsgewinn ausgenutzt werden (s. [1.54]). Die Kernquadrupolresonanz besitzt dagegen für die Polymerforschung nur geringe Bedeutung.

1.1.1.1. Voraussetzungen und Meßgrößen in der hochauflösenden magnetischen Kernresonanz (hNMR)

Um die Mikrostruktur von Polymeren und anderen komplizierten Molekülen erforschen zu können, muß man Bedingungen schaffen, unter denen alle von der Orientierung abhängigen Glieder des Hamilton-Operators (1.19) ihren Einfluß auf die Resonanzlagen der Atomgruppen verlieren. Diese Bedingungen sind bei Messungen an niederviskosen, isotropen Lösungen erfüllt. (Bei ^{13}C-NMR sind sie auch in hochviskosen Lösungen erfüllbar.)

Untersucht man Moleküle unter diesen Bedingungen, so finden schnelle mikro-Brownsche Diffusionsbewegungen statt. Die auf die Kernspins einwirkenden Dipolfelder und elektrischen Feldgradienten sind deshalb zeitlich rasch veränderlich. Wegen der regellosen Bewegung kommt es zu einer Mittelung über die verschiedenen geometrischen Lagen der Kerne in bezug auf das $\boldsymbol{B}_0$-Feld, so daß alle vier vom Orientierungswinkel φ abhängenden Einflußgrößen der Beziehung (1.19) zu Null gemittelt werden. (Die zeitlich veränderlichen Felder beeinflussen lediglich die Linienbreiten bzw. die Relaxationszeiten der Kernresonanzübergänge und geben praktisch keinen Anlaß zu Linienverschiebungen.)

Die durch das äußere Magnetfeld und die isotropen Anteile der chemischen Verschiebung und der indirekten Kernspinkopplung bestimmten hochaufgelösten Spektren gestatten detaillierte Aussagen über die Mikrostruktur der Moleküle.

Für die Mikrostrukturbestimmung von *Makro*molekülen ist die indirekte Spin-Spin-Kopplung oft störend, so daß in vielen Fällen durch Doppelresonanztechnik eine Entkopplung der Spinsysteme herbeigeführt wird. Das heißt, es werden in der Polymerforschung die hNMR-Messungen oft unter Bedingungen ausgeführt, unter denen sich der HAMILTON-Operator $\hat{H}$ der Gleichung (1.19) folgendermaßen reduziert:

$$\hat{H} = \hat{H}_{\mathrm{M}} + \hat{H}^{\mathrm{i}}_{\sigma}\,, \tag{1.20}$$

$$\hat{H} = \sum_{\lambda=1}^{N} \mu_{\mathrm{I}\lambda}(1 - \sigma_\lambda)\, \boldsymbol{B}_0\,, \tag{1.21}$$

wobei für das magnetische Moment $\mu_{\mathrm{I}\lambda}$ des Kernes λ gilt:

$$\boldsymbol{\mu}_{\mathrm{I}\lambda} = \gamma_{\mathrm{I}\lambda}\hbar\hat{\boldsymbol{I}}_\lambda \quad \text{bzw.} \quad |\boldsymbol{\mu}_{\mathrm{I}\lambda}| = \gamma_{\mathrm{I}\lambda}\hbar\sqrt{I(I+1)}\,. \tag{1.22}$$

$\gamma_{\mathrm{I}\lambda}$ ist das gyromagnetische Verhältnis der Kernsorte, der der λ-te Kern angehört, $\hat{\boldsymbol{I}}_\lambda$ ist der zugehörige Kernspinoperator, während mit I die Kernspinquantenzahlen bezeichnet werden. Für Protonen und ^{13}C-Kerne gilt $I = 1/2$. $\boldsymbol{B}_0$ symbolisiert das magnetische Gleichfeld. σ_λ bezeichnet die Abschirmkonstante des λ-ten Kernes, deren Wert nicht nur von der Kernsorte, sondern auch von der chemischen Umgebung abhängt. Da sich die Abschirmkonstanten σ_λ von in unterschiedlicher Umgebung befindlichen Kernen bei der ^{13}C-Resonanz viel stärker unterscheiden als bei der Protonenresonanz, erhält man bei der ^{13}C-Resonanz an Polymeren in der Regel wesentlich besser aufgelöste und damit aussagekräftigere Spektren als bei der ^{1}H-Resonanz. Eine Gegenüberstellung verschiedener Charakteristika der ^{1}H- und ^{13}C-Resonanzspektroskopie bietet Tabelle 1.2.

Die chemische Verschiebung kann man nach den Gleichungen (1.7) oder (1.13) in Verbindung mit (1.21) entweder durch Messen des Feldes $\boldsymbol{B}_0$, bei dem die betreffende Resonanzlinie beobachtet wird, oder durch Messen der Resonanzfrequenz $\nu = \nu_{\mathrm{L}}$ bestimmen. Die letztere Methode ist einfacher und läßt sich mit großer Genauigkeit ausführen. Um die Abhängigkeit der chemischen Verschiebung von Apparatekonstanten zu eliminieren, verwendet man als Bezugspunkt in der Regel die Resonanzlinie einer Standardsubstanz und normiert die Differenz der beiden Resonanzfrequenzen mit der Betriebsfrequenz des Spektrometers ν_0:

$$\delta = \frac{\nu_{\mathrm{Substanz}} - \nu_{\mathrm{Standard}}}{\nu_0}\,. \tag{1.23}$$

Die chemische Verschiebung ist damit eine dimensionslose Größe. Als „Maßeinheit" für die so definierte δ-Skala benutzt man 10^{-6} bzw. ppm (parts per million), da die Differenz der Frequenzen (für ^{1}H-NMR) im Bereich von ca. 1 bis 1000 Hz liegt, während

Tabelle 1.2. Gegenüberstellung von Merkmalen der ^{1}H- und ^{13}C-NMR-Spektroskopie

Merkmal	^{1}H-NMR	^{13}C-NMR
natürliche Häufigkeit (%)	99,984	1,108
Resonanzfrequenz (MHz) bei 2,35 T	100	25,1
relative Empfindlichkeit E_{rel} bei konstantem Feld und gleicher Anzahl der Spins	1000	15,9
relative Gesamtempfindlichkeit	1000	0,18
Bereich der chemischen Verschiebung δ (ppm)	0 ... 10	0 ... 300
Meßzeit für Einzelmessung, 1 scan (s)+)	100 ... 500	1 ... 5
Anzahl der für Polymermessungen erforderlichen Akkumulationen+)	1	$0{,}5 \cdot 10^4$
Probenpräparation bei Probendurchmesser (mm)+):	5	10
— Konzentration des Polymers in der Lösung (Masse-%)	5 ... 10	20 ... 40
— Füllmenge (cm^3)	0,2 ... 0,6	1 ... 3
— Probenmenge (mg) bei einer Molmasse der Monomereinheit 28 ... 200	10 ... 50	100 ... 300
Geschätztes Verhältnis des gerätetechnischen Aufwandes (Kosten)+)	1	3 ... 5

+) Größenordnung, durchschnittliche Erfahrungswerte

ν_0 die Größenordnung von 100 MHz hat. Als Standardsubstanz hat sich Tetramethylsilan (TMS) eingebürgert, eine Substanz, die chemisch inert ist, sich mit fast allen Lösungsmitteln mischt und deren Resonanzsignal genügend weit von den Resonanzen der meisten zu messenden Substanzen entfernt ist.[1] Da TMS jedoch einen relativ niedrigen Siedepunkt aufweist und zur Messung von Polymeren oftmals höhere Temperaturen (Löslichkeit des Polymers im Lösungsmittel) erforderlich sind, wird auch Hexamethyldisiloxan (HMDS) verwendet, das ähnliche Eigenschaften aufweist und dessen Resonanzlage sich nur wenig von der des TMS unterscheidet.

Weitere wichtige Meßgrößen der hochauflösenden kernmagnetischen Resonanz sind die Signalintensitäten und die Kopplungskonstanten J. (Vgl. auch Abschnitt 4.4.1.) Zur quantitativen Auswertung von Polymerspektren werden in der Regel die relativen Intensitäten, d. h. die Intensitäten

[1] In der ^{1}H-NMR ist neben der δ-Skala die ebenfalls auf TMS bezogene τ-Skala gebräuchlich. Es gilt die Umrechnung $\tau = 10{,}0 - \delta$ (vgl. Abb. 4.7). Aus (1.23) folgt mit (1.7) und (1.21), daß die praktische Meßgröße δ der Differenz der zugehörigen Abschirmkonstanten ($\sigma_{Standard} - \sigma_{Substanz}$) entspricht.

bestimmter Resonanzlinien, bezogen auf die Gesamtintensität der Polymersignale oder auf die Intensität einer geeignet gewählten Bezugslinie, innerhalb ein und desselben Spektrogramms benutzt.

Die im Zusammenhang mit (1.19) erwähnten Kopplungskonstanten J der indirekten Spin-Spin-Wechselwirkung der Kerne können von Monomeren, von Lösungsmittelmolekülen und von niedermolekularen Modellsubstanzen der Polymere gemessen und für die Polymerforschung ausgewertet werden. Man unterscheidet bei diesen Spin-Spin-Wechselwirkungen zwischen den Kopplungskonstanten der homonuklearen (z. B. $J(^1H, ^1H)$) und der heteronuklearen (z. B. $J(^1H, ^{13}C)$) Wechselwirkung. Die durch ihr Wirken zustande kommende Aufspaltung der (durch die chemische Verschiebung δ festgelegten) Resonanzsignale berechnet sich für $J \ll \delta$ nach der gleichen Multiplizitätsregel (1.29) wie in der EPR. Die J beinhalten unter anderem Aussagen über die sterische Struktur von Monomermolekülen und von niedermolekularen Modellsubstanzen, die für Kettenabschnitte der Makromoleküle repräsentativ sind.

1.1.1.2. Charakteristika der Breitlinien-NMR (BNMR)

Mittels BNMR können makromolekulare Festkörper hinsichtlich ihrer Mikrodynamik und Struktur untersucht werden, wobei die Informationen über die molekularen Systeme hier insbesondere unter Berücksichtigung der magnetischen Dipolfelder $\boldsymbol{B}_D$ gewonnen werden, die von den Kerndipolmomenten $\boldsymbol{\mu}_I$ ausgehen. Diese Zusatzfelder berechnen sich für starre Relativanordnungen nach der Beziehung

$$\boldsymbol{B}_D = \pm \frac{3\mu_0}{8\pi} \frac{\boldsymbol{\mu}_I}{r^3} (3 \cos^2 \varphi - 1) , \tag{1.24a}$$

wobei μ_0 die absolute Permeabilitätskonstante verkörpert. Die Zusatzfelder bewirken Linienbreiten δB in der Größenordnung von 1 mT, während in der hNMR bei Protonenresonanz an Makromolekülen Linienbreiten von 0,1 μT typisch sind und das gesamte Spektrum bei einem B_0-Feld von ca. 2 T sich oft nur über 10 μT erstreckt. Dies bedeutet, daß bei der BNMR die Einflüsse der indirekten (elektronengekoppelten) Kernspinwechselwirkung und der chemischen Verschiebung durch die direkte Dipol-Dipol-Wechselwirkung überdeckt werden. Gehen wir bei der Diskussion der Einflußgrößen vom Hamilton-Operator (1.19) aus, so bedeutet obige Aussage, daß in (1.19) die Teiloperatoren $\hat{H}_J$ und $\hat{H}_\sigma$ vernachlässigt werden können und die Spektren im wesentlichen durch $\hat{H}_M$ und $\hat{H}_D$ bestimmt werden entsprechend

$$\hat{H} \approx \hat{H}_M + (3 \cos^2 \varphi - 1)\, \hat{H}_D . \tag{1.24b}$$

Die Aussagen der BNMR-Spektren sind über die Auswertung der Linienbreiten δB, der Signalamplituden und der Linienform $g(B)$ zu erschließen. Bei starren Polymerfestkörpern werden gaußähnliche Signale beobachtet.

Mit zunehmender Beweglichkeit verschmälern sich die Signale durch teilweises Ausmitteln der Dipolfelder, und bei flüssigkeitsähnlicher Bewegung nehmen die Signale nahezu LORENTZ-Form an. (Letztere Signalform ist für die hNMR typisch.) Da Linienformanalysen relativ aufwendig sind, beschränkt man sich häufig auf die Ermittelung und Diskussion integraler Parameter, der Momente. Am häufigsten wird das 2. Moment

$$M_2 = \frac{\int_0^\infty g(B)\,(B - B_{\text{res}})^2\,\mathrm{d}B}{\int_0^\infty g(B)\,\mathrm{d}B} \tag{1.25}$$

verwendet.

Bei der Auswertung des M_2 wird nur ein Teil des Informationsgehaltes der BNMR-Spektren genutzt. Seine Bestimmung als Funktion der Temperatur gestattet jedoch bereits wertvolle Aussagen über mikrodynamische Vorgänge in den Polymerfestkörpern. Diese Methode ist im wesentlichen auf den Tieftemperaturbereich bzw. auf Untersuchungen unterhalb und in der Nähe des Glasüberganges beschränkt. Für das Studium von Bewegungsprozessen auch bei höheren Temperaturen empfiehlt sich das Messen von Relaxationszeiten, d. h. die Anwendung der etwas aufwendigeren Impulskernresonanzmethoden.

1.1.1.3. Die Meßgrößen der Impuls-NMR (INMR)

Während man bei den üblichen hochauflösenden Resonanzuntersuchungen die Resonanzlage der Absorptionslinien (chemische Verschiebungen) und die Linienintensitäten eines Spektrums auswertet (Resonanzanalyse) und daraus vor allem Strukturinformationen erhält, lassen sich mittels Impulskernresonanz insbesondere Aussagen über die molekulare Beweglichkeit sowie über inner- und zwischenmolekulare Wechselwirkungen gewinnen, wobei die primären Meßgrößen die Kernspinrelaxationszeiten T_1 und T_2 und der Selbstdiffusionskoeffizient D_s sind. Bei diesen Experimenten stört man das im thermischen Gleichgewicht befindliche Spinsystem durch Einstrahlen von Hochfrequenzimpulsen geeigneter Dauer und Frequenz und mißt danach die Zeit, die das System zur Wiedereinstellung des Gleichgewichtszustandes benötigt.

Durch den Energieaustausch mit der Umgebung, durch die *Spin-Gitter-Relaxation*, baut sich die BOLTZMANN-Verteilung der Spins auf die in Abbildung 1.1 skizzierten Energieniveaus wieder auf, so daß die Magnetisierung M_z entlang des in z-Richtung orientierten äußeren Magnetfeldes schließlich wieder ihren Gleichgewichtswert M_0 erreicht. Die *longitudinale Relaxationszeit* T_1, auch Spin-Gitter- oder Energie-Relaxationszeit genannt, ist die Zeit, nach welcher die Abweichung der longitudinalen Magnetisierung M_z vom Gleichgewichtswert M_0 nur noch $1/e$ ihres ursprünglichen Wertes beträgt:

$$\frac{dM_z}{dt} = \frac{M_0 - M_z}{T_1}. \tag{1.26a}$$

Die *Spin-Spin-Relaxation* bewirkt den Zerfall der während des HF-Impulses entstandenen Quermagnetisierung $M_\perp$ auf Null. Dabei verlieren die präzedierenden magnetischen Momente ihre durch das $\boldsymbol{B}_1$-Feld erzwungene Phasengleichheit und verteilen sich schließlich wieder gleichmäßig auf den Präzessionskegel.

Die *transversale Relaxationszeit* T_2, die auch Spin-Spin- oder Entropie-Relaxationszeit genannt wird, gibt die Zeit an, nach welcher die Quermagnetisierung $M_\perp$ auf $1/e$ des Anfangswertes gesunken ist:

$$\frac{dM_\perp}{dt} = \frac{-M_\perp}{T_2}. \tag{1.26b}$$

Es gilt stets

$$T_1 \geqq T_2 .$$

Die Kernspinrelaxation wird durch stochastisch fluktuierende magnetische Wechselwirkungen zwischen den Spins und mit anderen magnetischen Momenten der Probe verursacht. Da dieser Vorgang von den Bewegungsfrequenzen und der Intensität der Wechselwirkung abhängt, kann man über die Relaxationszeiten wertvolle Informationen über die Mikrodynamik sowie über die inner- und zwischenmolekularen Wechselwirkungen in den untersuchten Systemen erhalten.

1.1.2. Einflußgrößen und Wechselwirkungen in der paramagnetischen Elektronenresonanz (EPR)

Die EPR ist eingeschränkt auf Systeme, die Spezies mit ungepaarten Elektronenspins enthalten. In der Polymerforschung sind diese Spezies überwiegend freie Radikale, die im Polymerisationsprozeß auftreten oder die durch Strahleneinwirkung sowie bei starker mechanischer oder thermischer Belastung in Polymeren (d. h. bei Abbau- und Bruchvorgängen) entstehen. Für spezielle Anwendungen können auch stabile Radikale oder paramagnetische Metallionen in die zu charakterisierenden Substanzen eingebracht werden.

1.1.2.1. Die Hyperfeinstrukturwechselwirkung

Diese Wechselwirkung, d. h. die Kopplung zwischen dem magnetischen Dipolmoment des ungepaarten Elektronenspins und den magnetischen Dipolmomenten der Kernspins des gleichen Moleküls bzw. Radikals, bewirkt, daß wir ein mehrkomponentiges Linienspektrum statt eines einzelnen Signals beobachten. Aus der Art der Aufspaltung der Spektren, aus der Zahl und aus der relativen Intensität der Linien ist es möglich, auf die Struktur der paramagnetischen Spezies (z. B. freier Radikale) zu schließen und wertvolle Informationen über deren Mikrodynamik zu bekommen.

Die Kernmomente $\boldsymbol{\mu}_I$ der Kernspins einer paramagnetischen Spezies rufen zusätzliche Magnetfelder im Aufenthaltsbereich des ungepaarten Elektrons hervor, die je nach Kernspinkonfiguration für einzelne Radikale das äußere Feld $\boldsymbol{B}_0$ verstärken und für andere schwächen. Deshalb wird die Resonanzbedingung der EPR

$$h\nu = g\mu_B B_0 \tag{1.27}$$

für Radikale, die sich in ihrer Kernspinkonfiguration unterscheiden, bei unterschiedlichen äußeren Feldern $\boldsymbol{B}_0$ erfüllt. Die durch die magnetischen Momente der Kernspins hervorgerufenen innermolekularen Zusatzfelder bewirken die Aufspaltung der bisher nur durch das äußere Magnetfeld und die Quantenzahlen $m_S = +1/2$ und $m_S = -1/2$ festgelegten Energieniveaus E_1 und E_2. (Siehe z. B. Abb. 1.2.) Entsprechend den Auswahlregeln für Elektronenspinübergänge $\Delta m_S = \pm 1$ und $\Delta m_I = 0$ erhöht sich durch die innermolekularen Zusatzfelder die Zahl der möglichen EPR-Übergänge mit Erhöhung der Zahl der wechselwirkenden Kernspins. Durch die Wechselwirkung des Elektronenspins mit λ Kernspins beobachtet man statt eines Resonanzsignals bei $B_0 = h\nu/g\mu_B$ Resonanzlinien bei

$$B_{res} = B_0 - \sum_{\lambda} a_\lambda m_{I\lambda} \,. \tag{1.28}$$

Der Faktor a_λ wird Hyperfeinstrukturkopplungskonstante oder Aufspaltungskonstante genannt. Er hat hier die Dimension eines Magnetfeldes und gibt den Grad der Wechselwirkung zwischen Elektronenspin und dem Spin des Kernes λ an. Je stärker diese Wechselwirkung ist, desto größer ist a_λ. Die $m_{I\lambda}$ sind die Orientierungsquantenzahlen der Kernspins, für die die Beziehungen (1.3) bis (1.6) gelten. Hier legen sie die Kernspinkonfiguration der Radikale fest.

Enthält z. B. ein freies Radikal nur ein Proton ($I = 1/2$) als koppelnden Kern, so finden wir entsprechend (1.28) ein Zweilinienspektrum, dessen Linien symmetrisch zu B_0 angeordnet sind und einen Abstand a voneinander haben. Enthält ein Radikal K koppelnde Kerne, so berechnet sich die Zahl n der Linien vermittels

$$n = \prod_{\lambda=1}^{K} (2I_\lambda + 1) \,. \tag{1.29}$$

Die magnetischen Wechselwirkungen zwischen Elektronen- und Kernspins und der Spins der Radikale mit dem äußeren Magnetfeld kann man mit folgendem HAMILTON-Operator beschreiben:

$$\hat{H} = \hat{H}_{\mathrm{SM}} + \hat{H}_{\mathrm{SI}} + \hat{H}_{\mathrm{IM}} \,. \tag{1.30}$$

Der erste Term des Spin-HAMILTON-Operators (1.30) repräsentiert die Elektronen-ZEEMAN-Wechselwirkung, der zweite die Elektronen-Kern-Wechselwirkung und der dritte die Kern-ZEEMAN-Wechselwirkung.

Der Einfluß von $\hat{H}_{\mathrm{IM}}$, d. h. der Einfluß der Wechselwirkung der Kernspins der Radikale mit dem äußeren Magnetfeld auf die energetische Lage der Elektronenspinunterniveaus, ist zwar unter Umständen von gleicher Größenordnung wie die Auswirkung des Hyperfeinstrukturoperators $\hat{H}_{\mathrm{SI}}$, er kann jedoch hier vernachlässigt werden, da er — wie Abbildung 1.2 zeigt —

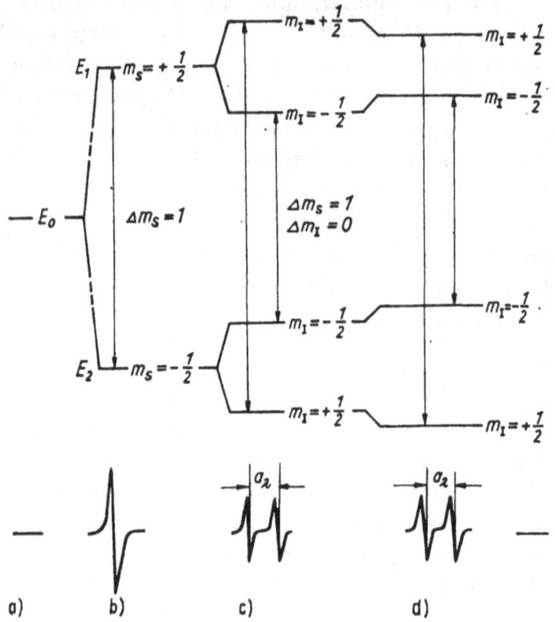

Abb. 1.2. Energieniveauschema von Radikalelektronen und zugehörige EPR-Signale, a) ohne Magnetfeld, b) im Magnetfeld $\boldsymbol{B}_0$ (Wirkung von H_{SM}), c) zusätzliche Wechselwirkung mit Kernspin $I = 1/2$ (Wirkung von H_{SI}), d) Niveauaufspaltung bei zusätzlicher Berücksichtigung der Kern-ZEEMAN-Wechselwirkung H_{IM}

im allgemeinen die Energiedifferenzen ΔE, die für die EPR ausschlaggebend sind, nicht verändert.

Läßt man $\hat{H}_{IM}$ weg, so kann man für den in der Regel realisierten Fall $B_0 \gg a$ und für isotrope Wechselwirkungen den Spin-HAMILTON-Operator (1.30) in folgender Form mit den bereits eingeführten Größen verknüpfen:

$$\hat{H} = g\mu_B \hat{S}_z \boldsymbol{B}_0 + g\mu_B \hat{S}_z \sum_{\lambda=1}^{K} a_\lambda \hat{I}_{z\lambda} , \tag{1.31}$$

dabei sind $\hat{S}_z$ und $\hat{I}_z$ die z-Komponenten der Operatoren von Elektronen- und Kernspins. Die Eigenwerte des Spin-HAMILTON-Operators (1.31) lauten:

$$E = g\mu_B \boldsymbol{B}_0 m_s + g\mu_B m_s \sum_{\lambda=1}^{K} a_\lambda m_{I\lambda} . \tag{1.32}$$

Sie geben zu den in Formel (1.28) angegebenen Resonanzsignalen Anlaß. Im allgemeinen Falle sind in (1.31) g und die a_λ durch symmetrische Tensoren $\mathfrak{g}$ und $\mathfrak{a}_\lambda$ zu ersetzen. Dies ist notwendig, wenn die Wechselwirkungen, die von der Orientierung der paramagnetischen Spezies abhängen, nicht vernachlässigt werden können.

Der Hyperfeinstrukturoperator H_{SI} besteht aus zwei Anteilen

$$\hat{H}_{SI} = \hat{H}_{FC} + \hat{H}_{DD} , \tag{1.33}$$

wobei $\hat{H}_{FC}$ der isotrope Anteil ist und als FERMI-Kontaktwechselwirkungsterm bezeichnet wird. Für die Wechselwirkung des ungepaarten Elektrons mit dem Kern λ lautet er

$$\hat{H}_{FC} = -\frac{2\mu_0}{3} g g_I \mu_B \mu_K [\psi(\lambda)]^2 \hat{\boldsymbol{S}} \hat{\boldsymbol{I}}_\lambda , \tag{1.34}$$

wobei die Konstanten hier die gleiche Bedeutung wie z.B. in (1.3) und (1.22) haben.

Die Wirkung von $\hat{H}_{FC}$ ist auf die endliche Dichte des ungepaarten Elektronenspins $[\psi(\lambda)]^2$ am Ort des koppelnden Kernes λ zurückzuführen (ψ ist die Elektronenwellenfunktion). $\hat{H}_{DD}$ repräsentiert die Dipol-Dipol-Wechselwirkung zwischen den magnetischen Momenten von Elektronen- und Kernspins. Für die Wechselwirkung mit dem Kern λ gilt:

$$\hat{H}_{DD} = -\frac{\mu_0}{4\pi} g g_{I\lambda} \mu_B \mu_K \hat{\boldsymbol{S}} \hat{\boldsymbol{I}}_\lambda \int \psi^*(p) \, \frac{1 - 3\cos^2\Theta}{r^3} \, \psi(p) \, d\tau . \tag{1.35}$$

Θ ist der Winkel zwischen der $\boldsymbol{B}_0$-Feldrichtung und dem Verbindungsvektor $\boldsymbol{r}$ vom Elektronenspinmoment und dem Dipolmoment des Kernes λ. Durch die Integration über $d\tau$ wird berücksichtigt, daß das ungepaarte Elektron nicht an einem Ort p lokalisiert, sondern ungleichmäßig über das gesamte Radikalmolekül verschmiert ist.

In niederviskosen Flüssigkeiten, in denen die Umorientierungszeiten sehr kurz sind im Vergleich zur reziproken Frequenz der anisotropen Hyperfeinstrukturaufspaltung (1 mT entspricht 28 MHz), mitteln sich die durch Dipolfelder hervorgerufenen Anteile zu Null heraus, und die Hyperfeinstrukturaufspaltung wird nur durch die isotrope FERMI-Kontaktwechselwirkung (1.34) verursacht.

1.1.2.2. Die Meßgrößen der EPR

Experimentell bestimmt und für die Polymerforschung genutzt werden die folgenden Primärparameter der EPR-Spektroskopie der g-Faktor, die HFS-Kopplungskonstanten a_λ, Linienformen und -breiten, Signalintensitäten sowie die Relaxationszeiten T_1 und T_2 der Elektronen.

Die Größen g und a_λ sind durch exakte Messung der Mikrowellenfrequenz ν und der Resonanzfelder B_{res} aus optimal aufgezeichneten Spektren bestimmbar. Die Frequenz ν kann z. B. mittels eines Frequenzzählers, die Magnetfeldstärken können mittels HALL-Sonden oder vermittels der Protonenresonanztechnik gemessen werden.

Der *g-Faktor* bestimmt bei Magnetfeld-Sweep und fester Mikrowellenfrequenz die Magnetfeldposition des Zentrums vom EPR-Spektrum einer paramagnetischen Spezies.

Sind auf dem oben angedeuteten Wege die Mikrowellenfrequenz und die Protonenresonanzfrequenz ν_p ermittelt worden, so ergibt sich der g-Faktor eines Radikals aus der Beziehung

$$g = \frac{g_{Ip}\mu_K}{\mu_B}\frac{\nu}{\nu_p} \approx 3{,}042 \cdot 10^{-3}\frac{\nu}{\nu_p}. \qquad (1.36)$$

Die g-Faktoren organischer freier Radikale liegen in der Regel im Wertebereich zwischen 2,0023 und 2,0100. Sie unterscheiden sich sehr wenig vom Wert des freien Elektrons ($g_e = 2{,}00232$), weil die Spin-Bahn-Wechselwirkung in freien Radikalen allgemein sehr schwach ist. Eine Ausnahme bilden hier nur Radikale, in denen Schweratome die ungepaarten Elektronenspins tragen, und einige zweiatomige Radikale.

In festen Polymeren hängt der beobachtbare g-Faktor gewöhnlich von der Orientierung der Radikale zum äußeren Magnetfeld ab, weil unter diesen Bedingungen der Tensorcharakter von g in der Regel bestehen bleibt. In niederviskosen Flüssigkeiten oder in hochbeweglichen Polymeren wird nur der isotrope Anteil des g-Tensors gemessen, der einen Mittelwert über die Diagonalelemente des Tensors darstellt:

$$g = \tfrac{1}{3}\sum_{i=1}^{3} g_{ii}\,. \qquad (1.37)$$

Die Hyperfeinstrukturkopplungskonstante a_λ, auch EPR-spektroskopische Aufspaltungskonstante genannt, ist ein Maß für die Intensität der Wechselwirkung zwischen Elektronenspinmoment μ_S und dem Spinmoment $\mu_{I\lambda}$ des Kernes λ vom betrachteten Radikal. Ihr isotroper Anteil a_λ ist unter den für (1.37) genannten Bedingungen ebenfalls nur ein Mittelwert aus den Diagonalelementen des HFS-Tensors:

$$a_\lambda = \tfrac{1}{3} \sum_{i=1}^{3} a_{ii}^\lambda \,. \tag{1.38}$$

Die isotrope Hyperfeinstrukturkopplung rührt von der FERMI-Kontaktwechselwirkung (1.34) her und ist auf folgende Weise mit der am Ort des Kernes λ vorhandenen Elektronenspindichte $[\psi(\lambda)]^2$ verknüpft:

$$a_\lambda = \frac{2\mu_0}{3} g_{I\lambda} \mu_K \, [\psi(\lambda)]^2 \,. \tag{1.39}$$

Bei π-Radikalen vom Typ

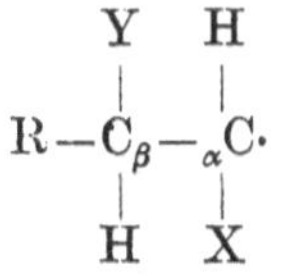

sind die HFS-Kopplungskonstanten der α- und β-Protonen (Wasserstoffkerne an α- bzw. β-Kohlenstoffatomen) mit der im $2p\pi$-Orbital des α-Kohlenstoffatoms lokalisierten Elektronenspindichte $\varrho_{2p\pi}^{C_\alpha}$ durch zwei wichtige empirische Beziehungen verknüpft: Für die Kopplungskonstante des Protons am α-Kohlenstoffatom gilt die MCCONNELL-Beziehung [1.37]

$$a_\alpha^H = Q \cdot \varrho_{2p\pi}^{C_\alpha} \tag{1.40}$$

und für β-Protonen die MCCONNELL-HELLER-Relation [1.38]

$$a_\beta^H = (B_0 + B \cos^2 \vartheta) \, \varrho_{2p\pi}^{C_\alpha} \,, \tag{1.41}$$

wobei $\varrho_{2p\pi}^{C_\alpha}$ die Besetzung der 2p-Eigenfunktion des α-Kohlenstoffs angibt und in der Regel im Wertebereich von $0{,}8 \leqq \varrho_{2p\pi}^{C_\alpha} \leqq 1{,}0$ liegt. Für die Proportionalitätsfaktoren Q, B_0 und B wurden aus vielen Experimenten folgende Größenbereiche ermittelt [1.28]:

$$-2{,}3\,\text{mT} \leqq Q \leqq -2{,}1\,\text{mT}\,,$$
$$0{,}3\,\text{mT} \leqq B_0 \leqq 0{,}5\,\text{mT}\,,$$
$$4{,}0\,\text{mT} \leqq B \leqq 5{,}0\,\text{mT}\,.$$

Wie die Beziehung (1.41) zeigt, hängt die Größe der β-Protonenkopplung vom Winkel ϑ zwischen der $2p\pi$-Orbital-Achse z und der Richtung der Bindung C_β-H ab. Die entsprechend (1.34) für die β-Protonenkopplung mit dem Elektronenspin erforderliche endliche Aufenthaltswahrscheinlichkeit des ungepaarten Elektrons am Ort des β-Protons rührt hauptsächlich von der Hyperkonjugationswechselwirkung her, durch die die Eigenfunktion des ungepaarten Elektrons bis in die $1s$-Funktion des β-Protons hineingetragen bzw. erweitert wird.

Die Messung von HFS-Kopplungskonstanten stellt die Hauptinformationsquelle für die Ermittlung der chemischen und sterischen Struktur der Radikale dar. Temperaturabhängige Messungen gestatten darüber hinaus Aussagen über die Mikrodynamik der paramagnetischen Spezies und über zwischenmolekulare Wechselwirkungen.

Die EPR-*Linienform und die Relaxationszeiten* T_1 *und* T_2 der Elektronenspins geben ebenfalls wertvolle Informationen über die Mikrodynamik und über zwischenmolekulare Wechselwirkungen in Systemen mit freien Radikalen.

1.2. Apparative Voraussetzungen für die HF-Spektroskopie

Anliegen dieses Abschnittes ist, das Grundprinzip der HF-spektroskopischen Methoden so darzulegen, daß die Bedeutung der Meßgrößen und die Wirkung einiger experimenteller Einflußfaktoren auf diese erklärt werden können. Bezüglich ausführlicherer Darstellungen der experimentellen Technik der NMR und EPR muß auf die Spezialliteratur verwiesen werden.

1.2.1. Stationäre Verfahren [1.04, 1.08, 1.39]

Ein stark vereinfachtes Schema der stationären Spektrometer zeigt Abbildung 1.3. Durch Veränderung des starken Magnetfeldes $\boldsymbol{B}_0$ bei konstanter Senderfrequenz ω (oder in der NMR auch durch Veränderung von ω bei konstantem $\boldsymbol{B}_0$) wird bei Erfüllung der Larmor-Bedingung (1.7) bzw. (1.13) maximale Energieabsorption P_0 durch die Probe auftreten und prinzipiell nach entsprechender Verstärkung nachgewiesen werden können. Das so erhaltene Absorptionssignal ist durch seine Resonanzposition (in der hochauflösenden NMR entsprechend (1.23) durch die Verschiebung δ gegenüber einem Referenzsignal und in der EPR durch (1.28) ausgedrückt) sowie durch seine Amplitude und Linienbreite δB charakterisiert. Die Linienform $g(B)$ in der Breitlinien-NMR kann lorentz-(Flüssigkeiten) oder gaußähnlichen Charakter

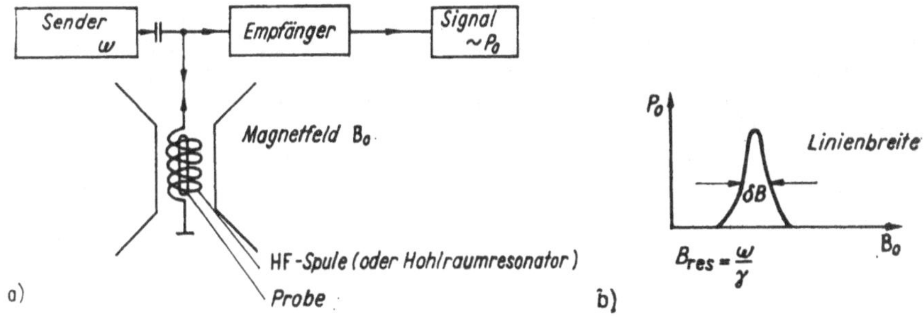

Abb. 1.3. Stationäres HF-Spektrometer, a) stark vereinfachtes Blockdiagramm des Gerätes, b) einfaches Absorptionssignal

(Festkörper) besitzen und wird deshalb meist durch integrale Parameter charakterisiert, von denen das zweite Moment M_2 nach (1.25) am häufigsten benutzt wird. Für Festkörpermessungen mit gaußähnlichen Signalen konvergieren diese Integrale. Für die Intensität, d. h. die Anzahl der zum Signal beitragenden Kern- bzw. Elektronenspins, ist die Fläche unter dem Absorptionssignal entscheidend. Ein Vergleich der Amplituden liefert also nur bei gleicher Linienform und -breite richtige Aussagen über die Intensitäten.

Da die Amplitudenveränderungen durch Resonanzabsorption z. B. in der NMR nur das 10^{-3}- bis 10^{-6}-fache der eingestrahlten HF-Leistung betragen, ist ein Nachweis über Gleichspannungsverstärkung in praktisch interessierenden Fällen nicht möglich. Deshalb werden Modulationsverfahren benutzt, von denen die beiden wichtigsten hier kurz charakterisiert werden.

Bei der *differentiellen Abtastmethode* (angewandt in der Breitlinien-NMR und der EPR) wird das zeitlich linear veränderliche magnetische Gleichfeld $\boldsymbol{B}_0$ zusätzlich mit einem Feld $B_M \cos \omega_M t$ moduliert, wobei sowohl B_M als auch ω_M/γ klein gegenüber der Linienbreite δB sein sollen (ω_M liegt für NMR in der Größenordnung von $2\pi \cdot 50$ Hz und in der EPR bei $2\pi \cdot 100$ kHz). Dann wirken einzelne Abschnitte der Absorptionslinie jeweils wie eine lineare Kennlinie (Abb. 1.4). Das Ausgangssignal enthält nur die Modulationsfrequenz und ist dem Anstieg der Absorptionskurve proportional. Nach phasenempfindlicher Gleichrichtung, verbunden mit einer starken Bandbreiteeinengung (die sich günstig auf das Signal/Rausch-Verhältnis auswirkt), erhält man die erste Ableitung des Absorptionssignales. Eine Bestimmung der Intensitäten (Ermittelung von N in (1.14)) macht deshalb eine zweimalige Signalintegration erforderlich.

Da dieses Verfahren in der hochauflösenden NMR mit den geringen (im allgemeinen durch die Inhomogenität des Magnetfeldes bestimmten) Linienbreiten wegen der hierfür

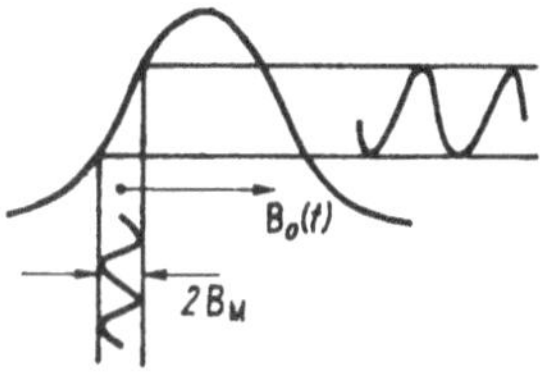

Abb. 1.4. Differentielle Abtastung

notwendigen sehr kleinen Modulationsamplituden und -frequenzen nicht mehr benutzbar ist, wird in diesem Fall die *Seitenbandmodulationsmethode* eingesetzt. Hierbei wird die Modulationsfrequenz groß gegenüber $\gamma\delta B$ gewählt und wiederum als Referenz für die phasenempfindliche Gleichrichtung genutzt. Es ergeben sich gegenüber der Resonanzfrequenz um ganzzahlige Vielfache der Modulationsfrequenz verschobene, gut voneinander getrennte Seitenbänder, die bei günstiger Wahl des Verhältnisses $\gamma B_M/\omega$ eine geringfügige Verbesserung der Signalintensität bei gleicher Form gegenüber fehlender Modulation aufweisen. So besteht z. B. die Möglichkeit, über die Anregung auf einem Seitenband und den Nachweis im Zentralband das Spektrum durch Veränderung der Modulationsfrequenz abzutasten. Die Vorteile dieser Methode liegen in der Schmalbandigkeit des Signalnachweises über die im Kilohertzbereich liegende Frequenz ω_M, der Beseitigung niederfrequenter Rauschanteile sowie in einer guten Grundlinienstabilität.

Neben den Modulationsverfahren wird in der NMR-Spektroskopie auch die *time-sharing-Methode* als ein quasikontinuierlicher Signalnachweis eingesetzt. Anstelle der Modulation erfolgt hier eine periodische Tastung des anregenden HF-Feldes und ein Signalnachweis zwischen den HF-Impulsen. Durch Änderung der Impulsfolgefrequenz ist eine Abtastung analog zur Seitenbandtechnik möglich. Der Vorteil der Methode besteht darin, daß Sender und Empfänger zeitlich voneinander entkoppelt sind und damit die Störungen wesentlich reduziert werden.

Die *Anforderungen an das Magnetsystem* werden wesentlich durch das heute bereits erreichte Auflösungsvermögen in der hochauflösenden NMR (Verhältnis Linienbreite zu Meßfrequenz), das besser als 10^{-9} ist, bestimmt. Die erforderliche räumliche Konstanz wird gewährleistet durch eine Ausmittelung des Feldes auf Grund einer Probenrotation mit einer Frequenz von ca. 50 Hz sowie durch ein System von Zusatzspulen (Shims). Eine genaue Justierung der Spulenströme erlaubt eine wesentliche Verbesserung der Magnetfeldhomogenität. Um die zeitliche Stabilität zu sichern, sind neben einer Spannungsvorstabilisierung eine Stromstabilisierung (erreicht ca. 10^{-5} pro Minute), zusätzliche Stabilisierung des Magnetflusses (bis. ca. 10^{-7} pro Minute, aber relativ unempfindlich für langsame Feldschwankungen) und schließlich eine NMR-Stabilisierung erforderlich. Da diese z. B. aus Veränderungen eines Protonen- oder Deuteriumsignales die Korrektur des Magnetfeldes ableitet, wird die Feld-Frequenz-Beziehung mit Linienbreitengenauigkeit entsprechend der Larmor-Bedingung für das Stabilisierungssignal eingehalten.

Für weniger anspruchsvolle Spektrometer sind natürlich einige Baugruppen nicht unbedingt erforderlich, was auch für andere apparative Forderungen gilt. So entfällt z. B. in der EPR und der Breitlinienkernresonanz die Notwendigkeit des Shim-Systems und der NMR-Stabilisierung. Bei geringem Signal/Rausch-Verhältnis ist der Einsatz eines digitalen Mittelwertbildners vorteilhaft. Eine kohärente Addition von n Signalen (Signalakkumulation) führt zu einer n-fachen Vergrößerung des Signales, jedoch zu einer teilweisen Ausmittelung des Rauschens und deshalb (bei weißem Rauschen) nur zu einer Rauschvergrößerung um den Faktor $\sqrt{n}$. Hierdurch steigt das Signal/Rausch-Verhältnis mit der Wurzel aus der Anzahl der Messungen und damit zugleich mit der Wurzel aus der Meßzeit. Grundsätzlich sind damit auch Signale nachweisbar, die ursprünglich vom Rauschen überdeckt waren.

1.2.2. Impulsverfahren

Auch hier soll ein stark vereinfachtes Schema (Abb. 1.5) das Grundprinzip illustrieren. Durch Einstrahlung starker HF-Impulse (deren Frequenz der

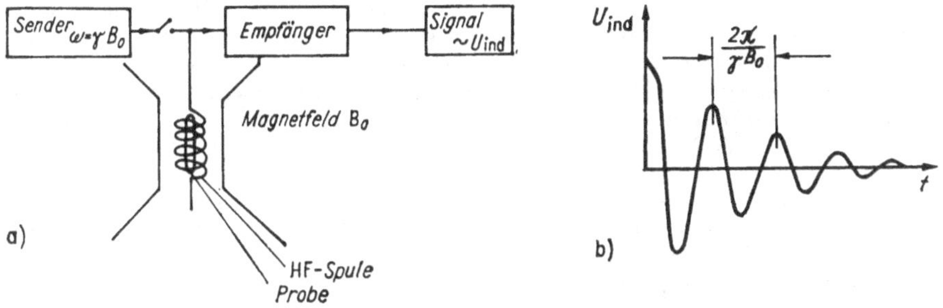

Abb. 1.5. Impulsspektrometer, a) stark vereinfachtes Blockdiagramm des Gerätes, b) einfache freie Induktion

Larmor-Bedingung entspricht) wird — wie im Zusammenhang mit (1.12) und (1.26) beschrieben — eine Veränderung der Richtung des Magnetisierungsvektors in der Probe (der zunächst in $\boldsymbol{B}_0$-Feld- bzw. z-Richtung zeigte) bewirkt und anschließend das gegen den thermischen Gleichgewichtswert relaxierende in der Spule induzierte Impulsantwortsignal (freie Induktion) U_{ind} über den Empfänger nachgewiesen.

Zur Messung der verschiedenen Arten von Kernspinrelaxationszeiten und des Selbstdiffusionskoeffizienten (s. Kap. 6.) sowie zur Anwendung von Impulsmethoden zur hochauflösenden NMR in Festkörpern (s. Kap. 7.) wird eine Reihe experimenteller Anforderungen an die Impulsspektrometer gestellt, deren wichtigste hier erläutert werden. Ausgangspunkt ist die Tatsache, daß ein HF-Impuls der Resonanzfrequenz $\omega = \gamma B_0$, der Amplitude B_1 und der Dauer t_w in einem mit der Frequenz ω um die z-Achse rotierenden Koordinatensystem den Vektor der Magnetisierung um den Winkel

$$\alpha = \gamma B_1 t_w \tag{1.42}$$

dreht.

Das Hochfrequenzfeld $\boldsymbol{B}_1$ wird dabei senkrecht zum starken stationären Feld $\boldsymbol{B}_0$ eingestrahlt. Da das linear polarisierte $\boldsymbol{B}_1$-Feld in eine rechts- und eine linksdrehende Komponente der Amplitude $\boldsymbol{B}_1$ zerlegt wird, von denen nur die gleichsinnig mit dem rotierenden Koordinatensystem veränderliche wirksam wird, kann $\boldsymbol{B}_1$ innerhalb des rotierenden Systems wegen der gleichen Frequenz als ruhend angesehen werden. Dann bestimmt die HF-Phase die Richtung des $\boldsymbol{B}_1$-Feldes innerhalb der x,y-Ebene des rotierenden Koordinatensystems. Die Drehung der Magnetisierung erfolgt genau um diese $\boldsymbol{B}_1$-Richtung.

Die verschiedenen Impulsverfahren erfordern im allgemeinen HF-Impulse, die die Magnetisierung um $\alpha = \pi/2$ oder π (seltener $\pi/4$ oder 2π) drehen. Da in den meisten

Fällen die Relaxation während der Impulse vernachlässigt werden soll, muß die Impulsdauer klein gegenüber den Relaxationszeiten sein. Außerdem erfordert auch die Anregung über die gesamte Spektrenbreite gemäß Gleichung (1.44) geringe Breiten der HF-Impulse. Das ergibt bei NMR-Experimenten die Forderung nach $(\pi/2)$-Impulsdauern von etwa 1 μs für bestimmte Festkörperexperimente und bis zu 100 μs und mehr bei Flüssigkeiten. Da die Relaxation der Elektronenspins unter vergleichbaren physikalischen Bedingungen 10^3 bis 10^4 mal schneller als die der Kerne erfolgt, ergeben sich Anforderungen an die Elektronik, die bis heute noch nicht befriedigend gelöst sind. Während die Impulstechnik bereits in Routine-NMR-Spektrometern genutzt wird, gibt es für EPR bisher nur sehr wenige Forschungsspektrometer, die auf Impulsverfahren basieren. Deshalb gilt das nachfolgend Dargestellte nur für die kernmagnetische Resonanz und Relaxation.

Bei festem $\boldsymbol{B}_0$ erfordert das Gesagte für Festkörperspektrometer gemäß Gleichung (1.42) hohe HF-Feldstärken von 1 bis 40 mT, die durch Hochfrequenzspannungen im Kilovoltbereich und HF-Leistungen von etwa 10 kW erreicht werden. Dabei sollen diese Impulse auch eine möglichst gute Rechteckform besitzen (Anstiegs- und Abfallzeiten klein gegenüber der Impulsbreite), und die Totzeit (Erholzeit des Empfängers nach den starken HF-Impulsen) soll auch nur wenig länger als die Impulsdauer sein, damit die wichtigen Signalanteile nach Ende der HF-Impulse möglichst geringen Informationsverlust erleiden. Für einige Impulsverfahren werden auch Impulse unterschiedlicher HF-Phase benötigt, die relativ zueinander 0°, 90°, 180° oder 270° betragen. Das entspricht einer Drehung der Magnetisierung um verschiedene Richtungen der x,y-Ebene des rotierenden Koordinatensystems. Diese Methoden erfordern ebenso wie die Fourier-Spektroskopie bzw. Experimente mit Signalakkumulation die Anwendung einer phasenempfindlichen Gleichrichtung. Schließlich benötigt man zur Messung des Selbstdiffusionskoeffizienten gepulste Feldgradienten in der z-Richtung bis zu etwa 10 $\mathrm{Tm^{-1}}$. Die experimentellen Probleme der Impulsmethoden haben ihre Ursache vor allem in der gegenüber den stationären Verfahren wesentlich kürzeren, dafür aber um einen Faktor bis zu 10^4 intensiveren Hochfrequenzeinstrahlung.

Neben den im Abschnitt 1.1.1.3. genannten Relaxationszeiten T_1 und T_2, die den Relaxationsprozeß im starken äußeren Feld $\boldsymbol{B}_0$ beschreiben, werden noch folgende Meßgrößen nachgewiesen:

$T_{1\varrho}$ — die longitudinale Relaxationszeit im rotierenden Koordinatensystem, die praktisch eine Relaxation im gegenüber $\boldsymbol{B}_0$ wesentlich geringeren HF-Feld $\boldsymbol{B}_1$ kennzeichnet,

$T_{2\mathrm{e}}$ — die effektive Relaxationszeit für spezielle Impulsgruppen, die das gepulste Analogon zu $T_{1\varrho}$ darstellt,

$T_{1\mathrm{D}}$ — die dipolare Relaxationszeit, die den Relaxationsprozeß im lokalen Magnetfeld der Kernspins charakterisiert und

D_{s} — der Selbstdiffusionskoeffizient, der die statistische, nicht mit einem makroskopischen Stofftransport gekoppelte Diffusion der Kernspins beschreibt.

$T_{1\varrho}$, $T_{2\mathrm{e}}$ und $T_{1\mathrm{D}}$ haben insbesondere für das Studium langsamerer Bewegungsprozesse Bedeutung.

Einige besonders wichtige Methoden zur Bestimmung der genannten Meßgrößen sind in Tabelle 1.3 schematisch dargestellt.

Tabelle 1.3. Methoden zur Bestimmung der Meßgrößen der Impuls-NMR

Meßgröße	Name der Methode	schematische Darstellung	Bestimmung der Meßgröße
T_2	freie Induktion	$\pi/2$, FID	Zeitkonstante des FID-Abfalles
T_2	Spin-Echo	$\pi/2$, t, π, t, Echo	Zeitkonstante des Abfalles des Echomaximums bei t-Variation
T_2	Carr-Purcell-Meiboom-Gill	$\pi/2\|_{90}$, t, $[\pi, t, \text{Echo}, t]_{n\text{-mal}}$	Zeitkonstante des Abfalles der Echomaxima
T_1	Inversionserholung	π, t, $\pi/2$, FID	Zeitkonstante der Änderung des FID-Maximums bei t-Variation
T_1	Progressive Sättigung	$[\pi/2, \text{FID}, t]_{n\text{-mal}}$	Zeitkonstante der FID-Änderung bei t-Variation
$T_{1\varrho}$	Spin-locking	$\pi/2\|_{90}$, HF(t), FID	Zeitkonstante des Abfalles des FID-Maximums bei t-Variation
T_{2e}	MW4-Gruppe	$\pi/2\|_{90}$, t, $[\pi/2, t, \text{Echo}, t]_{n\text{-mal}}$	Zeitkonstante des Abfalles der Echomaxima
T_{1D}	Jeener-Broekhaert	$\pi/2\|_{90}$, t_0, $\pi/4$, t, $\pi/4$, FID	Zeitkonstante des Abfalles des FID-Maximums bei t-Variation
D_s	gepulster Gradient		Zeitkonstante des Abfalles der Echoamplitude bei Variation der Amplitude des Gradienten
	Hahnsches Echo	$\pi/2$, $t(G)$, π, $t(G)$, Echo	
	stimuliertes Echo	$\pi/2$, $t(G)$, $\pi/2$, t_0, $\pi/2$, $t(G)$, Echo	

π — π-Impuls
$\pi/2|_{90}$ — $\pi/2$-Impuls mit Phasenverschiebung um 90°
t — Abstand zweier Impulse
FID — freie Induktion („free induction decay")
Echo — Spin-Echo-Signal (als Summe zweier symmetrisch zusammengesetzter freier Induktionen zu verstehen)
HF(t) — Langer HF-Impuls der Dauer t
$t(G)$ — Feldgradient G zwischen zwei Impulsen im Abstand t

1.2.3. Fourier-Transformations-Spektroskopie [1.42, 1.43]

Grundlage des Verfahrens sind die Beziehungen (1.17) und (1.18). Sie besagen, daß die Antwort eines Spinsystems auf einen HF-Impuls die FOURIER-Transformierte des Frequenzsignals bei kontinuierlicher Einstrahlung darstellt. Da die Registrierung der freien Induktion in kürzerer Zeit die gleiche Information wie die Abtastung liefert und in der eingesparten Zeit eine Akkumulation der FID-Signale durchgeführt werden kann, bringt diese Methode einen erheblichen Empfindlichkeitsgewinn (der allerdings durch einen höheren Aufwand — insbesondere durch ein Computersystem — erkauft werden muß).

Die Vielzahl der äquidistanten HF-Impulse der Dauer t_w und der Frequenz ω_0 im Abstand t_0 (Zykluszeit) voneinander, nach denen jeweils die freie Induktion gemessen und akkumuliert wird (Abb. 1.6.), ergibt in der FOURIER-Darstellung äquidistante Frequenzkomponenten symmetrisch zur Resonanzfrequenz $\omega_0/2\pi$ im Abstand

$$\Delta\nu = \frac{1}{T} \tag{1.43}$$

voneinander. Wenn F den maximalen Abstand von der Resonanzfrequenz darstellt, so besitzen die einzelnen Frequenzkomponenten unter der Voraussetzung

$$\pi F t_w \ll 1 \tag{1.44}$$

angenähert konstante Amplituden.

Damit läßt sich die FOURIER-Transformationstechnik auch so interpretieren, daß die Frequenzen, die bei den stationären Verfahren nacheinander angeregt werden, über den gesamten interessierenden Bereich gleichzeitig eingestrahlt werden. Die Analyse des bis auf einfache Spezialfälle unübersichtlichen Frequenzgemisches der Impulsantwort erfolgt dann mittels FOURIER-Transformation. Die Wahl des Meßpunktabstandes für die Datenerfassung wird durch das Abtasttheorem bestimmt [1.44]. Bei Vorhandensein einer oberen Grenzfrequenz F, die bereits für Gleichung (1.44) vorausgesetzt worden ist, erhält man die vollständige Signalinformation mit einer Samplingperiode (Meßpunktabstand):

$$\Delta t = \frac{1}{2F}\,. \tag{1.45}$$

Besitzt die Zeitfunktion N Meßpunkte, so ergibt sich für die Meßzeit

$$T = N\Delta t\,. \tag{1.46}$$

Bei vorgegebener oberer Grenzfrequenz F sowie geforderter Auflösung sind also die Meßparameter Δt und N (und damit auch T) durch (1.45) bzw. (1.43) und (1.46) bestimmt. Dabei wird N aus Gründen der Realisierung der schnellen FOURIER-Transformation auf einem Computer als (nächsthöhere) ganzzahlige Zweierpotenz gewählt. Die digitale schnelle FOURIER-Transformation wird auf einem Kleinrechner oder Mikroprozessor vorgenommen. Gemäß

$$b_K = \sum_{n=0}^{N-1} a_n \exp\left(2\pi i \frac{Kn}{N}\right), \qquad K = 0, 1, \ldots, \frac{N}{2}, \tag{1.47}$$

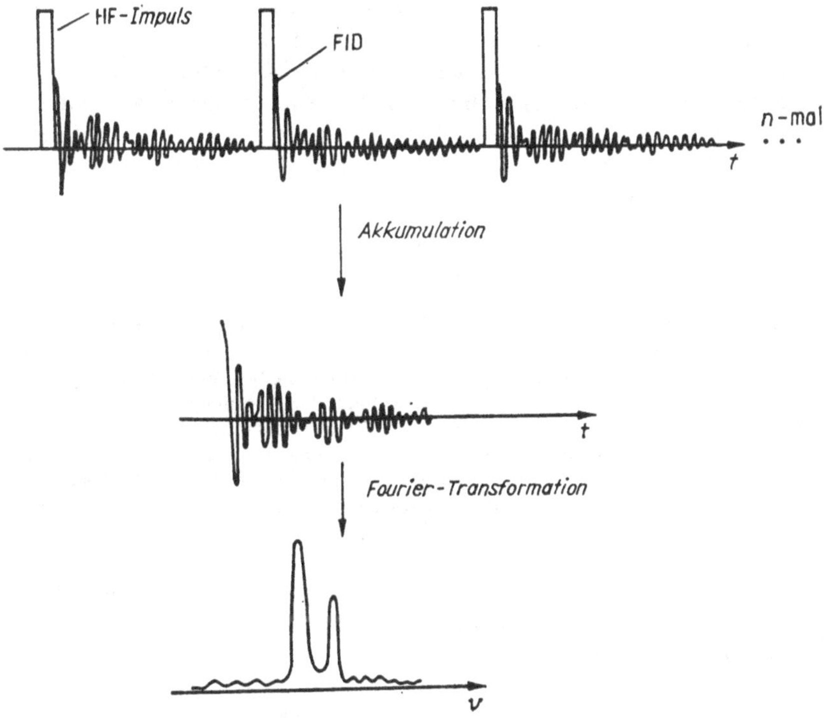

Abb. 1.6. Grundprinzip der FT-Spektroskopie

werden dabei nach einem modifizierten Cooley-Tuckey-Algorithmus [1.45], der besonders rechenzeit- und speicherplatzeffektiv arbeitet, N Werte der reellen Zeitfunktion in je etwa $N/2$ Real- und Imaginärteile der komplexen Frequenzfunktion umgerechnet. Der Einsatz von Computern erlaubt es, vor der Fourier-Transformation die freie Induktion punktweise exponentiell zu multiplizieren. Das entspricht einer Glättung des Frequenzspektrums.

Nach der Transformation muß im allgemeinen eine Phasenkorrektur, d. h. eine geeignete Drehung der komplexen Werte b_K, vorgenommen werden. Ebenso ist die Bildung des Betrages („Power-Spektrum") möglich. Eine Besonderheit der Fourier-Technik ist die Spiegelung an allen Vielfachen der Grenzfrequenz, also auch an der Frequenz 0 (hier jeweils bezogen auf die Einstrahlungsfrequenz). Das bedeutet eine Faltung von außerhalb des Spektrenbereiches liegenden Signal-, aber auch Rauschanteilen in das Spektrum hinein. Hieraus folgt, daß die Meßfrequenz außerhalb des Spektrums und die Filterung für Frequenzanteile oberhalb der Grenzfrequenz liegen müssen. Durch Filterung bzw. Verschiebung der Meßfrequenz muß geprüft werden, ob Spiegelung vorliegt.

Ein besonderer Vorteil der FT-NMR ist die Variabilität bei der Wahl von Doppelresonanzverfahren, auf deren Nutzen bereits im Zusammenhang mit der Relation (1.20) hingewiesen worden ist. Die am häufigsten benutzte Doppelresonanzmethode bei der Aufnahme von FOURIER-Spektren ist die Breitbandentkopplung von Protonen. Sie liefert entkoppelte Spektren (Wegfall zusätzlicher Linienaufspaltungen), die außerdem durch den OVERHAUSER-Effekt vergrößert sind.

In der FT-Technik ist jedoch auch die Aufnahme unentkoppelter Spektren zur Bestimmung von indirekten Kernspinkopplungskonstanten J oder von Linienmultiplizitäten n (nach (1.29)) zur Linienzuordnung möglich, die durch den OVERHAUSER-Effekt im Signal/Rausch-Verhältnis verbessert sind. Hierzu muß die Einstrahlung der Protonenfrequenz jeweils nach Ende der Datenerfassung der Spektren und vor Beginn des nächsten Impulses erfolgen (gated decoupling). Ebenso ist es möglich, entkoppelte Spektren ohne OVERHAUSER-Vergrößerung durch Einstrahlung der Protonenfrequenz während der Spektrenaufnahme zu erhalten. Die Entkoppelfrequenz kann dabei auch zwischen der Datenerfassung zweier aufeinanderfolgender Meßpunkte eingestrahlt werden. Das erleichtert die Messung des OVERHAUSER-Faktors im Vergleich mit breitbandentkoppelten Spektren. Auf diese Weise läßt sich auch gepulste homonukleare Entkopplung realisieren, die u. a. zur Unterdrückung von Lösungsmittelpeaks benutzt werden kann.

Zusätzliche Probleme liefert die FOURIER-Methode bei der quantitativen Analyse. Fehlerquellen für die gemessenen Intensitäten und Möglichkeiten der Beseitigung sind in Tabelle 1.4 zusammengestellt.

Neben dem großen Empfindlichkeitsgewinn (der z.B. für ^{13}C-Kerne eine Meßzeiteinsparung um den Faktor 5000 ergibt und damit den praktischen Einsatz der ^{13}C-Spektroskopie überhaupt erst ermöglicht), der Variabilität der Doppelresonanzverfahren und der Möglichkeit der Beobachtung dyna-

Tabelle 1.4. Fehlerquellen für die mit der FT-Technik bestimmten Intensitäten und Möglichkeiten ihrer Beseitigung

Fehlerquelle	Beseitigung
zu lange Impulse ((1.44) verletzt)	kleinere Impulsbreiten
elektronische Filterung über Frequenzbereich nicht konstant	Vergrößerung der Filterzeitkonstante (verschlechtert das Signal/Rausch-Verhältnis)
Nichterreichen des thermischen Gleichgewichtswertes bei Beginn des Nachfolgeimpulses	Vergrößerung des Impulsabstandes auf mindestens das Dreifache des maximalen T_1-Wertes durch Einführung einer zusätzlichen Wartezeit
unterschiedliche OVERHAUSER-Faktoren	„gated decoupling" oder Zusatz geeigneter paramagnetischer Spezies
schlechte Phasenkorrektur	Benutzung des POWER-Spektrums

mischer Prozesse auf Grund der kürzeren Meßzeiten stellt der Informationsgewinn durch Messung selektiver Relaxationszeiten einen weiteren großen Vorteil der FOURIER-Transformations-Spektroskopie dar. Hierfür können viele der in Tabelle 1.3 dargestellten Methoden eingesetzt werden (am häufigsten werden jedoch „Inversionserholung" und „Progressive Sättigung" benutzt).

Anstelle des Maximums der freien Induktion wird der Verlauf der Intensität einzelner Linien nach der FOURIER-Transformation des FID in Abhängigkeit vom Impulsabstand beobachtet. Das führt zur Bestimmung der Relaxationszeiten einzelner Atomgruppen und gestattet z.B., die unterschiedlichen Beweglichkeiten längs einer Polymerkette zu bestimmen.

Schließlich sei noch erwähnt, daß die FT-Technik überhaupt erst die Basis für Experimente zur hochauflösenden NMR im Festkörper liefert (s. Kap. 7.).

Bezüglich der EPR ist die FT-Technik noch nicht ausgereift. Erste EPR-Spektrometer, die auf der Basis der Spin-Echo-Technik arbeiten, entwickelten unabhängig voneinander ZWETKOW und Mitarbeiter [1.46] sowie TRIFUNAC und Mitarbeiter [1.47]. Diese Technik hat für die zeitaufgelöste EPR große Bedeutung (vgl. 2.1.2., 2.4. und 2.5.).

1.3. Beiträge verschiedener EPR- und NMR-Methoden zur Polymerforschung

Mit Tabelle 1.5 wollen wir eine Brücke zum allgemeinen Anliegen der Polymerforschung schlagen. Dieses besteht insbesondere darin, die Fragenkette aufzuklären, die von den Bedingungen während der Synthese über die Struktur der Makromoleküle und Polymersysteme bis zu den Eigenschaften der makromolekularen Werkstoffe reicht. Sind die durch breite Pfeile gekennzeichneten ursächlichen Zusammenhänge im ausreichenden Maße erkannt, lassen sich — in umgekehrter Richtung vorgehend (dünne Pfeile) — von der Forderung nach bestimmten Materialeigenschaften ausgehend, makromolekulare Werkstoffe nach Maß produzieren. Die Tabelle soll stichwortartig über die möglichen Beiträge der Teilmethoden informieren.

Tabelle 1.5. Beiträge HF-spektroskopischer Methoden zur Polymerforschung

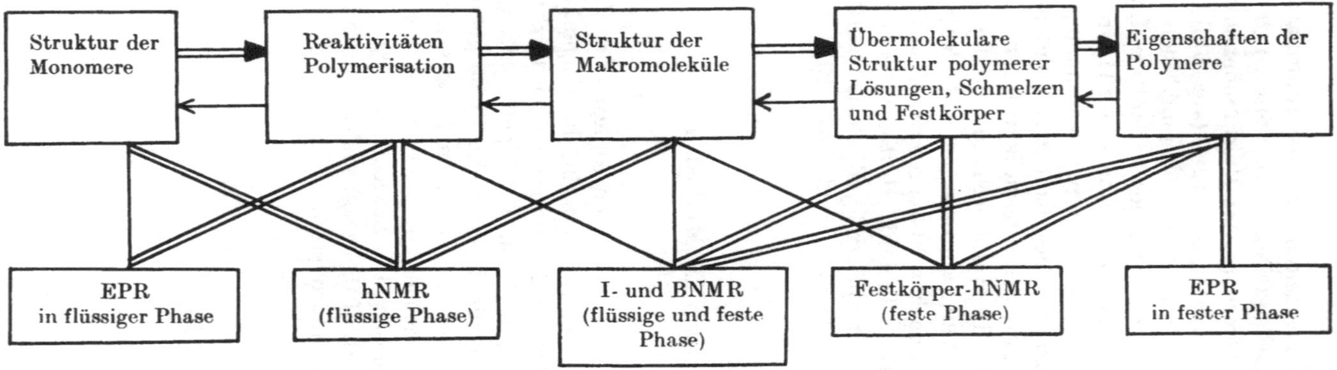

EPR in flüssiger Phase	hNMR (flüssige Phase)	I- und BNMR (flüssige und feste Phase)	Festkörper-hNMR (feste Phase)	EPR in fester Phase
Start- und Monomerradikale	monomere Ausgangslösungen	monomere Ausgangsgemische	Makromoleküle	Start- und Monomerradikale
• chemische Strukturen sterische Strukturen • Elektronenspindichte • innermolekulare Bewegungen Konformationswahrscheinlichkeiten • Gesamtmolekulare Umlagerung, Rotationsdiffusion • zwischenmolekulare Wechselwirkungen, Komplexbildung, Solvatation	• Struktur • Konformationen • Wechselwirkungen mit Lösungsmitteln Komplexbildung	• zwischenmolekulare Wechselwirkung • Diffusion	• evtl. Konstitutionsanalyse (Trennung von aromatischen und Methyl- bzw. Methylengruppen)	• Struktur • Elektronenspindichte • mikrodynamisches Verhalten • Umwandlungen und Rekombinationen
	Makromoleküle	Polymerisationsprozeß	Polymerfestkörper	Polymerradikale
	• Konstitution • Konfiguration • Sequenzlängenverteilung	• molekulare Beweglichkeit, Verfestigungserscheinung • Komplexbildung/ Phasentrennung	• übermolekulare Struktur Bereiche unterschiedlicher Ordnung bzw. Unordnung	• chemische Struktur • physikalische Struktur • Radikalkonzentration • Eigenschaften von Radikalpaaren • Radikalmigration

- Elementarprozesse der Radikalbildung und schneller
  Radikalreaktionen
- Elektronenspinpolarisation (CIDEP)
- Reaktivität
  Radikallebensdauer
- Radikalkonzentrationen
- kinetische Parameter
  Geschwindigkeitskonstanten
  Radikalumwandlungen
- Reaktionsmechanismen

Polymerisations- und Copolymerisationsradikale

- Strukturen
- Reaktivität
- Kinetik
- Rotationen

Polymerlösungen

- Polymer-Polymer-Wechselwirkung/
  Komplexbildung
  Aggregation
  Phasentrennung
- Mikrodynamik in Lösungen
- Orientierungseffekte
- Umordnungseffekte in flüssig-kristallinen Lösungen

Polymerisation

- Kernspinpolarisation/
  CIDNP in Initiierungsphase
- Verhältnisse von Reaktionsgeschwindigkeitskonstanten
- Reaktionsmechanismus

Polymerlösungen/Schmelzen

- Mikrodynamik
  Bewegungsmodelle
  Segmentbeweglichkeit
- zwischenmolekulare Wechselwirkungen
  Aggregation/Phasentrennung
- Diffusion

Festkörper und gequollene Polymere

- mikrodynamisches Verhalten
  Bewegungsmodelle
- Orientierungsgrad
- dynamischer Glasübergang
- Relaxationsprozesse
- Weichmachung
  Verträglichkeit

- Grad der Amorphität
- partiell orientierte Polymere
  Orientierungseffekte
- Orientierungsgrad
- isotrope und anisotrope Bewegungen in festen und flüssig-kristallinen Polymeren

- Bildungsmechanismen von Mechanoradikalen
- chemische Kinetik bei Umwandlungs- und Rekombinationsreaktionen

Polymermatrix

- molekulare Beweglichkeit
- Glasübergänge/Relaxationsprozesse
- photo- und thermooxidativer Abbau
- Orientierungseffekte
- Mikromechanismen von Zerreißprozessen

Doppelte Verbindungslinien zwischen einer HF-spektroskopischen Meßmethode und den Untersuchungskomplexen heben die Haupteinsatzgebiete der betreffenden Methode hervor.

2. Untersuchungen zur Polymerisation mittels paramagnetischer Elektronenspinresonanz (EPR oder ESR)[1]

Ein Anliegen der Polymerisationsforschung besteht darin, die Mechanismen aufzuklären, die auf molekularem und atomarem Niveau den Verlauf der Polymersynthese, den Prozeß der Herausbildung der Struktur der Makromoleküle bestimmen oder beeinflussen. Für die Synthese von Polymeren nach Maß, von makromolekularen Werkstoffen mit bestimmten, vorgegebenen Eigenschaften und für die optimale Steuerung solcher Prozesse sind sehr detaillierte Kenntnisse über Elementarprozesse chemischer Reaktionen und über die Möglichkeit, sie durch äußere Einwirkungen sowie durch Ausnutzung von intra- und intermolekularen Wechselwirkungen gezielt zu beeinflussen, erforderlich.

Dieses Forschungsziel kann zumindest durch zwei hochfrequenzspektroskopische Meßmethoden unterstützt werden: mittels der in Kapitel 4. dargestellten hochauflösenden Kernresonanzuntersuchungen, die über die Erforschung der Mikrostruktur der Makromoleküle wertvolle Rückschlüsse auf den Strukturbildungsprozeß erlauben, und mittels Elektronenspinresonanzmessungen, ausgeführt während der Polymerisation. Während die Kernresonanzuntersuchungen einen nachträglichen Einblick in die Wachstumsreaktionen vermitteln, erbringen die EPR-Messungen insbesondere Erkenntnisse über Elementarprozesse und Wechselwirkungen bei der Bildung der kurzlebigen Spezies, die die Polymerisation initiieren, und über die ersten Anlagerungsreaktionen.

[1] In der Polymerforschung können die synonymen Bezeichnungen EPR (Paramagnetische Elektronenresonanz) und ESR (Elektronenspinresonanz) als äquivalente Termini verwendet werden, da bei freien Radikalen, den hier fast ausschließlich zu untersuchenden Spezies, der Paramagnetismus nahezu völlig vom Spinmoment der ungepaarten Elektronen herrührt. Da jedoch selbst die kleinen Bahnmomente bzw. deren Kopplung mit dem Spin große Auswirkungen auf die während chemischer Reaktionen beobachtbaren Spektren haben können und weil man für die Polymercharakterisierung teils auch Spezies nutzt, deren Paramagnetismus stark durch die Bahnbewegung der Elektronen bestimmt wird (z. B. Metallionen), bevorzugen wir die von dem etwas umfassenderen Begriff abgeleitete Abkürzung EPR.

Die meisten Polymerisationsprozesse finden in flüssiger Phase statt. Daher wird in diesem Kapitel über EPR-*Messungen* berichtet, die *in flüssiger Phase* während der Radikalbildung und Polymerisation ausgeführt werden.

2.1. Überblick über die Möglichkeiten und Grenzen der EPR in der Polymerisationsforschung

2.1.1. EPR-Messungen bei kontinuierlicher Radikalbildung

Ein Vorteil der EPR gegenüber chemischen Methoden besteht darin, daß die EPR-Resultate direkt von Messungen an den reagierenden Radikalen oder paramagnetischen Ionen herrühren, wobei sich das Verhalten von strukturell unterschiedlichen Radikalen getrennt studieren läßt. Das heißt, der besondere Wert von EPR-Untersuchungen liegt größtenteils in der *Selektivität der Messungen* unmittelbar an den verschiedenen, reagierenden Spezies begründet. Während jedoch chemische und physiko-chemische Untersuchungen praktisch an allen polymerisierenden Systemen möglich sind, können EPR-Messungen nur an Systemen vorgenommen werden, in denen eine relativ hohe Radikalkonzentration zu erreichen ist.

Die Nachweisempfindlichkeit moderner EPR-Spektrometer wird meistens mit $5 \cdot 10^{10}$ paramagnetische Spezies pro 10^{-4} T Linienbreite angegeben. Unter realen Meßbedingungen entspricht diese Empfindlichkeit einer minimalen Radikalkonzentration von ca. 10^{-7} mol l^{-1}. Für die meisten kinetischen Untersuchungen und für die Untersuchung von dynamischen Prozessen oder intermolekularen Wechselwirkungen ist jedoch eine Anfangskonzentration von 10^{-5} mol l^{-1} erforderlich. Die Lebensdauer der zu untersuchenden Spezies liegt in der flüssigen Phase im Bereich von 10^{-6} bis 10 s, meistens im Millisekundenbereich. In der Regel sind für die Aufzeichnung eines gut auswertbaren *steady-state*-Spektrums wenigstens drei Minuten erforderlich. Die Notwendigkeit, eine stationäre Radikalkonzentration über längere Zeit zu sichern, erfordert die kontinuierliche Bildung der Radikale direkt im Resonator, z. B. durch Bestrahlung mit UV-Licht [2.01] oder mit schnellen Elektronen [2.02] oder durch eine Mischtechnik, bei der zwei Komponenten eines Redoxsystems in getrennten Leitungen bis zum Resonator fließen und dort die Radikalbildung induzieren [2.03]. Beide Gruppen der Radikalbildung erfordern einen ständigen Probenfluß, um auch über einen längeren Zeitraum stets die gleichen Ausgangsbedingungen zu haben.

Die ersten systematischen Polymerisationsuntersuchungen mittels EPR wurden ausgeführt von Bresler und Mitarbeitern [2.04], von Fischer [2.05], Yoshida und Ranby [2.06] und Bamford u. a. [2.07]. Zusammenfassungen über stationäre EPR-Untersuchungen in der Polymerforschung wurden publiziert von CAMPBELL [20.8], von FISCHER und HUMMEL [2.09], RANBY und RABECK [2.10] und ROTH und WÜNSCHE [2.11]. Die Zusammenfassungen [2.08 bis 2.10] enthalten neben vielen substanzspezifischen Resultaten wertvolle Details über experimentelle Anordnungen und auch methodische Hinweise, so daß wir uns in der vorliegenden Publikation bezüglich der stationären EPR in vielen Fällen auf die Demonstration des prinzipiellen Informationsgehaltes dieser Methode beschränken können. Detaillierter eingegangen wird auf neue Anwendungsmöglichkeiten und die Ausnutzung neuer Effekte, die bisher praktisch noch wenig Eingang in die Polymerisationsforschung gefunden haben.

Die stationäre EPR-Technik, d. h. die Aufzeichnung der EPR-Spektren bei kontinuierlicher Radikalbildung und steter Erfüllung der Stationäritätsbedingung für Bildung und Rekombination der Radikale, ist die Hauptmethode der EPR-Spektroskopie. Sie gestattet Aussagen über die chemische und sterische Struktur der Radikale und über deren Dynamik, über zwischenmolekulare Wechselwirkungen, über starke Effekte der chemisch induzierten dynamischen Elektronenspinpolarisation (CIDEP) sowie über das Relaxationsverhalten des Elektronenspinsystems und erlaubt die Bestimmung von relativen Reaktionsgeschwindigkeitskonstanten von Radikalen und Radikalionen.

2.1.2. EPR-Kurzzeitspektroskopie

Bei der Untersuchung schneller Radikalreaktionen kann man mittels der stationären EPR allein die Vorteile der EPR-Spektroskopie nicht voll ausschöpfen, weil das, was man bei Anwendung dieser Technik erfaßt, nur einen Mittelwert der Lebensgeschichte der einzelnen Radikale, die aus den ständig ablaufenden Bildungs- und Vernichtungsreaktionen resultieren, darstellt. In vielen Fällen gehen dabei kurzlebige Zwischenzustände der Radikale für die Beobachtung verloren. Für das tiefergehende Studium der ablaufenden Prozesse, für die absolute Bestimmung kinetischer Konstanten der chemischen Reaktionen und die vollständige Erforschung der Elektronenspinpolarisations- und Relaxationsvorgänge ist die Anwendung der zeitaufgelösten EPR-Spektroskopie erforderlich. Sie ist notwendig, um einen vollständigeren Einblick in die miteinander eng verkoppelten Prozesse zu bekommen, die sich während der Radikalbildung, -reaktion und -rekombination abspielen.

Hinsichtlich der Nachweistechnik haben wir zwischen zwei Arten der EPR-Kurzzeitspektroskopie zu unterscheiden: der rapid-scan- oder Schnell-sweep-Technik und der zeitaufgelösten oder kinetischen EPR. Bei beiden Techniken ist die impulsförmige Radikalbildung Voraussetzung. Außerdem muß die Möglichkeit der schnellen elektronischen Speicherung und der Akkumulation für die Verbesserung des Signal/Rausch-Verhältnisses gegeben sein.

Die impulsförmige Radikalbildung ist für Untersuchungen während langsamer Reaktionen (Radikallebensdauern $\geqq$ 10 ms) zum Beispiel durch diskontinuierlichen Probenfluß (stoped-flow-Technik [2.12]) möglich. Bei schnellen Reaktionen empfiehlt sich die Initiierung mit gepulsten Strahlenquellen, wobei mit Impulslasern und gepulsten Elektronenquellen besonders hohe Zeitauflösungen möglich sind. Abbildung 2.1 zeigt den prinzipiellen Aufbau einer Spektrometeranordnung für stationäre und zeitaufgelöste EPR bei steter und impulsförmiger Bestrahlung.

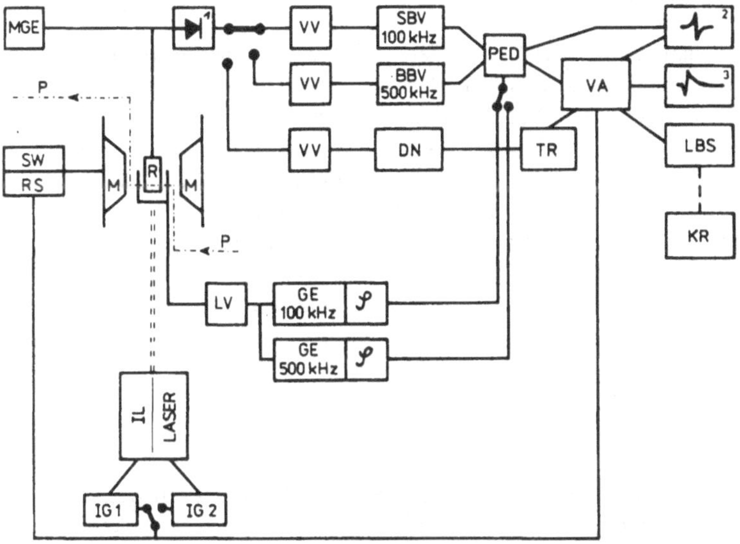

Abb. 2.1. Blockschaltbild einer Spektrometeranordnung, die, aufbauend auf einem kommerziellen Grundgerät (ERS 220 von ZWG Berlin) sowohl stationäre als auch zeitaufgelöste EPR ermöglicht. MGE — Mikrowellengenerator, M — Magnet, R — Resonator, SW — Magnetfeld-sweep-Einheit, RS — rapid scan, IG1 — Impulsspannungsquelle für Xenon-Hochdrucklampe, IG2 — Impulsspannungsquelle für UV-Laser, IL — Impulslampe, P — kontinuierlicher Probenfluß, GE — Generator für Modulationsfrequenz, LV — Leistungsverstärker, φ — Phasenverschieber, 1 — Nachweisdiode, VV — Vorverstärker, SBV — Schmalbandverstärker, BBV — Breitbandverstärker, PED — phasenempfindlicher Detektor, DN — Verstärker für direkten Nachweis, TR — Transientrekorder, VA — Vielkanalanalysator, 2,3 — Registriereinheiten für stationäre und zeitaufgelöste Spektren, LBS — Lochbandstanzer, KR — Kleinrechner

2.1.2.1. Die rapid-scan-Technik

Diese Schnell-sweep-Technik gestattet, das Feld über einen Bereich von $\Delta B \leqq 10$ mT in Zeiten von $t \geqq 1$ ms zu durchfahren. Schnelle synchrone Signalspeicherung und vielfache Akkumulation machen es z.B. möglich, Spektren während des Photolyseimpulses und auch zu definierten Zeiten nach der Blitzphotolyse oder -radiolyse aufzuzeichnen. *Dies ist jedoch nur möglich, wenn die Reaktionen nicht zu schnell ablaufen* (Lebensdauer $\tau \geqq 10$ ms).

Für fast alle Radikalreaktionen, die während der Polymerisation und Copolymerisation in niederviskoser flüssiger Phase ablaufen, ist die mit rapid-scan zu erzielende Zeitauflösung nicht ausreichend. Die erforderliche Zeitauflösung liegt oft in der Größenordnung von $5 \cdot 10^{-8}$ bis 10^{-4} Sekunden. Derartig kurze Registrierzeiten sind mit sweep-Technik nicht zu erreichen.

2.1.2.2. Zeitaufgelöste EPR

Während der Registrierung zeitaufgelöster EPR-Spektren werden sowohl das Magnetfeld als auch die Mikrowellenfrequenz konstant gehalten. Während und unmittelbar nach der Blitzphotolyse (oder nach einem Radiolyseimpuls) wird die Änderung der Signalamplitude eines Spektrenpunktes aufgezeichnet und elektronisch abgespeichert. Führt man derartige Messungen für alle Feldpositionen aus, bei denen EPR-Signale beobachtet werden, und ändert dabei noch die Reaktionsbedingungen (insbesondere Temperatur, Lösungsmittel, Monomer und eventuell Initiatorkonzentration), so kann man eine Fülle chemisch und physikalisch interessanter Größen über die reagierenden Spezies (Radikale oder paramagnetische Ionen) gewinnen. Da es sich dabei überwiegend um Informationen handelt, die mit keiner anderen Methode erhältlich sind, werden gerade aus diesem jüngsten Zweig der EPR-Spektroskopie besonders wertvolle Impulse für die Erforschung von Elementarprozessen der Radikalbildung und der Polymerisation erwartet.

Bei der technischen Realisierung der zeitaufgelösten EPR-Spektroskopie wird meistens von kommerziell erhältlichen („steady-state"-)Spektrometern ausgegangen, wobei an Stelle der üblicherweise angewendeten 100 kHz-Modulation mit 0,5 MHz bis 2 MHz moduliert wird und man statt der normalerweise schmalbandigen Verstärkung eine breitbandige realisiert. Durch die Hochfrequenzmodulation wird eine Zeitauflösung von etwa drei Mikrosekunden erreicht. Eine andere Nachweistechnik verzichtet bei der Signalweiterverarbeitung völlig auf Modulation (direkter Nachweis, vgl. Abb. 2.1). Mittels der direkten Nachweistechnik und leistungsstarker Excimerlaser erzielten McLauchlan und Hore [2.12a, 2.50] eine Zeitauflösung von 200 ns, wodurch in einer Reihe von Systemen die Polarisationsentwicklung und die Elektronenspinrelaxationszeiten zuverlässig gemessen werden konnten.

Beim gegenwärtigen Stand der Technik sind zur Erzielung von Zeitauflösungen unter 200 ns offensichtlich Spektrometer erforderlich, bei denen neben den kurzen Photo- oder Radiolyseimpulsen relativ starke Mikrowellenimpulse auf die durch den Resonator fließende Probe einwirken können. Dabei kennt man folgende Varianten: 1. die Elektronenspinechotechnik (ESE) [2.13] und 2. die Messung des Abfalls der freien Induktion (FID) [2.51]. Die Anwendung beider Impuls-EPR-Techniken scheint gegenwärtig auf Probleme beschränkt, bei denen extrem hohe Radikalbildungsraten und -konzentrationen realisiert werden können; denn niedrige Responsezeiten sind nur bei niedrigen Resonatorgüten erzielbar, was auf Kosten der Empfindlichkeit geht. Mittels der genannten Impuls-EPR-Methoden gelangen TRIFUNAC und Mitarbeiter [2.13, 2.51] Zeitauflösungen von ca. 50 ns.

Die mit optischem Nachweis bei Untersuchung rekombinierender Radikalionenpaare erzielten Zeitauflösungen liegen in der gleichen Größenordnung [2.52]. Diese Nachweismethode müßte auch bei niedrigen Radikalpaarkonzentrationen anwendbar sein. Die optischen Spektren enthalten jedoch weniger Strukturinformationen als EPR-Spektren.

Die zeitaufgelöste EPR erfordert Spektrometer mit hoher Magnetfeld- und Frequenzstabilität und die Möglichkeit einer genauen Feldeinstellung. Insbesondere kommt es darauf an, daß das Verhältnis von Magnetfeld und Frequenz auch bei längeren Akkumulationszeiten konstant bleibt, was am einfachsten durch Magnetfeld/Frequenz-Regelung gesichert werden kann.

2.2. Untersuchungen zu Radikalstrukturen und zur Radikaldynamik

2.2.1. Chemische Strukturen

Wodurch die Aufklärung der Radikalstruktur möglich ist und was es dabei zu beachten gilt, soll an Hand von Beispielen erläutert werden. Daß hierbei von zwei speziellen Wegen der Radikalbildung und Polymerisationsinitiierung ausgegangen wird, schränkt die Allgemeingültigkeit der in den Abschnitten 2.2.1.1. und 2.2.1.2. diskutierten Möglichkeiten und Grenzen nicht ein.

2.2.1.1. Alkylradikale, untersucht bei Redoxinitiierung

Als erstes Beispiel von Strukturuntersuchungen betrachten wir Radikale, die während der redoxinitiierten Polymerisation von Vinylmonomeren bei Zimmertemperatur vorkommen. Abbildung 2.2 zeigt die Spektren von zwei *Monomer*radikalen, aufgezeichnet während des Zusammenfließens und des Mischens zweier wäßriger Lösungen [2.11]. Während des Mischens der beiden Lösungen entstehen *Start*radikale HO·, die schnell mit den Monomermole-

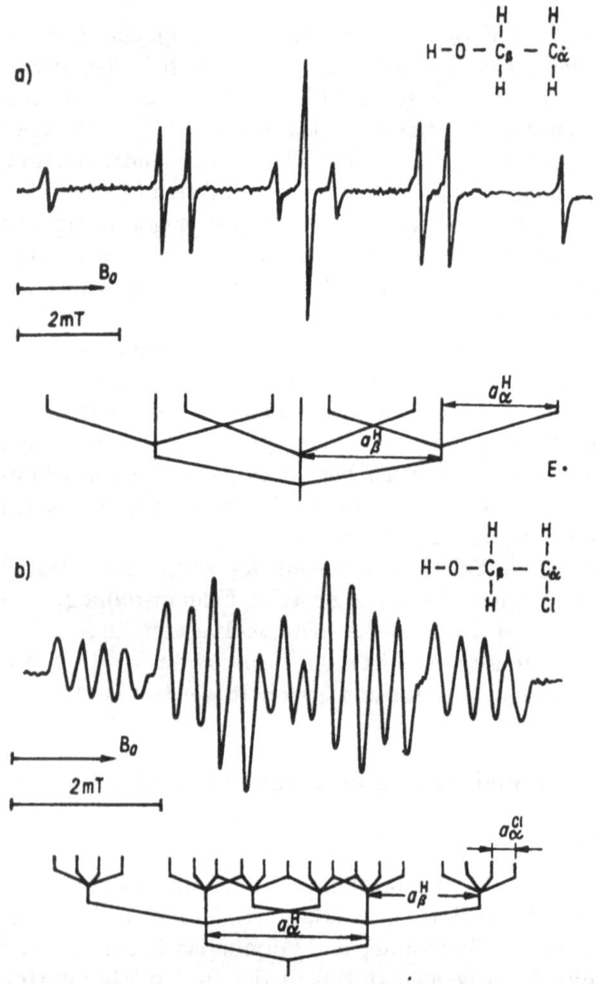

Abb. 2.2. EPR-Spektren und Aufspaltungsschemata von Monomerradikalen E· und VC· des Ethylens bzw. des Vinylchlorids, registriert bei Zimmertemperatur und Redox-initiierung mit $TiCl_3/H_2O_2$ als Initiator im Durchflußsystem und Wasser als Lösungsmittel; a) $[E] = 5 \cdot 10^{-3}$ mol l^{-1}, $a_\alpha^H = 2{,}23$ mT und $a_\beta^H = 2{,}78$ mT, b) $[VC] = 10^{-2}$ mol l^{-1}, $a_\alpha^H = 2{,}09$ mT, $a_\alpha^{Cl} = 0{,}3$ mT, $a_\beta^H = 1{,}50$ mT

külen zu den beobachtbaren Monomerradikalen weiter reagieren:

$$\mathrm{HO\cdot} + \begin{array}{c}\mathrm{H}\quad\mathrm{X}\\ |\qquad|\\ \mathrm{C}=\mathrm{C}\\ |\qquad|\\ \mathrm{H}\quad\mathrm{Y}\end{array} \rightarrow \mathrm{HO}-\begin{array}{c}\mathrm{H}\\ |\\ \mathrm{C}_\beta\\ |\\ \mathrm{H}\end{array}-\begin{array}{c}\mathrm{X}\\ |\\ {}_\alpha\mathrm{C\cdot}\\ |\\ \mathrm{Y}\end{array}$$

In solchen Alkylradikalen sind die β-Protonen (H-Atome an den β-Kohlenstoffatomen) meistens magnetisch äquivalent und zeigen oft die stärkste Wechselwirkung mit dem ungepaarten Elektron. In Übereinstimmung mit den Gleichungen (1.28), (1.29) und (1.34) führen die β-Protonen zu einer Aufspaltung in ein Triplett (wegen $I_{ges} = 1$) und verursachen relativ große Kopplungskonstanten. Im Falle des Vinylchlorids gibt es neben der Wechselwirkung mit den Protonen zusätzliche Aufspaltungen durch die Kernspins von Chloratomen ($I = 3/2$) in Quartetts.

Die Linien sind beim Vinylchlorid breiter als beim Ethylen. Als Folge der Chlorsubstitution hat sich nicht nur die molekulare Masse fast verdoppelt, was zur Herabsetzung der Rotationsdiffusion führt, sondern die innere Rotation wird im VC-Radikal stärker behindert als im zugehörigen Monomerradikal des Ethylens (E·) [2.14], die Relaxation wird beschleunigt und die Hyperfeinstrukturwechselwirkung verringert. Das magnetische Moment der Chlorkerne ist etwa um den Faktor 3,5 kleiner als das eines Protons (vgl. Tab. 1.1). Da das Chloratom außerdem einen Kernspin von 3/2 hat, ist die Aufspaltung, die auf Chloratome zurückzuführen ist, nur etwa 1/10 von der der Protonen mit gleicher Spindichte. Die gemessene Kopplungskonstante von $a^{Cl} = 0{,}3$ mT weist also darauf hin, daß die Aufenthaltswahrscheinlichkeit des ungepaarten Elektrons in der Nähe des Chlorkernes größer ist als am α-Proton. Ein weiterer Grund für die breiteren EPR-Signale ist in den unterschiedlichen magnetischen Momenten von Cl^{35} und Cl^{37} zu suchen, weshalb ihre Hyperfeinstrukturwechselwirkung mit dem Elektronenspin nicht exakt gleich ist.

Wenn man unter ähnlichen Meßbedingungen an Systemen mit zwei Monomeren mißt, kann man oft neben Monomerradikalen *Copolymerisationsradikale* beobachten. Ein Beipiel dafür zeigt Abbildung 2.3. Im oberen Teil dieser Abbildung ist das Spektrum des Acrylnitrilmonomerradikals HO—CH_2—$\dot{C}H(CN)$ zu sehen, während im unteren Teil der Abbildung ein Spektrum wiedergegeben ist, das durch die Überlagerung von Spektren des AN-Monomerradikals (intensitätsstärkstes Signal), eines Vinylidenchlorid-Acrylnitril-Copolymerisationsradikals und des unter den gewählten Meßbedingungen nur in sehr geringer Konzentration vorliegenden Vinylidenchloridmonomerradikals HO—CH_2—$\dot{C}Cl_2$ zustande gekommen ist. Das Copolymerisationsradikal hat die Struktur

$$\begin{array}{ccccccccc} & & H & & Cl & & H & & H \\ & & | & & | & & | & & | \\ R & - & C_\delta & - & C_\gamma & - & C_\beta & - & {}_\alpha C\cdot \\ & & | & & | & & | & & | \\ & & H & & Cl & & H & & CN \end{array}$$

Copolymerisationsradikale mit CCl_2-Endgruppe konnten unter unseren Polymerisationsbedingungen nicht beobachtet werden, da sie eine wesentlich kürzere Lebensdauer haben, reaktiver sind und aus diesem Grunde ihre Konzentration stets unter der Nachweisgrenze blieb.

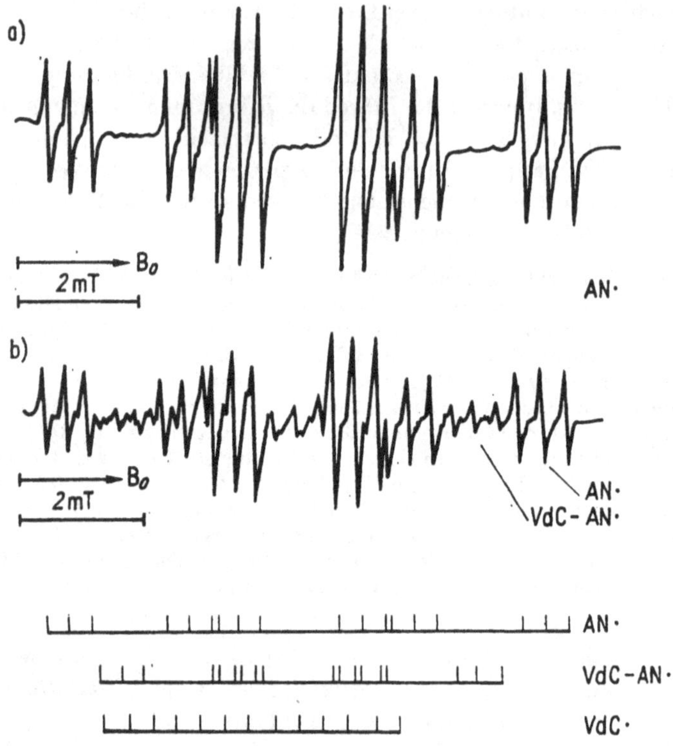

Abb. 2.3. Spektren von Monomer- und Copolymerradikalen des Acrylnitril (AN), beobachtet bei Zimmertemperatur mit $TiCl_3/H_2O_2$ als Initiator im Durchflußsystem und Wasser als Lösungsmittel, a) [AN] = $6 \cdot 10^{-2}$ mol l^{-1}, AN· = $HO\text{-}CH_2\text{-}\dot{C}H(CN)$, b) [AN] = $6 \cdot 10^{-2}$ mol l^{-1}, [VdC] = $3 \cdot 10^{-2}$ mol l^{-1}. Kopplungskonstanten:
AN· $a_\alpha^H = 2{,}01$ mT, $a_\beta^H = 2{,}81$ mT, $a_\beta^N = 0{,}35$ mT;
VdC-AN· $a_\alpha^H = 2{,}01$ mT, $a_\beta^H = 1{,}94$ mT, $a_\beta^N = 0{,}35$ mT;
VdC· $a_\alpha^{Cl} = 0{,}39$ mT, $a_\beta^H = 1{,}22$ mT

Bereits aus den bisher diskutierten Beispielen wird deutlich, daß wir die *Informationen über die Struktur* (*und die Spindichteverteilung*) hauptsächlich aus der *Hyperfeinstruktur*aufspaltung gewinnen, die durch benachbarte Kernspins verursacht wird. Diese haben nur eine Distanz von ein oder zwei chemischen Bindungen vom α-Kohlenstoffatom; d. h. die *Hauptinformationsquelle sind α- und β-Kopplungskonstanten.* Atome in γ-Position führen nur selten zu beobachtbaren Aufspaltungen, bewirken jedoch über induktive oder sterische Effekte eine Veränderung in der Größe der β-HFS-Kopplung. Vergleicht man zum Beispiel die β-Kopplungskonstanten von Radikalen mit

AN-Endgruppen, so beträgt die Kopplungskonstante beim Monomerradikal AN· der Abbildung 2.3 2,81 mT, während sie bei den Copolymerisationsradikalen VC-AN· und VdC-AN· nur 2,13 bzw. 1.94 mT umfaßt. Durch die sterische Wirkung der Chloratome und deren Elektronegativität nimmt die Wechselwirkungsmöglichkeit des ungepaarten Elektrons mit den β-Protonen ab, und damit werden die Kopplungskonstanten, die bekanntlich ein Maß für diese Wechselwirkung darstellen, kleiner.

Die gleichen Effekte, allerdings ausgehend von den Chloratomen in α-Position, sind verantwortlich für die kleine β-Kopplungskonstante des VdC-Monomerradikals und für die damit verbundene geringe Gesamtbreite des Spektrums (siehe Abb. 2.3 b)). Außerdem bewirken diese Schweratome eine Vergrößerung der Spin-Bahn-Kopplung und damit eine stärkere Abweichung des g-Faktors von dem des freien Elektrons (sichtbar an der Verschiebung des Spektrenmittelpunkts). Manchmal rufen Kerne in γ-Position Aufspaltungen mit kleinen Kopplungskonstanten hervor. Diese sind jedoch meistens auf Grund der natürlichen Linienbreite nicht aufgelöst und verursachen eine zusätzliche Signalverbreiterung.

Die HFS-Wechselwirkungen der Kerne in β-Position gestatten nicht nur zwischen Monomerradikalen M· und Copolymerisationsradikalen M_1-$M_2^{\cdot}$ zu unterscheiden, sondern erlauben auch den getrennten Nachweis von *Monomerradikalen* M = $SM_2^{\cdot}$ (durch Reaktion des Startradikals mit *einem* Monomermolekül entstanden) und von *Polymerisations*radikalen $P = (M)_n - M\cdot$ (Radikale, bei den *zwei* oder *mehrere* Monomereinheiten miteinander verknüpft sind). Da sich die Monomer- und Polymerisationsradikale im Regelfall in ihren Spektren auch noch stark von den Startradikalen unterscheiden, ist es möglich, aus der relativen Intensität von Start-, Monomer-, Polymerisations- und Copolymerisationsradikalen wichtige kinetische Daten über die Reaktionen in der Startphase der Polymerisation oder Copolymerisation zu gewinnen (vgl. 2.5.2.).

Die Beschränkung auf die Startphase der Polymerisation, d. h. auf die ersten Anlagerungsschritte, ist verständlich, da es einerseits im Regelfall nicht möglich ist, zwischen Wachstumsradikalen $P = (M)_n - M\cdot$ mit verschieden großen $n \geqq 1$ zu unterscheiden, und da andererseits bei den für die EPR-Messungen erforderlichen Reaktionsbedingungen im Resonator nur kurzkettige Polymerisationsradikale in nachweisbarer Konzentration entstehen können.

Heutzutage ist die chemische Struktur einer großen Anzahl im Polymerisationsprozeß vorkommender Radikale bekannt. Darüber kann man sich z. B. in den Übersichtsarbeiten von Fischer und Hummel [2.09] und von Ranby und Rabek [2.10] sowie an Hand der dort zitierten Originalarbeiten informieren. Es gibt jedoch auch auf dem Gebiet der EPR-spektroskopischen Polymerisationsforschung noch viele offene Probleme, deren Bearbeitung stets als ersten Arbeitsschritt die Aufklärung der Radikalstrukturen unter den konkreten Reaktionsbedingungen erfordert. Zu den Reaktionsbedingungen gehören z.B. auch die in dem betreffenden System wirksamen zwischenmolekularen Wechselwirkungen. Das wird im folgenden bevorzugt an Hand von Untersuchungen an photolytisch gebildeten Radikalen des Maleinsäureanhydrids (MSA oder MA) erläutert.

2.2.1.2. Heterozyklische Radikale, beobachtet bei photolytischer Initiierung

Zeichnet man während der UV-Bestrahlung flüssiger MSA-Lösungen EPR-Spektren auf, so findet man bei ätherischen Lösungen in einem weiten Temperaturbereich und im Tieftemperaturbereich auch bei alkoholischen Lösungen ein intensives 10-Linien-Grundspektrum, in dem 6 Linien relativ schmal und die anderen vier entweder weiter aufgespalten oder merklich verbreitet sind (vergleiche Abb. 2.4). Dieses überlagerte Spektrum wird von zwei elektrisch neutralen Radikalen des MSA hervorgerufen, die wir nach Hellebrand und Wünsche [2.15] mit R_1 und R_2 bezeichnen und denen wir, folgende Struktur zuordnen:

R_1
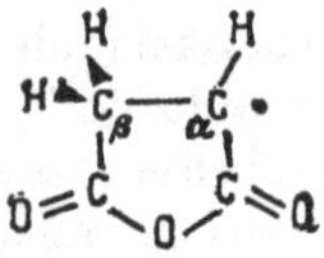

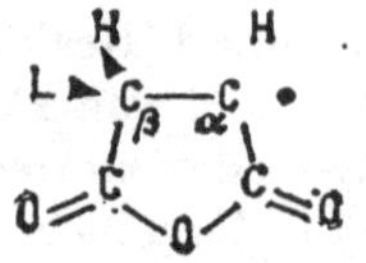
R_2

Die Wechselwirkung des ungepaarten Elektrons mit den beiden Protonen in β-Stellung des Radikals R_1 führt zu einer Aufspaltung in 3 Linien, die durch die außerdem vorhandene Wechselwirkung zwischen dem Elektronenspin und dem Kernspin des Protons in α-Stellung zur Aufspaltung jeder Triplettlinie in ein Dublett führt, wodurch das 6-Linien-Spektrum mit den relativ schmalen Signalen zustande kommt.

Beim Radikal R_2 führt die Wechselwirkung des ungepaarten Elektronenspins mit den Kernspins der α- und β-Protonen zu einer Aufspaltung in 4 Linien, die abhängig von der Struktur des Substituenten L und von der Molekülbeweglichkeit noch weiter aufgespalten oder stark verbreitet sein können.

Bestrahlt man bei nicht allzu tiefen Temperaturen alkoholische Lösungen des MSA oder gibt man einige Tropfen Wasser in etherische Lösungen, so kommt das Spektrum eines weiteren Radikals dazu, ein Triplett, das wir einem Anionenradikal zuordnen und mit R_3 bezeichnen [2.11].

Da in diesem Radikal die Aufenthaltswahrscheinlichkeit des ungepaarten Elektrons fast über das gesamte Ringsystem verschmiert ist, ist die Spindichte am Ort der Protonen bedeutend geringer als bei den elektrisch neutralen Radikalen R_1 und R_2, was die

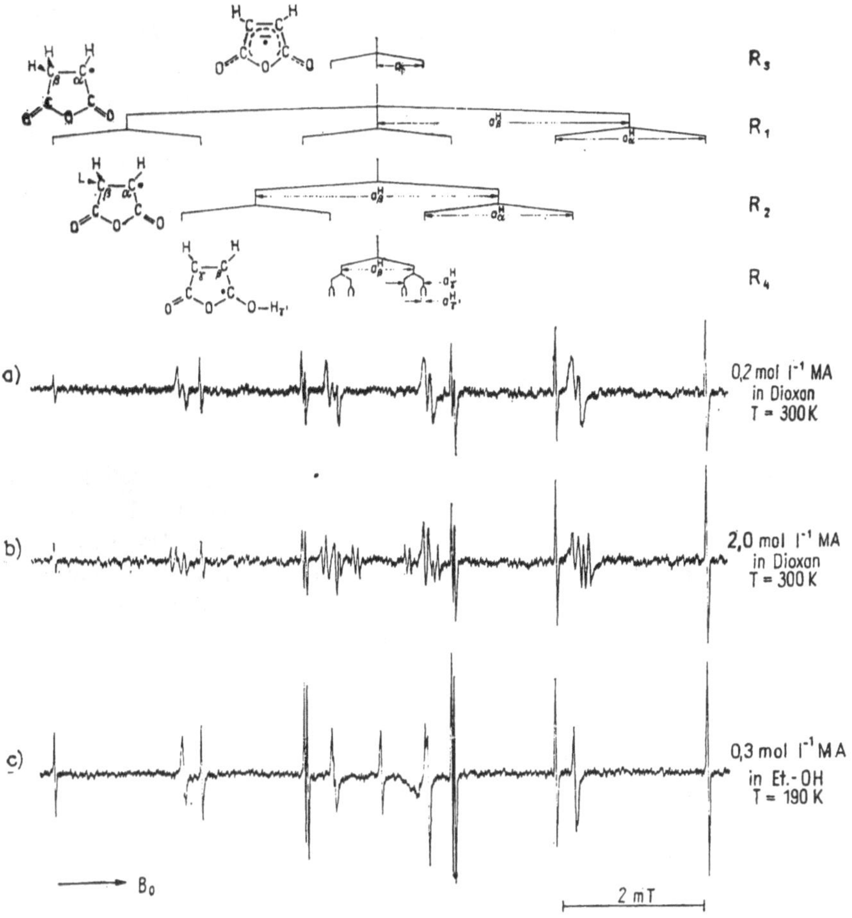

Abb. 2.4. Aufspaltungsschemata und Spektren von Radikalen des Maleinsäureanhydrids (MA oder MSA), aufgezeichnet während der Photolyse verschiedener Monomerlösungen in 1,4-Dioxan und in Ethanol (nach [2.11]); a) $a_\alpha^H(R_1) = 2{,}047$ mT, $a_\beta^H(R_1) = 3{,}442$ mT, $a_\alpha^H(R_2) = 2{,}04$ mT, $a_\beta^H(R_2) = 3{,}4$ mT, b) $a^H(R_3) = 0{,}6$ mT, c) $a_\alpha^H(R_1) = 2{,}051$ mT, $a_\beta^H(R_1) = 3{,}435$ mT, $a_\alpha^H(R_2) = 2{,}033$ mT, $a_\beta^H(R_2) = 3{,}325$ mT

außerordentlich kleinen Kopplungskonstanten erklärt. (Bei R_1 und R_2 ist das ungepaarte Elektron wie bei allen typischen π-Radikalen hauptsächlich in dem senkrecht zur Ringebene stehenden $2p\pi$-Orbital und in den angrenzenden Bindungsbereichen lokalisiert, wodurch stärkere Wechselwirkungen mit den benachbarten Protonenspins ermöglicht werden.)

Löst man MSA in wäßriger Ameisensäure, so beobachtet man insbesondere ein intensives Triplettspektrum, das heißt, es kann in diesem Lösungsmittel von den bisher vorgestellten Radikalen nur das Radikal R_3 nachgewiesen werden. Das außerdem beobachtete intensitätsschwächere EPR-Signal sieht wie ein Dublett aus und wird in Anlehnung an einen von Fukaya [2.16] aus EPR-Untersuchungen an γ-bestrahlten erstarrten Lösungen abgeleiteten Interpretationsvorschlag einem heterozyklischen Radikal R_4 (mit Hydroxylgruppe) zugeordnet. Solch ein Radikal kann durch H^+-Ionenanlagerung an R_3 entstehen:

R_3 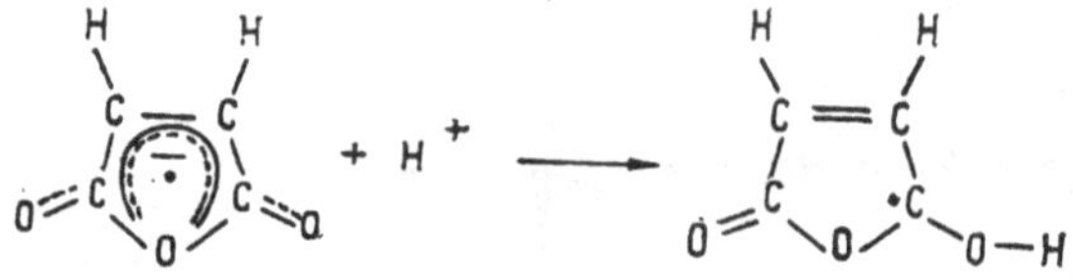 R_4

Solch eine Protonisierung ist in wäßriger Ameisensäure leicht möglich, da in diesem System das Lösungsmittel stets in einem gewissen Grad dissoziiert vorliegt. Nach Zott und Heusinger [2.17], die R_3 und R_4 in Dimethylformamidlösung an Hand hochaufgelöster EPR-Spektren nachwiesen, und nach Wan und Mitarbeitern [2.18] ist die Bildung von R_4 auch durch Anlagerung von H-Atomen an angeregte MSA-Moleküle denkbar:

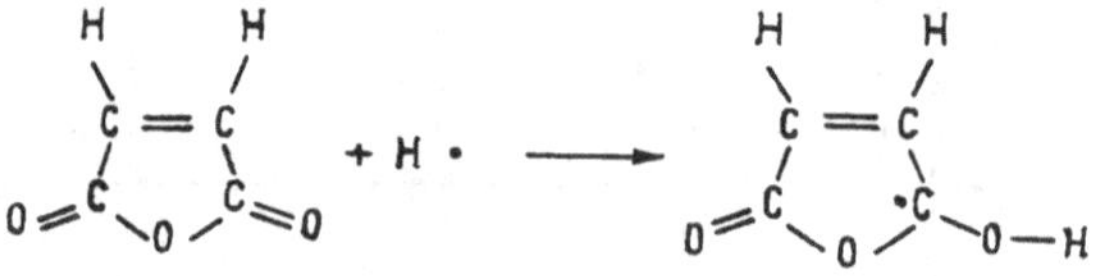 R_4

Außerdem beobachteten Zott und Heusinger [2.17] in DMF unter speziellen Konzentrations- und Meßbedingungen ein Ionenradikal R_5, das durch Ringöffnung aus R_3 entstanden sein soll:

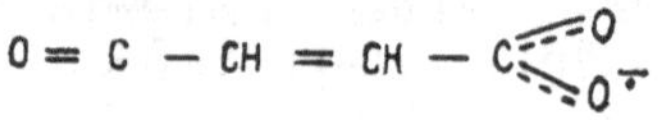 R_5

Ein Radikal mit geöffneter Struktur war bereits vorher von Fukaya [2.16] postuliert worden:

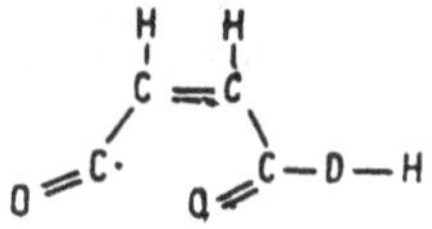 R_6

Dieses Radikal kann man jedoch auch als mögliche Grenzstruktur zu R_4 auffassen. Im Gegensatz dazu ist das von TAPLICK [2.19] aus EPR-Messungen im Tieftemperaturgebiet an reinen MSA-Festkörpern und an erstarrten MSA-Dichlorethanlösungen postulierte Radikal R_7,

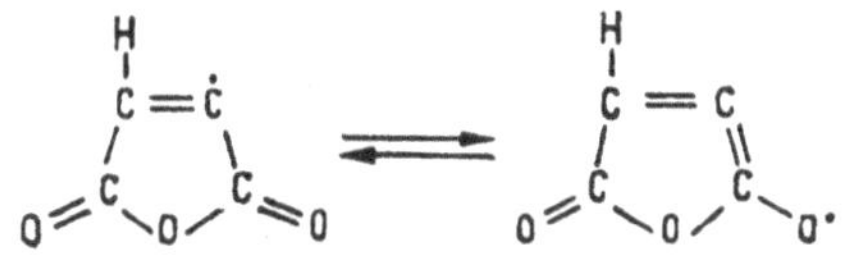

R_7

das durch photolytische H-Atomabspaltung bei 77 K gebildet werden kann, mit keinen der bisher vorgestellten Radikale identisch.

Aus dem am Beispiel der Radikalbildung bei Photolyse verschiedener MSA-Lösungen Dargelegten wird deutlich, daß die photolytisch initiierte Radikalbildung, die Lebensdauer und Reaktionsmöglichkeit der Radikale im hohen Maße von der Natur des Lösungsmittels und von der Temperatur abhängen. Die Hauptursachen hierfür sind verschiedene zwischenmolekulare Wechselwirkungen, Unterschiede in den Diffusionsgeschwindigkeiten der para- und diamagnetischen Moleküle und Unterschiede in der Ionensolvatations- und -separationsfähigkeit der Lösungsmittelmoleküle.

Von allen MSA-Lösungsmittelsystemen, in denen in flüssiger Phase EPR-spektroskopische Radikale nachgewiesen werden konnten, ist bekannt, daß die Lösungsmittelmoleküle Donator-Akzeptor-Komplexe mit den MSA-Molekülen bilden können [2.20]. Jedoch ist dies nur eine notwendige, keine ausreichende Bedingung, denn die apolaren Lösungsmittel Cyclohexan, Benzen, Toluen und das stark polare Lösungsmittel Aceton sind bis zu einem gewissen Grade ebenfalls zu dieser Komplexbildung mit MSA fähig; aber es war bisher nicht möglich, in diesen MSA-Lösungen Radikale in EPR-spektroskopisch nachweisbarer Konzentration (bei Photolyse in flüssiger Phase ohne chemischen Initiator) zu erzeugen.

Nach neueren Untersuchungen [2.20] sind weitere wichtige Kriterien für die Bildung von Radikalen und Radikalionen gewisse Minimalwerte der Donator- und Akzeptorstärke, der Ladungstransferenthalpie, der Gleichgewichtskonstanten, die das Gleichgewicht zwischen freien Ionen und Ionenpaaren charakterisiert, und die bereits erwähnte Ionensolvatationsfähigkeit.

Die Bildung der MSA-Radikale R_1, R_2 und R_3 läßt sich an Hand des in Abbildung 2.5 enthaltenen Schemas erläutern.

Durch die UV-Bestrahlung bilden sich elektronisch angeregte Moleküle und Ionenpaare. Mit welcher Wahrscheinlichkeit im Aktivierungsprozeß angeregte Moleküle oder Paare von Ionen entstehen, hängt von den zwischenmolekularen Wechselwirkungen und der Energie der eingestrahlten UV-

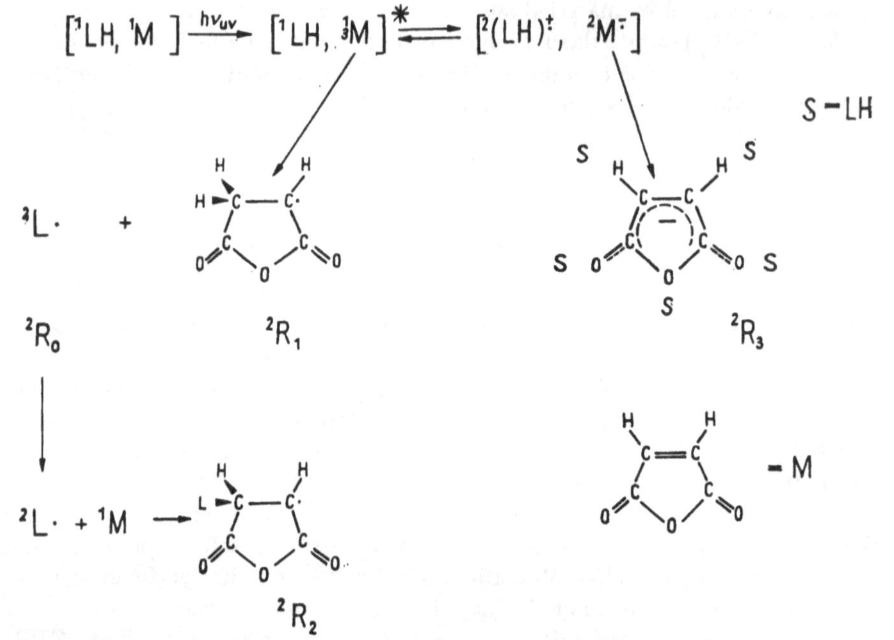

Abb. 2.5. Schema der Radikalbildung bei Photolyse von MSA-Lösungen

Lichtquanten ab. Die in enger Nachbarschaft gebildeten Ionenpaare rekombinieren im allgemeinen sofort wieder zu angeregten Molekülen, wenn sie nicht durch starke mikro-Brownsche Bewegungen und schnelles Entstehen einer Solvathülle an der Primärrekombination gehindert und damit zu „freien" Ionen werden. Man kann deshalb im Tieftemperaturgebiet oder in Lösungsmitteln, deren Moleküle nicht zu spezifischen zwischenmolekularen Wechselwirkungen (insbesondere zu H-Brücken) mit den Anionenradikalen fähig sind, das Ionenradikal R_3 nicht beobachten [2.21, 2.22].

Da die Fähigkeit zur Bildung von H-Brücken bei protonischen Lösungsmitteln, wie Wasser und Alkohol, sehr ausgeprägt ist, bei apolaren aprotonischen Lösungsmitteln, wie Dioxan, aber fehlt, sind die in unterschiedlichen Lösungsmitteln mit unterschiedlicher Wahrscheinlichkeit gebildeten Radikale R_1, R_2 und R_3 durchaus verständlich.

Die durch Primärrekombination verschwindenden Ionenradikale führen wie die anderen angeregten Moleküle zur Bildung von R_0 (= L·) und R_1. (Die Lösungsmittelradikale L· sind unter unseren Untersuchungsbedingungen nicht beobachtbar, da sie bedeutend kurzlebiger sind als das gleichzeitig entstehende R_1. Sie reagieren sofort mit MSA zu R_2.)

Bei Temperaturerhöhung nimmt die Wahrscheinlichkeit des Auseinanderdiffundierens der Spezies zu. Die Ionenradikale werden je nach Konzentration und Natur des Lösungsmittels von Solvathüllen umgeben, wobei letztere auf Grund der Neigung der MSA-Moleküle zur Selbstassoziatbildung bei höherer MSA-Konzentration auch ein oder mehrere Monomermoleküle anlagern können. Sind in dem System Wasser- oder Alkoholmoleküle enthalten oder entstehen solche oder ähnliche Moleküle als Folge der Photolyse [2.20], so bilden sich schnell durch Wasserstoffbrückenbindung stabile Solvathüllen um die Ionenradikale R_3, schützen sie vor Primärrekombination mit S^+ und bewirken, daß sie eine etwas größere Lebensdauer haben als die neutralen Radikale R_1 und R_2.

Eine theoretisch und experimentell ausreichend fundierte Erklärung für die Nichtbeobachtbarkeit der Lösungsmittelkationenradikale S^+ steht noch aus. Die Ursache liegt sicher darin begründet, daß die Kationen im Gegensatz zu den MSA-Anionenradikalen von den im Überschuß vorhandenen Lösungsmittelmolekülen gleicher Struktur umgeben sind. Dadurch ist in flüssiger Phase ein schneller Ladungsaustausch zu erwarten. Durch den schnellen Austausch des „*Elektronenloches* e^+" werden keine Hyperfeinstrukturkopplungen wirksam, da bei jedem Ladungsaustausch das neu entstehende ungepaarte Elektron eine andere Kernspinkonfiguration vorfindet. (Man könnte deshalb im Zusammenhang mit EPR-Untersuchungen an solchen flüssigen Lösungen statt S^+ oder $(LH)^+$ generell e^+ schreiben, müßte jedoch dazu vermerken, daß unser kurzlebiges „Elektronenloch e^+" nicht mit dem isolierten Antiteilchen des Elektrons, dem Positron e^+, verwechselt werden darf.)
Der Ladungsaustausch vollzieht sich vermutlich unter Verlust der Phasenbeziehung des Elektronenspins, was einer schnellen Relaxation entspricht und damit ein breites EPR-Signal hervorruft, das im Untergrund verschwindet.

2.2.2. Sterische Strukturen von Radikalen und innermolekulare Bewegungen, untersucht durch HFS-Analyse

Hochaufgelöste EPR-Spektren von MSA-Radikalen in niederviskosen Lösungen — aufgezeichnet mit minimaler Modulationsamplitude ($B_M^{\sim} = 0{,}01$ mT) — zeigen unabhängig von der Art des Lösungsmittels eine zusätzliche Aufspaltung der inneren Sextettlinien (vgl. Abb. 2.4c)).

Die zusätzliche Aufspaltung (von $\Delta B' \approx 0{,}04$ mT) und damit alle 4 inneren Linien liegen symmetrisch zum Spektrenmittelpunkt. Aufspaltungen dieser Art und Größenordnung können entweder die Auswirkung von Verschiebungen und Aufspaltungen 2. Ordnung sein oder von einer geringen Nichtäquivalenz der β-Protonen, d. h. von Unterschieden in der Hyperfeinstrukturwechselwirkung der beiden Protonen mit dem ungepaarten Elektron, herrühren.

Die HFS-Wechselwirkung ist bekanntlich eine empfindliche Funktion der Radikalgeometrie und innerer Bewegungen. Der signifikanteste Faktor ist entsprechend Relation (1.41) die Orientierung der C_β-H-Bindungen bezüglich des am α-Kohlenstoff lokalisierten $2p\pi$-Orbitals. Diese Orientierung bestimmt dominierend die Größe der beobachtbaren HFS-Kopplungskonstante. Daneben haben die in der Nachbarschaft der β-ständigen CH_2-Gruppe befindlichen Atomgruppen Einfluß auf die HFS-Kopplungskonstante der β-Protonen. Eine Nichtäquivalenz dieser Protonen wäre erklärlich, wenn das Radikal R_1 eine nahezu starre nichtplanare Ringstruktur haben würde, weil dann der Abstand der beiden in β-Stellung befindlichen Protonen zum $2p\pi$-Orbital und zu den benachbarten Carboxylgruppen unterschiedlich wäre. Radikale mit derartiger nichtplanarer Grundstruktur besitzen jedoch gewöhnlich zwei mögliche, energetisch gleiche Konformationen, zwischen denen, abhängig von der Temperatur des molekularen Wärmebades, mehr oder weniger schnelle Inversionsschwingungen stattfinden. Diese führen zu einer merklichen Temperaturabhängigkeit der HFS-Kopplungskonstanten. Das heißt, Messungen der HFS-Aufspaltung als Funktion der Temperatur können Auskunft geben, ob die beobachtete Aufspaltung der inneren Sextettlinien konformationsbedingt ist oder nicht.

Sorgfältiges Messen der Hyperfeinspaltung der β-Protonen in verschiedenen Lösungsmitteln im Temperaturbereich von ca. 180 bis 350 K ergaben, daß zwar die mittleren β-Kopplungskonstanten Funktionen der Temperatur sind (vgl. Abb. 2.12), daß aber im Rahmen der Meßgenauigkeit keine Temperatur- oder Lösungsmittelabhängigkeit der zusätzlichen Aufspaltung festzustellen ist. Damit steht fest, daß diese *Feinaufspaltung* im diskutierten Falle nur das *Ergebnis von Kopplungen 2. Ordnung* sein kann. Letztere beinhalten keine zusätzlichen Strukturinformationen, sondern werden durch die nichtvollständige Ausmittelung der x- und y-Komponenten des Elektronenspins bzw. seines magnetischen Moments hervorgerufen. Diese Erscheinung tritt immer auf, wenn die Bedingung $a \ll B_0$ nicht gut erfüllt ist, und wird beobachtbar, wenn die Linienbreiten $\Delta B < a^2 B_0^{-1}$ sind [2.23, 2.24].

Das Diskutierte schließt eine mögliche Inäquivalenz der β-Protonen als Ursache für die beobachtete Feinaufspaltung der inneren Sextettlinien aus, ist jedoch keinesfalls als ein Beleg für die planare Struktur der Heteroringe in R_1 und R_2 zu betrachten. MO-Rechnungen am MSA-Radikal R_1 und Vergleiche mit Literaturangaben über andere heterozyklische Verbindungen, z. B. von mikrowellenspektroskopisch an Bernsteinsäureanhydrid [2.25] gewonnenen Strukturdaten, lassen es sogar als wahrscheinlich erscheinen, daß auch bei R_1 und R_2 die energetisch günstigsten Konformationen der Heteroringe gebeugte Strukturen sind. In diesen sind der ätherische Sauerstoff und die Carboxylsauerstoffatome entgegengesetzt zueinander um 5 bis 10° aus der C—C—C-Ebene herausgelenkt. Die zwischen den verschiedenen Konformationen liegende Energiebarriere muß allerdings so niedrig sein, daß im gesamten ausnutzbaren Meßtemperaturbereich ein schneller Konformationsaustausch (Inversionsplatzwechsel) stattfindet, der die magnetische Äquivalenz der β-Protonen bewirkt bzw. sichert. Die innermolekularen Bewegungen rufen — ähnlich wie im folgenden anhand von Alkylradikalen diskutiert wird — eine Temperaturabhängigkeit der EPR-spektroskopisch meßbaren mittleren β-Kopplungskonstanten hervor oder tragen zumindest dazu bei. (Beispiele für den letztgenannten Effekt siehe Abb. 2.12.)

Die in der Startphase der Vinylpolymerisation vorkommenden Alkylradikale

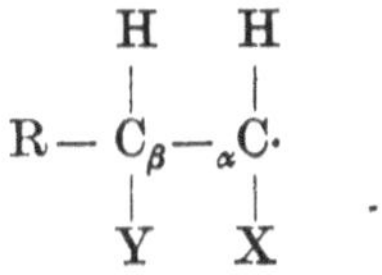

haben oft Kopplungskonstanten, die merklich von der Temperatur abhängen. Bei diesen Radikalen wird die Temperaturabhängigkeit der HFS-Wechselwirkung mit den β-Protonen meistens durch innere Rotationen um C_β—$\dot{C}_\alpha$ (sowie evtl. um C_β—R) hervorgerufen, während die (im allgemeinen geringere) Temperaturabhängigkeit der α-Protonen oft durch out-of-plane-Schwingungen dieser Protonen verursacht wird. Über die Größenordnung des Temperatureinflusses auf Kopplungskonstanten geben die in Abbildung 2.6 enthaltenen Beispiele Auskunft.

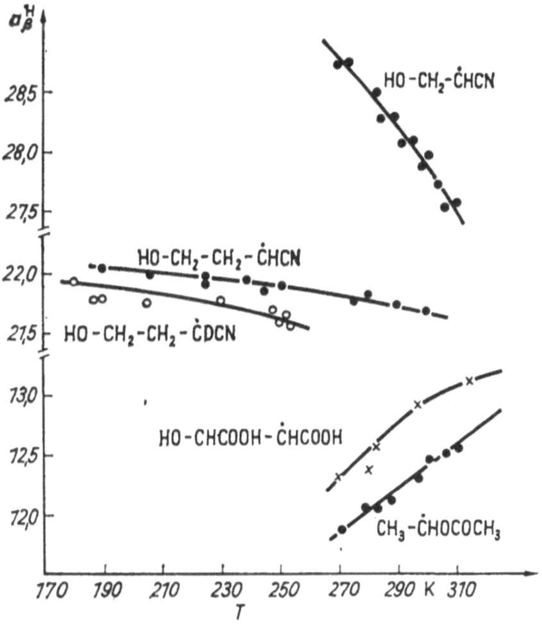

Abb. 2.6. Beispiele für die Temperaturabhängigkeit der β-Kopplungskonstanten einiger Monomerradikale vom Alkyltyp (nach [2.11, 2.14])

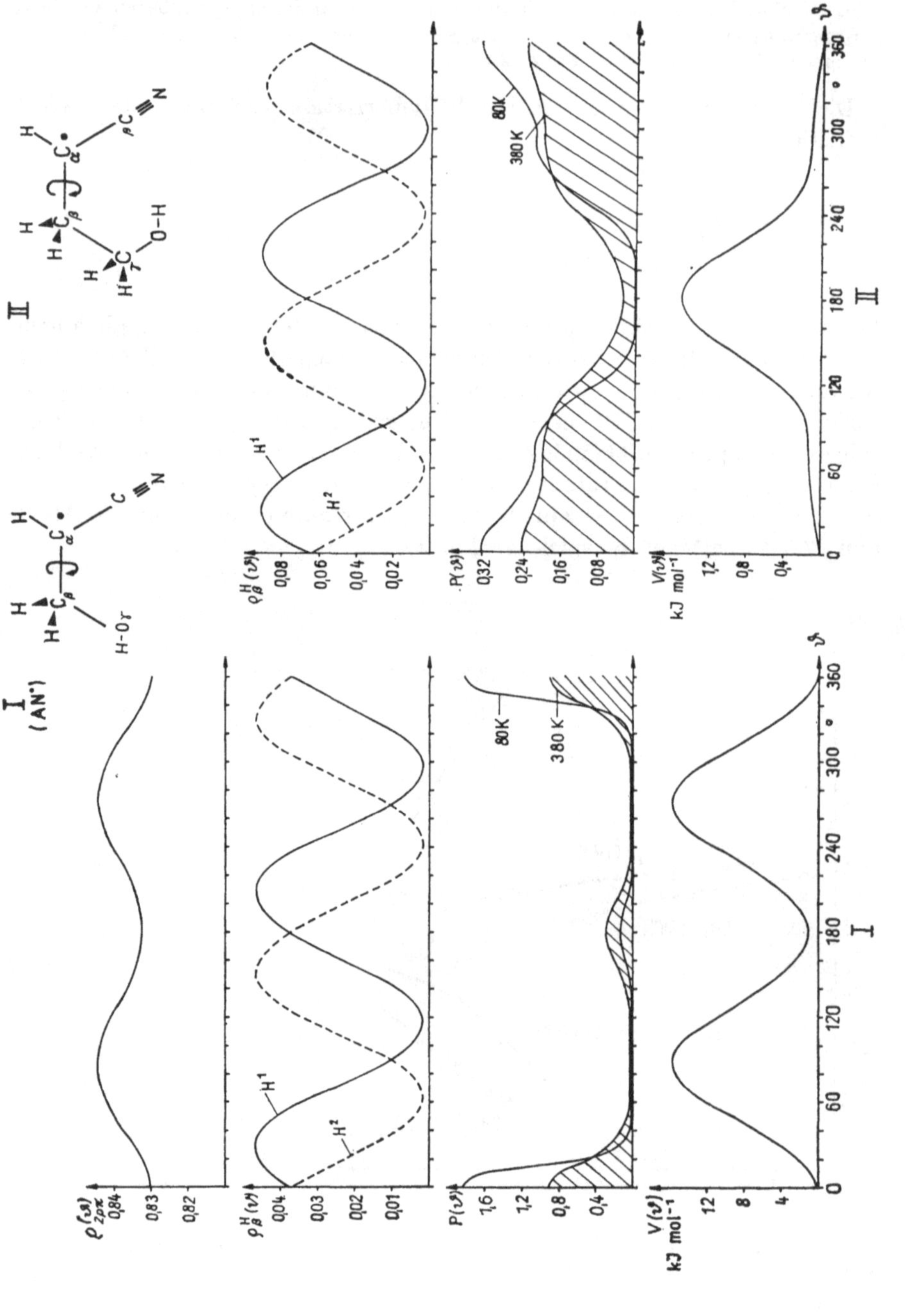
I
(AN•)
II
H¹
H²
80K
380 K
kJ mol⁻¹
0 60 120 180 240 300 360
I
II

Die Untersuchung dieser inneren Rotation in Radikalen ist von besonderer Wichtigkeit für die Polymerisationsforschung, da die Radikalkonformation im Moment der Anlagerung eines neuen Monomermoleküls die Konfiguration (Taxie) von Makromolekülen mit asymmetrischen Monomereinheiten bestimmt. Wesentliche Beiträge zur Klärung dieser Problematik stammen von FISCHER [2.09, 2.26]. Auf weitere grundlegende Arbeiten zur inneren Rotation wird in [2.11] hingewiesen.

Die Interpretation solch gemessener temperaturabhängiger HFS-Kopplungskonstanten geschieht meistens in Verbindung mit quantentheoretischen oder halbklassischen Berechnungen zur inneren Rotation. Eine Methode geht von den Beziehungen (1.34) und (1.39) aus, wobei über die Berechnung der mittleren Spindichte $\varrho_\lambda = |\psi_{(\lambda)}|^2$ am Ort des koppelnden Kernes λ vorgegangen wird, die in solchen Fällen — ähnlich wie in der Beziehung (2.3) formuliert — eine Funktion der Temperatur ist.

Eine ähnliche Behandlungsmethode nutzt als Ausgangsrelation die Gleichung (1.41). Sie erfordert die Berechnung von $\varrho_{2p\pi}^{C_\alpha}(\vartheta)$, d. h. der Spindichte im $2p\pi$-Orbital, das am α-Kohlenstoffatom lokalisiert ist, als Funktion des Rotationswinkels und die Berechnung des mittleren Konformationswinkels $\langle\cos^2\vartheta\rangle$ als Funktion der Temperatur nach den Relationen (2.2) und (2.4). Stimmt die mittels (2.1) berechnete Kopplungskonstante im Betrag und in ihrer Temperaturabhängigkeit gut mit der beobachteten HFS-Aufspaltung überein, so erlaubt dies den Schluß, daß tatsächlich die benutzte Radikalgeometrie und das angenommene Bewegungsmodell hauptverantwortlich für den EPR-spektroskopisch beobachteten Effekt sind.

Das Behinderungspotential $V(\vartheta)$ sowie die Spindichten $\varrho_\lambda^{H}(\vartheta)$ und $\varrho_{2p\pi}^{C_\alpha}(\vartheta)$ können mittels MO-Näherungsmethoden, z. B. INDO oder NDDO, berechnet werden. Das Ergebnis solcher Berechnungen ist für zwei Monomerradikale des Acrylnitrils in Abbildung 2.7 enthalten.[1] Die INDO-Rechnungen haben ergeben, daß nicht nur die Spindichten an den beiden β-Protonen H^1 und H^2

◀
Abb. 2.7. Ergebnisse quantenchemischer und quantenmechanischer Rechnungen zur inneren Rotation bei Monomerradikalen des Acrylnitril. $V(\vartheta)$ — Behinderungspotential, $P(\vartheta)$ — Konformationswahrscheinlichkeit, $\varrho_\beta^{H}(\vartheta)$ — Elektronenspindichte am Ort der β-Protonen H^1 und H^2, $\varrho_{2p\pi}(\vartheta)$ — Elektronenspindichte (Aufenthaltswahrscheinlichkeit des ungepaarten Elektrons) im $2p\pi$-Orbital, ϑ — Winkel der inneren Rotation

[1] Während die in den Formeln vorkommenden Winkel ($\vartheta = \vartheta' + \vartheta_0$) stets von der Achse des $2p\pi$-Orbitals (z-Richtung) aus gerechnet werden, entspricht das $\vartheta' = 0$ in den Abbildungen einer Radiakalkonformation, bei der die meisten Atome in *einer* Ebene liegen.

vom Winkel der inneren Rotation abhängen, sondern daß auch die Orientierung des Molekülrestes zum 2pπ-Orbital den Betrag der Spindichte in diesem Orbital, d. h. $\varrho_{2p\pi}^{C_\alpha}$, leicht winkelabhängig macht. Aus diesem Grunde ist im allgemeinen Falle die Formel (1.41) durch die allgemeingültigere Beziehung

$$a_\beta^H(T) = (B_0 + B\langle\cos^2\vartheta\rangle_T)\langle\varrho_{2p\pi}^{C_\alpha}(\vartheta)\rangle_T \tag{2.1}$$

zu ersetzen, wobei die Winkelklammern eine Ensemblemittelung über die Zustände der behinderten inneren Rotation nach der BOLTZMANN-Statistik für eine feste Temperatur T symbolisieren:

$$\langle\cos^2\vartheta\rangle_T = \int_0^{2\pi} P(\vartheta, T)\cos^2\vartheta\,d\vartheta\,, \tag{2.2}$$

$$\langle\varrho_{2p\pi}^{C_\alpha}(\vartheta)\rangle = \int_0^{2\pi} P(\vartheta, T)\,\varrho_{2p\pi}^{C_\alpha}(\vartheta)\,d\vartheta \tag{2.3}$$

mit

$$P(\vartheta, T) = \frac{\sum_i |\varphi_i(\vartheta)|^2\cdot e^{-E_i/kT}}{\sum_i e^{-E_i/kT}}\,. \tag{2.4}$$

Die mittlere Konformationswahrscheinlichkeit $P(\vartheta, T)$ kann über die Lösung der SCHRÖDINGER-Gleichung

$$H\varphi_i(\vartheta) = E_i\varphi_i(\vartheta) \tag{2.5}$$

mit dem HAMILTON-Operator der inneren Rotationsbewegung

$$H = -\frac{\hbar^2}{2J}\frac{\partial^2}{\partial\vartheta^2} + V(\vartheta) \tag{2.6}$$

berechnet werden. J ist das reduzierte Trägheitsmoment der gegeneinander rotierenden Atomgruppen, $V(\vartheta)$ das die Bewegung behindernde Potential. Die diskreten Energieniveaus E_i der inneren Rotation, die entsprechend der BOLTZMANN-Statistik besetzt sind, und die zugehörigen Rotationswellenfunktionen $\varphi_i(\vartheta)$ ergeben sich durch Diagonalisierung der HAMILTON-Matrix bzw. durch Lösen der SCHRÖDINGER-Gleichung. $|\varphi_i(\vartheta)|^2$ gibt die Wahrscheinlichkeit an, im i-ten Energieniveau den Konformationswinkel ϑ realisiert zu finden. Die damit nach (2.4) berechenbare Größe $P(\vartheta, T)$ bezeichnet die Wahrscheinlichkeit, mit der bei der betreffenden Temperatur T die durch ϑ charakterisierte Radikalkonformation auftritt, und ermöglicht vermittels der Beziehungen (2.1) und (2.2) den direkten Vergleich mit dem Experiment.

Die beim Vergleich ähnlicher Radikale untereinander beobachteten Unterschiede in der Temperaturabhängigkeit von β-Kopplungskonstanten sind sehr oft im wesentlichen auf Unterschiede in den Konformationswahrscheinlichkeiten $P(\vartheta, T)$ zurückzuführen. Das gilt auch für die beiden Monomerradikale des Acrylnitrils $HO-CH_2-\dot{C}H(CN)$ und $HO-CH_2-CH_2-\dot{C}H(CN)$. Die EPR-Experimente zeigen starke Unterschiede in der Temperaturabhängigkeit ihrer β-Kopplungskonstanten, obwohl, wie aus Abbildung 2.7 ersichtlich, es keine markanten Unterschiede in der Winkelabhängigkeit der Spindichte $\varrho_\beta^H(\vartheta)$ gibt. Sehr unterschiedlich ist jedoch die Winkel- und Temperaturabhängigkeit der Konformationswahrscheinlichkeit $P(\vartheta)$.

Die beste Übereinstimmung zwischen berechneter und gemessener Temperaturabhängigkeit der Kopplungskonstanten ergibt sich beim Monomerradikal II des Acrylnitrils, wenn eine schnelle Rotation um $-C_\beta-C_\alpha$ stattfindet und dabei die OH-Gruppe in Richtung auf das $2p\pi$-Orbital orientiert ist. Diese Radikalkonformation kann man als Beginn der Bildung eines makromolekularen Knäuels (bereits während der Anfangsphase des Kettenwachstums) ansehen, was darauf hinweist, daß die typische Konformation der flexiblen Polymermoleküle sich nicht erst nach Abschluß des Polymerisationsprozesses herausbildet.

Wenn die innere Rotation durch einfache Potentiale, z.B. der Form

$$V(\vartheta) = V_0(1 - n \cos \vartheta)\,, \tag{2.7}$$

behindert ist, kann mittels der Relationen (2.1) bis (2.7) aus den experimentell (bei verschiedenen Temperaturen) ermittelten Kopplungskonstanten die Barrierenhöhe V_0 abgeschätzt werden.

Schließlich sei noch vermerkt, daß in den meisten Fällen die Temperaturabhängigkeit des in (2.3) genannten Mittelwertes vernachlässigt werden kann und daß es deshalb in (2.1) genügt, den temperaturunabhängigen Mittelwert von $\varrho_{2p\pi}^{C_\alpha}(\vartheta)$, den wir mit $\bar{\varrho}_{2p\pi}$ bezeichnen, einzusetzen.

2.2.3. Aussagen über innere und äußere Bewegungen der Radikale aus Linienbreitenänderungen

2.2.3.1. Linienbreiten und Relaxationszeiten

Die Linienbreite jeder einzelnen EPR-Komponente ist Ausdruck einer Energieunschärfe der HFS-Niveaus der paramagnetischen Spezies und bzw. oder einer experimentell bedingten Meßungenauigkeit. Beide können mit der Unschärferelation $\Delta E \cdot \Delta t \geqq \hbar$ oder

$$\Delta\omega \cdot \Delta t \geqq 1 \tag{2.8}$$

beschrieben werden [2.24]. $\Delta\omega$ ist die Unsicherheit in der Bestimmung der Kreisfrequenz $\omega_L = 2\pi\nu_L$ der Beziehung (1.7) mit (1.28), d. h., sie ist die in Kreisfrequenzeinheiten gemessene Linienbreite.[1] Diese ist durch die Unschärferelation mit einem Zeitabschnitt Δt korreliert, der die Meßdauer angibt, in der der Absorptionsvorgang vermessen wird oder vermessen werden könnte [2.24].

Unter der Linienbreite $\Delta\omega$ versteht man die Breite des Absorptionssignals beim halben Wert des Linienmaximums. Man ermittelt sie aus dem Extremaabstand $\delta\omega$ der experimentell gemessenen, abgeleiteten Kurven bei LORENTZ-Form vermittels der Relation

$$\Delta\omega = \frac{\delta\omega}{0{,}577} \tag{2.9}$$

und im Falle von GAUSS-Kurven vermittels

$$\Delta\omega = \frac{\delta\omega}{0{,}849}\,. \tag{2.10}$$

Die auf diese Weise aus dem Experiment bestimmte Linienbreite $\Delta\omega$ kann man näherungsweise als Summe der durch verschiedene Verbreiterungseffekte hervorgerufenen Einzelbeiträge $\Delta\omega_i$ aufschreiben. Diesen $\Delta\omega_i$ entsprechen reziproke Relaxationszeiten T_1, T_2^0 oder die Lebensdauer τ bzw. τ' von Radikalen bzw. von Radikalzuständen, während die gemessene Gesamtbreite $\Delta\omega$ entsprechend folgender Gleichung der reziproken effektiven Spin-Spin-Relaxationszeit T_2 proportional ist:

$$\Delta\omega = \frac{1}{T_1} + \frac{2}{T_2^0} + \frac{1}{\tau} + \frac{1}{\tau'} + \dots = \frac{2}{T_2}\,, \tag{2.11}$$

wobei T_1 hier die Spin-Gitter-Relaxationszeit des Elektrons und T_2^0 die natürliche oder unverfälschte Spin-Spin-Relaxationszeit symbolisieren.

Ursachen für temperatur-, lösungsmittel- und konzentrationsabhängige Linienformen und -breiten bzw. für die sie bestimmenden Elektronenspinrelaxationsmechanismen sind zeitabhängige magnetische Wechselwirkungen.[2] Diese beruhen bei den üblicherweise bei EPR-Untersuchungen zur Polymerisation vorliegenden Radikalkonzentrationen fast ausschließlich auf innermolekularen Effekten, die jedoch durch die molekulare Beweglichkeit

[1] Die Umrechnung der im allgemeinen experimentell leichter zugänglichen Magnetfeldeinheiten in Kreisfrequenzeinheiten ergibt sich vermittels der Beziehung (1.13) zu $2\pi \cdot 0{,}28 \cdot \omega$ (in mT) $= \omega$ (in MHz).

[2] Bezüglich der theoretischen Behandlung der Elektronenspinrelaxation in Flüssigkeiten wird auf eine von ADRIAN und MUUS [2.49] herausgegebene Publikation hingewiesen.

der Radikalmoleküle moduliert werden. Hauptquellen der zeitabhängigen magnetischen Wechselwirkungen sind die Anisotropie des g-Faktors und der Hyperfeinstrukturkopplung, sind Spin-Rotation-Wechselwirkungen und Fluktuationen im (isotropen) g-Faktor und in den HFS-Kopplungskonstanten, hervorgerufen z. B. durch innermolekulare Rotation (siehe Abschnitt 2.2.2.), durch Inversionsplatzwechsel im Radikal oder durch Bildung und Zerfall kurzlebiger Molekülkomplexe (siehe Abschnitt 2.3.).

Die genannten Relaxations- und Linienbreiteneffekte können mit zeitlich veränderlichen ESR-Linienlagen verbunden sein. In Kreisfrequenzeinheiten wird der Abstand ω_K einer bestimmten Signalkomponente vom Spektrenzentrum ω_L durch

$$\omega_K = \gamma \sum_k a_k m_{Ik} \quad \text{mit} \quad |\gamma| = \frac{g\mu_B}{\hbar} \tag{2.12}$$

angegeben. Eine zeitliche Änderung von ω_K kann einerseits durch zeitliche Variation eines oder mehrerer HFS-Kopplungskonstanten a_k bewirkt werden. Andererseits führt auch die zeitliche Umordnung der Kernspinkonfiguration des Radikals, gegeben durch die m_{Ik}, zu einer Zeitabhängigkeit von ω_K.

Für die durch die begrenzte Lebensdauer τ' des Zustandes hervorgerufene zusätzliche Linienbreite $\Delta\omega'$ ergibt sich näherungsweise:

$$\Delta\omega' \approx \frac{2}{\tau'} \qquad \text{bei} \quad \tau'(\omega_A - \omega_B) \geqq \sqrt{2}\,, \tag{2.13}$$

$$\Delta\omega' \approx \tau'(\omega_A - \omega_B)^2 \quad \text{bei} \quad \tau'(\omega_A - \omega_B) \leqq \sqrt{2}\,, \tag{2.14}$$

wobei $(\omega_A - \omega_B)$ den Resonanzlinienabstand in den Zuständen A und B repräsentiert. Ist dieser Abstand gleich Null, so sind die durch Gleichung (2.12) festgelegte Signallage, die Linienbreite und -form von der Lebensdauer unabhängig.

Bei einer durch den Übergang A $\rightleftarrows$ B bewirkten Verschiebung der Resonanzlinien $\omega_A \rightarrow \omega_B$, d. h. bei $\omega_A - \omega_B \neq 0$, sind die betrachteten EPR-Komponenten sowohl in bezug auf die Lage ihrer Maxima als auch bezüglich der Breite von der Lebensdauer τ' der Zustände abhängig.

Mit Gleichung (2.12) ergibt sich nach [2.24] aus (2.14) für die durch Austauschprozesse bedingte zusätzliche Linienbreite

$$\Delta\omega' \approx \gamma^2 \frac{\tau'}{4} \left(\sum_k \left[(a_k^A - a_k^B)\, m_{Ik}\right]^2\right) \tag{2.15}$$

oder

$$\Delta\omega' \approx \gamma^2 \frac{\tau'}{4} \left(\sum_k \left[a_k (m_{Ik}^A - m_{Ik}^B)\right]^2\right). \tag{2.16}$$

Wie man vermittels beobachteter Linienformveränderungen zur Erforschung dynamischer Effekte beitragen kann und welche Erschwernis diese Effekte für die Strukturaufklärung mit sich bringen können, ist im folgenden an Hand von zwei Beispielen skizziert.

2.2.3.2. Innermolekularer Atomaustausch beim Vinylradikal

Innermolekulare dynamische Prozesse wirken sich auf die Spektrengestalt aus. Das wird zunächst am Beispiel des Vinylradikals erläutert.

Von diesem Radikal

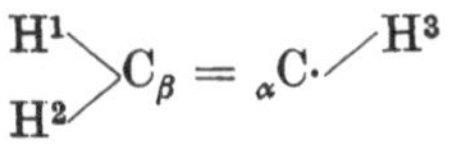

erwartet man auf Grund der Asymmetrie des Moleküls drei nichtäquivalente Protonen und eine HFS-Aufspaltung in 8 Linien. Dieses Spektrum ist 1964 von Cochran und Mitarbeitern [2.27] unter speziellen Bedingungen in fester Phase beobachtet worden (Kopplungskonstanten $a_\beta^1 = 6{,}8$ mT, $a_\beta^2 = 3{,}4$ mT und $a_\beta^3 = 1{,}6$ mT). Im Gegensatz dazu hatten vorher Fessenden und Schuler [2.02] bei EPR-Messungen während der Elektronenbestrahlung einer flüssigen Ethylenlösung trotz hervorragender Auflösung vom gleichen Radikal nur ein 4-Linien-Spektrum beobachten können. 1967 veröffentlichten Kasai und Whipple [2.28], ausgehend von Untersuchungen an speziell präparierten Festkörperproben, ein 6-Linien-Spektrum dieses Radikals. Die Autoren der beiden zuletzt genannten Arbeiten erklärten ihre Spektren unter der Annahme schneller innermolekularer Inversionsplatzwechsel des H-Atoms:

A 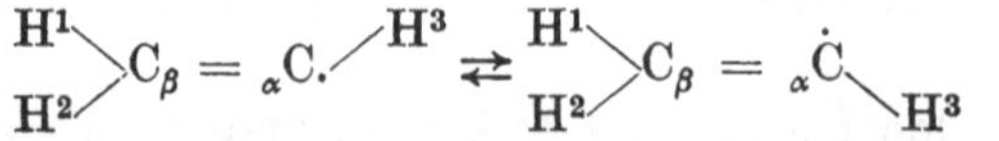 B

Durch diesen Austauschprozeß ändert sich die HFS-Kopplung des ungepaarten Elektrons mit den β-Protonen sehr schnell, wobei die mittlere Verweildauer τ' in den zwei möglichen Zusänden A und B von der Temperatur und den Einflüssen der näheren Umgebung der einzelnen Radikale abhängt. Bei starren Radikalkonformationen oder bei sehr langsamem Austausch werden die in Abbildung 2.8 unten eingezeichneten getrennten Aufspaltungen beobachtet. Bei hohen Austauschraten werden die β-Protonen magnetisch äquivalent, und die durch ihre mittlere β-Kopplungskonstante bewirkten Spektren werden registriert (wie in Abb. 2.8 oben angegeben). In Übereinstimmung mit (2.16) verbreitern sich bei mittleren Austauschraten alle

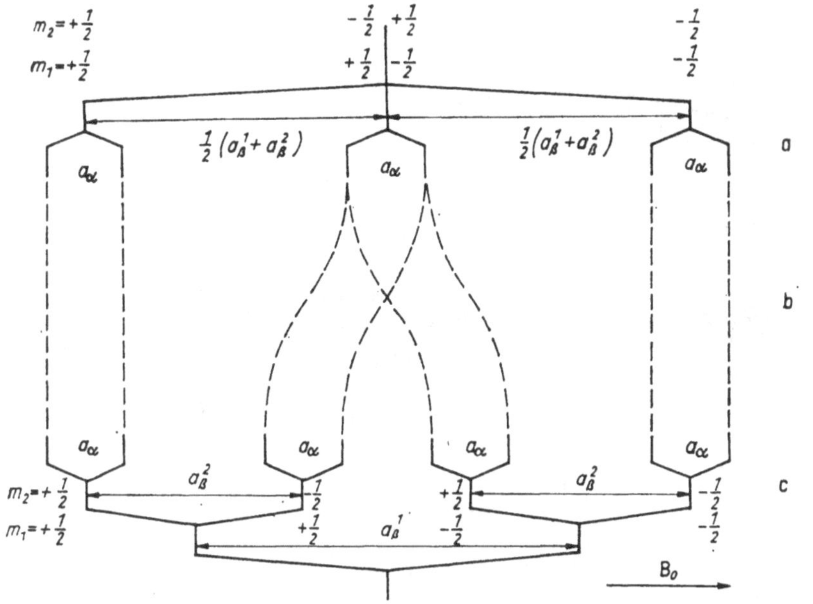

Abb. 2.8. Aufspaltungsschema des Vinylradikalspektrums bei unterschiedlichen Umlagerungsfrequenzen, a: starres Radikal oder langsame innermolekulare Umlagerung (langsamer Austausch, Austauschfrequenz niedriger als die Differenz der Kopplungskonstanten in Frequenzeinheiten), b: mittelschneller Austausch, c: schneller Austausch (Austauschfrequenz höher als die Differenz der Kopplungskonstanten in Frequenzeinheiten)

Linien, die von Kernspinkombinationen m_1 und m_2 mit unterschiedlichem Vorzeichen herrühren, und als Folge dessen nimmt ihre Signalamplitude sehr stark ab. Bei mittelschnellem Austausch führt dies dazu, daß die inneren Linien nicht beobachtet werden können. (Das war die Situation, unter der FESSENDEN und SCHULER [2.02] gemessen hatten.) Bedenkt man noch, daß die Linien, die zu Kernspin-Kombinationen mit gleichen m_1 und m_2 gehören, nach (2.16) von der Austauschverbreitung nicht betroffen werden, sind die vom Vinylradikal unter unterschiedlichen Meßbedingungen registrierten Spektren stark abweichender Linienzahlen durchaus verständlich. Diese Erscheinung wird in der Literatur häufig als *alternierender Linienbreiteneffekt* bezeichnet.

2.2.3.3. Innere Rotation und mikro-BROWNsche Rotationsdiffusion bei Radikalen des Acrylnitrils

Bei Monomer- und Polymerisationsradikalen kann der *alternierende Linienbreiteneffekt* durch innere Rotation hervorgerufen werden. Dies geht unter

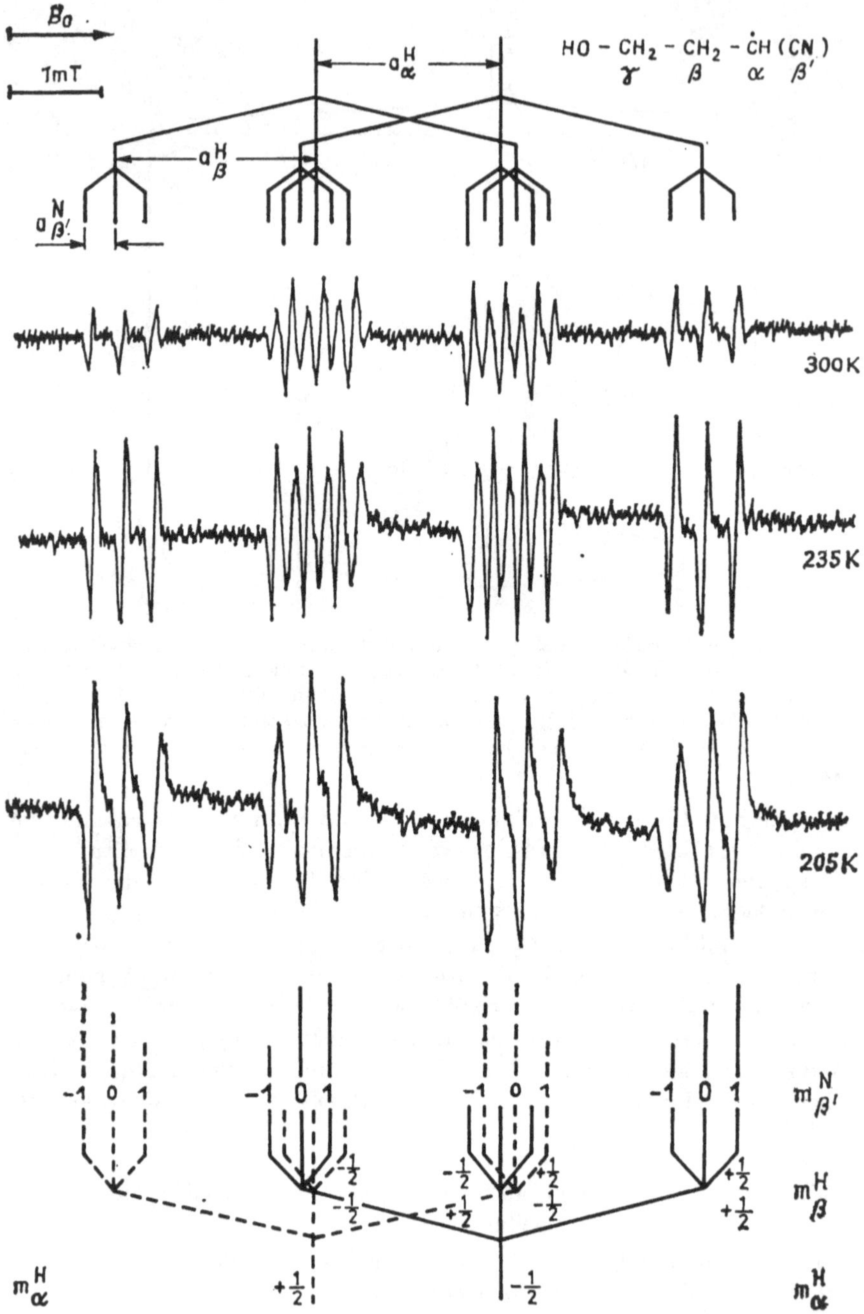

B_0
1mT
HO - CH2 - CH2 - ĊH (CN)
γ β α β'
a^H_α
a^H_β
$a^N_{\beta'}$
300 K
235 K
205 K
-1 0 1
$m^N_{\beta'}$
m^H_β
m^H_α
$+\frac{1}{2}$
$-\frac{1}{2}$

anderem aus den in Abbildung 2.9 wiedergegebenen Spektren des Acrylnitrilradikals $HO-CH_2-CH_2-\dot{C}H(CN)$ hervor [2.11].

Das ESR-Spektrum dieses Radikals besteht bei Zimmertemperatur aus 12 Linien der relativen Intensität 1 und aus 6 Linien der relativen Intensität 2. Bei 235 K sind die bei Zimmertemperatur dominierenden 6 Linien schon kleiner als die, die im oberen Spektrum nur mit halb so großer Intensität auftraten, und ab 205 K sind die Linien, die bei Zimmertemperatur die relative Intensität 2 hatten, praktisch nicht mehr nachweisbar.

Daß die Signale, die bei Zimmertemperatur mit der relativen Intensität 2 auftreten, bei tieferer Temperatur an Höhe verlieren und schließlich auf Grund ihrer Breite nicht mehr nachweisbar sind, beruht auf dem gleichen Effekt, den wir bereits beim Vinylradikal kennengelernt haben. Nur ist er hier schlechter zu sehen, da Kopplung mit dem α-Proton in den beiden mittleren Signalgruppen sich sowohl austauschverbreiterte Linien befinden, als auch solche Komponenten, die von der Änderung der innermolekularen Bewegung nicht betroffen sind. Bei Zimmertemperatur sind die β-Protonen äquivalent und führen zu einer Aufspaltung in drei Komponenten, deren Signalintensitäten sich wie 1:2:1 verhalten. (Die weitere Aufspaltung durch das α-Proton und den in β'-Stellung befindlichen Stickstoffkern verändert die Intensitätsverhältnisse nicht.)

Mit Temperaturerniedrigung wird die Verweildauer in ausgezeichneten Lagen größer, und die β-Protonen werden schließlich inäquivalent. Im Übergangsgebiet zwischen langsamem und schnellem Austausch verbreitern sich die Signale durch den oben skizzierten zusätzlichen Relaxationsmechanismus derart, daß wir sie de facto nicht mehr nachweisen können.

Etwa parallel mit der durch Temperaturerniedrigung bewirkten Verminderung der innermolekularen Umlagerungsfrequenzen nimmt die Viskosität des Systems zu. Die mikro-Brownsche Diffusionsbewegung, die bei hoher Temperatur dafür sorgt, daß sich die durch Dipol-Dipol-Wechselwirkung zustande kommende anisotrope Hyperfeinstruktur und die g-Faktoranisotropie herausmitteln, wird langsamer, d. h., die Ausmittelung wird unvollständiger. Diese bewegungsabhängigen Störungen verursachen eine zusätzliche Relaxation des Elektronenspins, die von den fluktuierenden magnetischen Kernfeldern und damit von der Kernspinquantenzahl bzw. von der Einstellung des Kernspins zum äußeren Magnetfeld abhängt.

◄
Abb. 2.9. EPR-Spektren, registriert bei unterschiedlichen Temperaturen während der Photolyse von Acrylnitril/Methanollösungen. Bei Zimmertemperatur gilt: $a_\alpha^H = 2{,}01$ mT, $a_\beta^H = 2{,}29$ mT, $a_{\beta'}^N = 0{,}35$ mT. Das untere Schema gehört zum bei 205 K registrierten Spektrum

Die Unterschiedlichkeit der Relaxationszeiten für verschiedene HFS-Komponenten wirkt sich, wie wir im Spektrum, das bei 205 K registriert worden ist, sehen, insbesondere auf die Amplitudenverhältnisse der EPR-Linien aus. Für die Abschätzung der Abhängigkeit der Korrelationszeit τ_D der mikro-BROWNschen Rotationsdiffusion von der makroskopischen Viskosität η und der Temperatur kann die von DEBYE angegebene Formel

$$\tau_D = \frac{4\pi}{3} q^3 \frac{\eta}{kT} \tag{2.17}$$

genutzt werden. Der Einfluß dieser Korrelationszeit τ_D, der anisotropen HFS-Kopplungskonstanten, der g-Faktoranisotropie und der Quadrupolwechselwirkung auf die Linienbreiten einzelner HFS-Komponenten läßt sich am zuverlässigsten ausgehend von der REDFIELDschen Relaxationsmatrixtheorie [2.29] berechnen.

Der Relaxationsmatrixformalismus gestattet zwar, am fundiertesten die Linienbreitenänderungen zu beschreiben, ist aber leider nicht sehr anschaulich und daher für Erklärungen hier wenig geeignet. Deshalb wollen wir die im Tieftemperaturgebiet erhaltenen Linienbreiten bzw. Signalamplituden an Hand einer halbempirischen Beziehung diskutieren. In Übereinstimmung mit der Relaxationsmatrixtheorie und in Erweiterung einer von RASSAT [2.30] angegebenen Formel kann man bei Radikalen vom Typ des AN für die Breiten ΔB der von der innermolekularen Bewegung unbeeinflußten Linien formulieren:

$$\Delta B' = \Delta B - (\Delta B)^0 \tag{2.18}$$

mit der zusätzlichen Verbreiterung

$$\Delta B' = c\tau_D(\Delta g \cdot B + bpm_I)^2 \,. \tag{2.19}$$

B ist das wirkende Magnetfeld ($\approx B_0$), m_I ist die Kernspinquantenzahl der betrachteten HFS-Komponente, p ist das Produkt über die Vorzeichen aller Kernspinquantenzahlen und Kopplungskonstanten, die bis zu der betrachteten Aufspaltung durch am_I führen ($p = \pm 1$ bewirkt in unserem Falle die Spiegelsymmetrie des Spektrums), c ist eine molekülspezifische, temperaturunabhängige Konstante, τ_D ist die Korrelationszeit der mikro-BROWNschen Diffusionsbewegung, b und Δg charakterisieren die Anisotropie der HFS bzw. die des g-Faktors. Für sie gelten:

$$b = \frac{4\pi}{3}\left(A_z - \frac{A_x + A_y}{2}\right), \qquad \Delta g = g_z - \frac{g_x + g_y}{2}. \tag{2.20}$$

Ausgehend von der Beziehung für $\Delta B'$ in der Form

$$\Delta B' = c\tau_D \{\Delta g \cdot B)^2 + 2\Delta g B b p m_I + (b p m_I)^2\} , \tag{2.21}$$

kann man die Signalamplituden und Linienbreiten nacheinander für jede durch unterschiedliche Kernspineinstellung zustande kommende Spektrenkomponente diskutieren. Für den zu $m_\alpha = -1/2$ gehörenden Aufspaltungszweig ergibt sich für die drei möglichen Spineinstellungen des Stickstoffkernes:

$$\begin{array}{llllll}
p & = \mp 1, & & & \Delta B & \text{Signal-} \\
 & & & & & \text{amplitude} \\
m_N = & 1, & \Delta B' = c\tau_D \{(\Delta g B)^2 + 2\Delta g B b + b^2\} , & & \min , & \max , \\
m_N = & 0, & \Delta B' = c\tau_D (\Delta g B)^2 , & & & \\
m_N = & -1, & \Delta B' = c\tau_D \{(\Delta g B)^2 - 2\Delta g B b + b^2\} , & & \max , & \min .
\end{array} \tag{2.22}$$

Das von uns unter Zuhilfenahme der Quantenchemie errechnete b beträgt $+0{,}99$ mT. Δg ist negativ, so daß das Produkt $\Delta g b$ kleiner als Null ist und die Linie mit Kernspin $m_N = -1$ am breitesten und niedrigsten erscheint. Zu $m_N = +1$ gehört hier die größte Amplitude.

Bei der Auswertung einer größeren Serie von Spektren hat sich gezeigt, daß die auf Grund $m_N = 0$ und $m_N = +1$ zustandekommenden Linien sich in ihrer Breite nur gering unterscheiden. Dies bedeutet, daß wir unsere Messungen unter Bedingungen ausgeführt haben, bei denen

$$|\Delta g|\, B \approx b/2 \tag{2.23}$$

gilt; denn dabei sind diese beiden Komponenten fast gleich groß. Unter der Annahme, daß $|\Delta g|\, B = b/2$ ist, haben wir aus der Anisotropie der HFS die g-Faktoranisotropie abgeschätzt. Sie ergab sich zu $|\Delta g| = 0{,}0015$, was durchaus im Bereich des Erwarteten liegt.

Durch Messungen an Einkristallen wurde für einige Radikale sowohl Δg, als auch b experimentell bestimmt. Sind diese Größen sicher bekannt, kann aus der Messung kernspinabhängiger Linienbreiten bzw. Relaxationszeiten auf die Beweglichkeit des Radikals und seiner Umgebung geschlossen werden, d. h., die τ_D werden so bestimmbar.[1]

[1] Letzteres wird bei der im Abschnitt 3.4.2. skizzierten Spinsondenmethode ausgenutzt, bei der man stabile Radikale mit bekannten Δg und b in Polymere einlagert oder an diese chemisch bindet, um mittels EPR Bewegungsprozesse in biologischen und synthetischen makromolekularen Systemen studieren zu können.

2.3. Widerspiegelung intermolekularer Wechselwirkungen in den EPR-Spektren

Zwischenmolekulare Wechselwirkungen, insbesondere Komplexbildung durch Wasserstoffbrückenbindung oder Elektronen-Donator-Wechselwirkungen, beeinflussen die Spindichteverteilung in den Radikalen direkt und haben indirekt auch Einfluß auf die innermolekularen Bewegungen und damit auf die Konformationswahrscheinlichkeit. Daneben können sie den g-Faktor beeinflussen.

Auf Grund der bereits diskutierten Zusammenhänge zwischen beobachtbarer HFS-Aufspaltung, Spindichte und Konformationswahrscheinlichkeit können sich demnach die intermolekularen Wechselwirkungen in der Größe der HFS-Kopplungskonstanten bzw. in deren Abhängigkeit vom Lösungsmittel widerspiegeln. Da es sich bei der Komplexbildung ähnlich wie bei den im Abschnitt 2.2.3. skizzierten innermolekularen Rotations- oder Inversionsplatzwechseln um Austauschprozesse handelt, sind außerdem noch Linienbreiteneffekte zu erwarten.

Die Bildung von mehr oder weniger beständigen Komplexen von freien Radikalen $\dot{R}$ mit Lösungsmittelmolekülen S oder Monomermolekülen M sind dynamische Prozesse, die man in folgender Weise symbolisch darstellen kann:

$$\begin{aligned} [S, R\cdot] + M &= S + [M, R\cdot]\,, \\ [S_A, R\cdot] + S_B &= S_A + [S_B, R\cdot]\,. \end{aligned} \tag{2.24}$$

Je nachdem, ob die *Lebensdauer* τ *der Radikal-Molekülkomplexe* A *und* B, multipliziert mit der Differenz $(\omega_A - \omega_B)$ der HFS-Linien, im Vergleich zu $\sqrt{2}$ sehr groß, etwa von gleicher Größe oder viel kleiner ist, spricht man von *langsamem, mittelschnellem* oder *schnellem Austausch* (vgl. mit (2.13) und (2.14)).

2.3.1. Langsamer Austausch der Wechselwirkungspartner

In diesem Fall kann man bei der Untersuchung in zweikomponentigen Lösungsmitteln normalerweise gleichzeitig zwei Spektren beobachten, die von Radikalen in den Zuständen A und B herrühren. Ein Beispiel dazu zeigt Ab-

▶

Abb. 2.10. EPR-Spektren von Anionenradikalen R_3 des Maleinsäureanhydrids (MA) in Isopropanol bei 300 K. R_{3A} besitzt eine reine Lösungsmittelhülle, wähernd bei R_{3B} das Anionenradikal primär mit einem MA-Molekül in Wechselwirkung ist, a) $[MA] = 4 \cdot 10^{-3}\,mol \cdot l^{-1}$, b) $[MA] = 1{,}2 \cdot 10^{-2}\,mol \cdot l^{-1}$, c) $[MA] = 1{,}3 \cdot 10^{-1}\,mol \cdot l^{-1}$ (nach [2.31])

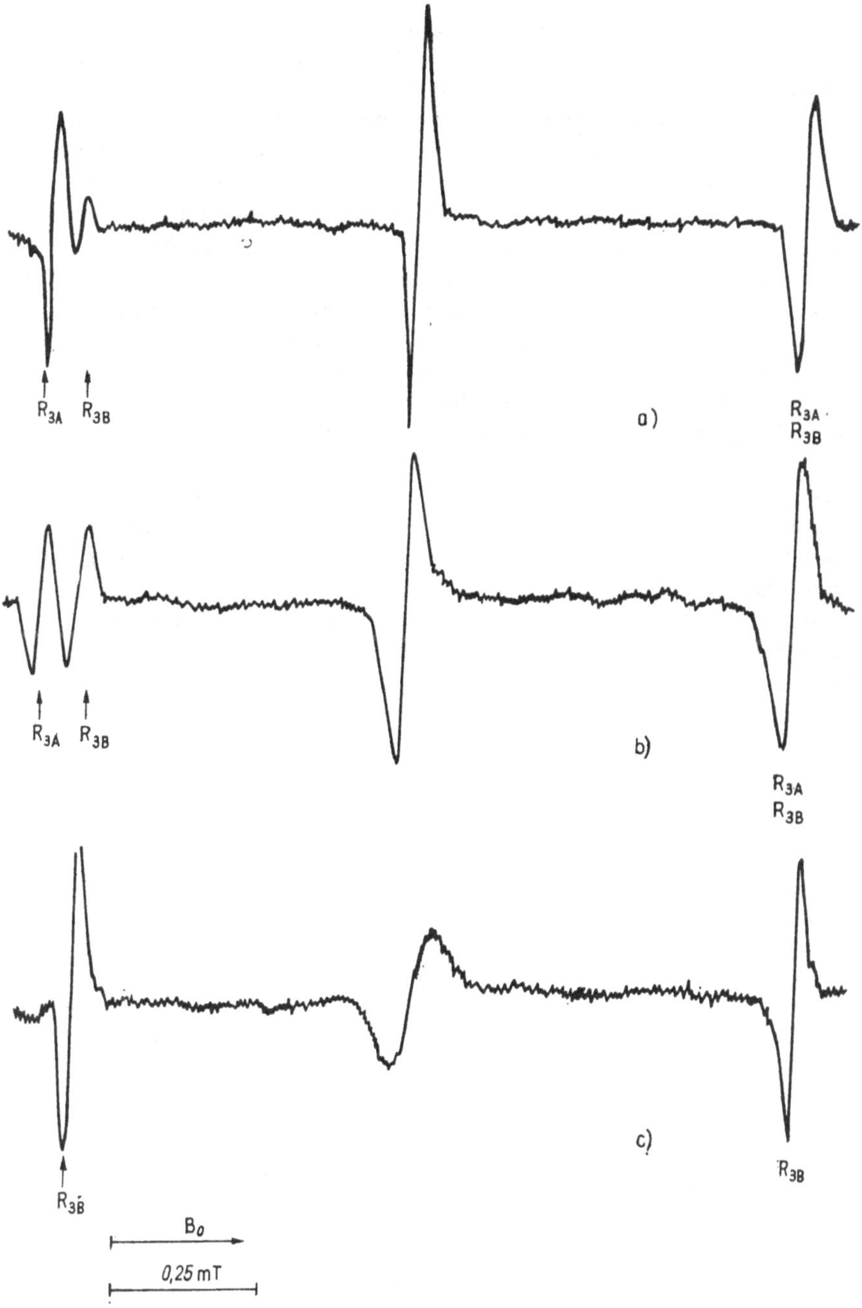
R3A
R3B
a)
R3A
R3B
R3A
R3B
b)
R3A
R3B
R3B
c)
R3B
B0
0,25 mT

bildung 2.10. Das obere Spektrum gehört fast ausschließlich zum MSA-Anionenradikal R_{3A}, das eine Solvathülle besitzt, die vollständig aus Lösungsmittelmolekülen besteht (Zustand A). Das mittlere Spektrum ist eine Überlagerung von Spektren der Anionenradikale mit unterschiedlichen Wechselwirkungspartnern, wobei der Zustand B MSA-Doppelmoleküle beinhaltet, die ihrerseits von Solvathüllen umgeben sind. Wie das untere Spektrum zeigt, überwiegt dieser Zustand bei hohen MSA-Konzentrationen. Eine mögliche Variante solcher Doppelmolekülradikalionen zeigt Abbildung 2.11. Die Radikalanionen unterscheiden sich in den Zuständen A und B nicht nur in ihren HFS-Kopplungskonstanten, sondern auch im g-Faktor. Letzteres verursacht, daß die Hochfeldlinien zufällig zusammenfallen, und ist ein Grund, warum die mittlere Signalkomponente so breit erscheint. Eine weitere Ursache wird die leichte Inäquivalenz der Protonen in R_{3B} sein, die eine unaufgelöste zusätzliche Aufspaltung der Mittellinie bewirkt [2.31].

Bei welchen MSA-Konzentrationen der Zustand B den Zustand A überwiegt, hängt von der Temperatur und der Lösungsmittelqualität ab. Für alkoholische Lösungen ist z.B. bekannt, daß mit zunehmender Größe des hydrophoben Molekülteils der Alkoholmoleküle, die H-Brücken zu den MSA-Anionenradikalen weniger stabil sind. Deshalb dominiert R_{3B} in höheren Alkoholen bereits bei relativ niedriger MSA-Konzentration [2.11]. (Die Existenz von MSA-Doppelmolekülionen wurde inzwischen auch auf optischem Wege nachgewiesen [2.48].)

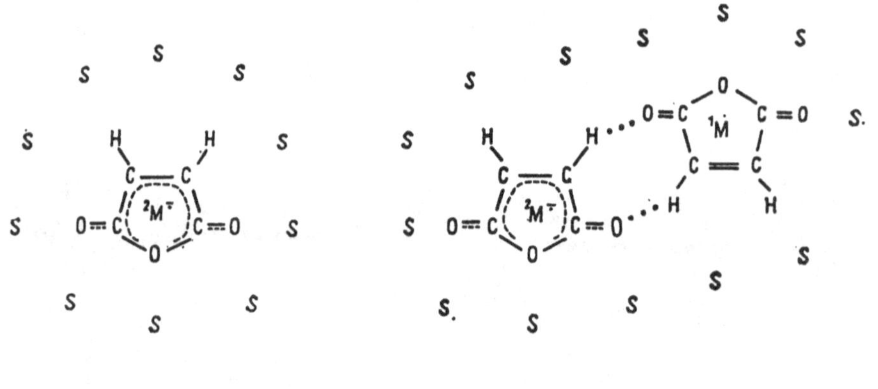

R_{3A} R_{3B}

Abb. 2.11. Eine Modellvorstellung für die Anionenradikale R_3 im Zustand A (mit reiner Lösungsmittelhülle) oder B (Doppelkmolekülradikal, d. h. an der Solvathülle sind nicht nur Solvatmoleküle S sondern wenigstens ein MSA-Molekül M beteiligt)

2.3.2. Schneller Austausch der Wechselwirkungspartner

Unter diesen Bedingungen beobachtet man selbst im mehrkomponentigen Lösungsmittel nur ein Spektrum mit mittleren Kopplungskonstanten (statt mehrerer getrennter Spektren des gleichen Radikals). Der Einfluß zwischenmolekularer Wechselwirkungen äußert sich hier insbesondere in lösungsmittel- und temperaturabhängigen Kopplungskonstanten, wie es z.B. in den Abbildungen 2.12 und 2.13 zu sehen ist. Die beobachteten Aufspaltungskonstanten sind Mittelwerte, die von der Komplexlebensdauer abhängen:

$$\bar{a} = \frac{1}{\tau_A + \tau_B} (\tau_A a_A + \tau_B a_B) . \tag{2.25}$$

Da bei fester Temperatur die mittleren Lebensdauern der Komplexe proportional dem Konzentrationsverhältnis

$$\chi = \frac{[S_A]}{[S_B]} \tag{2.26}$$

sind, kann (2.25) umgeschrieben werden in

$$\bar{a} = \frac{\chi K}{1 + \chi K} (a_B - a_A) + a_A , \tag{2.27}$$

wobei K die Gleichgewichtskonstante der Radikalsolvatation ist:

$$K = \frac{[S_A]\,[S_B R\cdot]}{[S_A R\cdot]\,[S_B]} . \tag{2.28}$$

Die Gleichgewichtskonstante K kann mittels (2.27) bestimmt werden, wenn neben der mittleren Kopplungskonstante $\bar{a}$ auch die HFS-Kopplungskonstanten in den reinen Lösungen S_A und S_B meßbar sind. Im Polymerisationsprozeß ist letzteres oft unmöglich, da hier die Radikalbildung in vielen Fällen sowohl die Anwesenheit von Lösungsmittel- als auch von Monomermolekülen erfordert. Dadurch haben wir stets wenigstens ein zweikomponentiges Molekülgemisch als Lösungsmittel für die Radikale. Es sind jedoch durch Messungen bei unterschiedlicher Konzentration und Temperatur trotzdem wertvolle Informationen über die Radikallösungsmittelassoziate möglich. (Diesbezüglich sind die Verhältnisse in radikalfreien Monomerlösungen weniger kompliziert. Wie man in solchen Systemen Komplexbildungskonstanten ausgehend von NMR-Messungen bestimmen kann, ist in 5.1.2. dargestellt.)

In Abbildung 2.12 sind die in verschiedenen Alkoholen als Funktion der Temperatur gemessenen Kopplungskonstanten des MSA-Radikals R_1 zu

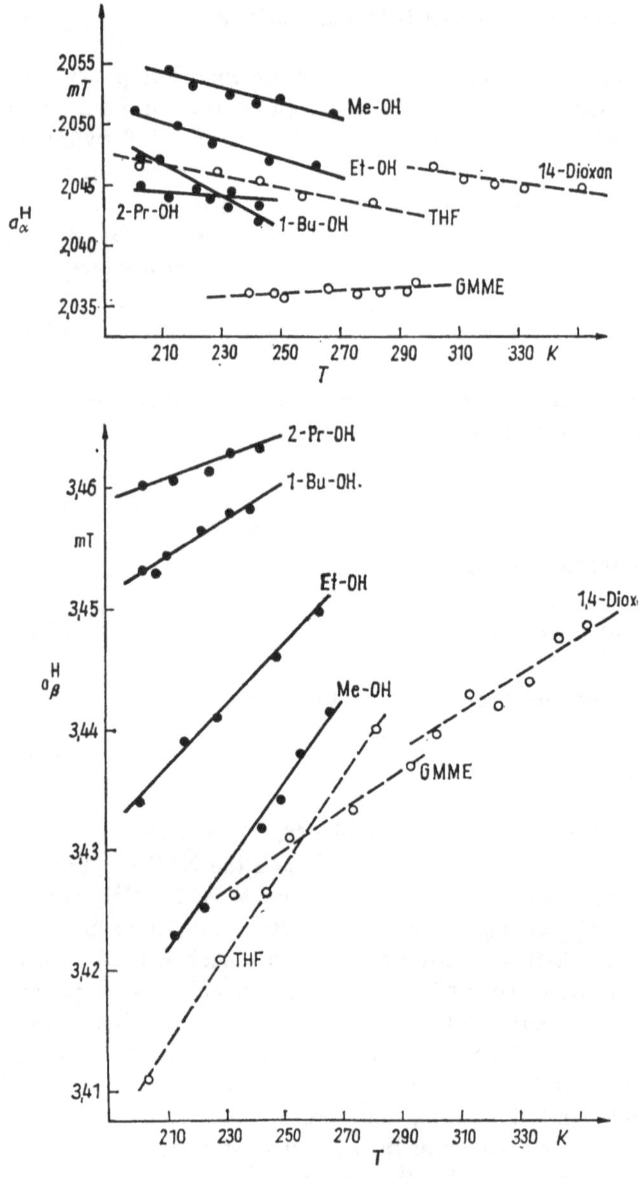

Abb. 2.12. Temperatur- und Lösungsmittelabhängigkeit der α- und β-Kopplungskonstanten des MSA-Radikals R_1 (vgl. Abb. 2.4) in Methanol (Me-OH), Ethanol (Et-OH), Isopropanol (2-Pr-OH), n-Butanol (1-Bu-OH), 1,4-Dioxan, Tetrahydrofuran (THF) und Glykolmonomethylether (GMME)

sehen. Die Abbildung zeigt, daß die Lösungsmittel einen erheblichen Einfluß auf die Größe der HFS-Kopplung haben. Vergleichen wir z.B. die bei 230 K gemessenen Werte, so sehen wir, daß die Wechselwirkung mit Methanol zu den größten und in Isopropanol zu den kleinsten α-Kopplungskonstanten führt. Der Lösungsmitteleinfluß auf die β-Kopplung ist entgegengesetzt, d. h., es werden in Methanol die kleinsten Werte gemessen und in Isopropanol die größten. Auch der Temperatureinfluß ist gegenläufig, wenn man die α- und β-Kopplung betrachtet.

Diese unterschiediche Beeinflussung der α- und β-Protonen kann man als Hinweis dafür sehen, daß durch die Solvatmoleküle nicht pauschal die Spindichte im Radikal verringert oder erhöht wird, sondern daß spezifische

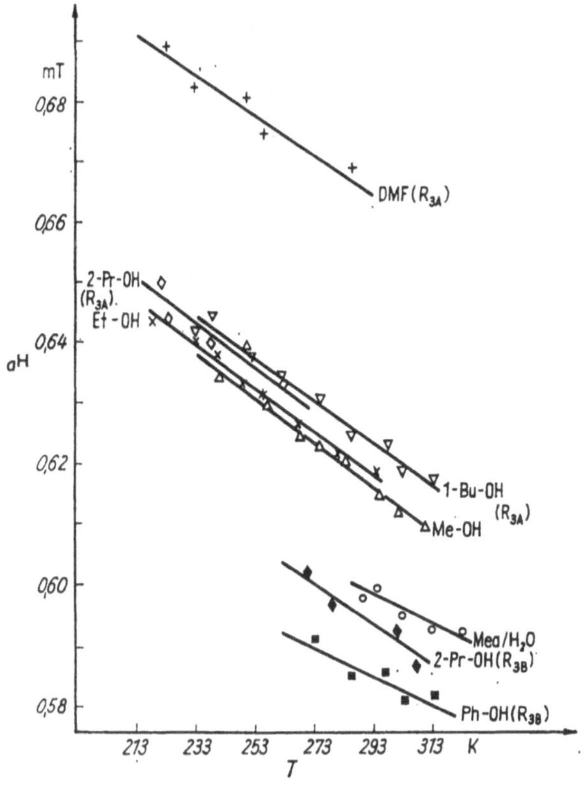

Abb. 2.13. Temperaturabhängigkeit der HFS-Wechselwirkung im Anionenradikal des Maleinsäureanhydrids unter dem Einfluß der Lösungsmittel Dimethylformamid (DMF), Butanol (1-Bu-OH), Ethanol (Et-OH), Isopropanol (2-Pr-OH), wässriger Methansäure (Mea/H_2O) and Phenylmethanol (Ph-OH)

Wechselwirkungen mit bestimmten Bindungspartnern hier ausschlaggebend sind. Diese Aussage konnte mit MO-Berechnungen gestützt werden.

Nach der Methode des Supermoleküls wurden vermittels der quantenchemischen Näherungsmethode INDO-OPEN die Spindichte im 2pπ-Orbital und an den uns interessierenden Protonen bei Wasseranlagerung an H-Brückenpartner des Radikals berechnet. Dabei zeigte sich (jeweils für den Abstand des energetischen Minimums betrachtet), daß die Spindichte am α-Proton fast unbeeinflußt durch Wasserstoffbrücken an den Carboxylgruppen oder dem Ethersauerstoff bleibt, während die schwache Brücke direkt am Proton des α-Kohlenstoffs den dominierenden Einfluß hat [2.11]. Die Wasserstoffbrückenbindung bewirkt hier eine Spindichteerhöhung am Ort des α-Protons. Das heißt, je größer die Fähigkeit des als Bindungspartner auftretenden Lösungsmittels zur Wasserstoffbrückenbindung ist, desto größer wird die beobachtete Hyperfeinstrukturkopplungskonstante. Da als gesichert gilt, daß mit zunehmender Größe der n-Alkoholmoleküle ihre H-Brückendonizität abnimmt, ist verständlich, daß die durch Brückenbildung bewirkte Kopplungskonstantenvergrößerung bei Methanol und Ethanol größer ist als bei Propanol und Butanol.

Selbst in Systemen mit merklichem Einfluß intermolekularer Wechselwirkungen zwischen Radikalen und Lösungsmittel wird die beobachtete *Temperaturabhängigkeit* der Kopplungskonstanten *sowohl* auf die *Änderung der innermolekularen Bewegungen* mit der Temperaturänderung (vgl. 2.2.2.) *als auch* auf *Änderungen in den zwischenmolekularen Wechselwirkungen* zurückzuführen sein. Bleiben die Temperaturgradienten nahezu unbeeinflußt von der Wahl des Lösungsmittels, so wird die beobachtete Temperaturabhängigkeit der HFS-Aufspaltung dominierend durch innermolekulare Bewegungen bestimmt. Das trifft z. B. auf die Radikale R_1 und R_3 des MSA zu. Bei R_1 wäre deshalb nur noch zu fragen, ob durch die Abhängigkeit der Eigenschaften zwischenmolekularer Bindungen von der Temperatur der Effekt verstärkt oder geschwächt wird. Mit Temperaturerhöhung werden allgemein die zwischenmolekularen Wechselwirkungen weniger wirksam. Damit ist klar, daß im Mittel die durch die (schwachen) H-Brücken an den α-Protonen zustande gekommene Erhöhung der Spindichte sinkt, was zur Erniedrigung der Kopplungskonstanten führen muß. Das heißt, auch aus der beobachteten Temperaturabhängigkeit könnte gefolgert werden, daß die lösungsmittelbedingte Spindichtebeeinflussung an den α-Protonen dominierend durch schwache Wasserstoffbrücken zwischen CH-Bindung und Hydroxylsauerstoff der Alkohole zustande kommt.

Die gleichen quantenchemischen Rechnungen ergaben, daß die Spindichte an den β-Protonen dominierend durch die *Wasserstoffbrücken an der benachbarten Carboxylgruppe* beeinflußt wird. Durch die Brückenbindung wird die Spindichte an den β-Protonen verringert, was sich mit zunehmender Bildungswahrscheinlichkeit in besonders niedrigen Kopplungskonstanten äußert. Die Bildungswahrscheinlichkeit von H-Brücken ist im Tieftemperaturgebiet und bei niedrigen Alkoholen am größten, deshalb finden wir hier die kleinsten β-Kopplungskonstanten, so daß auch hier die gemessenen Lösungsmittel- und Temperaturabhängigkeiten klar auf eine spezifische Wechselwirkung, nämlich auf H-Brücken am benachbarten Carboxylsauerstoff, zurückgeführt werden können.

Daß sich die Messungen in Isopropanol nicht so recht in die durch die Molekularmasse festgelegte Reihe einordnen lassen, führen wir insbesondere darauf zurück, daß es sich bei diesem Lösungsmittel nicht um ein lineares Alkoholmolekül handelt, sondern um ein verzweigtes, das offensichtlich aus sterischen Gründen trotz seiner im Vergleich zu Butanol geringeren Molmasse weniger zur H-Brückenbildung neigt [2.32].

Bisher ist die EPR nur in sehr bescheidenem Umfange zum Studium zwischenmolekularer Wechselwirkungen in polymerisationsfähigen Systemen, bzw. allgemeiner in Systemen mit kurzlebigen Radikalen, herangezogen worden. Neuere Ergebnisse auf diesem Gebiet sowie eine Zusammenstellung der zugehörigen internationalen Literatur vermitteln Originalarbeiten von Linke u. a. [2.32]. Auf diesem Gebiet steht die EPR-Spektroskopie erst am Anfang. Einigermaßen abgerundete Ergebnisse liegen bisher lediglich für Systeme mit Chinonradikalen [2.33] oder mit stabilen Radikalen vom Nitroxydtyp [2.34] vor.

2.4. Elektronenspinpolarisation (CIDEP) bei Radikalbildung, Übertragungsreaktionen und Radikalrekombination

2.4.1. Auswirkung anomaler Elektronenspinpolarisation auf EPR-Spektren

Betrachtet man die EPR-Spektren kurzlebiger Radikale etwas genauer, so bemerkt man in der Regel im Hochfeldgebiet größere Signalamplituden als im Niederfeldbereich. Diese Erscheinung ist auf *chemisch induzierte dynamische Elektronenspinpolarisation* (CIDEP) zurückzuführen und ist stark lösungsmittel- und temperaturabhängig. Vergleicht man z.B. die in Abbildung 2.14 enthaltenen Spektren miteinander, so zeigen sich in Abhängigkeit von den Lösungsmitteleigenschaften und von der Temperatur deutliche Unterschiede in der Linienform und den Signalamplituden.

Zum Beispiel besteht das bei 230 K registrierte EPR-Spektrum einer mit UV bestrahlten MSA-Methanollösung ausschließlich aus Absorptionssignalen, wobei die im Niederfeld- und im Hochfeldbereich beobachteten, zusammengehörigen Signale nahezu gleiche Signalintensitäten haben [2.11, 2.21, 2.31]. Zeichnet man die EPR-Spektren der *gleichen Radikale* im gleichen oder benachbarten Temperaturbereich in etherischen Lösungen oder anderen Alkoholen auf, so besteht das Spektrum zwar ebenfalls ausschließlich aus Absorptionssignalen, ihre Signalintensitäten unterscheiden sich jedoch sehr stark, je nach der Lage der betreffenden Linien im Magnetfeld: Die bei niedrigem Magnetfeld beobachteten Signale sind von bedeutend geringerer Intensität

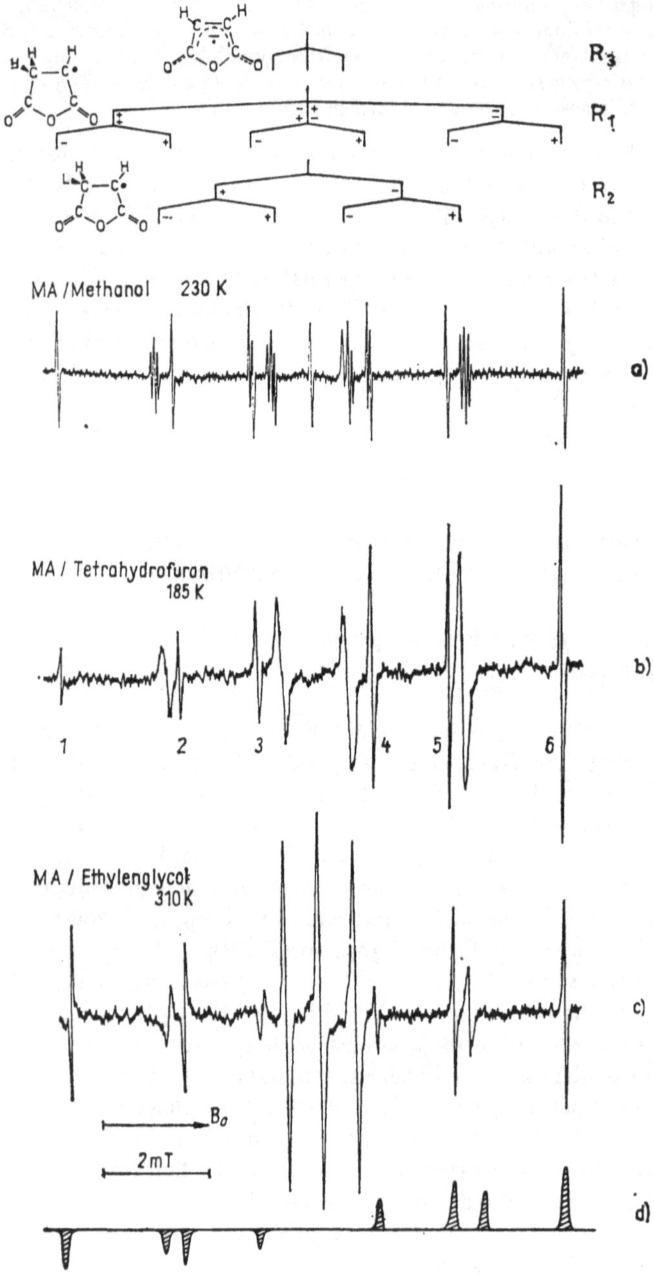
R3
R1
R2
MA / Methanol 230 K
a)
MA / Tetrahydrofuran
185 K
b)
1
2
3
4
5
6
MA / Ethylenglycol
310 K
c)
B0
2 mT
d)

als die im Hochfeldbereich (d. h. rechts vom Spektrenmittelfeld) registrierten (vgl. auch Abb. 2.4). Die während der Photolyse in höheren Alkoholen, Ethylenglycol oder Cyclohexanol bei höheren Temperaturen (z. B. bei 310 K) beobachteten EPR-Signale der Radikale R_1 und R_2 erwiesen sich im Niederfeldbereich als Emissionssignale, während die Hochfeldkomponenten verstärkte Absorption zeigten. Nur das Triplettsignal, das vom Anionenradikal R_3 herrührt, scheint unter diesen Meßbedingungen ein reines Absorptionssignal zu sein.[1]

Zum Verständnis dieser Spektren sei daran erinnert, daß jede einzelne Signalkomponente, d. h. jede Linie des bei stationärer Bestrahlung aufgezeichneten EPR-Spektrums, die Überlagerung der Lebensgeschichte (zu berücksichtigen ist hier insbesondere die sich sehr rasch ändernde Spinpolarisation) einer sehr großen Anzahl gleicher, jedoch sehr kurzlebiger Radikale einer bestimmten Kernspinfiguration darstellt. Die Radikale tragen je nach ihrem „Alter" mit unterschiedlicher Elektronenspinpolarisation zum Signal bei. Abhängig von ihrer momentanen Spinpolarisation verstärken sie entweder das Signal, oder sie schwächen es. In welchem Maße dies geschieht, hängt unter anderem vom Verhältnis der Spin-Gitter-Relaxationszeit T_1 der Radikale zur Radikallebensdauer τ ab.

Die bei den elektrisch neutralen Radikalen R_1 und R_2 beobachteten ungewöhnlichen Signalintensitäten sind also Ausdruck einer anomalen Elektronenspinpolarisation, die sich während der Entstehung und der Reaktion der Radikale herausbildet. Es kommt im Prozeß der Radikalbildung und -rekombination zu einer Besetzung der Elekronenspinniveaus, die stark von der im thermischen Gleichgewicht vorhandenen abweicht.

Anomale Niveaubesetzungen entstehen während schneller Radikalreaktionen auch in den Kernspinsystemen der diamagnetischen Produkte der chemischen Reaktion. Die im Abschnitt 2.4. erläuterten Elementarmechanismen und dynamischen Prozesse

◀

Abb. 2.14. Aufspaltungsschema und Spektren von Maleinsäureanhydrid(MA)-Radikalen mit unterschiedlicher Auswirkung der CIDEP. [MA] = 0,4 mol l^{-1}. Die Vorzeichen am Aufspaltungsschema von R_1 weisen auf die Kernspinkonfiguration hin. Die Ziffern an den Signalen des R_1-Radikals in Tetradhydrofuran erlauben die Zuordnung zu den zeitaufgelösten Spektren der Abbildung 2.22. d) gibt in schematischer Darstellung für das differenzierte Spektrum c) der Radikale R_1 und R_2 die zugehörigen Absorptions- und Emissionsspektren wieder

[1] Aus zeitaufgelösten EPR-Messungen ist bekannt, daß unter den angegebenen Meßbedingungen auch die drei mit starker Intensität auftretenden Signale des R_3 gleichmäßig durch Emissionsanteile geschwächt sind.

haben also nicht nur für die CIDEP, sondern auch für den Aufbau der im Abschnitt 5.3. vorgestellten CIDNP (chemically induced dynamic nuclear polarization) Bedeutung. Analoges gilt für das Verhalten der Spinsysteme bis zur Wiedererlangung des Gleichgewichts.

Die Intensität eines EPR-Signals wird durch die Besetzungszahldifferenz

$$\Delta N_{-1/2} = N - N_{+1/2} \tag{2.29}$$

zwischen zwei Elektronenspinenergieniveaus einer gegebenen Kernspinkonfiguration bestimmt. Für Radikale, in denen das ungepaarte Elektron nur mit einem Proton koppelt, sind in Abbildung 2.15 mögliche Besetzungszahlunterschiede schematisch dargestellt. Im thermischen Gleichgewicht sind die Energieniveaus entsprechend Gleichung (1.12) nach der BOTZMANN-Statistik besetzt:

$$\frac{N_{+1/2}}{N_{-1/2}} = e^{-\Delta E/kT}, \tag{2.30}$$

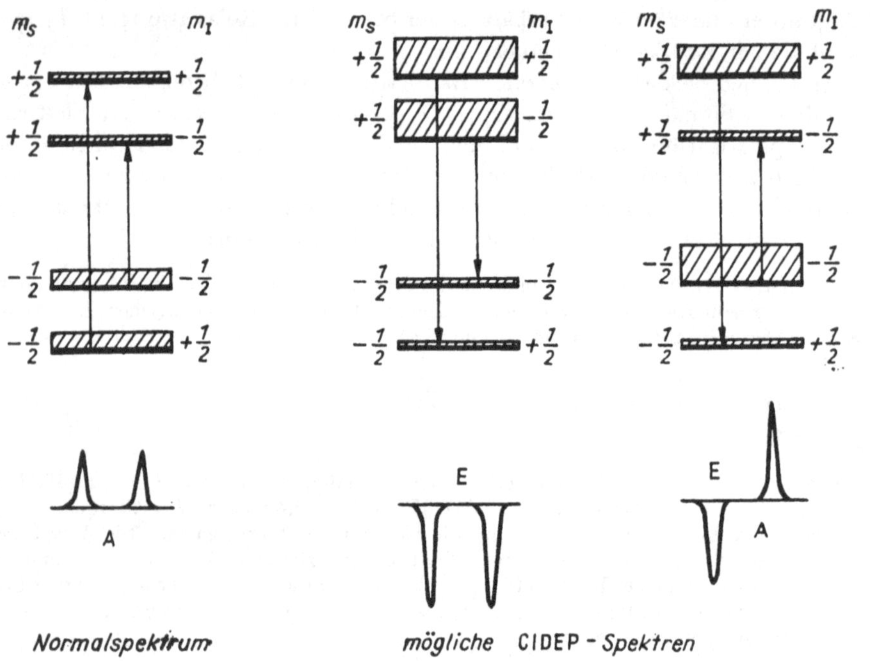

Abb. 2.15. Drei mögliche Niveaubesetzungen bei Elektronenspins, die sich in Wechselwirkung mit einem Kernspin $I = 1/2$ befinden (im Magnetfeld $\boldsymbol{B}_0$), sowie zugehörige EPR-Signale in schematischer Darstellung

d. h., $N_{+1/2}$ ist im thermischen Gleichgewicht stets kleiner als $N_{-1/2}$. Wir beobachten in diesem Falle (wie in Abb. 2.15 links) die bekannten Absorptionssignale, deren Intensität, unabhängig von der Position im Magnetfeld, der Zahl N der Radikale proportional ist. (Für N gilt hier $N = N_{-1/2} + N_{+1/2}$.) Diesen Bedingungen entspricht bei Zimmertemperatur und einem Magnetfeld $B_0 = 0{,}3$ T eine Gleichgewichtspolarisation von $\mathrm{P_{eq}} \approx 7{,}4 \cdot 10^{-4}$.

Allgemein nutzt man als quantitatives Maß der Elektronenspinpolarisation P den Quotienten aus ΔN und N, so daß sich dieser zu

$$\mathrm{P} = \frac{N_{-1/2} - N_{+1/2}}{N_{-1/2} + N_{+1/2}} \tag{2.31}$$

ergibt. Werden reine Emissionsignale beobachtet, so sind die energetisch ungünstigeren Niveaus stärker besetzt als die niedrigerer Energie, und das molekulare System wirkt bis zum Erreichen der Besetzung des thermischen Gleichgewichts als Mikrowellensender (Abb. 2.15 Mitte).

Bei EPR-Messungen während schneller Radikalreaktionen werden oft Spektren beobachtet, deren Signalintensitäten wie in Abb. 2.14 im Niederfeldbereich durch Emissionsanteile geschwächt sind und die im Hochfeldbereich verstärkte Absorptionssignale zeigen. Die Ursache von sogenannten Emissions/Absorptions-Spektren sind Niveaubesetzungen, wie sie in Abbildung 2.15 rechts dargestellt sind.

Da während chemischer Reaktionen die EPR-Spektren oft eine Überlagerung der EPR-Signale von Radikalen normaler Elektronenspinpolarisation mit solchen anomaler Polarisation darstellen, ist in Abbildung 2.16 veranschaulicht, wie sich die Emissionspolarisation E und die kernspinabhängige Emissions/Absorptions-Polarisation $\mathrm{P}(m_\mathrm{I})$ auf die Spektren auswirken. Aus der Abbildung wird deutlich, daß es aus den unter stationären Radikalbildungs- und -rekombinationsbedingungen aufgezeichneten Spektren nicht möglich ist, den aus der Emissionspolarisation herrührenden Signalbeitrag zu ermitteln. Bei CIDEP-Beiträgen zum EPR-Spektrum geht die einfache Proportionalität von Signalintensität und Anzahl der freien Radikale verloren, was kinetische Untersuchungen erheblich erschwert. In welchem Maße anomale Polarisationen zum Spektrum beitragen, hängt von der Form der Aktivierung und den physikalischen Bedingungen der Radikalbildung und -reaktionen sowie von den Registrierzeiten ab.

2.4.2. Aktivierungs- und Desaktivierungsprozesse bei photolytischer Radikalbildung

Radikale aus Molekülen mit abgesättigtem Elektronensystem zu erzeugen, erfordert irgendeine Form der Aktivierung, d. h. eine Energiezufuhr, die den Übergang des diamagnetischen Moleküls in den aktivierten Zustand bewirkt.

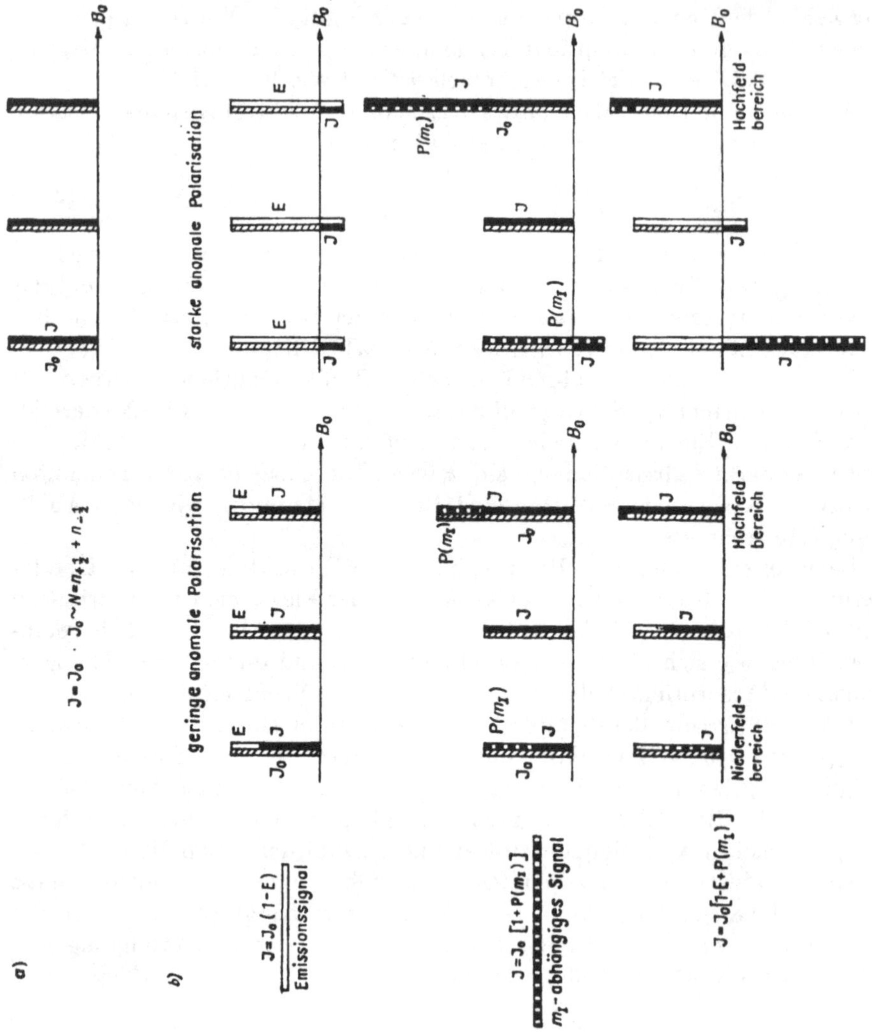
a)
J=J₀ · J₀~N=n₊½ + n₋½
J₀
J
B₀
b)
J=J₀(1-E)
Emissionssignal
geringe anomale Polarisation
starke anomale Polarisation
E
J
J₀
J=J₀ [1+P(m_I)]
m_I-abhängiges Signal
P(m_I)
J=J₀[1-E+P(m_I)]
Niederfeld-
bereich
Hochfeld-
bereich

Nach der angewandten Energieform unterscheidet man zwischen

- Thermolyse (Aktivierung durch thermische Energie),
- Photolyse (Aktivierung durch Lichtenergie),
- Radiolyse (Aktivierung durch ionisierende Strahlung),
- Elektrolyse (eine Form der Aktivierung durch Elektronenübertragungsprozesse) usw.

Bei der Thermolyse werden einzelne Moleküle ^1M durch Wärmestöße nkT aus dem umgebenden Medium nach und nach zu höheren thermischen Schwingungen ν angeregt, bis die Energiebarriere überwunden werden kann und das Molekül dissoziiert. Bei dieser Form der Aktivierung (in Abb. 2.17 der untere Weg der Radikalbildung) bleibt das Elektronensystem im Singulettgrundzustand, und auch das im Moment der Radikalentstehung vorhandene Radikalpaar $[^2R_a^{\cdot}, {}^2R_b^{\cdot}]$ befindet sich im Singulettgrundzustand.

Bei der Photolyse erfolgt, entsprechend der Auswahlregel $\Delta m_s = 0$ und dem FRANCK-CONDON-Prinzip, die Anregung bevorzugt in einen heißen Singulettzustand $^1M_\nu^*$ (d. h. in einen schwingungsangeregten Molekülzustand mit einem angeregten Elektron bei Erhalt der Spinorientierung). Direkt aus $^1M_\nu^*$ in radikalische Zustände überzugehen — wie dies in Abbildung 2.17 oben formuliert ist —, ist oft auf Grund anderer, effektiverer Desaktivierungswege nicht möglich.

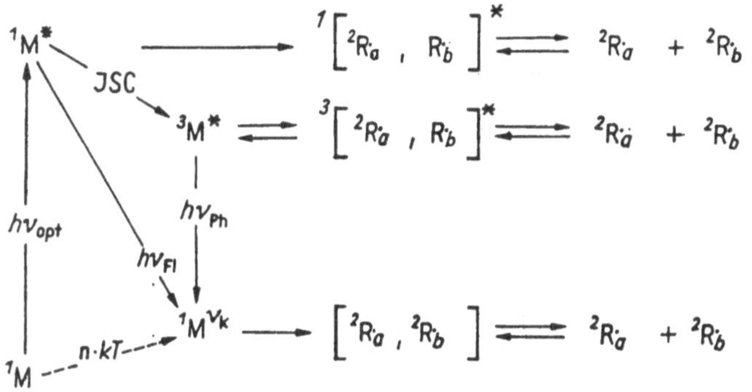

Abb. 2.17. Aktivierung und Desaktivierung bei photolytischer Anregung

◄

Abb. 2.16. Auswirkung der CIDEP auf die beobachtbaren Intensitäten eines dreikomponentigen EPR-Signals; a) bei Elektronenspinsystem im thermischen Gleichgewicht, b) bei CIDEP, E — Emissionssignal, $P(m_I)$ — kernspinabhängiges Signal, J — beobachtbares Signal

Meistens wird die überschüssige Schwingungsenergie in kleinen Quanten an die Umgebung abgegeben, so daß in Piko- oder Nanosekunden der Schwingungsgrundzustand $^1M_0^*$ erreicht wird, aus dem ein Rückfallen des Elektrons in den Elektronengrundzustand $^1M_{v'}$ unter Aussenden von Fluoreszenz möglich ist. Ist der Energieunterschied zwischen $^1M_0$ und dem Triplettzustand $^3M_{v'}^*$ nicht allzu groß ($E \leqq 40$ kJ/mol), so geht das Elektronensystem vermittels Intersystemcrossing (ISC) unter strahlungsloser Abgabe von Energie in den Triplettzustand über. Diese Triplettzustände haben im allgemeinen wesentlich größere Lebensdauern als angeregte Singulettzustände, so daß sie ins Reaktionsgeschehen eingreifen können. Die Triplettmoleküle ähneln Biradikalen. Triplettmoleküle können Radikale z.B. unter Abstraktion eines Wasserstoffatoms oder durch Übernahme eines Elektrons von einem Neutralmolekül bilden. Die primär entstehenden Radikalpaare $[^2R_a, {}^2R_b]$ sind hier im Triplettzustand, was sich unter Umständen bei Messungen an den separierten Dublettsystemen $^2R_a + {}^2R_b$ als Anomalien in den EPR-Spektren äußern kann (Emissions-CIDEP-Effekte). Das System kann aus dem Triplettzustand jedoch auch durch Aussenden von Phosphoreszenzlicht in einen Singulettgrundzustand übergehen. Ob die EPR-spektroskopisch beobachtbaren kurzlebigen Radikale ^2R_a und ^2R_b Triplett- oder Singulettvorläufer hatten, ist in vielen Fällen aus der Form der EPR-Signale, insbesondere aus den zeitaufgelösten Spektren, ermittelbar.

2.4.3. Photolytische Radikalbildung und Triplettmechanismus

Der Triplettmechanismus der Erzeugung anomaler Elektronenspinpolarisationen in den Dublettsystemen $^2R_a + {}^2R_b$ ist eng verbunden mit der Anisotropie des Intersystemcrossing. Diese Übergänge, die ja eine Aufhebung des durch die Auswahlregel $\Delta m_s = 0$ fixierten Verbots von Singulett-Triplett-Übergängen beinhalten, sind durch die Spin-Bahn-Wechselwirkung möglich. Das ISC wird durch Auswahlregeln gesteuert, die im molekularen Koordinatensystem gelten und maximal möglichen Symmetrieerhalt sichern. Durch die Anisotropie des ISC erfolgt der Übergang in der Regel nur in eines der Subniveaus des Triplettzustandes (d. h. nach T_x, T_y oder T_z). Da die Moleküle in flüssiger Phase schnelle rotatorische und translatorische Diffusionsbewegungen ausführen und sich damit ständig ihre Stellung zum äußeren

[1] Triplettmoleküle und Triplettradiakalpaare sind paramagnetisch. Im Tieftemperaturgebiet, insbesondere in glasartig erstarrten Lösungen, sind sie EPR-spektroskopisch nachweisbar. Durch solche Messungen ist gesichert, daß bei der Photolyse von MSA-Lösungen Triplettzustände entstehen. Meistens werden allerdings Phosphoreszenzmessungen zur Untersuchung solcher Molekülzustände genutzt.

Magnetfeld ändert, muß die bevorzugte Besetzung von T_x, T_y oder T_z nicht notwendigerweise zur ungleichmäßigen Besetzung der Spinzustände im Magnetfeld, $|T_{-1}\rangle$, $|T_0\rangle$ und $|T_{+1}\rangle$, führen. Die $|T_i\rangle$ mit $i = -1, 0, 1$ sind Linearkombinationen aus $|T_x\rangle$, $|T_y\rangle$ und $|T_z\rangle$, wobei die Koeffizienten zeitabhängig sind. Im Magnetfeld ist stets $|T_+\rangle$ der energiereichste Zustand. Ist im feldfreien Zustand z.B. $|T_z\rangle$ der höchster Energie, so wird $|T_+\rangle$ aus einer Mischung von $|T_x\rangle$, $|T_y\rangle$ und $|T_z\rangle$ bestehen, bei der im Mittel $|T_z\rangle$ dominiert. Auf diese Weise wird es zu einer ungleichmäßigen Besetzung der Triplettniveaus kommen, wie es in Abbildung 2.18 schematisch dargestellt ist.

Erfolgt die Bildung der Radikale ^2R_a und ^2R_b aus solch anomal besetzten Triplettzuständen schneller als der Ausgleich der anomalen Triplettpolarisation durch die Spin-Gitter-Relaxation $^3T_1$ des Triplettzustandes, so wird die anomale Polarisation auf die Dublettsysteme übertragen. Da $^3T_1$ oft in der Größenordnung von 10 ns liegt, bedeutet dies, daß, wenn der Effekt Einfluß auf die EPR-Signale hat, die Radikalbildung innerhalb von wenigen Nanosekunden erfolgt sein muß. Dies ist praktisch nur bei Radikalbildung über Elektronen- oder H-Atom-Transfer möglich. In dem Fall, der in Abbildung 2.18 dargestellt ist, würde dieser CIDEP-Effekt sich in Emissionssignalen äußern, deren Intensität unabhängig von der Magnetfeldposition ist. Die Polarisationen der beiden aus einem Triplettzustand entstandenen Radikale ^2R_a und ^2R_b stimmen nach Phase und Amplitude überein. Der Effekt ist in den Dublettsystemen (auf Grund der bei freien Radikalen relativ langsamen Spin-Gitter-Relaxation) mittels zeitaufgelöster EPR im µs-Gebiet nachweisbar.

Der Anteil der Triplettpolarisation, der in die Dublettsysteme übertragen wird, hängt von dem Produkt aus Triplett-Spin-Gitter-Relaxationszeit und Radikalbildungsgeschwindigkeit $k_q[Q]$ ab, wobei k_q die Geschwindigkeitskonstante und $[Q]$ die Quencherkonzentration symbolisieren. Der Polarisa-

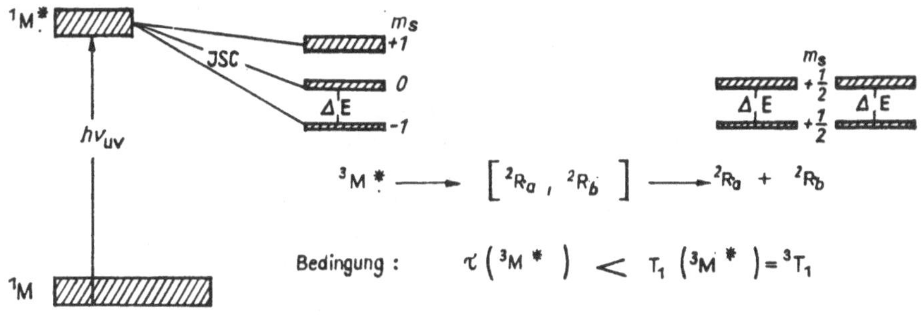

Abb. 2.18. Triplettmechanismus, Radikalbildung aus Triplettzuständen im Magnetfeld $\boldsymbol{B}_0$

tionsfaktor der Dubletts V_D ergibt sich nach [2.35] zu

$$V_D = \frac{4}{3} V_T \frac{k_q[Q]\,^3T_1}{1 + k_q[Q]\,^3T_1} + \frac{1}{3}, \tag{2.32}$$

wobei sich der Triplettpolarisationsfaktor V_T wie folgt aus der Polarisation P_T des Triplettzustandes ergibt:

$$V_T = \frac{P_T - P_{eq}}{P_{eq}}. \tag{2.33}$$

Die aus dem Triplettmechanismus resultierenden polarisierten Radikale können diese Polarisation in Übertragungsreaktionen an Sekundärradikale weitergeben, oder/und sie können durch den Radikalpaarmechanismus weiter polarisiert werden.

2.4.4. Rekombinationseffekte, Radikalpaarmechanismus

Wie aus dem bisher Dargelegten hervorgeht, entstehen die Radikalpaare bei photolytischer Anregung bevorzugt in Triplettzuständen. Diese Radikale können im Gegensatz zu Radikalpaaren im Singulettzustand nicht miteinander rekombinieren, sondern diffundieren auseinander. Dabei kann sich, wie an Hand der Abbildung 2.19 und der Beziehungen (2.40) bis (2.44) noch erläutert wird, die Spinmultiplizität ändern. Die Abbildung zeigt links ein Diagramm mit den Energiewerten der antibindenden Triplettzustände und des bindenden Singulettzustandes in einem äußeren Magnetfeld $\boldsymbol{B}$ als Funktion des Separierungsabstandes r. Mit Vergrößerung von r geht die Austauschwechselwirkung J gegen Null, was eine Entartung von S- und T-Zuständen bewirkt und vermittels magnetischer Wechselwirkungen eine Mischung von T- und S-Zuständen, d. h. einen Übergang von $|T\rangle$ in $|S\rangle$ und umgekehrt, ermöglicht. Nur die Radikalpaare in S-Zuständen können unter dem Einfluß der Austauschwechselwirkung zu diamagnetischen Molekülen rekombinieren.

Würde die Separation der Triplettradikalpaare relativ langsam erfolgen, so würde auf Grund des Überschneidens des T_--Niveaus mit dem S-Energieniveau im Abstandsbereich Δr der T_--Zustand entleert, und das System bliebe stark T_+-polarisiert zurück. Die durch die Brownsche Translationsdiffusion bewirkte Separation der Triplettradikalpaare geht jedoch in flüssiger Phase allgemein sehr schnell vonstatten, oft innerhalb einer Nanosekunde, so daß bei Anliegen des zur EPR-Messung notwendigen Feldes von $\boldsymbol{B}_0 = 0{,}3$ T oder bei den für NMR-Messungen benötigten Feldern von ca. 2 Tesla keine T_--S-Mischung stattfinden kann. Real ist hier nur die T_0-S-Mischung.

Nach Separation der Radikale eines Paars wird jeder Elektronenspin (wie dies in Abb. 2.19 rechts schematisch dargestellt ist) unabhängig vom andern um sein eigenes effektives Feld präzedieren, wobei die Präzessionsfrequenzen nach (1.28) von der Kernspinkonfiguration und dem *g*-Faktor abhängen. Die Differenz der Präzessionsfrequenzen ω_{ab} der beiden vorher zu einem Radikalpaar gehörenden Radikale in herausgegriffenen Kernspinzuständen *a* und *b* entscheidet über die Mischgeschwindigkeit und damit über die Chance des Überganges von einer Spinmultiplizität in die andere. Die Differenz der Elektronenspinpräzessionsgeschwindigkeiten veranlaßt ein im Triplettzustand $|T_0\rangle$ gebildetes Radikalpaar, innerhalb von etwa 10^{-8} s in den Zustand $|S\rangle$ überzugehen, bzw., über längere Zeit betrachtet, mit der Frequenz ω_{ab} zwischen S- und T_0-Zustand zu oszillieren. (Letzteres verdeutlicht, daß der Radikalpaarmechanismus anomale Polarisationen auch bei Radikalpaaren hervorruft, die im Singulettzustand gebildet werden!) Die Übergangszeit vom T_0- in den S-Zustand (oder umgekehrt) ist im Vergleich zur Diffusionsgeschwindigkeit, d. h. im Vergleich zur Zeit des völligen Auseinanderdiffun-

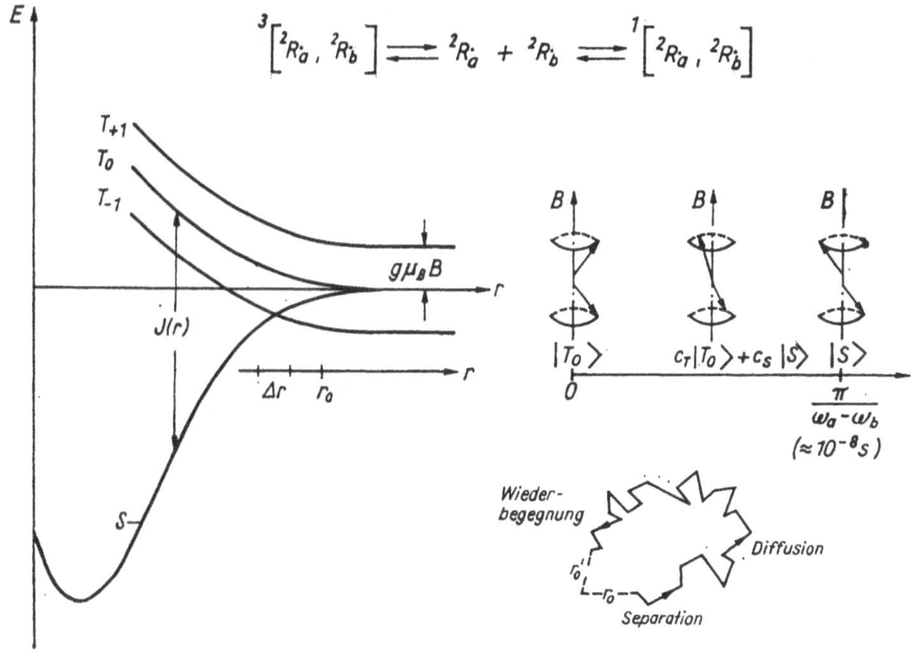

Abb. 2.19. Radikalpaarmechanismus, links: Abhängigkeit von Radikalpaarenergien als Funktion des Separierungsabstandes *r*, rechts: Änderung der Spinmultiplizität durch unterschiedliche LARMOR-Präzession der zwei Spins eines Paares nach Separation

dierens (oder der Rekombination von S-Paaren), lang, so daß der Effekt im allgemeinen nur zum Tragen kommt, wenn sich zwei Radikale nach dem Auseinanderdiffundieren zufällig wieder begegnen, wie dies in Abbildung 2.19 unten rechts skizziert ist. Ein Teil der sich im S-Zustand begegnenden Radikale wird zu diamagnetischen Produkten rekombinieren, deren Kernspinniveaus sich nicht im thermischen Gleichgewicht befinden, so daß die Produkte bei hNMR-Messungen CIDNP zeigen (vgl. 5.3.).

Die in einem Radikal nach der zweiten Begegnung zu einem Radikalpaar und erneuter Separierung beobachtbare Polarisation hängt nicht nur von der Differenz der LARMOR-Präzession ($\omega_{1a} - \omega_{1b}$) und der Stärke der Austauschwechselwirkung, im Moment des zweiten Zusammentreffens, ab, sondern auch von der Diffusionszeit τ_D zwischen erster und zweiter Begegnung und von der Kollisionszeit τ_K, in der die Austauschwechselwirkung wirken kann. Da der Aufbau der Polarisation von der Diffusionsgeschwindigkeit abhängt, ist verständlich, daß der relative Einfluß der Emissions- und der Emissions/Absorptions-Polarisation auch durch die Viskosität des Mediums bestimmt wird.

Die quantitative Behandlung der geschilderten Problematik, die neben der Radikalbildung auch die Diffusionsprozesse, Spinmultiplizitätsänderungen und die Radikalpaarrekombination umfaßt, ist vermittels der stochastischen LIOUVILLE-Gleichung möglich [2.36]. Um wenigstens anzudeuten, wie dies geschieht, soll an Hand der LIOUVILLE-Gleichung in einer von WERNER u. a. [2.37] angegebenen Form diskutiert werden, welche Einflußgrößen zu berücksichtigen sind:

$$\frac{\partial}{\partial}\,\varrho(r,t) = \underbrace{R(t)\,\frac{\delta(r-r_1)}{4\pi r_1^2 z}\,Q^S}_{\mathrm{I}} + \underbrace{L(r)\,\varrho(r,t)}_{\mathrm{II}} - \underbrace{\frac{i}{\hbar}\,[H, \varrho(r,t)]_-}_{\mathrm{III}} -$$

$$- \tfrac{1}{2}\,S(r)\,\{\underbrace{k_T[Q^T, \varrho(r,t)]_+}_{\mathrm{IV}} + \underbrace{k_S[Q^S, \varrho(r,t)]_+}_{\mathrm{V}}\} - \underbrace{k_r\langle\varrho(t)\rangle\,\varrho(r,t)}_{\mathrm{VI}}\,. \tag{2.34}$$

Dabei ist $[A, B]_\pm = AB \pm BA$ und $\varrho(r, t)$ die Radikalpaardichtematrix. Zum Zeitpunkt $t = 0$ gilt $\varrho(r, 0) = 0$. Die Diagonalelemente $4\pi r^2 \varrho_{ii}(r, t)\,\mathrm{d}r$ repräsentieren die Radikalpaarkonzentration im Volumenelement $4\pi r^2\,\mathrm{d}r$ in einem Elektron-Kernspin-Zustand $|i\rangle$ zur Zeit t, während

$$\langle\varrho(t)\rangle = 4\pi \int_{r_1}^{\infty} r^2 \sum_i \varrho_{ii}(r, t)\,\mathrm{d}r \tag{2.35}$$

ist.

Der Term I beschreibt die Radikalbildung, wobei diese hier bei einem Abstand $r = r_1$ im Singulettelektronenzustand S gleichwahrscheinlich für alle Z Kernspinzustände ($Z = \sum Q_{ii}^S$) erfolge. Die Bildungsrate $R(t)$ ist so definiert, daß

$$R(t)\,\mathrm{d}t = z_0 \tag{2.36}$$

die Gesamtkonzentration der gebildeten Radikalpaare ergibt. Q^S und Q^T sind Projektionsoperatoren der Singulett- bzw. Triplettzustände [2.37].

Der Term II von Gleichung (2.34) beschreibt die relative Diffusion des Radikalpaares. $L(r)$ ist der SMOLUCHOWSKI-Operator:

$$L(r) = D\left\{\frac{1}{r}\frac{\partial^2}{\partial r^2} - \frac{1}{kT}\left(\frac{1}{r^2}\left[\frac{\partial}{\partial r}\, r^2\, F(r)\right] + F(r)\,\frac{\partial}{\partial r}\right)\right\}, \tag{2.37}$$

wobei $D = D_1 + D_2$ die Summe der Diffusionskoeffizienten der zwei Radikale verkörpert. $F(r)$ ist die zwischen Ionenradikalen wirkende Kraft. Für niedrige Ionenkonzentrationen und relativ große Abstände r gilt

$$F(r) = -\frac{e^2}{\varepsilon r^2}. \tag{2.38}$$

Dabei ist ε die (makroskopische) Dielektrizitätskonstante des Mediums. Bei Neutralradikalen ist $F(r) = 0$.

Der Term III beinhaltet die durch den Radikalpaarmechanismus bewirkte Änderung der Spinmultiplizität und das Entstehen anomaler Elektronenspinpolarisationen. Dieser Vorgang wird durch die zeitabhängige SCHRÖDINGER-Gleichung

$$\hat{H}\psi(t) = i\,\frac{\partial\psi(t)}{\partial t} \tag{2.39}$$

mit dem Radikalpaar-HAMILTON-Operator

$$\hat{H}(r) = \mu_B \boldsymbol{B}[g_1\hat{\boldsymbol{I}}_1 + g_2\hat{\boldsymbol{I}}_2] + \sum_n A_{1n}\hat{\boldsymbol{S}}\hat{\boldsymbol{I}}_n + \sum_m A_{2m}\hat{\boldsymbol{S}}\hat{\boldsymbol{I}}_m \tag{2.40}$$

(ZEEMAN-Wechselwirkung der Elektronen) (HFS-Wechselwirkung)

$$- J(r)\,[\tfrac{1}{2} + 2\hat{\boldsymbol{S}}_1\hat{\boldsymbol{S}}_2]$$

(Austauschwechselwirkung)

regiert, woraus sich als Differenz der Präzessionsfrequenzen der Elektronenspins S_1 und S_2 (die sich in den Elektronenspin-Kernspin-Konfigurationen a und b befinden) ergibt:

$$\omega_{ab} = \omega_{1a} - \omega_{1b} = \tfrac{1}{2}\,\mu_B B_0(g_1 - g_2) + \tfrac{1}{2}\,{}_nA_{1n}m_{1n}^{(a)} - \tfrac{1}{2}\sum_m A_{2m}m_{2m}^{(b)}. \tag{2.41}$$

In (2.40) und (2.41) bedeuten g_1 und g_2 die g-Faktoren der beiden Radikale, $\hat{\boldsymbol{S}}_1$ und $\hat{\boldsymbol{S}}_2$ die Operatoren der Elektronenspins, A_{1n} und A_{2n} die HFS-Aufspaltungskonstanten sowie m_{1n} und m_{2m} die magnetischen Quantenzahlen der beiden Radikale.

Die Wellenfunktion des Radikalpaares hat die Form

$$\psi(t) = (c_S(z(t)\,|S\rangle + c_T(t)\,|T_0\rangle)\,\varphi_{ab}\,, \tag{2.42}$$

wobei φ_{ab} die Kernspinkonfiguration beschreibt. Die Koeffizienten $c_S(t)$ und $c_T(t)$ sind relativ komplizierte Funktionen der Zeit, da sie auch von ω_{ab} und der Austauschwechselwirkung $J(r) = J_0\,e^{-\lambda r}$ abhängen und für letztere die Zeitabhängigkeit schwer zu erfassen ist. Unter Einbeziehung der oben dargestellten Diffusionsprozesse ergibt sich nach MONCHICK und ADRIAN [2.35] für die Spinpolarisation bei Wiederbegegnung der Radikale am Ort r_0' nach der Diffusionszeit τ_D, während der die magnetische Wechselwirkung entsprechend (2.40) wirkt, und der (kurzen) Kollisionszeit τ_K, in der die Austauschwechselwirkung dominiert,

$$P = \frac{\omega_{ab}J}{|\omega_{ab}J|}\,[|c_S(0)|^2 - |c_T(0)|^2]\sin 2\tau_D\,|\omega_{ab}|\,\sin 2\tau_K\,|J|\,. \qquad (2.43)$$

Daraus wird deutlich, daß die $S - T_0$-Mischung *allein* keine Elektronenspinpolarisation hervorruft, sondern daß hier auch die Austauschwechselwirkung eine wichtige Rolle spielt. Aus (2.41) und (2.43) geht weiterhin hervor, daß es bei Vorliegen einer g-Faktor-Differenz auch durch den Radikalpaarmechanismus zu kernspinunabhängigen Emissions- oder verstärkten Absorptionsspektren bei einzelnen Radikalen kommen kann. Diese Grundsignale werden jedoch in der Regel von einer starken kernspinabhängigen Emissions/Absorptions-Polarisation überdeckt.

Die Terme IV und V beschreiben nach [2.37] die Primärrekombination von Triplett- und Singulettradikalionenpaaren zu Triplett- oder Singulettmolekülen innerhalb der Reaktionsdomäne $s(r)$ mit den Geschwindigkeitskonstanten $s(r)\,k_S$ bzw. $s(r)\,k_T$. Die Reaktionsdomänen werden normiert durch die Beziehung

$$\int_{r_1}^{\infty} \left(\frac{r}{r_1}\right)^2 s(r)\,\mathrm{d}r = 1\,. \qquad (2.44)$$

Je größer die Primärrekombination ist, desto geringer ist die Chance des EPR-spektroskopischen Nachweises von Ionenradikalen. Sie hängt in hohem Maße von den Solvatationseigenschaften des umgebenden Mediums ab [2.20].

Der Term VI von Gleichung (2.34) repräsentiert die Rekombination von Radikalpaaren (F-Paaren), die aus zufälligen Begegnungen herrühren.

Hinsichtlich der CIDEP führen die Triplettradikalpaare und die Paare aus vorher unkorrelierten Radikalen (F-Paare) zum gleichen Effekt, wobei die im Rekombinationsprozeß produzierte anomale Elektronenspinpolarisation in der Regel sogar hauptsächlich von F-Paaren herrührt.

2.4.5. Polarisationsuntersuchungen mittels zeitaufgelöster EPR

Da es sich sowohl bei den Prozessen der Radikalbildung und -rekombination als auch bei den Elektronenspinpolarisations- und Relaxationsprozessen um stark zeitabhängige Effekte handelt, ist es für die Erforschung dieser mikrodynamischen Vorgänge notwendig, neben der allgemein üblichen Aufnahme von Spektren unter stationären Bedingungen, an den einzelnen Signalkomponenten zeitaufgelöste EPR-Messungen vorzunehmen. Ein Resultat solcher Messungen zeigt Abbildung 2.22.

Bevor wir an die Diskussion der gemessenen zeitabhängigen Spektren gehen, sollen die in den einzelnen Zeitabschnitten charakteristischen Mechanismen an Hand von Abbildung 2.20 vorgestellt werden. *Im Zeitabschnitt A* wird das beobachtbare EPR-Signal hauptsächlich durch die Herausbildung der Anfangspolarisation P(I) bestimmt, die bei photolytischer Radikalbildung fast ausschließlich auf den Triplettmechanismus zurückzuführen ist.

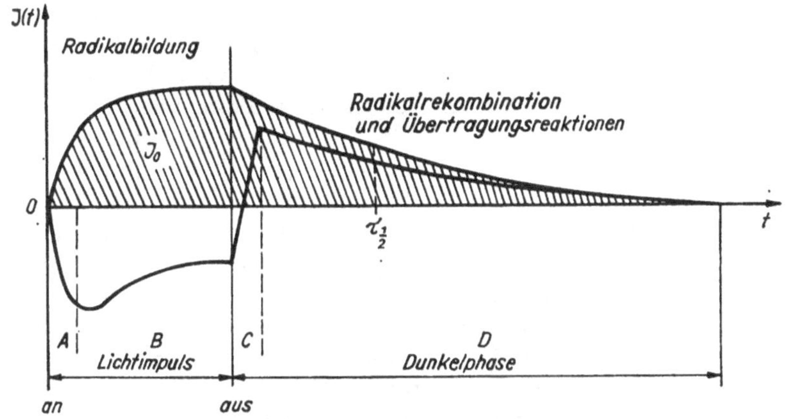

Abb. 2.20. Zeitprofil der Radikalkonzentration (schraffierte Fläche) und der Amplitude eines EPR-Signals (starke Linie) im Niederfeldbereich

Am Ende des *Zeitintervalls B* hat sich ein stationärer Zustand eingestellt, d. h. ein Gleichgewicht zwischen Bildung und Vernichtung der untersuchten Radikalsorte (durch Übertragungs- und Rekombinationsreaktionen) sowie zwischen dem Aufbau anomaler Spinpolarisationen durch Triplett- und Radikalpaarmechanismus $(P_{TM}(I), P_{RPM}(I), P_{RPM}(R))$ und deren Abbau durch Spin-Gitter-Relaxation (der mit T_1 erfolgt). Die beobachtbaren Signalverstärkungsfaktoren V hängen in folgender Weise von den genannten Größen ab:

$$V(I) = \frac{P(I)\,T_1}{P_{eq}\tau}, \qquad V(R) = \frac{P(R)\,T_1}{P_{eq}\tau}, \tag{2.45}$$

wobei τ die mittlere Lebensdauer der Radikale ist. Diese hängt bei Reaktionen 2. Ordnung, d. h. bei den typischen Rekombinationsreaktionen entsprechend (2.52), von der Radikalkonzentration [R·] ab.

Im *Zeitintervall C* ist der dominierende Prozeß die Relaxation des Spinsystems zur Niveaubesetzung entsprechend der Boltzmann-Statistik mit T_1.

Im *Zeitintervall D* ist der Abbau der beobachteten Radikale durch Übertragungsreaktionen nach (2.48) und/oder durch Radikalrekombinationen (2.51) dominierend. Der Radikalrekombinationsprozeß ist begleitet von der weiteren Produktion anomaler Polarisation P(R) durch den Radikalpaarmechanismus. Dieser Polarisationsanteil kann voll den F-Paaren zugeschrieben werden.

Im folgenden beschränken wir uns auf zeitaufgelöste EPR mit intermittierender UV-Bestrahlung. Festzustellen, in welchem Maße die Spektren durch die Anfangspolarisation P(I) und durch Rekombinationspolarisation P(R) bestimmt werden, ist durch Analyse des Zeitprofils möglich. Die charakteristischen Zeitverläufe sind für Rechteckimpulse in Abbildung 2.21 dargestellt. Die minimale Anstiegszeit liegt bei ausschließlicher Wirkung von P(I) in der Größenordnung von T_1, kann aber durch die Spektrometerresponsezeit verlängert werden. Die Gleichgewichtsintensität des Signals im Lichtimpuls wird mit Erreichen einer konstanten Konzentration von Radikalen mit Gleichgewichtspolarisation P_{eq} erhalten [2.35]. In Anlehnung an Berechnungen von FREED und PEDERSEN [2.38] geben die Diagramme b) und c) der Abbildung 2.21 für $V(I) \approx V(R) \approx -1$ und $T_1 = 2\ \mu s$ die Signalverläufe unter der Voraussetzung wieder, daß diese außer von der Radikalbildung und-rekombination im Falle b) nur noch durch die Anfangspolarisation und im Falle c) nur durch die F-Paar-Rekombinationspolarisation bestimmt werden. In der Dunkelphase relaxiert die Polarisation mit T_1 zur Gleichgewichtspolarisation, und danach wird die beobachtbare Signalintensität nur durch die abnehmende Radikalkonzentration und die F-Paar-Polarisation bestimmt.

Der für intermittierende Belichtung geltende Auswertformalismus bedingt, daß sowohl der Photolyseimpuls als auch die Dunkelphase so lang sind, daß jeweils die möglichen Gleichgewichtszustände erreicht werden. Für die Untersuchungen am MSA-Radikal R_1 bei 190 K in THF erforderte dies Impulslängen von 1,5 ms. Die photolytische Initiierung der Radikalbildung erfolgte mit Hilfe einer Xenonhöchstdrucklampe XBO 200. Die Impulsfolge betrug 10 Hz. Die Spektren wurden mit einem EPR-Spektrometer ERS 220 (ZWG Berlin, vgl. Abb. 2.1) registriert, das um einen 500 kHz-Nachweiskanal und einen Vielkanalanalysator NTA 1024 (EMB Budapest) erweitert wurde [2.39].

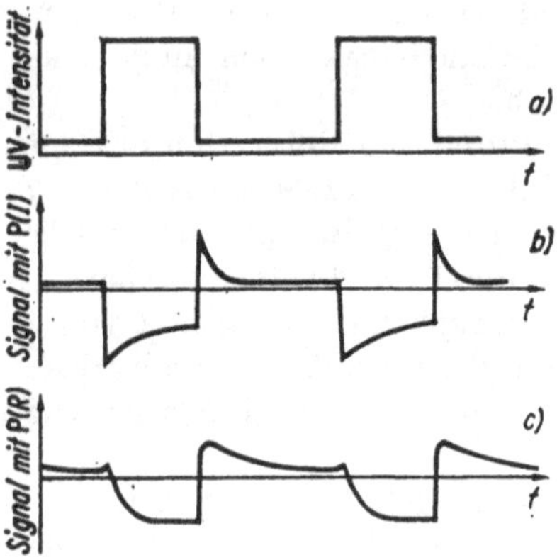

Abb. 2.21. Charakteristische Zeitprofile bei intermittierender Belichtung; a) Rechteck-UV-Impulse, b) EPR-Signal bei Anfangspolarisation, c) EPR-Signal bei Rekombinationspolarisation

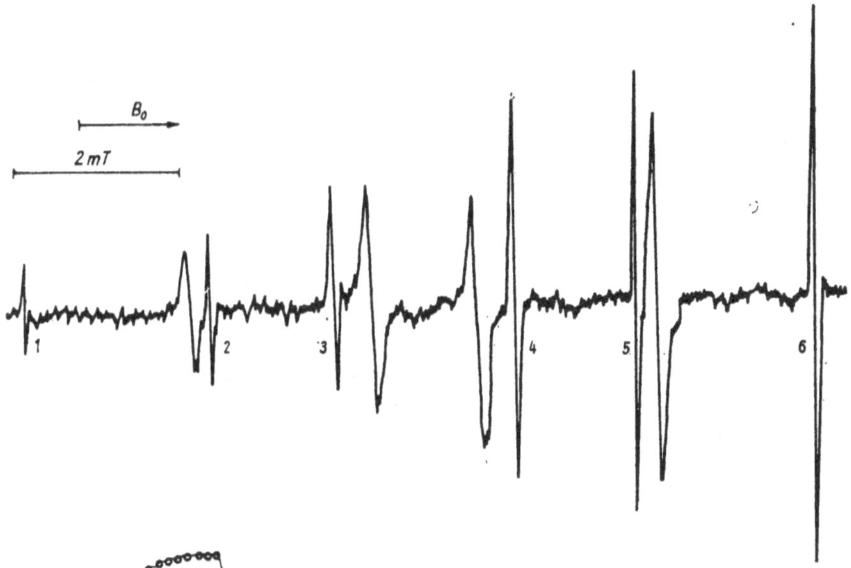

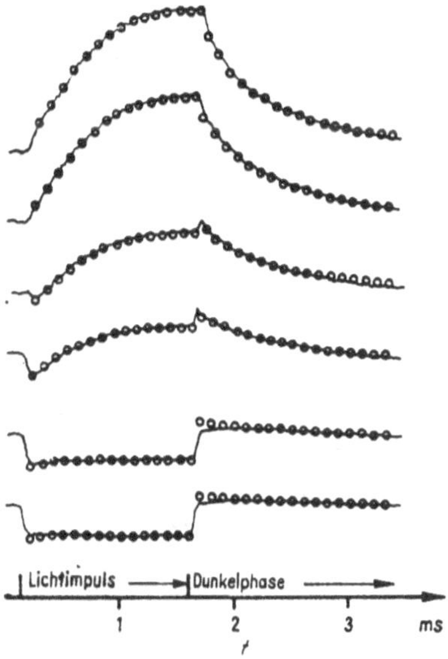

Linien	$V_{TM}(I)$	$V_{RPM}(I)$	$V(R)$	$\tau/\mu s$
6	—0,55	+0,75	+0,60	590
5	—0,55	+0,55	+0,50	590
4	—0,3	~0	+0,30	590
3	—0,3	~0	—0,30	590
2	—0,55	—0,55	—0,50	590
1	—0,55	—0,75	—0,60	590

Abb. 2.22. Stationäre und zeitaufgelöste Spektren von Radikalen des Maleinsäureanhydrids in Tetrahydrofuran bei $T = 195$ K. Die markierten Signale und die durch Simulation gewonnenen Ergebnisse gehören zum Radikal R_1 (vgl. Abb. 2.14), $V_{TM}(I)$ — Verstärkungsfaktor der aus dem Triplettmechanismus resultierenden Anfangspolarisation, $V_{RPM}(I)$ — Verstärkungsfaktor der aus dem Radikalpaarmechanismus stammenden Anfangspolarisation, $V(R)$ — Verstärkungsfaktor der aus der Rekombinationspolarisation folgenden Polarisation, τ — mittlere Radikallebensdauer; ○ Simulation, — experimentell

Die volle Ausschöpfung der Ergebnisse ist nur nach Spektrensimulation möglich, wobei die Parametersätze so zu wählen sind, daß damit das Signal sowohl in der Belichtungsphase als auch in der Dunkelphase simuliert werden kann. Das Ergebnis einer solchen Auswertung, bei der für die Signalintensitäten die von PEDERSEN und MUUS [2.40] angegebenen Beziehungen

$$I_{\text{Licht}}(t) = I_0\left(V(I) + \tanh\frac{t}{\tau} + V(R)\left[\tanh\frac{t}{\tau}\right]^2\right), \tag{2.46}$$

$$I_{\text{Dunkel}}(t) = I_0\left(\left[1 + \frac{t}{\tau}\right]^{-1} + V(R)\cdot\left[1 + \frac{t}{\tau}\right]^{-2}\right) \tag{2.47}$$

genutzt wurden, ist in Abbildung 2.22 mit enthalten. Daraus geht hervor, mit welchem Gewicht die einzelnen Polarisationsmechanismen zu den beobachtbaren Spektren beitragen. Der Verstärkungsfaktor der Anfangspolarisation, $V(I)$, setzt sich aus $V_{\text{TM}}(I)$ und $V_{\text{RPM}}(I)$ zusammen, wobei das erste Glied vom Triplettmechanismus und das zweite Glied vom Radikalpaarmechanismus herrühren. $V(R)$ ist der Rekombinationspolarisation der F-Paare zuzuordnen. Derartige Meßergebnisse gestatten weitergehende Aussagen über den Verlauf chemischer Reaktionen. So konnte, ausgehend von CIDEP-Untersuchungen, an allen drei beobachtbaren Radikalen des MSA das in Abbildung 2.5 vorgestellte Radikalbildungsschema zu dem in Abbildung 2.23 dargestellten erweitert und vertieft werden [2.53].

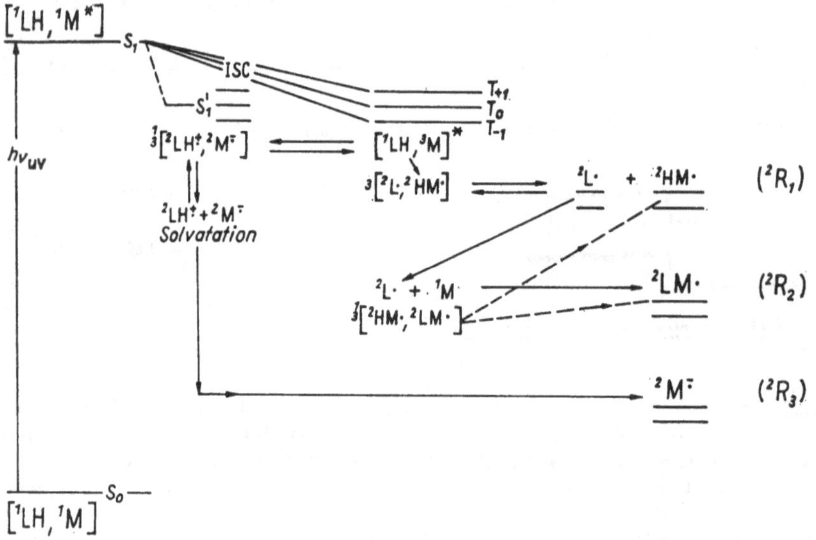

Abb. 2.23. Erweitertes Bildungsschema für photolytisch induzierte Radikalbildung in Lösungen mit Maleinsäureanhydrid (M), LH — Lösungsmittelmolekül

Wie bei diesem System der summarische Verstärkungsfaktor V von der Magnetfeldposition der Signale und damit von der Kernspinkonfiguration abhängt, wie diese Werte von der Intensität der Bestrahlung und damit durch die Radikalkonzentration beeinflußt werden und welchen Einfluß die Temperatur auf V hat, geht aus Abbildung 2.24 hervor. Erwartungsgemäß zeigen die zu entgegengesetzten Kernspinkonfigurationen gehörenden Außenlinien die betragsmäßig größten Verstärkungsfaktoren. Auch der kernspinunabhängige, bei $\Delta B = 0$ beobachtbare Anteil, der bei den MSA-Radikalen

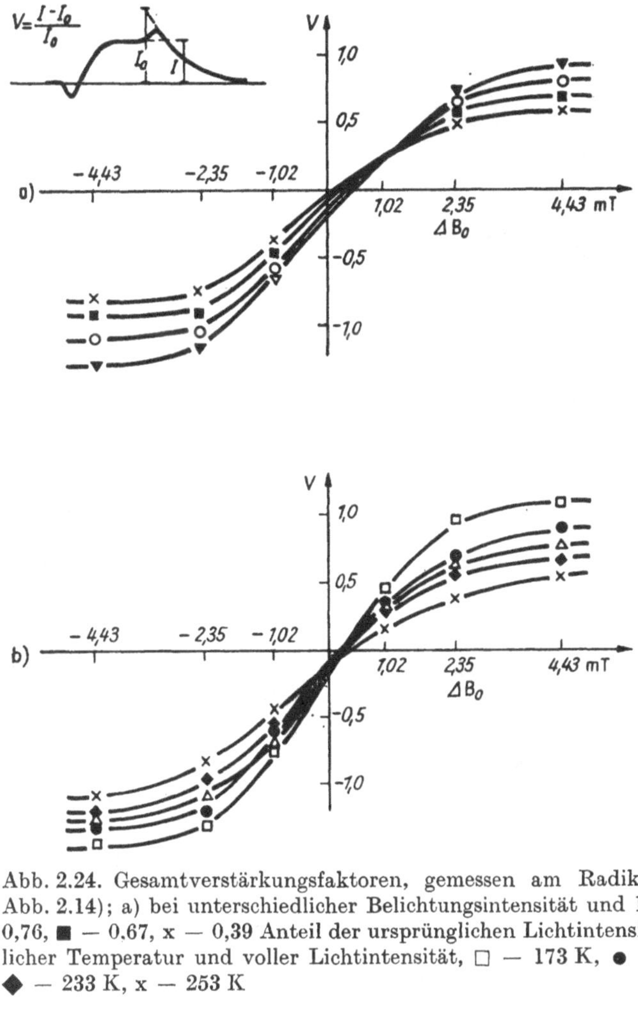

Abb. 2.24. Gesamtverstärkungsfaktoren, gemessen am Radikal R_1 des MSA (vgl. Abb. 2.14); a) bei unterschiedlicher Belichtungsintensität und 193 K, ▼ — 1,00, ○ — 0,76, ■ — 0,67, x — 0,39 Anteil der ursprünglichen Lichtintensität, b) bei unterschiedlicher Temperatur und voller Lichtintensität, □ — 173 K, ● — 193 K, △ — 213 K, ◆ — 233 K, x — 253 K

auf Grund verschwindender g-Faktordifferenzen nur vom Triplettmechanismus herrühren kann, wächst mit steigender Radikalbildung. Die bei unterschiedlichen Temperaturen ermittelten Verstärkungsfaktoren zeigen ein ähnliches Bild. Genauere Untersuchungen ergaben jedoch, daß der vom Triplettmechanismus herrührende CIDEP-Effekt nahezu temperaturunabhängig ist, während sich bei den vom diffusionskontrollierten Radikalpaarmechanismus herrührenden Verstärkungsfaktoren eine starke Temperaturabhängigkeit zeigt.

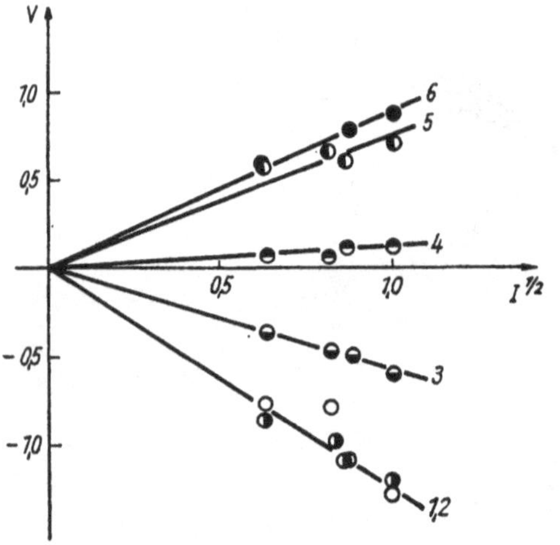

Abb. 2.25. Gesamtverstärkungsfaktoren der einzelnen Signale des Radikals R_1, aufgetragen über der Wurzel aus der Belichtungsintensität. Die Zahlen 1 bis 6 beziehen sich auf die Signale in Abbildung 2.22; ○ Signal 1, ◑ Signal 2, ..., ◐ Signal 5, ● Signal 6

In Abbildung 2.25 sind die bei Lichtschwächungsexperimenten gemessenen Verstärkungsfaktoren über der Wurzel der Bestrahlungsleistung I aufgetragen [2.39]. Die Tatsache, daß sich die Meßpunkte recht gut auf Geraden anordnen, bestätigt, daß der beobachtete Gesamtpolarisationseffekt im wesentlichen durch Reaktionen 2. Ordnung verursacht wird.

Für die Auswertung von Meßserien empfiehlt es sich, die zeitaufgelösten EPR-Spektren direkt an Computer zu übergeben und die Spektrensimulation und Ermittlung der physikalischen und chemischen Parameter vermittels Rechenprogrammen vorzunehmen. Ein solches Programm, das sowohl kinetische Parameter als auch die Charakteristika der Polarisation zu ermitteln gestattet, wurde von Hörnig u. a. [2.44, 2.53] erstellt.

2.5. Kinetik von Primär- und Sekundärradikalen der Polymerisation

2.5.1. Bestimmung kinetischer Parameter aus zeitaufgelösten EPR-Messungen

Hat man die anomale Elektronenspinpolarisation (z.B. durch Summen- und Differenzbildung zueinander gehörender Signalintensitäten) eliminiert oder handelt es sich um EPR-Signale, denen von vornherein keine CIDEP überlagert war, so kann man aus dem Signalabfall in der *Dunkelphase* sehr leicht und sehr schnell die Reaktionsordnung, die mittlere Lebensdauer der Radikale und weitere kinetische Konstanten ermitteln. Weil unter den genannten Bedingungen die beobachtete Zeitabhängigkeit der Signalintensität genau gleich der Zeitabhängigkeit der Radikalkonzentration ist, entspricht der Zeitpunkt, zu dem die Signalintensität auf $1/e$ abgesunken ist, der mittleren Lebensdauer τ der Radikale (vgl. Abb. 2.20). Analog ergibt sich $\tau_{1/2}$ bei der halben Signalintensität. Mißt man diese Größen bei unterschiedlichen Radikalkonzentrationen und stellt eine Unabhängigkeit der Lebensdauer von der Anfangskonzentration $[\mathrm{R}\cdot]_{t=0}$ fest, so kann man auf *Reaktionen 1. Ordnung* schließen. Für die Reaktion des Radikals R· mit Monomer- oder Lösungsmittelmolekülen M, d. h. für Übertragungsreaktionen

$$\mathrm{R}\cdot + \mathrm{M} \xrightarrow{k_1} \mathrm{R-M}\cdot$$

gilt

$$\frac{\mathrm{d}[\mathrm{R}\cdot]}{\mathrm{d}t} = k_1\,[\mathrm{R}\cdot]\,[\mathrm{M}] \qquad (2.48)$$

und

$$\tau = \frac{1}{k_1[\mathrm{M}]}\,, \qquad \tau_{1/2} = \frac{\ln 2}{k_1[\mathrm{M}]}\,.$$

Die Integration von Gleichung (2.48) führt zu Beziehungen

$$\ln\,[\mathrm{R}]_t = \ln\,[\mathrm{R}\cdot]_{t=0} - k_1[\mathrm{M}]\,t\;; \qquad (2.50)$$

deshalb gestattet die logarithmische Auftragung, sehr schnell zu entscheiden, ob die beobachteten Meßergebnisse tatsächlich für die 1. Ordnung sprechen. Die Geschwindigkeitskonstante k_1 der Übertragungsreaktion ist leicht zu bestimmen.

Die zweite häufige Form von Radikalreaktonen ist die der bimolekularen Radikalrekombination, d. h. die Radikalvernichtung durch *Reaktionen 2. Ordnung*:

$$\mathrm{R}\cdot + \mathrm{R}\cdot \xrightarrow{k_2} \mathrm{R-R}\,.$$

Hier gilt

$$-\frac{1}{2}\frac{\mathrm{d}[\mathrm{R}\cdot]}{\mathrm{d}t} = k_2[\mathrm{R}\cdot]^2 \quad (2.51) \quad \text{und} \quad \tau_{1/2} = \frac{1}{[\mathrm{R}]_{t=0}\, 2k_2}\,. \quad (2.52)$$

In diesem Falle hängt also die Lebensdauer der Radikale von der Ausgangsradikalkonzentration ab und ist deshalb nur bei gleichzeitiger Messung der Radikalkonzentration von wissenschaftlichem und technischem Wert. Nur wenn man beide Größen kennt, ist die Geschwindigkeitskonstante der bimolekularen Reaktion k_2 bestimmbar.

Die Geschwindigkeitskonstanten $k_1, k_2, \ldots$ hängen im allgemeinen entsprechend der Arrhenius-Beziehung von der Temperatur ab:

$$k(t) = A\,\mathrm{e}^{-E_\mathrm{A}/RT}\,. \quad (2.53)$$

Das Bestimmen der Geschwindigkeitskonstanten bei unterschiedlichen Temperaturen gestattet deshalb die Ermittlung der Aktivierungsenergien E_A der Reaktionen und der Vorfaktoren A, wobei gewöhnlich von folgender Relation ausgegangen wird:

$$\ln k(t) = \ln A - \frac{E_\mathrm{A}}{RT}\,. \quad (2.54)$$

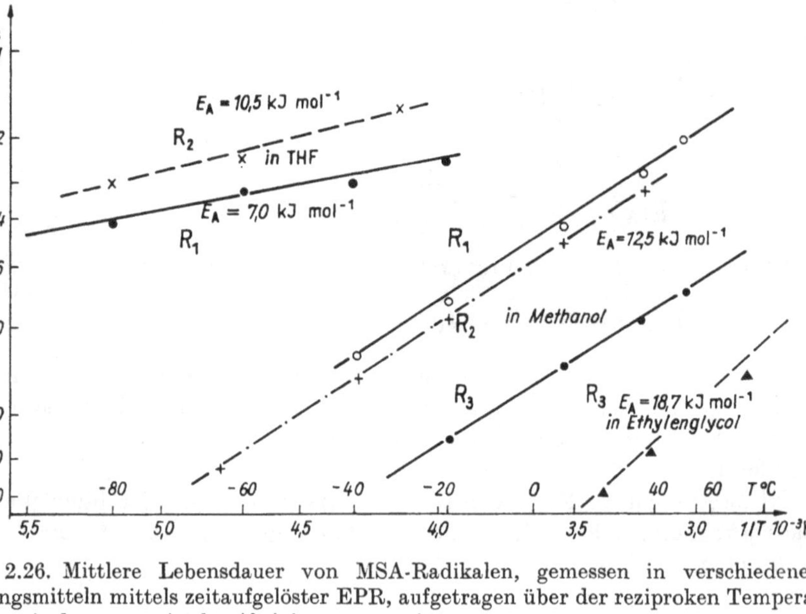

Abb. 2.26. Mittlere Lebensdauer von MSA-Radikalen, gemessen in verschiedenen Lösungsmitteln mittels zeitaufgelöster EPR, aufgetragen über der reziproken Temperatur, sowie daraus ermittelte Aktivierungsenergien

Im Falle der in den Abbildungen 2.3 und 2.4 vorgestellten MSA-Radikale hat sich gezeigt, daß bei höheren Radikalkonzentrationen die Radikalvernichtung mit 2. Ordnung erfolgt. Beispiele für in verschiedenen Lösungsmitteln gemessene Lebensdauern und Aktivierungsenergien zeigt Abbildung 2.26. Über weiterführende zeitaufgelöste EPR-Messungen zum Studium der Radikalbildung, der Kinetik und der CIDEP in etherischen Lösungen des Maleinsäureanhydrids berichten Roth und Mitarbeiter [2.53].

2.5.2. Bestimmung kinetischer Parameter aus stationären EPR-Messungen

2.5.2.1. Randbedingungen

Wenn sich die stationäre Konzentration [S·] der Startradikale durch unimolekularen Zerfall eines Initiators I (mit der Radikalbildungskonstante k_I) und durch bimolekulare Rekombination der Startradikale S mit der Rekombinationskonstante k_2 einstellt, gilt

$$[S\cdot] = \frac{k_I[I]}{k_2}. \tag{2.55}$$

Die Konstanten k_1 und k_2 liegen für polymerisationsfähige Systeme oft in der Größenordnung von 10^{-4} bis 10^{-7} s^{-1} bzw. von 10^6 bis 10^9 l mol^{-1} s^{-1} [2.41]. Um hochmolekulare Polymermoleküle zu bekommen, darf [I] nicht zu hoch sein. Damit ergeben sich nach (2.55) für technische Prozesse Radikalkonzentrationen im Bereich von 10^{-7} mol l^{-1} bis 10^{-9} mol l^{-1}. Diese liegen an der Grenze der Nachweisbarkeit bzw. unterhalb des Nachweislimits der EPR. Um mit der EPR zur Aufklärung der Polymerisationsmechanismen beitragen zu können, versucht man, die Radikalkonzentration zu erhöhen, was z.B. durch Arbeiten bei höherer Radikalbildungsrate k_I[I] und durch Senken der Geschwindigkeitskonstante k_2 über Temperaturerniedrigung möglich ist. Die Folge dieser Forderungen an die EPR-Messungen ist, daß normalerweise unter Bedingungen gemessen wird, unter denen nur die niedermolekularen Radikale der Startphase beobachtet werden können.

Hohe Radikalbildungsraten erreicht man bei chemischer Initiierung z.B. durch Redoxreaktionen, wobei die dafür geeigneten Systeme als Redoxkomponente häufig die Schwermetallionen Fe^{2+} oder Ti^{3+} und als Oxidationskomponente H_2O_2 oder Hydroperoxide wie $(CH_3)_3COOH$ enthalten. Hohe Radikalbildungsraten haben diese Systeme bei Temperaturen oberhalb 0 °C und sind in wäßriger Lösung besonders leicht zu erreichen. Eine Tabelle mit verschiedenen Redoxsystemen und den dabei auftretenden Startradikalen S· ist in [2.11] enthalten.

Wie andere kinetische Untersuchungen, so erfordert auch die EPR-spektroskopische Bestimmung kinetischer Parameter die Kenntnis oder das Postulieren eines Reaktionsschemas. Die Bildung der Startradikale S geschehe mit der Bildungsrate I,

$$\mathrm{X} \xrightarrow{I} \mathrm{S}\cdot\,,$$

und die Formierung von Monomerradikalen M· erfolge entsprechend

$$\mathrm{S}\cdot + \mathrm{M} \xrightarrow{k_f} \mathrm{M}\cdot$$

mit der Bildungsrate k_f. Unter Beachtung der Tatsache, daß im allgemeinen EPR-spektroskopisch nicht zwischen verschieden langen Polymerisationsradikalen P· unterschieden werden kann, wird für die Wachstumsreaktionen formuliert:

$$\mathrm{M}\cdot + \mathrm{M} \xrightarrow{k_p} \mathrm{M} - \mathrm{M}\cdot\ (= \mathrm{P}\cdot)\,,$$

$$\mathrm{P}\cdot + \mathrm{M} \xrightarrow{k_p'} \mathrm{P}\cdot'\,.$$

Das Molekülwachstum kann durch Übertragungsreaktionen

$$\mathrm{R}\cdot + \mathrm{Y} \xrightarrow{k_t} \mathrm{R} + \mathrm{Y}\cdot$$

(mit R· = M· oder P· und Y = Monomer-, Polymer- oder Lösungsmittelmolekül), durch Rekombination oder durch Disproportionierung abgebrochen werden:

$$\mathrm{P}\cdot + \mathrm{R}\cdot \xrightarrow{k_r} \mathrm{P} - \mathrm{R} \quad \text{oder} \quad \mathrm{P} + \mathrm{R}'\,.$$

R· kann hier ein Start-, Monomer-, Polymer- oder Lösungsmittelradikal sein, P — R, P und R′ sind diamagnetische (*closed-shell*)-Moleküle.

Durch Messung der Bildungsrate I und der Konzentrationen [S·], [M·], [P·] und andere in der Startphase der Polymerisation vorkommende Radikale als Funktion der Monomerkonzentration ist es möglich, die Geschwindigkeitskonstanten der Teilreaktionen zu bestimmen. Ohne Kenntnis der Bildungsrate oder einer anderen Geschwindigkeitskonstanten gestattet die stationäre EPR allerdings nur die Bestimmung relativer Konstanten. Erste Polymerisationsuntersuchungen dieser Art stammen von Fischer [2.09, 2.42]. Ein Beispiel für die relative Veränderung der Konzentrationen von Start-, Monomer- und Polymerradikalen zeigt Abbildung 2.27. Es sei noch vermerkt, daß sich die angegebene Methodik *nicht* auf chemische Initiierungswege beschränkt, sondern mit gleichem Gewinn bei photolytischer oder strahlenchemischer Initiierung anwendbar ist.

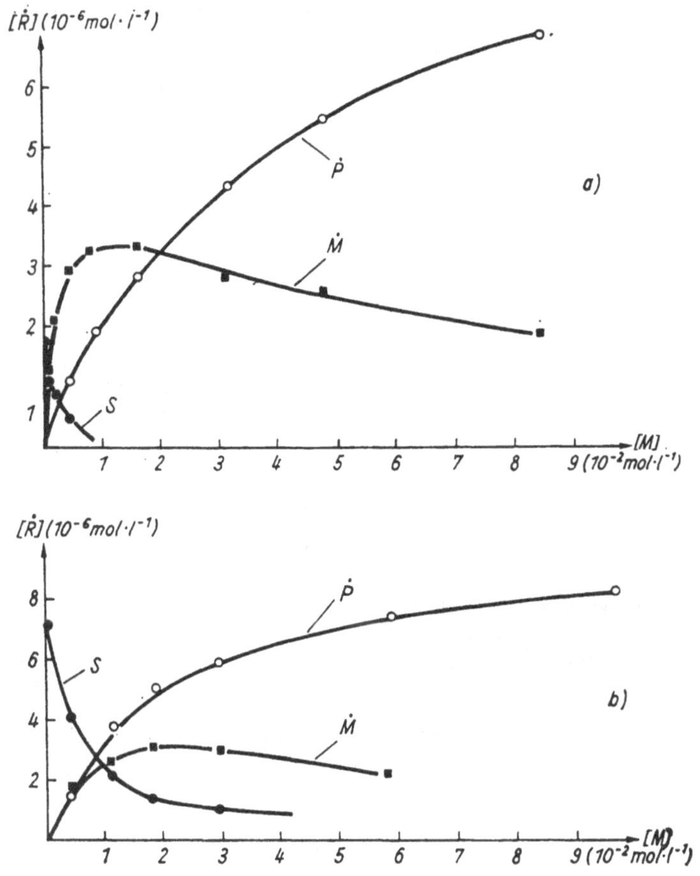

Abb. 2.27. Abhängigkeit der relativen Radikalkonzentration von der Monomerkonzentration bei redoxinitiierter Polymerisation von Methylacrylat; a) Redoxsystem $TiCl/(CH_3)_3COOH$ in Wasser bei 325 K, b) Redoxsystem $TiCl_3/H_2O_2$ in Wasser bei 295 K (nach [2.11])

2.5.2.2. Bestimmung kinetischer Parameter bei Redoxinitiierung

Als Beispiel für kinetische Untersuchungen mittels stationärer EPR soll die Polymerisation von Methylacrylat, initiiert mittels $TiCl_3/(CH_3)_3COOH$ in Wasser, dienen. Zur Vereinfachung des Reaktionsschemas beziehen wir nur die Radikale [S·], [M·] und [P·] in die Reaktion ein. Die vernachlässigten Übertragungsreaktionen werden bis zu einem gewissen Grade bei der Abschätzung der Initiierungsrate berücksichtigt. Bei Beschränkung auf die obengenannten Radikale ergeben sich folgende Reaktionsgleichungen [2.43]:

$$\frac{d[S\cdot]}{dt} = I - k_{r1}[S\cdot]^2 - k_{r2}[S\cdot][M\cdot] - k_{r3}[S\cdot][P\cdot] - k_i[S\cdot][M] = 0\,,$$

$$\frac{d[M\cdot]}{dt} = k_i[S\cdot][M] - k_{r2}[S\cdot][M\cdot] - k_{r4}[M\cdot]^2 - k_{r5}[M\cdot][P\cdot] - k_p[M\cdot][M] = 0\,,$$

$$\frac{d[P\cdot]}{dt} = k_p[M\cdot][M] - k_{r3}[S\cdot][P\cdot] - k_{r5}[M\cdot][P\cdot] - k_{r6}[P\cdot]^2 = 0\,.$$

Aus den Radikalkonzentrationen, die für Abbildung 2.27 als Funktion der Monomerkonzentration bestimmt wurden, lassen sich die folgenden relativen Geschwindigkeitskonstanten für die Startphase der Polymerisation von Methylacrylat ermitteln:

$$k_{r1} = I \cdot 3{,}5 \cdot 10^{11}\ l^2\ mol^{-2}\,, \qquad k_{r5} = I \cdot 1{,}4 \cdot 10^{11}\ l^2\ mol^{-2}\,,$$
$$k_{r2} = I \cdot 1{,}3 \cdot 10^{11}\ l^2\ mol^{-2}\,, \qquad k_{r6} = I \cdot 9{,}1 \cdot 10^{9}\ l^2\ mol^{-2}\,,$$
$$k_{r3} = I \cdot 7{,}8 \cdot 10^{11}\ l^2\ mol^{-2}\,, \qquad k_i = I \cdot 2{,}21 \cdot 10^{8}\ l^2\ mol^{-2}\,,$$
$$k_{r4} = I \cdot 2{,}9 \cdot 10^{11}\ l^2\ mol^{-2}\,, \qquad k_p = I \cdot 2{,}8 \cdot 10^{7}\ l^2\ mol^{-2}\,.$$

Diese relativen Geschwindigkeitskonstanten gestatten bereits wertvolle Erkenntnisse über den Ablauf der konkurrierenden Reaktionen.

Für dieses System ist bekannt [2.11, 43], daß die Startradikalkonzentration $[S\cdot] = 1{,}7 \cdot 10^{-6}$ mol l^{-1} beträgt und die Rekombinationskonstante der Startradikale $8 \cdot 10^9$ l ms^{-1}. Daraus ließ sich die Initiierungsrate I zu $I = 2{,}3 \cdot 10^{-2}$ mol l^{-1} s^{-1} abschätzen. Damit ergeben sich aus obigen Relativwerten folgende Geschwindigkeitskonstanten in der Startphase der Polymerisation von Methylacrylat:

$$k_{r1} = 8{,}0 \cdot 10^{9}\ l\ mol^{-1}\ s^{-1}\,, \qquad k_{r5} = 3{,}2 \cdot 10^{8}\ l\ mol^{-1}\ s^{-1}\,,$$
$$k_{r2} = 2{,}9 \cdot 10^{9}\ l\ mol^{-1}\ s^{-1}\,, \qquad k_{r6} = 2{,}1 \cdot 10^{8}\ l\ mol^{-1}\ s^{-1}\,,$$
$$k_{r3} = 1{,}8 \cdot 10^{9}\ l\ mol^{-1}\ s^{-1}\,, \qquad k_i = 5{,}1 \cdot 10^{6}\ l\ mol^{-1}\ s^{-1}\,,$$
$$k_{r4} = 6{,}7 \cdot 10^{9}\ l\ mol^{-1}\ s^{-1}\,, \qquad k_p = 6{,}4 \cdot 10^{5}\ l\ mol^{-1}\ s^{-1}\,.$$

Es muß noch vermerkt werden, daß die relativen Fehler der aus EPR-Messungen bestimmten kinetischen Konstanten etwa einen Faktor 2 ausmachen und die absoluten Werte auf Grund der Schwierigkeit der Radikalkonzentrationsbestimmung sogar eine Ungenauigkeit von einer Größenordnung besitzen können.

Bei dem hier vorgestellten Beispiel war es auf Grund des zu geringen Temperaturintervalles, in dem die Messungen ausgeführt wurden, nicht möglich, die Aktivierungsenergie der Teilreaktionen zu ermitteln. Bei UV-initiierten Reaktionen ist im allgemeinen der nutzbare Temperaturbereich wesentlich breiter, so daß auch aus stationären EPR-Messungen, genauso wie im Zusammenhang mit Gleichung (2.54) dargestellt, Aktivierungsenergien bestimmt werden können. Beispiele dazu sind für Teilreaktionen in Tabelle 2.1 enthalten. Der Fehler dieser Energiewerte liegt nach HELLEBRAND und WÜNSCHE [2.43] bei ≈ 4 kJ mol^{-1}.

Tabelle 2.1. Aktivierungsenergien von Radikalreaktionen bei UV-Initiierung im System H_2O_2/CH_3OH mit Monomeren (nach [2.43])

Monomer	Aktivierungsenergie kJ mol^{-1}		
	$E(k_{r2})$	$E(k_{r4})$	$E(k_i)$
Maleinsäure	14,1	14,5	9,6
Furmarsäure	14,1	14,5	10,6
Methylacrylat	14,3	14,7	11,4
Acrylnitril	14,7	14,3	12,7

2.6. Anwendung der Spin-Trap-Technik

Untersuchungen, ausgehend von Messungen direkt an den reaktiven und deshalb kurzlebigen Spezies, sind auf Grund ihres unverfälschten und hohen Informationsgehaltes stets gegenüber Untersuchungen an Umwandlungsprodukten vorzuziehen (s. 2.1. bis 2.5.). Oft kann dieser Weg jedoch nicht beschritten werden, weil viele chemisch und physikalisch interessante Radikale auf Grund geringer Bildungsraten und bzw. oder zu kurzer Lebensdauer nicht in der für EPR-Spektroskopie erforderlichen Konzentration von $c \geqq 10^{-7}$ mol l^{-1} erzeugt werden können. In diesem Falle bietet die Spin-Trap-Technik die Möglichkeit, zumindest einen Teil der auf direktem Wege gar nicht zugänglichen Informationen zu erhalten. Dies betrifft insbesondere Aussagen über die Struktur der reaktiven Radikale sowie über die relative Reaktionsneigung.

Bei dieser Technik werden kurzlebige Radikale über Adduktbildung mit Nitroso- oder Nitronverbindungen in relativ stabile Radikale vom Nitroxidtyp umgewandelt. Über eine große Serie von Polymerisationsuntersuchungen unter Anwendung der Spin-Trap-Methode berichten z.B. Sato, Otsu u. a. [2.45]. Weitere Zitate sind in der Publikation von Ranby und Rabek [2.10] enthalten. Auch an dem in diesem Kapitel wiederholt als Beispiel genutzten System mit Maleinsäureanhydrid (MSA) liegen einige mittels Spin-Trap-Technik erzielte EPR-Ergebnisse vor. So führten Taplick u. a. [2.46] Untersuchungen zur Copolymerisation von MSA mit Ethylacrylat und Isobutylvinylether aus. Die Copolymerisation wurde bei 323 K mittels Dibenzoylperoxid gestartet. Als Trapsubstanz diente 2-Methyl-2-Nitrosopropan (BNO) in einer Konzentration von $1 \cdot 10^{-1}$ mol l^{-1}. Das Monomerverhältnis wurde bei einer konstanten Gesamtkonzentration von $M_1 + M_2 = 3$ mol l^{-1} in einem weiten Konzentrationsbereich variiert. Als Lösungsmittel diente 1,2 Dichlorethan.

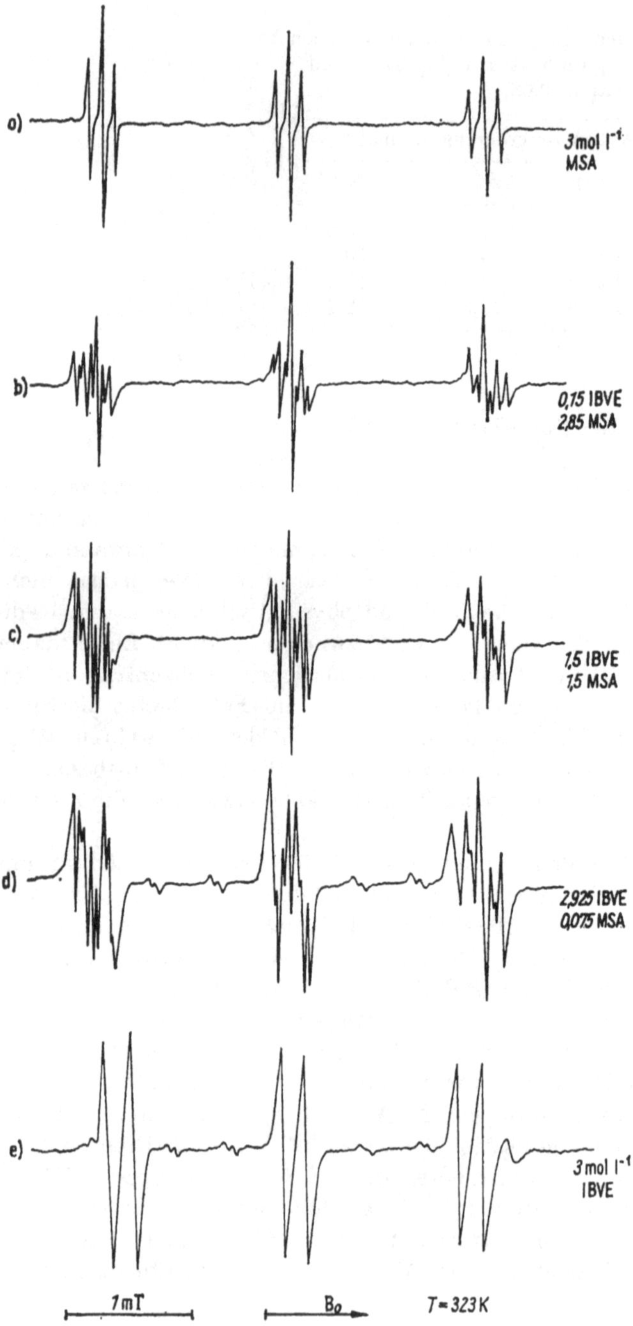
a)
3 mol l⁻¹
MSA
b)
0,15 IBVE
2,85 MSA
c)
1,5 IBVE
1,5 MSA
d)
2,925 IBVE
0,075 MSA
e)
3 mol l⁻¹
IBVE
1 mT
B₀
T = 323 K

Auf Grund der Hyperfeinstrukturwechselwirkung zwischen dem ungepaarten Elektron und dem Stickstoffkern zeigen in flüssigen Lösungen alle Radikale vom Nitroxidtyp ein Triplettgrundspektrum mit 1,3 mT $\leqq a^N \leqq$ 1,7 mT, wobei die drei Komponenten mit gleichen Signalamplituden auftreten, wenn die mittleren Umlagerungsfrequenzen der Radikale höher sind als die charakteristischen Meßfrequenzen (vgl. 2.3.). Jede der drei Signalkomponenten wird durch die Wechselwirkung mit Kernspins von Molekülbausteinen, die den Nitroxidgruppen benachbart sind, weiter aufgespalten. Beispiele solcher Spektren zeigt Abbildung 2.28. Bei Nitrosoverbindungen gibt die Art der weiteren Aufspaltung Auskunft über die Struktur der ursprünglich vorhandenen paramagnetischen Spezies, d. h. über die Radikale, die als Folge der natürlicherweise in diesem System ablaufenden Reaktionen entstehen.

Die Startradikale S werden im zitierten Beispiel durch thermisch initiierten Zerfall von Dibenzoylperoxid erzeugt. Diesen lagern sich Monomermoleküle an. Die so gebildeten Monomerradikale werden in der Regel bereits vor oder nach der Anlagerung eines weiteren Monomermoleküls durch die als Konkurrenzreaktion auftretende Spindadduktbildung (in unserem Beispiel mit 2-Methyl-2-Nitrosopropan) in die langlebigen Radikale vom Nitroxidtyp umgewandelt. Abbildung 2.28 zeigt Spektren solcher Spinaddukte, die von a) bis e) bei abfallender MSA-Konzentration und wachsendem Isobutylvinyletheranteil in 1,2-Dichlorethanlösung aufgezeichnet worden sind. Die Spektren a) und e) repräsentieren je ein Radikal, während die Spektren b) bis d) durch Überlagerung der Spektren verschiedener Radikale entstanden sind. Nach TAPLICK u. a. [2.46] konnten den Spektren die in Tabelle 2.2 zusammengefaßten Daten über die Struktur und Hyperfeinstrukturkopplungskonstanten entnommen werden.

Aus dem Fakt, daß beim Isobutylvinylether (IBVE) im Gegensatz zum Ethylacrylat (EA) auch die Copolymerisationsradikale (III und IV) in hoher Konzentration getrapt und dadurch nachgewiesen werden können, und aus dem Umstand, daß die Bildung der Spinaddukte weniger mit den Monomerkonzentrationen als vielmehr mit der Komplexkonzentration korrelierte, schlossen die Autoren [2.46], daß beim System MSA-IBVE am Startprozeß der radikalischen Copolymerisation Monomerkomplexe aus MSA und IBVE beteiligt sind. Ähnliches läßt sich bei MSA-EA aus den analog ausgeführten

◀

Abb. 2.28. EPR-Spektren von Spin-Trap-Messungen, wobei von oben nach unten die Konzentration des Maleinsäureanhydrids (MSA) sinkt und die des Isobutylvinylethers steigt

EPR-Untersuchungen nicht ableiten. Auf diese Weise spiegeln sich die Unterschiede im Copolymerisationsverhalten auch in den EPR-Ergebnissen wider. (Das Copolymersystem MSA-IBVE führt zu alternierend aufgebauten Produkten, während im System MSA-EA nichtalternierende Copolymere entstehen.)

Tabelle 2.2. Radikalstrukturen und Spektrenparameter von Spinaddukten in der Startphase der Copolymerisation von Maleinsäureanhydrid (MSA) mit Isobutylvinylether (IBVE) in Dichlorethan als Lösungsmittel (nach [2.45])

Radikal	Struktur	a_N(mT)	a_H(mT)
I	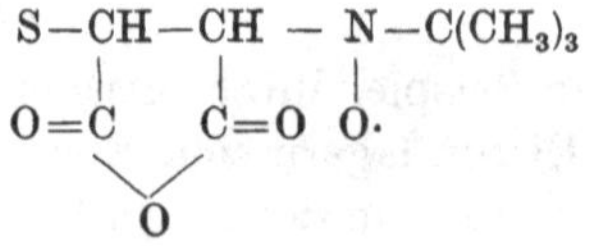	1,3951	0,0998
II	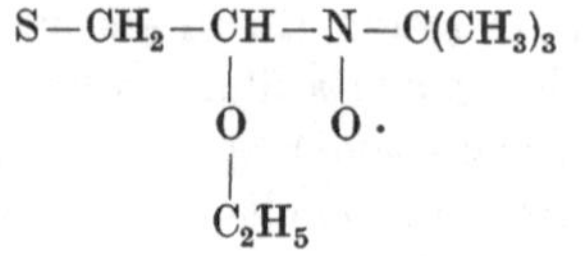	1,318	0,184
III	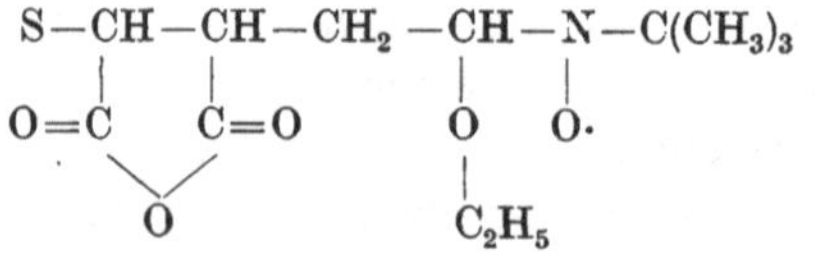	1,426	0,246
IV	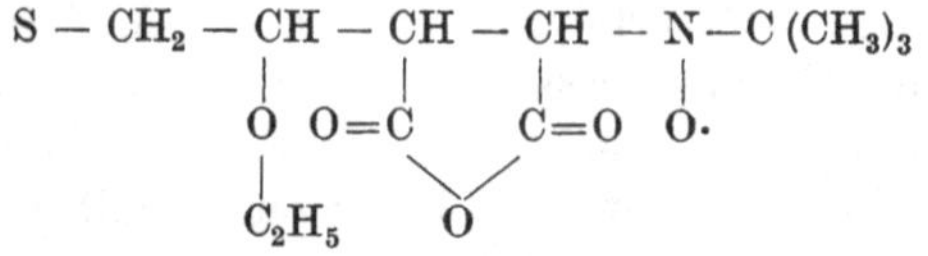	1,421	0,0871

Die mittels Spin-Trap-EPR gewonnenen Ergebnisse können zur tiefergehenden Erforschung der Ursachen für das unterschiedliche Copolymerisationsverhalten verschiedener Systeme genutzt werden. Man muß jedoch beachten, daß die Reaktionsneigung der Trapsubstanz etwas vom Reaktionspartner abhängt und daß Reaktionen der Spinaddukte mit den reaktiven Radikalen auftreten können, was quantitative Aussagen zum Reaktionsverlauf und Beiträge zur Kinetik erschwert und teilweise unmöglich macht.

2.7. Hinweise auf andere EPR-Untersuchungen zur Polymerisationsforschung

Einige wenige Typen von Polymerisationsradikalen haben auch in flüssiger Phase eine Lebensdauer in der Größenordnung von Stunden [2.47], was die EPR-Messungen außerordentlich erleichtert. Des weiteren besteht die Möglichkeit, die Lebensdauer der Radikale durch Einfrieren der Lösungen um viele Größenordnungen zu verlängern und dadurch unter einfacheren Bedingungen die Spektren aufzuzeichnen. Diese EPR-Spektren haben jedoch im Vergleich zu den Flüssigkeitsspektren eine merklich geringere Auflösung. Auf die Ursachen dieser Erscheinung und auf methodische Hinweise, wie der Informationsgehalt von Festkörperspektren ausgeschöpft werden kann, wird in Kapitel 3. im Rahmen der EPR-Untersuchungen zur Charakterisierung polymerer Festkörper mit eingegangen.

Die skizzierten vielseitigen Aussagemöglichkeiten der hochauflösenden EPR und der zeitaufgelösten EPR beschränken sich nicht auf Beiträge zur radikalischen Polymerisation und Copolymerisation. Sie können auch zur Erforschung der ionischen Polymerisation mit eingesetzt werden, wenn *paramagnetische* Ionen als Reaktionsträger vorkommen. Ähnliches gilt für Polykondensations- und Polyadditionsreaktionen. Auch hier kann zur tiefergehenden Erforschung mittels EPR beigetragen werden, wenn in ausreichender Konzentration paramagnetische Spezies an der chemischen Reaktion beteiligt sind.

3. Untersuchungen an Polymerfestkörpern mittels EPR

3.1. Überblick über den Gegenstand der Festkörper-EPR-Untersuchungen

Alle Maßnahmen zur *gezielten Modifizierung von Polymeren* durch Bestrahlung und chemische Nachbehandlung sowie die Erkundung effektiver Methoden zur Verhinderung von langsam und spontan vor sich gehenden Eigenschaftsverschlechterungen, z. B. durch Sauerstoffeinbau (der erhöhte dielektrische Verluste bewirkt) sowie durch den eng damit verknüpften *photo- und thermooxydativen Abbau*, erfordern umfangreiche Kenntnisse über die in polymeren Festkörpern möglichen reaktiven Spezies — das sind insbesondere *freie Radikale* — und über Zusammenhänge zwischen Festkörper- und Radikaleigenschaften. Für solche Fragestellungen ist gegenwärtig die EPR durch keine andere Meßmethode ersetzbar. Deshalb ist es verständlich, daß an vielen makromolekularen Werkstoffen Untersuchungen zu Struktur und Kinetik photo- oder radiolytisch in Polymeren gebildeter Radikale ausgeführt werden.

Ein weiterer Forschungsgegenstand, zu dem mit EPR beigetragen werden kann, betrifft die bei starker mechanischer Beanspruchung in den Polymeren stattfindenden *Deformations-*, *Umordnungs-* und *Zerreißprozesse*. Auf Grund des anisotropen Anteils der Hyperfeinstrukturwechselwirkung (zwischen dem ungepaarten Elektron und den Kernspins) kann mittels EPR-Methoden das Studium von in Polymeren vorhandenen oder durch Verstreckung induzierten Vorzugsorientierungen unterstützt werden. Bei mechanischer Überbeanspruchung werden nicht nur zwischenmolekulare Anziehungskräfte überwunden, sondern auch Hauptvalenzbindungen zerstört. Die EPR-spektroskopische Untersuchung der dabei entstehenden *Mechanoradikale* hat wesentlich zur Aufklärung von Mikromechanismen der Bruchvorgänge beigetragen.

Ein anderer Komplex von EPR-Untersuchungen betrifft das Studium der *molekularen Beweglichkeit*. Die Erforschung der Mikrodynamik erfolgt im allgemeinen über das Auswerten von Spektrenparametern, die in Abhängigkeit von der Temperatur gemessen werden. Geht man dabei von *strahlenchemisch* in den Polymeren *erzeugten Radikalen* aus, so bekommt man zwar die verbindlichsten Aussagen über die nahezu ungestörte Polymermatrix, ist jedoch hinsichtlich des untersuchbaren Temperaturintervalles stark eingeschränkt auf Grund der parallel zur Erhöhung der Beweglichkeit möglich werdenden chemischen Umwandlungen.

Eine andere Möglichkeit, paramagnetische Zentren für das Studium der molekularen Beweglichkeit auszunutzen, besteht in der Einlagerung stabiler Radikale oder von Metallionen in die Polymermatrix. Diese Untersuchungstechnik, *Spinsondenmethode* genannt, erlaubt Messungen in einem weiten Temperaturbereich. Das Einbringen der Spinsonden, wie auch die auf chemischem Wege erfolgende *Spinmarkierung* von Polymermolekülen, bedeutet allerdings gerade für die dadurch der EPR-Spektroskopie zugänglichen Mikrobereiche eine erhebliche Störung der Nahordnung, so daß die in der Sonden- oder Markerumgebung beobachteten Beweglichkeitsänderungen nur indirekte Schlüsse über das Verhalten der ungestörten Bereiche der Polymermatrix erlauben. In Kombination mit anderen Meßmethoden sind jedoch zweifelsohne sowohl mit Spinsonden- als auch mit Spinmarkermethoden wesentliche Erkenntnisse über mikrodynamische Vorgänge in biologischen und synthetischen Polymeren gewonnen worden.

In den folgenden Abschnitten konzentrieren wir uns darauf, einen Überblick zu geben, *welche* Aussagen *wodurch* mittels EPR möglich werden. Es würde jedoch den Rahmen unseres Vorhabens weit übersteigen, alle an den verschiedenen Stoffsystemen vorliegenden Ergebnisse aufzuführen.

3.2. Erforschung von Radikalbildung und Radikalstrukturen

Die in makromolekularen Festkörpern durch mechanische Überbelastung, durch Erhitzen, durch Licht- und Witterungseinflüsse, durch Einwirken von Sauerstoff und durch andere aggressive Einflüsse initiierten Abbau- und Umwandlungsreaktionen verlaufen in sehr vielen Fällen über freie Radikale. Die normalerweise dabei auftretenden Radikalkonzentrationen sind allerdings in der Regel so klein, daß es nicht möglich ist, sie mit EPR nachzuweisen. Um die Bildung der Radikale, ihre chemische, sterische und elektronische Struktur und ihre Reaktionsmöglichkeiten untersuchen zu können, verstärkt man den Radikalbildungseffekt, indem man künstlich in den zu untersuchenden Polymeren eine höhere Konzentration von Radikalstellen erzeugt. Dies ist z.B. durch mechanisches Zerspanen, durch Bestrahlung mit UV-Licht, schnellen Elektronen, Röntgen-, Neutronen- oder γ-Strahlen, durch starke HF-Felder, Glimmentladung oder überstarkes Erhitzen möglich.

Die am häufigsten angewandte Methode der Radikalbildung ist die der Bestrahlung mit energiereicher Strahlung im Tieftemperaturgebiet. Deshalb werden in diesem Kapitel die Aussagekraft und die Grenzen der EPR-Spektroskopie zu einem beachtlichen Anteil ausgehend von Untersuchungen an radiolytisch gebildeten Radikalen erläutert, ohne dabei die grundsätzlichen Aussagen auf die so gebildeten paramagnetischen Zentren beschränken zu wollen oder zu müssen. Denn wesentlicher als der Weg der Entstehung der Radikale ist für das prinzipielle Herangehen an die Erforschung der Radikalstruktur und -kinetik und für die hierbei vorhandenen Erkenntnisgrenzen die Struktur und die molekulare Beweglichkeit der Polymermatrix, in der sich die Radikale befinden.

Die Aufklärung der Struktur der paramagnetischen Spezies erfordert möglichst gut aufgelöste EPR-Spektren. Diese sind bei in Festkörpern gebildeten Polymerradikalen insbesondere auf Grund von Dipol-Dipol-Wechselwirkungen und unaufgelösten Hyperfeinstrukturaufspaltungen nur in Ausnahmefällen beobachtbar. Die unbefriedigend aufgelösten Spektren partiell kristalliner Polymere werden in der Regel durch Überlagerung der EPR-Spektren von Radikalen verursacht, die unterschiedliche Orientierungen zum äußeren Magnetfeld haben, wobei die Einzelspektren ihre Gestalt sowohl durch die isotrope als auch durch anisotrope HFS-Wechselwirkung bekommen. Das heißt, der im Zusammenhang mit der Beziehung (1.32) erwähnte Tensorcharakter des Landé-Faktors g und der HFS-Kopplungskonstanten a_λ sowie die mit letzterem eng verknüpfte Dipol-Dipol-Wechselwirkung zwischen Elektronen- und Kernspins nach Gleichung (1.35) haben auf die Spektren der in mehr oder weniger starrer Festkörperumgebung befindlichen Spezies beachtlichen Einfluß. Die Spektreninterpretation muß bei Polymerradikalen deshalb in der Regel von unvollständig aufgelösten Hyperfeinaufspaltungen ausgehend erfolgen. Dieser Umstand wird häufig dadurch noch weiter erschwert, daß gleichzeitig mehrere Sorten physikalisch und chemisch unterschiedlicher paramagnetischer Spezies in den Polymerproben vorliegen.

3.2.1. Untersuchungen zur Struktur radiolytisch gebildeter freier Radikale

Wie man trotz der oben skizzierten Erschwernisse in zahlreichen Polymeren die Struktur der in ihnen gebildeten Radikale und den Einfluß der Polymermatrix zuverlässig aufklären konnte, welche zusätzlichen Informationen gerade durch die zum Teil vorhandene Anisotropie der HFS-Wechselwirkung und des g-Faktors gewonnen wurden, von welcher Art die vorliegenden Erkenntnisse sind und was vermutlich auch in anderen Polymersystemen möglich sein wird, soll im folgenden an Hand einiger weniger Beispiele erläutert werden.

3.2.1.1. Chemische Struktur paramagnetischer Spezies in Polyethylen

Bestrahlt man PE mit γ-Strahlung, so ist mit folgenden Primärschritten zu rechnen:

$$h\nu + -CH_2-CH_2-CH_2- \begin{cases} \nearrow -(CH_2-CH_2-CH_2-)^+ + e^- & \text{(1a)} \\ \searrow -CH_2-\dot{C}H-CH_2- \quad + H^\cdot & \text{(1b)} \end{cases}$$

Den Reaktionswegen (1a) oder (1b) schließen sich unmittelbar folgende selbst bei 77 K mögliche Reaktionen an:

$$e^- + (CH_2-CH_2-CH_2-)^+ \rightarrow -CH_2-\dot{C}H-CH_2- + H^\cdot . \qquad (2)$$

Die nach (1b) und (2) gebildeten Wasserstoffatome sind relativ gut beweglich und sehr reaktiv. Die einzelnen $H^\cdot$ sättigen sich rasch durch Abstraktion eines weiteren H-Atoms von einer in der Nachbarschaft befindlichen Methylengruppe zu H_2-Molekülen ab:

$$H^\cdot + -CH_2-CH_2-CH_2- \rightarrow -CH_2-\dot{C}H-CH_2- + H_2 . \qquad (3)$$

Ein Beleg für den Reaktionsweg (1a) ist nach KEYSER [3.01] und FISCHER [3.02] ein im Tieftemperaturgebiet beobachtbares, leicht zu sättigendes schmales EPR-Signal (bei $g = 2{,}002$ mit einer Linienbreite $\delta B \approx 0{,}4$ mT), das die Autoren [3.01, 3.02] auf in kristallinen Bereichen eingefangene Elektronen e^- zurückführen.[1] Die makromolekularen Kationen $-(CH_2-CH_2-CH_2-)^+$ konnten vermutlich deshalb nicht nachgewiesen werden, weil in Kationen dieser Struktur ein schneller Austausch der Lage des „Elektronenloches" zu erwarten ist, der hier zu einer sehr breiten, nicht nachweisbaren Linie führt.

Die Alkylradikale $-CH_2-\dot{C}H-CH_2-$ verursachen bei $g \approx 2$ (bzw. $\Delta m = 1$) auf Grund ihrer fünf magnetisch äquivalent erscheinenden Protonen ein 6-Linien-Spektrum (siehe Abb. 3.1), dem mit geringer Intensität Satellitensignale (wie in Abb. 3.4) überlagert sein können. Letzteres, wie auch die eventuell bei $g \approx 4$ beobachtbaren ($\Delta m = 2$)-Übergänge, rühren von Alkyl*radikalpaaren* her, die insbesondere auf Grund der Reaktion (1b) und (3) gebildet werden.

Erwärmt man die Proben, so beginnt sich die Gesamtsignalintensität oberhalb 120 K zu erniedrigen, wobei zuerst die Radikalpaare verschwinden. Oberhalb 180 K nimmt auch das 6-Linien-Signal der Alkylradikale ab, und nach und nach werden Spektren neuer Radikale sichtbar. (Die physikalischen und reaktionskinetischen Ursachen dieser Erscheinungen werden im Abschnitt 3.3. diskutiert.)

[1] Einen indirekten Beleg für den Reaktionsweg (1a) und (2) stellen die beobachtete Radiothermolumineszenz [3.53, 3.54] und die von WÜNSCHE [3.55] beobachtete thermisch stimulierte Radikalbildung dar. Letztere läßt sich durch (2) erklären, weil die Befreiung der Elektronen aus Trap-Positionen und die Elektronenbewegung zu den Ionen eine thermische Aktivierung erfordert.

Nähern sich zwei auf benachbarten Kettensegmenten lokalisierte Alkylradikale auf den Reaktionsabstand (z. B. durch molekulare Schwingungen oder H-Atom-Migration), so kann dies zur Rekombination dieser Spezies unter Ausbildung intra- oder intermolekularer Vernetzungsstellen führen:

$$\begin{array}{ccc} -CH_2-\dot{C}H-CH_2-CH_2-CH_2- & & -CH_2-CH_2-CH-CH_2-CH_2- \\ & \Rightarrow & \qquad\qquad\quad | \\ -CH_2-CH_2-CH_2-\dot{C}H-CH_2- & & -CH_2-CH_2-CH-CH_2-CH_2- \end{array} \qquad (4)$$

Rekombinieren zwei am gleichen Makromolekül unmittelbar nebeneinander gebildete Radikale eines Radikalpaares oder begegnen sich zwei Alkylradikale innerhalb eines Kettensegmentes durch H-Atom-Migration, so entstehen Doppelbindungen:

$$\begin{array}{l} -CH_2-\dot{C}H-CH_2-CH_2-CH_2-CH_2-CH_2-\dot{C}H-CH_2- \Rightarrow \\ \qquad -CH_2-CH_2-CH_2-CH_2-CH_2-CH=CH-CH_2-CH_2- . \end{array} \qquad (5)$$

Nähert sich ein weiteres Alkylradikal einer Doppelbindung, dann wird das π-Elektron des Radikals in das π-Elektronensystem der Doppelbindung mit einbezogen, wodurch die dabei entstehenden Allylradikale eine wesentlich größere Stabilität als die Alkylradikale haben:

$$\begin{array}{l} -CH_2-\dot{C}H-CH_2-CH_2-CH_2-CH=CH-CH_2- \Rightarrow \\ \qquad -CH_2-CH_2-CH_2-\underset{\gamma}{CH_2}-\underset{\beta}{\dot{C}H}-\underset{\alpha}{CH}=\underset{\beta'}{CH}-\underset{\gamma'}{CH_2}- . \end{array} \qquad (6)$$

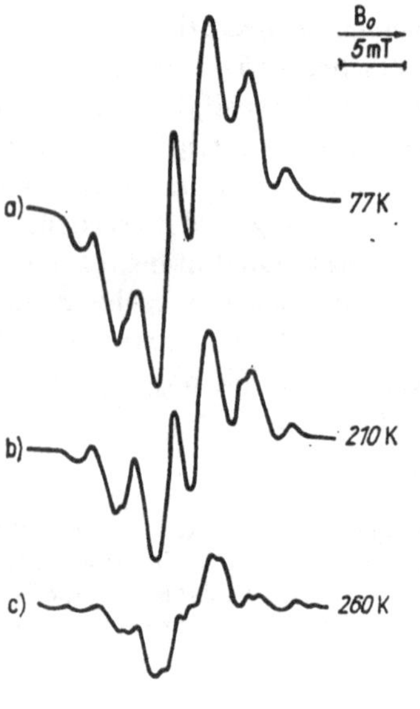

Abb. 3.1. EPR-Spektren von Radikalen in γ-bestrahltem PEND, aufgezeichnet bei Stickstofftemperatur; a) Alkylradikalspektrum, registriert ohne zwischenzeitliche Erwärmung der Probe, b) nach zwischenzeitlicher Erwärmung auf 210 K, c) Spektrum nach Lagerung bei 260 K (mit starkem Allylradikalanteil)

Die insbesondere bei Bestrahlungsdosen $\geqq 35 \cdot 10^8$ Gy (35 Mrd) und bei Temperaturen nahe und oberhalb Zimmertemperatur mögliche Annäherung weiterer Radikale an Allylradikale führt zur Ausbildung von Systemen mit konjugierten Doppelbindungen und zur Formierung von Polyenradikalen, die selbst bei Zimmertemperatur Lebensdauern in der Größenordnung mehrerer Monate haben:

$$-CH_2-\dot{C}H-CH_2-CH_2-CH_2(-CH=CH)_n-CH_2- \Rightarrow$$
$$-CH_2-CH_2-CH_2-CH_2-\dot{C}H(-CH=CH)_n-CH_2- . \quad (7)$$

Die nach (6) gebildeten Allylradikale zeigen in polykristallinen, unorientierten Proben auf Grund der äquivalent erscheinenden Protonen in β- und γ-Stellung ein 7-Linien-Spektrum (vgl. Abb. 3.1c)), während bei den Polyenradikalen die geringe Wechselwirkung des ungepaarten Elektrons mit $2n + 5$ nicht völlig äquivalenten Protonen nur eine unaufgelöste Linie (mit $0{,}4\,\text{mT} < \delta B < 2{,}5\,\text{mT}$) hervorruft. Letztere wird im Regelfall von dem EPR-Signal der normalerweise im Überschuß vorhandenen Allylradikale überdeckt. Aus der Linienbreite der unaufgelösten Linie ist der Delokalisierungsbereich des ungepaarten Elektrons und damit die Anzahl n der konjugierten Doppelbindungen abschätzbar.

3.2.1.2. Untersuchungen zur physikalischen Struktur von Alkylradikalen

Gegenstand dieses Abschnittes sind Untersuchungen zur sterischen und elektronischen Struktur der Radikale, zur Konformation der Kettensegmente, in denen die ungepaarten Elektronen freier Radikale lokalisiert sind, und über den Einfluß der Polymermatrix auf die beobachtbaren EPR-Spektren. Forschungsarbeiten dieser Art, die auch die Klärung der Frage mit einschließen, warum im partiell-kristallinen PE auch chemisch *nicht*-äquivalente Protonen in Alkylradikalen magnetisch äquivalent erscheinen, sind nur möglich, wenn neben Normalproben auch speziell präparierte, stark orientierte oder nahezu einkristalline Proben mit untersucht werden können.

Oft genügt es bereits, die Probekörper um 50% bis 300% zu verstrecken, um durch dabei zustande kommende Vorzugsorientierungen der Makromoleküle und Kristallite weitere Strukturinformationen zugänglich zu machen. Das trifft z.B. auch auf das Polyethylen niederer Dichte zu, das unverstreckt zu den in Abbildung 3.1 enthaltenen, nur mäßig aufgelösten Spektren führt. Verstreckt man schmelzgepreßte Schulterstäbe aus diesem Material bei Zimmertemperatur um 300%, bestrahlt sie danach bei 77 K und sorgt dafür, daß bei der EPR-Messung die Verstreckungsrichtung entweder senkrecht

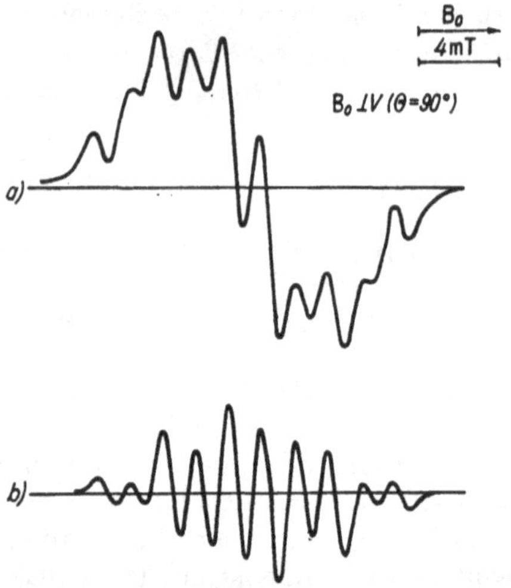

Abb. 3.2

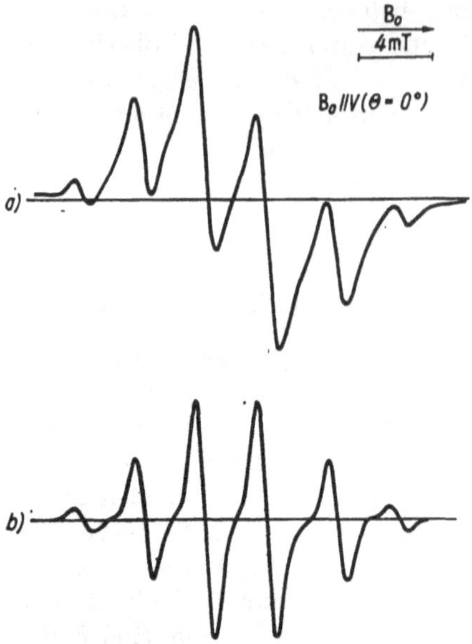

Abb. 3.3

Abb. 3.2. Alkylradikalspektrum bei Magnetfeldrichtung senkrecht zur Streckrichtung V; a) gemessen an γ-bestrahltem PEND bei 77 K, b) Spektrum, berechnet unter Einbeziehung der experimentell ermittelten Linienbreite von $\delta B = 1$ mT

Abb. 3.3. Alkylradikalspektrum bei Magnetfeldrichtung parallel zur Streckrichtung V; a) Spektrum von γ-bestrahltem PEND, gemessen bei 77 K, b) berechnetes Spektrum

oder parallel zum $\boldsymbol{B}_0$-Feld orientiert ist, so ergeben sich die in den Abbildungen 3.2a) und 3.3a) wiedergegebenen Spektren. Bei $\Theta = 90°$ wird ein 10-Linien-Spektrum beobachtet, während bei $\Theta = 0°$ (Verstreckungsrichtung $\| \boldsymbol{B}_0$) ein 6-Linien-Spektrum registriert wird.

Die beobachtete Hyperfeinaufspaltung ist auf die Wechselwirkung des ungepaarten Elektrons mit den α- und β-Protonen des Alkylradikals

$$\underset{\beta}{-CH_2}-\underset{\alpha}{\dot{C}H}-\underset{\beta}{CH_2-}$$

zurückzuführen. Die Orientierungsabhängigkeit weist auf die Wirksamkeit anisotroper HFS-Kopplungen hin. Man kann auch unter diesen Bedingungen die Lage der Resonanzlinien mit der Beziehung (1.28) berechnen, wenn man berücksichtigt, daß in Übereinstimmung mit (1.33) bis (1.35) die HFS-Kopplungskonstante a_λ sich aus einem isotropen und einem anisotropen Anteil zusammensetzt:

$$B_{\text{res}} = B_0 - \sum_{\lambda} (a_\lambda^{\text{i}} + a_\lambda^{\text{a}})\, m_{\text{I}\lambda}\,, \tag{3.1}$$

wobei der isotrope Anteil a_λ^{i} der Hyperfeinstrukturkopplungskonstante durch die Beziehung (1.39) mit der am Kernort vorhandenen Elektronenspindichte verknüpft ist.

Bei den meisten Polymerradikalen, so auch bei den hier zu untersuchenden Alkylradikalen, ist a_λ^{a} nur bei den α-Protonen merklich von Null verschieden. Nach FISCHER [3.02] betragen die anisotropen Aufspaltungskonstanten a_α^{H} der Alkylradikale $a_\alpha^{\text{H}} = 0{,}53$ mT, 1,75 mT und 2,58 mT (isotroper Anteil 1,62 mT). Das heißt, bei den α-Protonen macht sich der Tensorcharakter der HFS-Kopplung deutlich bemerkbar. SHIMADA u. a. [3.03] bestimmten aus Untersuchungen an γ-bestrahlten lösungskristallisierten PEHD-Kristallen die Hauptachsenwerte des zugehörigen α-Kopplungstensors zu $|A_{xx}| = 2{,}59$ mT, $|A_{yy}| = 3{,}41$ mT und $|A_{zz}| = 1{,}20$ mT. Berechnet man damit und unter Zugrundelegen einer GAUSS-Linienform, einer β-Kopplungskonstante von 3,3 mT und der aus den experimentellen Spektren entnommenen Linienbreite $\delta B = 2$ mT die EPR-Signale, so führt dies zu den in den Abbildungen 3.2. b) und 3.3. b) enthaltenen Spektren [3.04].

Von BECHT [3.26, 3.27] sind an hochorientiertem PEHD EPR-Signale aufgezeichnet worden, die den von uns berechneten sehr nahe kommen. Der Vergleich zwischen den in den Abbildungen 3.2 und 3.3 enthaltenen Spektren führt in unserem Falle zu dem Schluß, daß zu dem experimentell beobachteten EPR-Signal des hier untersuchten PEND neben ideal axial orientierten Alkylradikalen Radikale beitragen, die anders orientiert sind oder durch zusätzliche (Dipol-Dipol-)Wechselwirkungen nur zu einem breiten Untergrundsignal führen.

Bezüglich der optimal orientierten Alkylradikale läßt sich folgendes schließen: Bei der Verstreckungsrichtung parallel zu $\boldsymbol{B}_0$ wird die orientierungsabhängige HFS-Kopplungskonstante $a_\alpha^{\text{H}} = a_\alpha^{\text{i}} + a_\alpha^{\text{a}}$ gerade so groß wie die (isotrope) β-HFS-Kopplungskonstante a_β^{H}. Unter diesen Bedingungen werden die 5 Protonen äquivalent und führen entsprechend der Multiplizitätsregel (1.29) zu 6 Linien mit dem Intensitätsverhältnis 1:5:10:10:5:1. Bei jeder anderen Orientierung bewirken die 4β-Protonen eine Aufspaltung in ein Quintett, dessen Einzellinien je nach Größe der bei diesem Winkel effektiven α-Kopplungskonstante in Dubletts aufgespalten sind. Bei senkrechter Orientierung führt dies zu dem gut beobachtbaren 10-Linien-Spektrum, das entsprechend der Binomialregel durch das Intensitätsverhältnis 1:1:4:4:6:6:4:4:1:1 gekennzeichnet ist.

Aus der beobachteten Winkelabhängigkeit kann man Aussagen über die Orientierung der Molekülketten gewinnen. Andererseits können bei solchen uniaxial orientierten Polymerproben unter Ausnutzung der in [3.02] für die Linienlagen bei anisotroper HFS-Wechselwirkung abgeleiteten Beziehung

$$B_{\text{res}} = B_0 - \sum_{\lambda} [A^2_{\perp\lambda} \sin^2 \Theta + A^2_{\parallel\lambda} \cos^2 \Theta]^{1/2} m_{I\lambda} \tag{3.2}$$

aus dem Vergleich von beobachteter und berechneter Winkelabhängigkeit der α-Aufspaltung die Hauptwerte $A_{\perp}$ und $A_{\parallel}$ des axialsymmetrischen HFS-Tensors bestimmt werden.

Für die Aufspaltung durch die β-Protonen gilt die McConnell-Heller-Beziehung

$$a^{\text{H}}_{\beta} = (B_0 + B \cos^2 \vartheta)\, \varrho^{\text{C}_\alpha}_{2\text{p}\pi} \tag{3.3}$$

mit $B_0 \approx$ (0,3 bis 0,5) mT und $B \approx$ (4 bis 5) mT. Bei den hier betrachteten Alkylradikalen kann angenommen werden, daß $\varrho^{\text{C}_\alpha}_{2\text{p}\pi}$ zwischen 0,9 und 0,99 liegt. Aus der gemessenen β-Kopplungskonstante und den angegebenen Wertebereichen läßt sich abschätzen, daß der Projektionswinkel ϑ ($\sphericalangle$ zwischen π-Orbitalachse und C_β-H-Bindung) etwa 30° bis 36° beträgt. Dies bedeutet, daß das π-Orbital senkrecht zur Ebene C_β-C_α-$C_{\beta'}$ gerichtet ist und sich trotz der Radikalbildung die tetragonale Symmetrie der β-Kohlenstofforbitale erhalten hat. Letzteres unterstützt den in der Einleitung zu Kapitel 3. erwähnten Fakt, daß die auf strahlenchemischem Wege in den Polymeren induzierten paramagnetischen Sonden von der geringstmöglichen Störung der Polymermatrix begleitet werden. Deshalb können Alkylradikale physikalische Zustände der Matrix widerspiegeln, und sie können auch zum Studium der molekularen Beweglichkeit in der Nachbarschaft der Radikalstellen genutzt werden.

Beschränkt man sich beim Studium der Radikalstruktur nicht auf die Auswertung der HFS-Aufspaltung, sondern bezieht auch Linienbreitenmessungen und Ergebnisse kinetischer Untersuchungen in die Erforschung der Struktur mit ein, so führt dies zu Aussagen über die Lokalisation der Radikale, genauer gesagt über die Konformation der Kettenabschnitte, die die Radikalstellen enthalten. Nach Shimada u. a. [3.03, 3.06] sind in den amorphen Bereichen die Radikale überwiegend in *gauche*-Konformation zu finden, während in den geordneten Bereichen *trans-zickzack*-Formen dominieren. In [3.06] berichten die Autoren über Untersuchungen an PE-Kristallen, die sie aus Xylenlösung kristallisierten und für die sie eine Dichte von $\varrho = 0{,}981$ g cm^{-3} ermittelten. Bei Stickstofftemperatur bestrahlten sie die Proben mit einer relativ niedrigen Dosis γ-Strahlung von $1{,}1 \cdot 10^8$ Gy (1,1 Mrd). EPR-Messungen bei verschiedenen Temperaturen, gekoppelt mit der Aufzeichnung von Differenzspektren, belegten, daß ein Teil der in nichtamorphen Bereichen lokalisierten Alkylradikale ein Sextettspektrum mit breiten Linien und andere ein gut aufgelöstes Sextettspektrum mit schmalen Signalen hervorrufen. Da das schmalkomponentige Signal zu den thermisch stabilsten Akylradikalen gehört, ordneten sie dieses den im Inneren von Kristalliten lokalisierten Radikalen zu, während sie, ausgehend von der Beobachtung, daß bei Erwärmung zuerst die breiten Signale verschwinden, dieses EPR-Spektrum auf Alkylradikale zurückführen, die sich in der lamellaren Oberfläche der Kristallite befinden. Als weitere Begründung wird in [3.06] angeführt, daß die in der Lamellenoberfläche befindlichen Radikale wahrscheinlich einen großen Variationsbereich für den Winkel ϑ haben, was entsprechend Relation (1.41) zu einer gewissen Streubreite bei den HFS-Kopplungskonstanten führen würde. Sicher trifft dies zu. Man muß jedoch beachten, daß Alkyl*radikalpaare* mit Interspinabständen von etwa (0,8 bis 1,5) nm unabhängig von ihrer Lokalisierung allein auf Grund der schwachen Dipol-Dipol-Wechselwirkung ihrer Elektronenspins ebenfalls zu verbreiterten Sextettspektren Anlaß geben. Bei niedrigen Dosisleistungen liegt die Bildungsrate von Radikalpaaren zwar um ein bis zwei Größenordnungen unter der isolierter Radikale, Radikalpaare zeichnen sich jedoch (unabhängig von ihrer Häufigkeit) bereits bei beginnender Erwärmung durch große Rekombinationsneigung aus und dürfen bei der Interpretation der mit Temperaturerhöhung einsetzenden Intensitätsverringerung des breitkomponentigen Sextettspektrums keinesfalls vernachlässigt werden.

Bei Bestrahlung mit einer Dosis $\geqq 15 \cdot 10^8$ Gy, durch die sich im PE mittlere Interspinabstände $r \leqq 3$ nm einstellen, wird das diffuse Sextettspektrum von einigen Autoren [3.07] ausschließlich auf Radikalpaare mit Intraradikalpaarabständen von etwa (0,8 bis 1,5) nm zurückgeführt.

3.2.1.3. Physikalische Eigenschaften und Strukturparameter von Radikalpaaren

Befindet sich in den EPR-spektroskopisch zu untersuchenden Polymerproben eine größere Anzahl von ***Radikalpaaren mit Intrapaarabständen von etwa*** (0,3 *bis* 0,8) nm, so überlagern sich den EPR-Spektren der bisher ausschließlich diskutierten ($\Delta m_s = 1$)-Übergänge der isolierten Radikale Satellitensignale, wie sie für PEHD in Abbildung 3.4 zu sehen sind. Ihre Lage wird durch die Nullfeldaufspaltung bestimmt. Außerdem können in Radikalpaaren des angegebenen Intrapaarabstandbereiches — nur diese wollen wir hier als Radikalpaare bezeichnen — die ansonsten verbotenen ($\Delta m_s = 2$)-Übergänge beobachtet werden. In 3/4 dieser Radikalpaare kommt es zur Kopplung zweier parallel zueinander orientierter Elektronenspins. Dieser Spinorientierung entspricht eine resultierende Spinquantenzahl $S = 1$ und ein Tripletterm mit $(2S + 1)$ Zuständen. Bei den verbleibenden 25% der

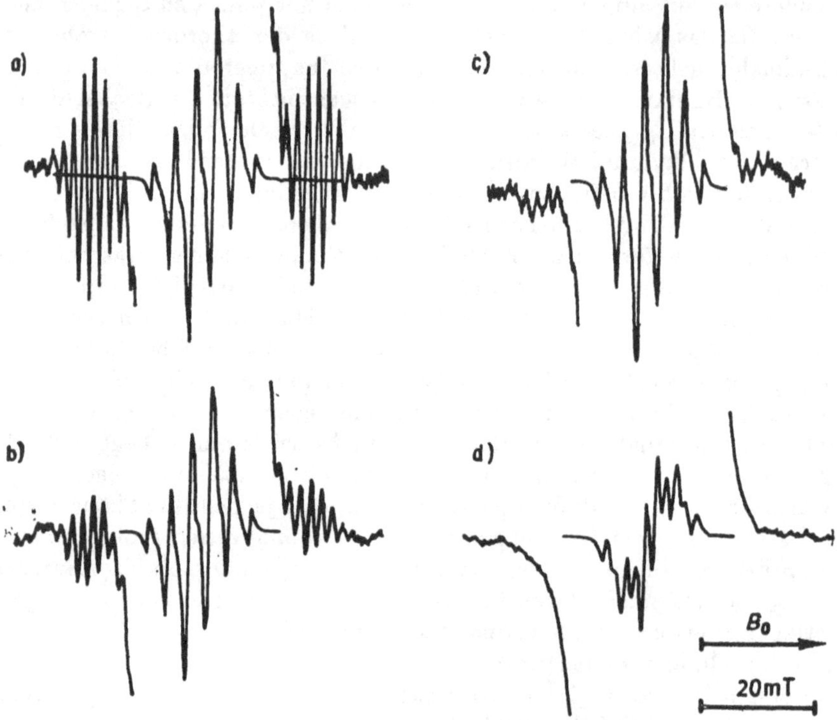

Abb. 3.4. ($\Delta m_s = 1$)-Signale von Radikalpaaren im Triplettzustand (äußere Spektrenteile verstärkt aufgezeichnet) und von freien Alkylradikalen (jeweils in der Spektrenmitte) bei verschiedenen Orientierungen (nach Fujimura u. a. [3.14])

Radikale führt die Kopplung antiparallel zueinander orientierter Spins zum Singulettzustand mit $S = 0$. Diese Radikalpaare tragen nicht zum EPR-Spektrum bei, was insbesondere bei der Absolutbestimmung der Radikalpaarkonzentration aus den ($\Delta m_s = 2$)-Spektren zu beachten ist.

Bei den erwähnten zusätzlichen Kopplungen oder Wechselwirkungen muß zwischen der magnetischen Dipol-Dipol-Wechselwirkung und der Austauschwechselwirkung unterschieden werden. Im Radikalpaar erzeugt das magnetische Moment des einen Elektrons am Ort des anderen ein *zusätzliches Magnetfeld*. Die Größe des dipolaren Zusatzfeldes wird entsprechend Gleichung (3.4) durch $\mu_0 g \mu_B r^{-3}$ gegeben und ist von der Orientierung abhängig. Es kann bei einem Elektronenabstand von 0,2 nm ca. 100 mT betragen und bei 1 nm noch etwa 2 mT. Diese Dipol-Dipol-Wechselwirkung hebt die ohne diese Kopplung im Nullfeld vorhandene Entartung der Triplettzustände auf (zumindest unterscheiden sich $E(m_s = \pm 1)$ von $E(m_s = 0)$), und es werden bei axialer Symmetrie zwei ($\Delta m_s = 1$)-Übergänge bei einem Abstand von

$$D = \frac{3\mu_0}{16\pi} \frac{g\mu_B}{r^3} (3 \cos^2 \Theta - 1) \tag{3.4}$$

beobachtet. Θ ist hier der Winkel zwischen dem Verbindungsvektor $\boldsymbol{r}$ der Radikalpaarelektronen und der Magnetfeldrichtung. Der zweite Anteil der Wechselwirkung der Radikalpaarelektronen ist skalarer Natur. Er wird durch das *Austauschintegral* J der beiden Elektronen beschrieben und ist von Null verschieden, wenn sich die Orbitale der einzelnen Elektronen etwas überlappen. Ist die Austauschenergie groß gegen die in Energieeinheiten gemessene Hyperfeinaufspaltung, $J \gg a$, so sind die beiden ungepaarten Elektronen mit gleicher Wahrscheinlichkeit in beiden Radikalen des Paares anzutreffen. Trifft das auf Alkylradikale mit 5 äquivalent erscheinenden Protonen zu, so ist beim Radikalpaar von 10 äquivalenten Protonen auszugehen.

Für die Stärke der Hyperfeinstrukturwechselwirkung ist die Dublett- oder Triplettspindichte ausschlaggebend. Bei der HFS-Wechselwirkung mit den Kernen der Radikalpaare treten die beiden gekoppelten Elektronenspins als *ein* Triplettspin in Erscheinung, dem mathematisch (z.B. im HAMILTON-Operator (3.6)) durch $(S_z^1 + S_z^2)$ Rechnung getragen wird. Wegen der Gleichverteilung des Triplettspins auf die beiden Radikale des Paares wird die Aufenthaltswahrscheinlichkeit des Triplettspins am Ort der koppelnden Kerne auf die Hälfte reduziert, so daß in den Triplettsignalen sowohl bei $\Delta m_s = 1$ als auch bei $\Delta m_s = 2$ halb so große Kopplungskonstanten beobachtet werden.

Daß wir es bei den in fester Phase in Polymeren eingeschlossenen Radikalpaaren (im Gegensatz zu den im Polymerisationsprozeß in flüssiger Phase vorkommenden Paaren aus relativ freien Radikalen) mit ständig stark gekoppelten Zweispinsystemen zu tun haben, drückt sich auch in dem gegenüber (2.40) erheblich veränderten Aufbau des HAMILTON-Operators aus. Für Radikalpaare mit anisotroper HFS-Kopplung lautet dieser — wenn jedes Radikal nur einen koppelnden Kern trägt — nach KURITA [3.08]:

$$\hat{H} = \mu_B \sum_{i,j} g_{ij} \boldsymbol{B}_j (\hat{S}_j^1 + \hat{S}_j^2) + \tfrac{1}{2} g_e \mu_B \sum_{i,j} (A_{ij}^a \hat{\boldsymbol{I}}_i^a + A_{ij}^b \hat{I}_j^b)(\hat{S}_i^1 + \hat{S}_i^2)$$
$$+ J(\hat{\boldsymbol{S}}^1 \hat{\boldsymbol{S}}^2) + \frac{\mu_0 \mu_B^2}{r^3} \left[(\hat{\boldsymbol{S}}^1 \hat{\boldsymbol{S}}^2) - \frac{3}{r^2} (\hat{\boldsymbol{S}}^1 \boldsymbol{r})(\hat{\boldsymbol{S}}^2 \boldsymbol{r}) \right]. \tag{3.5}$$

Darin symbolisieren

g_{ij} Komponenten des $\mathfrak{g}$-Tensors $(i, j = x, y, z)$,
$\hat{S}_j^1$ Komponenten des Elektronenspinoperators vom Radikalelektron 1
$\hat{I}_j^a$ Komponenten des Kernspinoperators vom Kern a,
A_{ij}^a Komponenten des HFS-Tensors vom Kern a,
B_j Komponenten des äußeren Magnetfeldes,
g_e g-Faktor des freien Elektrons,
r (mittlerer) Intrapaarelektronenabstand.

Für ein Radikalpaar gilt näherungsweise anstelle von (3.5):

$$\hat{H}_0 = g_{zz}\mu_B B(\hat{S}_z^1 + \hat{S}_z^2) + \tfrac{1}{2} g_e\mu_B(\hat{S}_z^1 + \hat{S}_z^2)(A_{zz}^a\hat{I}_z^a + A_{zz}^b\hat{I}_z^b)$$
$$+ J\hat{S}_z^1\hat{S}_z^2 - \frac{4}{3}\mu_B D\hat{S}_z^1\hat{S}_z^2 + \left(\frac{1}{3}\mu_B D + \frac{J}{2}\right)(\hat{S}_+^1\hat{S}_-^2 + \hat{S}_-^1\hat{S}_+^2) \tag{3.6}$$

mit $\hat{S}_+ = \hat{S}_x \pm i\hat{S}_y$, $g_{zz} = g_e + \Delta g(3\cos^2\Theta - 1)$ und D = Nullfeldparameter bzw. Feinstrukturkonstante. Die Resonanzbedingung für $(\Delta m_s = 1)$-Übergänge lautet hier

$$h\nu = |{}^3E(\pm 1, m_I^a, m_I^b) - {}^3E(0, m_I^a, m_I^b)|\,, \tag{3.7}$$

wobei nach [3.08] gilt:

$${}^3E(\pm 1, m_I^a, m_I^b) = \pm\bar{g}_{zz}\mu_B B_0 \pm \tfrac{1}{2} g_e\mu_B(A_{zz}^a m_I^a + A_{zz}^b m_I^b)$$
$$- \tfrac{1}{3}\mu_B D + \tfrac{1}{4} J\,, \tag{3.8}$$

$${}^3E(0, m_I^a, m_I^b) = \frac{2}{3}\mu_B D + \frac{J}{4}. \tag{3.9}$$

Damit ergeben sich die Resonanzlagen zu

$$B_{res} = \frac{h\cdot\nu}{g_{zz}\mu_B} - \frac{1}{2}(A_{zz}^a m_I^a + A_{zz}^b m_I^b) \pm \frac{D}{2}. \tag{3.10}$$

Während im allgemeinen $(\Delta m_s = 2)$-Übergänge, die die simultane Richtungsänderung zweier Elektronenspins bedeuten, nicht stattfinden können, werden in Triplettsystemen durch die Wirkung der starken, anisotropen magnetischen Dipolkopplung diese ansonsten verbotenen Übergänge bei Einwirkung von Mikrowellenfeldern möglich. Die Resonanzbedingung für $(\Delta m_s = 2)$-Übergänge lautet:

$$h\nu = {}^3E(+1, m_I^a, m_I^b) - {}^3E(1, m_I^a, m_I^b)$$
$$= 2g_{zz}\mu_B B + g\mu_B(A_{zz}^a m_I^a + A_{zz}^b m_I^b)\,. \tag{3.11}$$

Damit ergeben sich die Resonanzsignale bei

$$B_{\text{res}} = \frac{h\nu}{2g_{zz}\mu_B} - \frac{1}{2}\,(A^{a}_{zz}m^{a}_{I} + A^{b}_{zz}m^{b}_{I})\,, \tag{3.12}$$

d. h., die ($\Delta m_s = 2$)-Übergänge können bei Magnetfeldern beobachtet werden, die etwa halb so groß sind wie die der typischen ($\Delta m_s = 1$)-Übergänge (vgl. Abb. 3.5). Man spricht deshalb von Halbfeld- oder ($g = 4$)-Resonanzen. Ihre Beobachtbarkeit ist ein eindeutiger Beweis für das Vorliegen von Triplettzuständen. Die Auswirkung der Beziehungen (3.5) bis (3.12), im Vergleich zu den für Dublettsysteme geltenden Relationen (1.31) und (1.32), veranschaulichen die Abbildungen 3.5 und 3.6.

Inzwischen ist in einer Vielzahl von festen Polymer- und anderen Festkörpern nach Bestrahlung die Existenz von Radikalpaaren nachgewiesen worden. Während in Polymeren mit funktionellen Gruppen ihre Bildung und Stabilisierung etwa in gleicher Größenordnung wie die isolierter Radikale erfolgen kann [3.09], kommt es in Polyolefinen und anderen Polymeren, die keine funktionellen Gruppen besitzen, lediglich zu Radikalpaarkonzentrationen, die ein bis zwei Größenordnungen unter denen isolierter Radikale liegen [3.10 bis 3.12]. Iwasaki und Mitarbeiter [3.09] waren die ersten, die über die Beobachtung von ($\Delta m_s = 2$)-Übergängen in bestrahlten Polyethy-

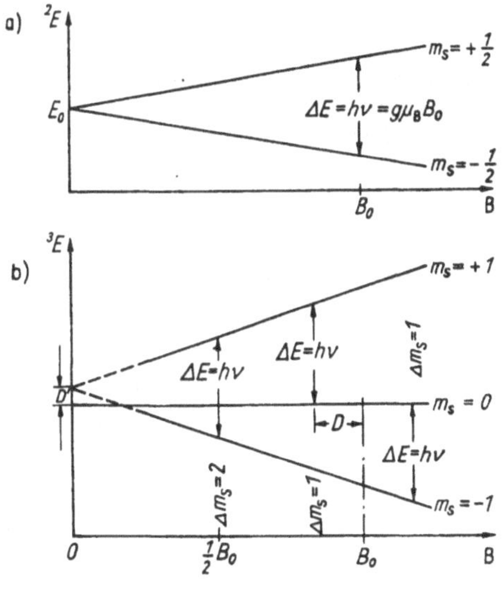

Abb. 3.5. Magnetfeldabhängigkeit der Energieaufspaltung; a) für Dublettsysteme (freie Radikale), b) näherungsweise für Triplettsysteme (Radikalpaare) bei Vernachlässigung des Nullfeldparameters E (genauer z. B. in [3.16])

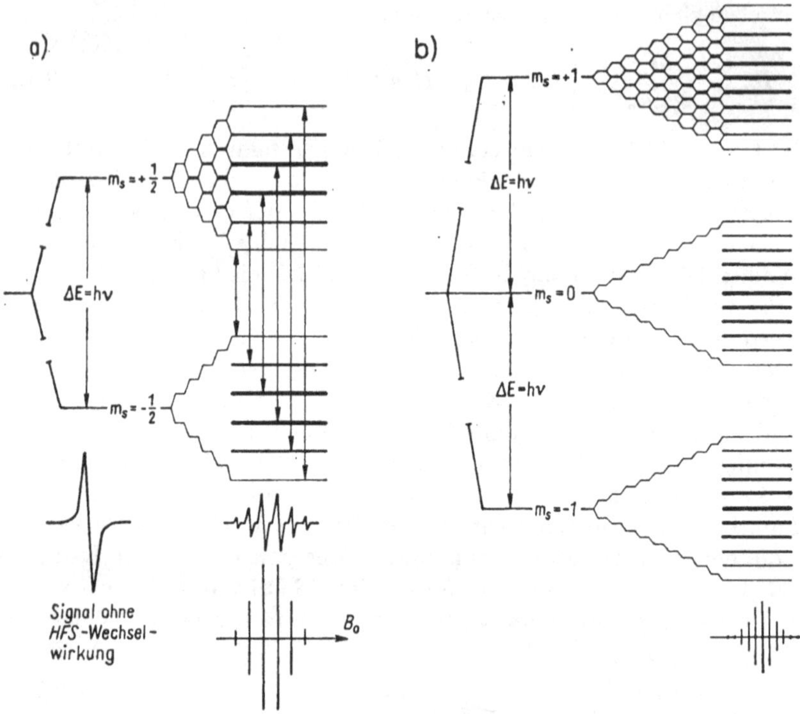

Abb. 3.6. Energieniveaus bei HFS-Wechselwirkung im B_0-Feld; a) in Dublettsystemen (z. B. Alkylradikale) mit 5 äquivalent erscheinenden Protonen, b) in Triplettsystemen (Radikalpaare) mit 10 äquivalenten Protonen. Darunter sind in schematischer Darstellung die zu beobachtenden Spektren angegeben

lenen die Bildung von Radikalpaaren sicher nachwiesen. Der eindeutige Nachweis der zugehörigen ($\Delta m_s = 1$)-Übergänge gelang ihnen allerdings nicht. Die Autoren nahmen an, daß dies auf die nichtspezifischen Intrapaarabstände zurückzuführen ist.

Einige Jahre später war es Fujimura u. a. [3.07, 13, 14] möglich, von hochorientierten Polyethylenen gut aufgelöste ($\Delta m_s = 1$)-Spektren von Triplettradikalpaaren aufzunehmen und aus ihnen erste Aussagen über dominierende Radikalpaarabstände und -orientierungen abzuleiten. Eine Spektrenfolge aus diesen Untersuchungen zeigt Abbildung 3.4. Aus den in Abhängigkeit vom Winkel (zwischen Magnetfeld und Verstreckungsrichtung) aufgezeichneten Spektren ermittelten sie die Feinstrukturkonstante zu $D = 31{,}7$ mT. Unter Einbeziehung der Elementarzellenabmessungen schätzten sie ab, daß der dominierende Interspinabstand wahrscheinlich bei 0,53 nm liegen wird. Die Winkelabhängigkeit der ($\Delta m_s = 1$)-Spektren konnten sie am besten durch theoretische Berechnungen simulieren, wenn sie von einem Intrasegmentradikalpaar ausgingen, dessen Spins am nullten und am vierten C-Atom lokalisiert sind. Damit ließ sich jedoch die beobachtete Winkelunabhängigkeit der integralen Intensität des ($\Delta m_s = 2$)-Spektrums nicht erklären. Deshalb vermuteten die Autoren [3.14], daß zwar die hochauflösbaren ($\Delta m_s = 1$)-Triplettspektren nur von *Intra*segmentradikalpaaren mit Spinabständen von etwa 0,53 nm herrühren, daß aber in der gleichen Probe auch *Inter*segmentradikalpaare vorliegen, die ebenfalls zum ($\Delta m_s = 2$)-Spektrum beitragen. In ihrer jüngsten Veröffentlichung [3.07] erhärteten sie diese Aussage. Da Fujimura und Tamura [3.14] außerdem beobachteten, daß die ($\Delta m_s = 1$)-Radikalpaarspektren bereits im Temperaturbereich bis 220 K auf unter 10% absinken, während die ($\Delta m_s = 2$)-Spektren dort noch ca. 60% ihrer ursprünglichen Intensität aufweisen, läßt sich daraus der Schluß ziehen, daß *Intra*segmentpaare leichter rekombinieren als *Inter*segmentradikalpaare. (Vgl. auch 3.3.)

Die Spektren der verbotenen Übergänge, d. h. die ($\Delta m_s = 2$)-Spektren, erscheinen auf Grund geringerer Übergangswahrscheinlichkeit von Anfang an mit geringerer Intensität als die zugehörigen ($\Delta m_s = 1$)-Spektren. Vermittels der Beziehung (3.13) wurde für ein Beispiel abgeschätzt, daß das Verhältnis beim günstigsten Winkel von $\theta = 45°$ etwa 1/240 beträgt [3.08]. Nach Kurita [3.08] läßt sich das Intensitätsverhältnis $J_2 : J_1$ (der ($\Delta m_s = 2$)-Übergänge zu dem der ($\Delta m_s = 1$)-Übergänge) vermittels der Formel

$$\frac{J_2}{J_1} = \frac{1}{8}\left(\frac{D_{||}\sin^2\Theta}{B}\right)^2 \tag{3.13}$$

berechnen, wobei sich $D_{||}$ aus (3.3) für $\Theta = 0$ zu

$$D_{||} = \frac{3\mu_0}{8\pi}\frac{g\mu_B}{r^3} \tag{3.14}$$

ergibt. Aus der in Formel (3.13) implizit enthaltenen r^{-6}-Abhängigkeit wird deutlich, daß die aufgelöst beobachtbaren Spektren im wesentlichen von den Radikalpaaren mit den geringsten Interspinabständen herrühren.

Ausgehend von diesem Fakt und der Annahme, daß J_1 von der Orientierung unabhängig ist, prüften Wünsche und Jakimchenko [3.15], ob die von ihnen und von Fujimura [3.14] beobachtete Winkelabhängigkeit der Intensität des aufgelösten ($\Delta m_s = 2$)-Spektrums sich allein mit der Beziehung (3.13) erklären läßt. Da dies nicht möglich war, bezogen sie außerdem die Anisotropie des HFS-Tensors mit ein. Dabei zeigte sich eine gute Übereinstimmung zwischen der theoretisch berechneten und der experimentell ermittelten Winkelabhängigkeit der schmallinigen ($\Delta m_s = 2$)-Spektren, wenn für die Radikalpaare geringsten Interspinabstandes als wahrscheinlichster Winkel zwischen Verstreckungsrichtung und Radikalpaarorientierung 30° eingesetzt wird (s. Abb. 3.7). Zusammen mit der nahezu winkelunabhängigen

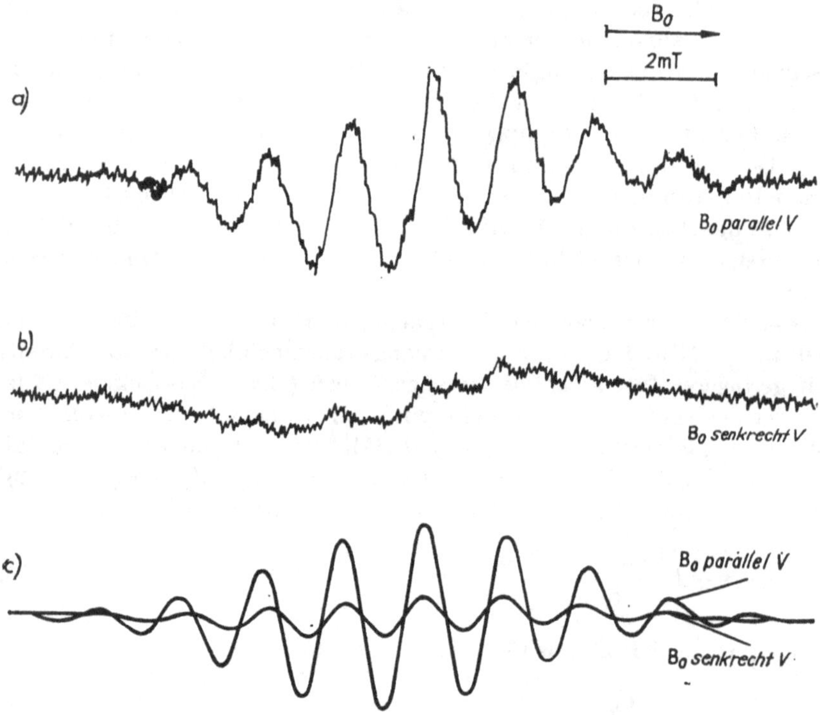

Abb. 3.7. ($\Delta m_s = 2$)-Spektren von Alkylradikalpaaren; a) b) gemessen bei senkrechter bzw. paralleler Orientierung zwischen Magnetfeld $\boldsymbol{B}_0$ und Verstreckungsrichtung V, c) berechnete Spektren nach [3.15]

Gesamtintensität des ($\Delta m_s = 2$)-Spektrums ist dieses Resultat ein weiterer Beleg für die Existenz verschiedener Radikalpaare im bestrahlten PE. Insbesondere wird belegt, daß es neben den von Fujimura und Tamura in [3.14] sicher nachgewiesenen Intrasegmentradikalpaaren auch im Bereich kleiner Interspinabstände bestimmt Radikalpaare gibt, deren Radikale benachbarten Kettensegmenten angehören.

3.2.2. Bildungsmechanismen und Strukturen von mechanisch gebildeten Radikalen

Innerhalb des Problemkreises der Mechanoradikale zeichnen sich zwei Arbeitsrichtungen ab: Untersuchungen an zerspanten oder gemahlenen Polymeren und Untersuchungen an hochverstreckten, mechanisch überbeanspruchten Materialien. Zu beiden Arbeitsrichtungen stammen die ersten grundlegenden EPR-Untersuchungen aus der Leningrader Schule, d. h. von SHURKOW und Mitarbeitern [3.17 bis 3.20]. Die Primärradikale entstehen in diesen Prozessen unmittelbar durch *Bruch kovalenter Hauptkettenbindungen.* Die Bildung von Radikalen durch Mahlprozesse führt im Tieftemperaturgebiet leicht zu hohen Radikalkonzentrationen, was die Untersuchungen zur Struktur und zur Kinetik der Mechanoradikale erleichtert. Diese Radikalbildungsmethode hat jedoch den Nachteil, daß die paramagnetischen Spezies unter unübersichtlichen Spannungs- und Dehnungsverhältnissen entstehen. Für Strukturuntersuchungen und für das Studium der Reaktionen von Mechanoradikalen hat diese Arbeitsrichtung, wie jüngste Arbeiten von SAKAGUCHI und SOHMA [3.21] sowie von PILAR und ULBERT [3.22] zeigen, auch heute noch beachtliche Bedeutung für die Polymerforschung. Dies liegt zum Teil in dem Umstand begründet, daß auf diesem Weg erzeugte Mechanoradikale Polymerisations- und Copolymerisationsreaktionen initiieren können [3.23].

Der Aufwand für EPR-*Messungen während Verstreckungs- und Zerreißversuchen* ist erheblich größer als der für Untersuchungen nach Mahlprozessen, der zu erwartende Erkenntnisgewinn rechtfertigt jedoch auch diese aufwendigen Experimente. Durch derartige Untersuchungen an hochverstreckten Fasern und Filmen sind bereits *wesentliche Erkenntnisse über Bruchvorgänge* und deren *Mikromechanismen,* über die Spannungs-Riß-Korrosion und andere die anwendungstechnischen Eigenschaften der Polymere beeinflussende Vorgänge gewonnen worden.

So fanden z.B. SHURKOW und Mitarbeiter gleiche exponentielle Beziehungen für die Spannungsabhängigkeit der Bildungsrate freier Radikale und der Bruchwahrscheinlichkeit von Fasern. Ausgehend von EPR-Messungen, IR-Untersuchungen und Röntgenstreuexperimenten entwickelten sie Hypothesen über die Bruchmechanismen [3.19, 3.24], die u. a. durch Forschungsergebnisse von CAMPBELL, PETERLIN und VERMA [3.25] sowie von BECHT, FISCHER und KAUSCH [3.26, 3.27] gestützt und erweitert worden sind.

Aus den EPR-Untersuchungen ist von einer Reihe von Autoren übereinstimmend geschlossen worden, daß die Kettenbrüche nur in den amorphen Bereichen vorkommen und daß sich die Kettenbrüche, die vor der Ausbildung eines Mikrorisses entstehen, nahezu gleichmäßig auf alle amorphen

Bereiche der belasteten Fasern oder des belasteten Films verteilen, sich also *nicht* bevorzugt im Bereich der späteren Bruchebene konzentrieren [3.27]. Die Mehrzahl der primär gebildeten Radikale ist demnach auf voneinander unabhängige Brüche einzelner Kettensegmente zurückzuführen. Außerdem scheint die Radikalmigration (vgl. 3.2.1.1. und 3.3.1.2.) im Prozeß des makroskopisch beobachtbaren Zerreißvorganges eine ähnlich wichtige Rolle zu spielen wie im chemischen Rekombinations- und Radikalumwandlungsprozeß. *Die Kettenbrüche sind das Resultat der mechanischen Überbeanspruchung und der gleichzeitig wirksamen thermischen Fluktuationen.* Trotzdem ist es richtig, vom spannungsinduzierten Bruch zu sprechen.

Durch den kombinierten Einsatz von Röntgenstreumethoden, EPR- und IR-Messungen fanden Shurkow und Mitarbeiter [3.19], daß die Anzahl submikroskopischer Risse (= Mikrorisse) und die Anzahl der im Bruchprozeß

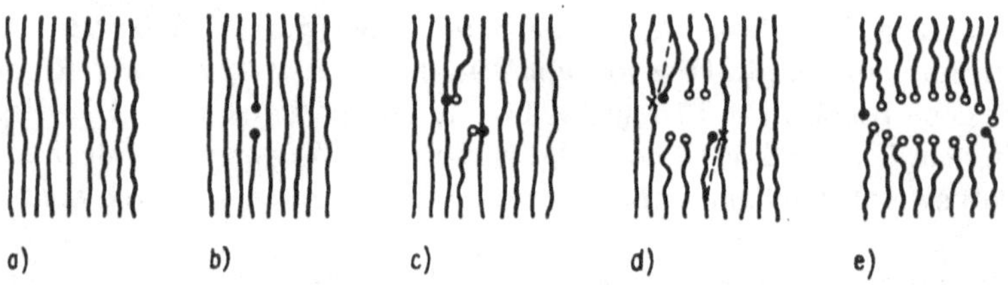

Abb. 3.8. Modell der Mikrorißbildung (nach Shurkow u. a. [3.19]); a) Teil einer Mikrofibrille mit einem angespannten Molekülsegment, b) bis e) —• freies Radikal, z. B. $-CH_2-\dot{C}H_2$, —•— durch Protonabstraktion entstandenes Radikal, z. B. $-CH_2-\dot{C}H-$ $-CH_2-$, —o neue Endgruppen, z. B. $-CH_2-CH_3$ oder $-CH{=}CH_2$, —×— Molekülteil, aus dem H-Atom-Abstraktion erfolgt

beobachtbaren Radikale etwa übereinstimmen, während die Anzahl der im Bruchprozeß entstehenden neuen Endgruppen meistens zwei bis drei Größenordnungen größer ist. Nach der aus diesen Meßergebnissen entwickelten Bruchhypothese ist die Mikrorißbildung die Folge einer schnell ablaufenden Kettenreaktion, deren Verlauf in Abbildung 3.8 schematisch dargestellt ist. Ausgangspunkt ist das Zerreißen eines zwei Kristallite verbindenden und bereits vor dem Einsetzen der Zugbelastung gestreckt und damit eventuell bereits leicht angespannt gewesenen Moleküls. Im Falle des PE würde dies primär zur Bildung zweier Alkylradikale vom Typ $-CH_2-\dot{C}H_2$ führen (vgl. Abb. 3.8a) und b)). Diese Primärradikale sättigen sich durch H-Atomabstraktion von benachbarten (intakten) Ketten zu Molekülen mit CH_3-Endgruppen ab (Abb. 3.8c)). Die durch die H-Atomabstraktion gebildeten Alkylradikale haben die gleiche Struktur wie die strahlenchemisch auf den Reaktionswegen (1b) bis (3) gebildeten Radikale $-CH_2-\dot{C}H-CH_2-$ (s. 3.2.1.1.). Da die C-C-Bindungen in der Nachbarschaft einer Radikalstelle etwa ein Drittel so stabil sind wie die normalen C-C-Bindungen [3.19], kommt es bei weiterer Dehnung der Probe zur Zerstörung dieser Hauptkettenbindungen, wodurch erneut endständige Radikale entstehen (Abb. 3.8d)). Letztere sättigen sich ebenfalls über H-Atomabstraktion von benachbarten CH_2-Gruppen ab, wodurch sich hier allerdings teils Vinylendgruppen bilden. Durch schnelle Wiederholung der Reaktionsschritte b) bis d) entsteht so, ausgelöst durch *ein* Primärradikalpaar[1], eine Kettenbruchzone, d. h. ein Mikroriß. Die Hypothese erklärt, warum die Anzahl der entstehenden Radikalpaare gleich der Anzahl der Mikrorisse ist und warum die in diesem Prozeß auftretenden Radikalkonzentrationen stets um Größenordnungen kleiner als die der neu entstehenden Kettenenden sind.

Trotz dieser einleuchtenden Hypothese und der angedeuteten Meßergebnisse gibt es auf diesem Gebiet noch eine Reihe offener Fragen. So ist z.B. noch nicht befriedigend geklärt, wodurch die Kettenreaktionen am Rande der Mikrofibrillen abbrechen bzw. warum die laterale Ausdehnung der Mikrorisse ungefähr mit dem Mikrofibrillenquerschnitt (von ca. 20,0 nm) übereinstimmt. Unabhängig voneinander entstehende Mikrorisse sind noch kein Grund für makroskopisch wirksame Zerstörungen. Erst die Kombination der radikalischen Kettenreaktionen, die Mikrorißbildung bewirkt, mit Gleit- oder Wanderungsprozessen, kann zur Ausbildung größerer Fehlstellen in enger Nachbarschaft führen und damit den endgültigen Bruch einleiten. Aus diesem Grunde sind nach Kausch und Becht [3.27] bei der Aufstellung von Bruchkriterien auch die Morphologie der Polymere, die Art der kristallinen Verknüpfungen, die Dauer und Geschwindigkeit der Belastung und zusätzlich statistische Gesichtspunkte mit einzubeziehen.

Zu den wertvollsten EPR-Ergebnissen, die im Zusammenhang mit Bruchstudien erzielt wurden, gehört die Lokalisierung der Molekülschwachstellen an Hand der Hyperfeinstrukturaufspaltung der Radikalspektren. So konnten z.B. Sakrewskij und andere [3.28] belegen, daß bei Polyamid 6 nur die in unmittelbarer Nachbarschaft zur Carbonamidgruppe befindlichen C-C-Bindungen brechen. Auch resultieren aus EPR-Untersuchungen wichtige Erkenntnisse über den Einfluß von Luftsauerstoff auf spannungsinduzierte Abbau- und Bruchprozesse.

[1] Der Begriff *Radikalpaar* wird hier (im Gegensatz zum Abschnitt 3.2.1.3.) nur im Sinne von paarweise entstandenen Radikalen gebraucht.

Bei Polyethylen läßt sich der in Abbildung 3.8b) bis d) schematisch dargestellte Prozeß durch folgende Reaktionsgleichungen ausdrücken:

$$-CH_2-CH_2-CH_2-CH_2- \xrightarrow{nkT\ \sigma} -CH_2-\dot{C}H_2 + \dot{C}H_2-CH_2-$$

$$-CH_2-\dot{C}H_2 + -CH_2-CH_2-CH_2- \rightarrow$$
$$-CH_2-CH_3 + CH_2-\dot{C}H-CH_2- \qquad (9)$$

$$-CH_2-\dot{C}H-CH_2-CH_2-CH_2- \rightarrow$$
$$-CH_2-CH=CH_2 + \dot{C}H_2-CH_2- \qquad (10)$$

$$\downarrow + O_2$$

$$-CH_2-\underset{\displaystyle O-O\cdot}{\underset{|}{C}H}-CH_2-CH_2-CH_2- \rightarrow$$
$$-CH_2-C\begin{smallmatrix}\diagup H\\ \diagdown\!\!\diagdown O\end{smallmatrix} + \dot{O}-CH_2-CH_2- \qquad (11)$$

Die in den Relationen (9) bis (11) neu entstehenden Endgruppen können mittels IR leicht nachgewiesen werden und dienen zusammen mit den EPR-Ergebnissen als Basis für die Aufklärung der über Radikalreaktionen ablaufenden spannungsinduzierten Bruchprozesse. Das Grundprinzip, wie die Radikalstrukturen und deren Wechselbeziehungen zur Polymermatrix untersucht werden können, ist bereits bei der Strukturaufklärung radiolytisch gebildeter Radikale und Radikalpaare dargelegt worden. Für die Ermittlung von Parametern der chemischen Kinetik der Mechanoradikale verweisen wir auf Abschnitt 3.3.

3.2.3. Radikalstrukturen beim photo- und thermooxydativen Abbau

3.2.3.1. Mechanismus der photolytischen Radikalbildung in Polymeren

Für Stabilisierungsmaßnahmen zur Erhöhung der Lebensdauer von Polymerwerkstoffen, die Licht, Luft und Temperaturschwankungen ausgesetzt sind, ist die Erforschung der radikalischen Abbaumechanismen bedeutsam, die unter anderem durch die im Sonnenlicht enthaltenen ultravioletten Strahlen ausgelöst werden können. Ein wichtiger Beitrag hierzu sind EPR-Messungen an Polymerproben, die in unterschiedlichen Temperaturbereichen mit UV-Licht bestrahlt werden.

Bestrahlt man bei Stickstofftemperatur unter Ausschluß von Sauerstoff industriell hergestelltes Polyethylen mit UV-Licht, so beobachtet man überlagerte EPR-Spektren, die je nach Meßtemperatur mehr oder weniger stark durch die Spektren der folgenden Radikale bestimmt werden [3.29 bis 3.31]:

(I) $-CH_2-\dot{C}H_2$, (II) $-CH_2-\dot{C}H-CH_3$, (III) $-CH_2-\dot{C}H-CH_2-$,

(IV) $\begin{array}{l}-CH_2-CH-CH_2-\\ \qquad\quad |\\ \qquad\quad \underset{\bullet}{C}=O\end{array}$ und (V) $-CH_2-\dot{C}H-CH=CH-CH_2-$.

Bei der Interpretation der Radikalbildung im Polyethylen wird der Anregung der Carboxylgruppen, die in Polyethylen in geringer Konzentration als Kettenirregularitäten enthalten sind, eine zentrale Bedeutung beigemessen [3.29 bis 3.39]. Bezüglich der Einzelschritte gibt es noch unterschiedliche Auffassungen. Nach [3.29, 3.31] erscheint, ausgehend von den EPR-spektroskopisch nachgewiesenen Radikalen und auf der Basis einer NORRISH-I-Reaktion [3.34], der folgende Reaktionsablauf möglich:

$$-CH_2-CH_2-\underset{\underset{O}{\|}}{C}-CH_2-CH_2- \overset{h\nu}{\Rightarrow} \underset{(I)}{2(-CH_2-\dot{C}H_2)} + C=O \qquad (12)$$

$$-CH_2-CH_2-\dot{C}H_2 \Rightarrow \underset{(II)}{-CH_2-\dot{C}H-CH_3} \qquad (13)$$

$$-CH_2-\dot{C}H-CH_3 + PE \Rightarrow -CH_2-CH_3 + \underset{(III)}{-CH_2-\dot{C}H-CH_2-} \qquad (14)$$

$$-CH_2-\dot{C}H-CH_2- + C=O \Rightarrow \begin{array}{l}-CH_2-CH-CH_2-\\ \qquad\quad |\\ \qquad\quad \underset{\bullet}{C}=O\\ \qquad\quad (IV)\end{array} \qquad (15)$$

Außerdem wird in [3.29 und 3.31] die zur Bildung der Allylradikale (V) führende Reaktionsgleichung (6) angegeben (vgl. 3.2.1.1.). Da sich allein auf der Basis der vom Primärschritt (12) ausgehenden Reaktionen einige beobachtete Effekte nicht erklären lassen, haben TAPLICK und RÄTZSCH [3.31] noch einen weiteren Bildungsweg angegeben. Er wird weiter unten skizziert.

Im Gegensatz zu TSUJI [3.29] und TAPLICK [3.31] diskutieren TROZZOLO und WINSLOW [3.35] (und andere in [3.32] genannte Autoren) den Startschritt des photooxydativen Abbaus ausgehend von einer NORRISH-II-Reaktion. Des weiteren befassen sie sich mit der Rolle des in Sauerstoffgegenwart während der Photolyse gebildeten, sehr reaktiven *Singulettsauerstoffs*, $^1O_2$. Nach [3.35] verursachen die in den Triplettzustand angeregten Carbonylgruppen teils eine Kettenspaltung nach dem NORRISH-II-Reaktionstyp und bewirken so die folgende Abbaureaktion:

$$-CH_2-CH_2-{}^{3}\!\left[\begin{array}{c}O\\ \|\\ C\end{array}\right]-CH_2- \Rightarrow$$

$$-CH_2-\overset{\overset{\displaystyle O}{\|}}{C}-CH_3 + CH_2 = CH-CH_2- . \qquad (16)$$

Ein Teil der durch Photoanregung in den Triplettzustand gelangten Carbonylgruppen kann die Anregungsenergie auf im Triplettgrundzustand befindliche Sauerstoffmoleküle, $^3O_2$, übertragen, wodurch diese in den angeregten Singulettzustand $^1O_2$ übergehen. Der Singulettsauerstoff kann mit Vinylgruppen reagieren und dabei Hydroperoxide bilden:

$$\begin{array}{l} ^1O_2 + CH_2 \doteq CH-CH_2-CH_2- \Rightarrow \\ HOO-CH_2-CH = CH-CH_2- . \end{array} \qquad (17)$$

Weitere UV-Bestrahlung oder Erwärmung führt zur Zerstörung der Hydroperoxidgruppen und zur Bildung freier Radikale, die den weiteren Abbau einleiten können.

Taplick und Rätzsch [3.31] gehen bei der Diskussion ihrer EPR-Spektren davon aus, daß auch die im Polyethylen niederer Dichte in geringer Konzentration als Kettenirregularität enthaltenen Vinylidengruppen UV-empfindlich sind und direkt zur Radikalbildung führen können:

$$-CH_2-CH_2-CH_2-\underset{\underset{\displaystyle CH_2}{\|}}{C}-CH_2- + h\nu \Rightarrow$$

$$-CH_2-\dot{C}H_2 + CH_2 = \dot{C}-CH_2- , \qquad (18)$$

$$CH_2 = \dot{C}-CH_2-CH_2- \Rightarrow CH_2 = CH-\dot{C}H-CH_2- , \qquad (19a)$$

$$CH_2 = \dot{C}H-CH-CH_2- \overset{h\nu}{\rightleftarrows} CH_2 = CH-CH_2-\dot{C}H-CH_2- . \qquad (19b)$$

Bei Einwirkung *energiereicher* UV-Strahlen ist mit diesem Radikalbildungsweg sicher zu rechnen. Darüber hinaus ist zu beachten, daß die während Photolyse durch Rekombination von Alkyl -und Allylradikalen entstehenden konjugierten Doppelbindungen selbst mit *energiearmer* UV-Strahlung angeregt werden können, so daß auch dadurch neben den Carbonylgruppen weitere Molekülbausteine für die Primäraufnahme von Photoenergie in Polymeren zur Verfügung stehen. In Gegenwart von Sauerstoffmolekülen wirkt sich dies nach Gibb und McCullum [3.33] folgendermaßen auf den Abbauprozeß von PVC aus: Die Polyendoppelbindungen werden durch UV-Bestrahlung zum Triplettelektronenzustand angeregt:

$$-(CH=CH-) + h\nu \Rightarrow -{}^3[CH=CH-]^*- \,. \tag{20}$$

Einige der angeregten Doppelbindungen können ihre Anregungsenergie auf Sauerstoffmoleküle $^3O_2$ übertragen, wobei der sehr reaktionsaktive *Singulettsauerstoff*, $^1O_2$, entsteht:

$$-{}^3[CH=CH-]^* + {}^3O_2 \Rightarrow -(CH=CH-) + {}^1O_2 \,. \tag{21}$$

Der Singulettsauerstoff reagiert nach (22) mit Vinylgruppen der Grundkette unter Bildung von Hydroperoxidgruppen. Deren thermisch durch $n \cdot kT$ induzierter Zerfall in Radikale entsprechend (23) und die weitere Dehydrochlorierung beschleunigen den Abbau des PVC:

$$-CH_2-CH=CH-CH_2- + {}^1O_2 \Rightarrow -CH_2-\overset{\displaystyle \overset{OOH}{|}}{C}H-CH=CH- \,, \tag{22}$$

$$-CH_2-\overset{\displaystyle \overset{OOH}{|}}{C}H-CH=CH- + nkT \Rightarrow -CH_2-\overset{\displaystyle \overset{\dot{O}}{|}}{C}-CH=CH- + \dot{R} \,. \tag{23}$$

Ausgehend von Ergebnissen, die Ranby und Rabek [3.32] bei Untersuchungen an Polydienen erzielt haben, wird auch für PVC und PE bei Vorhandensein einiger Doppelbindungen in diesen Makromolekülen für den oxydativen Abbauprozeß statt (22) und (23) ein Oxydationsmechanismus nach folgenden Reaktionen vorgeschlagen:

$$-CH_2-CH=CH-CH_2- + {}^1O_2 \Rightarrow -CH_2-\overset{\displaystyle \overset{O}{|}}{C}H-\overset{\displaystyle \overset{O}{|}}{C}H-CH_2- \,, \quad (O-O) \tag{24}$$

$$-CH_2-\overset{\displaystyle \overset{O}{|}}{C}H-\overset{\displaystyle \overset{O}{|}}{C}H-CH_2 + nkT \Rightarrow -CH_2-\overset{\displaystyle \overset{\dot{O}}{|}}{C}H-\underset{\displaystyle \underset{\dot{O}}{|}}{C}H-CH_2- \,. \tag{25}$$

Die nach (23) oder (25) entstandenen Oxidradikale sind sehr reaktiv. Sie entreißen Nachbarketten Wasserstoffatome und sättigen sich zu Hydroxylgruppen ab. Die durch Wasserstoffabstraktion gebildeten Alkyl- oder Allylradikale vermögen auch mit den reaktionsträgeren $^3O_2$-Molekülen sehr schnell zu Peroxidradikalen zu reagieren:

$$-CH_2-\dot{C}H-CH_2- + {}^3O_2 \Rightarrow -CH_2-\underset{}{\overset{\overset{\displaystyle O\cdot}{|}}{\overset{O}{\underset{}{CH}}}}\!\!\!\!\!\!\!\!\quad\; -CH_2- \; . \qquad (26)$$

Letztere können ähnlich den Oxidradikalen durch H-Atomabstraktion von Nachbar-CH_2-Gruppen ihren Radikalcharakter verlieren. Sie bleiben jedoch – wie in Gleichung (23) angedeutet – molekulare Schwachstellen, die weiteren Abbau einleiten können.

3.2.3.2. Spektrengestalt und physikalische Eigenschaften von Peroxidradikalen

Bestrahlt man bei Stickstofftemperatur Polyvinylchlorid und zeichnet bei gleicher Temperatur (ohne zwischenzeitliche Erwärmung) die EPR-Spektren auf, so erhält man bei nichtstabilisiertem PVC ein breites symmetrisches Grundspektrum, dem das 6-Linien-Spektrum des Alkylradikals überlagert ist, das bei gleichen Meßbedingungen auch im PE beobachtet wird (vgl. Abb. 3.1). Erwärmt man die pulverförmige PVC-Probe kurzzeitig in Luft von Zimmertemperatur, so macht sich bereits nach 15 Sekunden Reaktionsmöglichkeit die Umwandlung eines Teiles der primär gebildeten Radikale in Peroxidradikale bemerkbar. Abbildung 3.9 verdeutlicht dies [3.36]. Das nach Sekunden registrierte Signal entspricht bereits voll dem typischen EPR-Spektrum des Peroxidradikals, das sich auf Grund seiner starken Asymmetrie deutlich von den bisher vorgestellten im wesentlichen an Kohlenstoffatome lokalisierten, Radikalen unterscheidet.

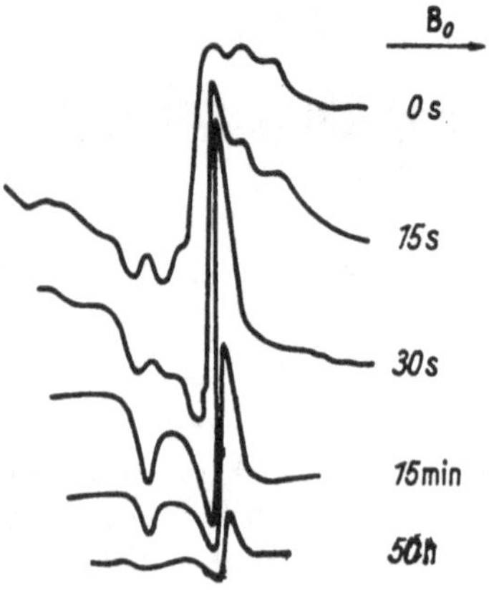

Abb. 3.9. Veränderung der Spektrenform von röntgenbestrahltem PVC durch Erwärmen in Luft von Zimmertemperatur. Bestrahlung und Messung erfolgten bei 77 K. Die Zeitangaben beziehen sich auf die Zeit, in der die Probe sich erwärmen konnte

Die beobachtete Spektrenasymmetrie ist eine Folge der g-Faktor-Anisotropie, die ihrerseits durch die bei Sauerstoffradikalen im Vergleich zu Kohlenstoffradikalen etwa sechsmal größere Spinbahn-Kopplung hervorgerufen wird. Letztere bewirkt neben der g-Faktor-Anisotropie auch eine merkliche Vergrößerung des Betrages des isotropen g-Faktors ($g = 2{,}025$ statt $g_e = 2{,}0023$). Bei Peroxidradikalen ist der g-Tensor axialsymmetrisch. In olchen Fällen gilt

$$\mathsf{g}(\Theta) = (g_{\parallel}^2 \cos^2 \Theta + g_{\perp}^2 \sin^2 \Theta)^{1/2} , \tag{3.15}$$

weshalb, ausgehend von der Resonanzbedingung (1.13) bzw. (1.15), die Lage des Resonanzsignals vom Winkel Θ zwischen der Magnetfeldrichtung $\boldsymbol{B}_0$ und der Hauptachse des Tensors abhängt:

$$B_{\text{res}} = \frac{h\nu}{\mu_B} (g_{\parallel}^2 \cos^2 \Theta + g_{\perp}^2 \sin^2 \Theta)^{-1/2} . \tag{3.16}$$

In unorientierten, polykristallinen und amorphen Polymerproben kann davon ausgegangen werden, daß alle Radikalorientierungen mit gleicher Wahrscheinlichkeit auftreten. Das EPR-Spektrum einer solchen Probe entsteht durch die Überlagerung einer großen Anzahl einzelner Linien, deren Lage sich aus der Orientierung der einzelnen Radikale bezüglich des $\boldsymbol{B}_0$-Feldes ergibt. Die Intensität der Einhüllenden bzw. die Signalamplitude an den einzelnen Feldpunkten wird durch die Anzahl der Spezies bestimmt, die bei der gegebenen Orientierung die Resonanzbedingung erfüllen.

Für den Feldbereich

$$\frac{h\nu}{\mu_B g_{\parallel}} \leqq B \leqq \frac{h\nu}{\mu_B g_{\perp}} \tag{3.16}$$

mit $B = B_{\text{res}}$ läßt sich die bei den einzelnen Feldpositionen absorbierte Leistung bzw. das Absorptionssignal z. B. vermittels einer in [3.02] hergeleiteten Beziehung

$$P_A(B) \sim \frac{c}{B^2 \left[\dfrac{h\nu}{\mu_B g} - B^2\right]^{1/2}} \tag{3.17}$$

berechnen. Das Ergebnis ist in Abbildung 3.10a wiedergegeben. Berücksichtigt man die endlichen Linienbreiten der Einzelkomponenten, ergibt sich 3.10b). Darunter ist die zugehörige abgeleitete Kurve dargestellt, die gut mit dem experimentell beobachteten Peroxidalradikalspektrum übereinstimmt. In der Nähe von $B(g_{\perp})$ ist die Signalintensität stets größer als nahe $B(g_{\parallel})$, da bei isotroper Verteilung der Radikalorientierungen die Anzahl der

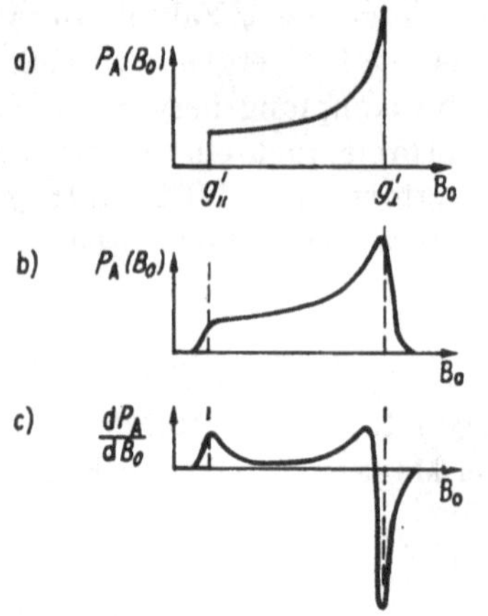

Abb. 3.10. Signalformen von Radikalspektren mit axialsymmetrischem g-Tensor in polykristallinen Proben, a) $P_A(B)$ nach Beziehung (3.17), b) Absorptionssignal bei endlicher Linienbreite, c) zugehöriges differenziertes Signal $dP_A(B)/dB$ (nach [3.02])

Spezies, die in Ebenen senkrecht zum Magnetfeld orientiert sind, grundsätzlich größer ist als die Anzahl der Spezies, die parallel zur $\boldsymbol{B}_0$-Feldachse gerichtet sind.

Aus diesen Darlegungen wird verständlich, daß aus solch asymmetrischen Spektren die Bestimmung des Vorzeichens von $\Delta g = g_\perp - g_\parallel$ und die Abschätzung der Werte für $g_\perp$ und $g_\parallel$ sehr einfach ist. Eine genauere Bestimmungsmethode, bei der auch der Einfluß der g-Faktor-Anisotropie auf die Übergangswahrscheinlichkeit P entsprechend

$$P(g) \sim \frac{1}{2} g_\perp^2 \left[\left(\frac{g_\parallel}{g}\right)^2 + 1\right] \tag{3.18}$$

berücksichtigt wird, ist in [3.37] dargelegt. Auf der Basis dieses Verfahrens wurde für die Peroxidradikale des PVC $g_\perp = 2{,}0058$ und $g_\parallel = 2{,}0386$ bestimmt, dem ein $\Delta g = -0{,}0326$ und ein isotroper g-Faktor von $g = 2{,}0167$ entspricht. In der gleichen Arbeit [3.36] wurde für Peroxidradikale von Ethylen-Vinylacetat-Copolymerisaten (mit geringem Vinylacetatgehalt) $\Delta g = -0{,}0258$ ermittelt. Daraus ist ersichtlich, daß die g-Faktor-Anisotropie nicht allein auf die Spin-Bahn-Wechselwirkung der Sauerstoffatome zurückzuführen ist, sondern daß auch Nachbargruppen — teils über innermolekulare Felder, teils über deren Spin-Bahn-Kopplung — die Größe der Anisotropie beeinflussen. Es sei daran erinnert, daß sich die Chloratome gegenüber Kohlenstoff und Sauerstoff durch besonders große Spin-Bahn-Kopplungskonstanten λ hervorheben. ($\lambda_C = 25\ \mathrm{cm}^{-1}$, $\lambda_O = 151\ \mathrm{cm}^{-1}$, $\lambda_{Cl} = 580\ \mathrm{cm}^{-1}$). In abgeschwächtem Maße machen sich solche Nachbargruppeneinflüsse auch im isotropen g-Faktor bemerkbar. So wurde — wie bereits erwähnt — für die Peroxidradikale des PVC $g = 2{,}0167$ ermittelt, während FISCHER [3.02] für $R-(CH_3)_2-COO$ $g = 2{,}0155$ angibt.

Der Einfluß der Nachbargruppen auf die Spektrenparameter ist inzwischen in eindeutiger Weise von GRINBERG u. a. [3.38] gezeigt worden. Bei der Untersuchung von Peroxidradikalen des Polytetrafluorethylen mit einem EPR-Spektrometer, das im (2 mm)-Gebiet arbeitet [3.39], wird das anisotrope Spektrum über einem wesentlich größeren Magnetfeldbereich als im X-Bandspektrometer dargestellt. Deshalb sind mit dieser Technik Unterschiede, die im normalen EPR-Spektrometer bei Peroxidradikalen nicht beobachtet werden können, deutlich erkennbar. Auf diese Weise konnten z. B. Peroxidradikale, die durch Anlagerung von Sauerstoff an die Radikale $-CF_2-\dot{C}F-$ $-CF_2-$ und $\cdot CF_2-CF_2-$ entstanden waren, unterschieden werden [3.38, 3.39].

Mit diesen Beispielen soll angedeutet werden, daß auch Spektren mit fehlender Hyperfeinstrukturaufspaltung einen relativ hohen Informationsgehalt haben können. Über die genaue Bestimmung des g-Faktors und die Ausnutzung der in der Linienform verdeckt enthaltenen Eigenschaftsparameter kann auch zukünftig noch Wertvolles zur Polymerforschung beigesteuert werden.

Die überwiegend der Erforschung von Strukturen gewidmeten Ausführungen seien mit dem resumierenden Hinweis abgeschlossen, daß in den letzten 25 Jahren insbesondere unter Ausnutzung der Hyperfeinstrukturaufspaltung die chemische, elektronische und sterische Struktur einer sehr großen Anzahl von Polymerradikalen erforscht worden und gleichzeitig eine Reihe von Wechselwirkungen zwischen Radikal- und Polymereigenschaften erkannt worden ist. Zugang zu einer beachtlichen Anzahl untersuchter Polymerradikale vermitteln (neben der bereits erwähnten Publikation von FISCHER und HUMMEL [3.02]) die Monographie von RANBY und RABEK [3.40] und die dort angegebene große Anzahl von Originalarbeiten.

3.3. Chemische Kinetik in festen Polymeren

Zur tiefergehenden Charakterisierung der chemischen und physikalischen Eigenschaften von Polymerfestkörpern kann nach Radikalerzeugung, z. B. nach Bestrahlung im Tieftemperaturgebiet, die Kinetik des Radikalabfalles mit herangezogen werden. Bei kinetischen Untersuchungen dieser Art ist es üblich, die Spektren der zu untersuchenden Probe gleichzeitig mit dem Spektrum einer Vergleichsprobe aufzunehmen. Wegen der Temperaturabhängigkeit der Niveaubesetzungszahl ΔN (entsprechend Gleichung (1.14)) empfiehlt es sich, die Vergleichsprobe in die Temperierung einzubeziehen. Die Vergleichsprobe soll ein Resonanzsignal dicht neben dem der zu untersuchenden Probe haben. Das Referenzsignal sollte sowohl in der Linienform und -breite als auch in der Intensität dem der zu untersuchenden Probe ähneln. Für Polymerfestkörperuntersuchungen haben sich als sekundäre Standardproben z.B. dotierte Rubinkristalle bewährt, deren Resonanzsignale sich auf Grund der g-Faktor-Anisotropie in einem weiten Magnetfeldbereich verschieben lassen. Welcher Radikalkonzentration das Vergleichssignal entspricht, muß durch vorherigen Vergleich mit einem primären Standard, z.B. mit Diphenylpikrylhydrazyl (DPPH) oder Ultramarin, ermittelt werden.

3.3.1. Experimentelle Untersuchungen zur Radikalrekombination bei stufenweiser Erwärmung

3.3.1.1. Stufenweise Erwärmung ohne zeitliche Begrenzung

Bei dieser Untersuchungsmethode erwärmt man die Probe bis kurz über die Temperatur, bei der die Radikale sich umwandeln oder zu rekombinieren beginnen (vgl. Abb. 3.11). Man beläßt danach die Probe so lange bei der betreffenden Temperatur, bis die Konzentration der in der Probe verbliebenen Radikale konstant bleibt. Später wird weiter erwärmt, was weiteren Radikalen die Rekombination ermöglicht, und wieder wird gewartet, bis die Radikalkonzentration einen konstanten Wert annimmt. Diese Meßprozedur läßt sich im Prinzip bei beliebig großen Temperaturschritten durchführen.

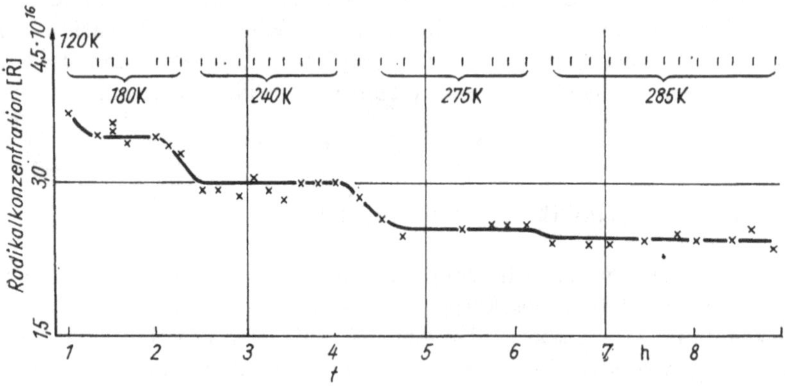

Abb. 3.11. Abhängigkeit der Radikalkonzentration von der Temperatur und der Lagerungsdauer bei Hart-PVC unter Sauerstoffausschluß. Bestrahlung bei 77 K mit 30 kV-Röntgenstrahlung

Die Untersuchungen ergeben, daß die Radikalkonzentration bei 140 K noch die gleiche wie bei 77 K ist, während bei 180 K ein merklicher Konzentrationsabfall beobachtet wird. Bei weiterer Erwärmung, in diesem Falle ist die Temperatur auf 240 K erhöht worden, setzt wieder Rekombination ein, die zu einer konstanten Radikalkonzentration von ca. $3 \cdot 10^{16}$ Spins führt. Im Temperaturbereich von 170 K bis Zimmertemperatur ist bei PVC der geschilderte Grundeffekt, d. h. der stufenartige Radikalabbau, wie in Abbildung 3.11 dargestellt, unabhängig von der Größe der Temperaturschritte beobachtet worden. Abhängig von der erreichten Temperatur ist nur die Anzahl der noch nicht rekombinierten Radikale.

Diese Art des stufenweisen Radikalabbaues ist auch bei verschiedenen anderen Stoffsystemen, darunter in Polyethylen, Polytetrafluorethylen und Polytrifluorchlorethylen [3.41] beobachtet worden. Diese Eigenschaft rührt primär von der Morphologie der polymeren Matrix her, in der die Radikale eingebettet sind, und hängt von der molekularen Beweglichkeit in der Umgebung der Radikalstelle ab. Daneben spielt noch die Abstandsverteilung der Radikale eine Rolle.

Bei Bestrahlung teilkristalliner organischer Verbindungen mit γ- oder Röntgenstrahlung kann angenommen werden, daß die Radikale unabhängig vom Ordnungsgrad der Mikrobereiche etwa gleichmäßig in der gesamten Probe mit im allgemeinen statistisch zufälligen Abstandsverteilungen gebildet werden. Abweichungen bezüglich der Abstandsverteilung sind allerdings insofern zu erwarten, als entsprechend verschiedener Radikalbildungsmechanismen bevorzugt pro Strahlenquant zwei Radikale in relativ enger Nachbarschaft gebildet werden. Dies führt zur Entstehung von Radikalpaaren (s. 3.2.1.3. und Reaktionsgleichungen (1) bis (3)). Abhängig vom Ordnungsgrad in den Mikrobereichen, in denen sich die Radikale befinden, sind unterschiedlich hohe Energien erforderlich, um die Annäherung der Reaktionspartner zu aktivieren.

Im PVC ist bis ca. 140 K die Matrix als nahezu starr anzusehen, so daß sich fast keine Radikale über Schwingungsbewegungen oder Migration auf den Reaktionsabstand annähern können.[1] Temperaturerhöhung auf etwa 180 K führt zunächst zur Rekombination der Radikale, die sich bei geringstem Abstand in den aufgelockertsten Bereichen (denen flachste Potentialmulden entsprechen) befunden haben. Das Konstantbleiben der Radikalkonzentration trotz längerer Lagerungsdauer bedeutet: Alle anderen Radikale erfordern höhere Aktivierungsenergien und können erst bei weiterer Erwärmung rekombinieren (s. 3.3.2.).

[1] In diesem Temperaturbereich wird die relativ kleine Zahl der rekombinierenden Radikale durch die thermisch stimulierte Neubildung von Radikalen ausgeglichen.

3.3.1.2. Stufenweise Erwärmung bei konstanter Lagerdauer

Abbildung 3.12 zeigt Meßergebnisse, die an drei verschiedenen Polyethylenen nach Einwirken von ^{60}Co-γ-Strahlen mittels EPR erzielt worden sind [3.42]. Die Messungen wurden bei 77 K nach zwischenzeitlicher Lagerung bei variabler Temperatur unter Sauerstoffausschluß durchgeführt. Die Lagertemperatur wurde in Stufen von etwa 10 K erhöht, wobei die Proben jeweils 10 Minuten bei der betreffenden Temperatur gehalten wurden. Die Radikalkonzentration $c(T)$ wurde durch Vergleich mit einer Rubinprobe vermittels doppelter Integration der EPR-Signale bestimmt.

In der Abbildung sind für jede der Polyethylenproben mehrere Temperaturbereiche, in denen der Radikalabfall besonders stark ist, dargestellt. Die Temperaturlage dieser Stufen unterscheidet sich von Probe zu Probe. Ähnliche Ergebnisse sind von EPR-Untersuchungen an anderen Polethylenen z.B. durch Veröffentlichungen von Fujimara und Mitarbeitern [3.07] sowie von Nara u. a. [3.14] bekannt. Letztere führen den im Temperaturbereich von 120 K bis 150 K beobachtbaren Konzentrationsabfall auf die Rekombination von Alkylradikalen die in amorphen Bereichen eingelagert sind, zurück. Fujimara u. a. [3.07] fanden, daß weder die Anzahl der rekombinierenden Radikale noch die Temperaturlage der ersten Abfallstufe mit der Höhe des amorphen Anteils oder mit der Kristallitgröße korrelierten. Sie ordneten die erste Radikalabfallstufe der Rekombination von Radikalpaaren zu. Als zusätzliches Argument führten sie an, daß sich bei ihren EPR-Messungen in diesem Temperaturbereich nur die Intensität des diffusen 6-Linien-Spektrums, das sie allein auf Radikalpaare zurückführen [3.07], verringert. Diese Argumentation kann von uns nicht voll unterstützt werden, da in Übereinstimmung mit Shimada [3.06] (vgl. 3.2.1.2.) auch isolierte

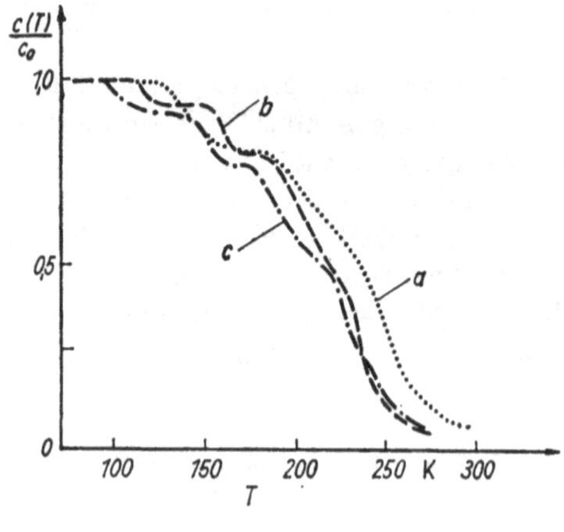

Abb. 3.12. Abhängigkeit der normierten Radikalkonzentration bei Erwärmung in äquidistanten Temperaturschritten und konstanter Lagerdauer von 10 min für drei verschiedene Polyethylene. Bestrahlung bei 77 K mit γ-Strahlen bis zu $2 \cdot 10^9$ Gy; a) ein PEHD, b) und c) zwei verschiedene PEND

Alkylradikale des nichtkristallinen Bereiches zum diffusen Sextettspektrum beitragen.

Der im Temperaturbereich von etwa 180 K bis 200 K beobachtete Konzentrationsabfall korreliert mit dem Einsetzen der γ-Relaxation, wobei eine erstaunlich gute Übereinstimmung zwischen der aus BNMR-Messungen für diesen Relaxationsprozeß bestimmten Aktivierungsenergie (von 39 kJ mol^{-1}) und der zur Radikalrekombination in diesem Temperaturbereich notwendigen gefunden wurde [3.07, 3.14]. Da der γ-Relaxationsprozeß auf Bewegungen im amorphen Bereich und in Defektstellen der Kristallitoberflächen zurückgeführt wird, ist auch der in diesem Temperaturintervall zu beobachtende Radikalabfall auf Rekombination von Radikalen in intermediären und amorphen Bereichen von daher zu erklären.

Der etwa bei 230 K einsetzende Rekombinationsprozeß betrifft Radikale, die im Inneren von Kristalliten eingeschlossen waren oder die durch Umwandlung in Allylradikale zu ihrer Rekombination eine höhere Aktivierungsenergie erfordern.

Damit zeichnet sich eine enge Verflechtung zwischen Morphologie, molekularer Beweglichkeit und Radikalrekombination ab. Werden dazu noch die in den einzelnen Temperaturbereichen beobachtbaren Veränderungen in Spektrengestalt, Linienform und -breite ausgewertet, kann über Untersuchungen zum Rekombinationsprozeß in beachtlichem Maße zum tieferen Verständnis des stark temperaturabhängigen Eigenschaftsbildes der makromolekularen Werkstoffe beigetragen werden.

3.3.2. Theoretische Behandlung der Radikalrekombination

Da die Kinetik der im Polymerfestkörper ablaufenden Reaktionen auch direkte Bedeutung für gezielte Modifizierungsreaktionen und die Verhinderung unerwünscht spontan ablaufender Reaktionen hat, erscheint es notwendig, sich genauer der Kinetik und dazu geeigneter theoretischer Behandlungsmethoden zu widmen.

Wie allgemein in diesem Buch, so wollen wir auch die theoretische Behandlung der Kinetik im Polymerfestkörper an Hand eines Beispieles skizzieren. Wir werden uns insbesondere auf Modelle und Behandlungsmethoden beschränken, die entweder im Zusammenhang mit Untersuchungen an Polyethylenen entwickelt wurden oder zumindest dafür Bedeutung haben. Dieses Stoffsystem diente bereits in anderen Abschnitten dieses Kapitels als Beispiel für die Erläuterung der Aussagekraft der EPR, so daß es hier nicht notwendig ist, viele stoffspezifische Details nachzutragen. Über Polyethylen liegen für einen weiten Temperaturbereich EPR-Ergebnisse vor [3.01 bis 3.15, 3.28 bis 3.35, 3.42 bis 3.46].

DOLE und Mitarbeiter [3.44] untersuchten unter anderem den Rekombinationsprozeß von Alkyl- und Allylradikalen in γ-bestrahltem PE, insbesondere bei Zimmertemperatur und darüber. Sie konnten ihre experimentellen Ergebnisse mit zwei unterschiedlichen kinetischen Konstanten interpretieren, die einem schnellen und einem langsamen Radikalabfall entsprechen. Unter ihren Bedingungen erfolgte der Abbau (bzw. die Umwandlung) der Alkylradikale nach Reaktionen erster Ordnung, während die Allylradikale nach Reaktionen zweiter Ordnung rekombinieren. Meistens sind die Verhältnisse jedoch nicht so einfach, so daß wahrscheinlich kompliziertere Modelle unumgänglich sind.

KRYSZEWSKI und Mitarbeiter [3.45] schlagen ein für einen weiten Temperaturbereich geltendes kinetisches Modell für den diffusionskontrollierten Radikalabbau in zweiphasigen, hochkristallinen Polyolefinen vor. Die Analyse der kinetischen Meßergebnisse wird auf der Basis eines strukturellen Einheitsmodells vorgenommen, in welches Strukturparameter des makroskopischen Systems einbezogen werden.

Ein ähnliches Modell ist von SHIMADA u. a. [3.46] entwickelt worden. Die Autoren analysierten die Meßdaten des Radikalabfalles auf der Basis einer Theorie dreidimensionaler diffusionskontrollierter Reaktionen. Sie belegten, daß das Reaktionsverhalten von Alkylradikalen, die in der lamellaren Oberflächenschicht lokalisiert sind, sich stark von dem im Inneren von Kristalliten eingeschlossenen unterscheidet.

Fast alle bisher entwickelten Varianten für die theoretische Behandlung der Kinetik des Radikalabbaues in Polymerfestkörpern erfordern stark vereinfachende Annahmen bezüglich der Struktur und der Umgebung der Radikale oder in bezug auf die Ordnung der chemischen Reaktionen.

Keine derartigen Einschränkungen oder Voraussetzungen verlangt der von LEBEDEW [3.47] vorgeschlagene Weg der theoretischen Behandlung. LEBEDEW diskutiert den Radikalabbau in partiell-kristallinen Polymeren vom Standpunkt der freien Aktivierungsenergie, wobei er auch bei Radikalen gleicher chemischer Struktur eine breite Verteilung der Geschwindigkeitskonstanten berücksichtigt. Obwohl er eine *konstante Verteilung der freien Aktivierungsenergie* voraussetzte, war es ihm möglich, viele experimentelle Ergebnisse gut zu beschreiben. Solch einer Interpretation entspricht ein linearer Abfall der Radikalkonzentration mit Temperaturerhöhung, wenn bei jeder Temperatur eine gleich große Lagerzeit gewählt wird. Wie z.B. aus Abbildung 3.12 hervorgeht, trifft dies bei Polyethylenen nur auf einzelne Temperaturbereiche zu.

WÜNSCHE u. a. [3.42] schlagen deshalb vor, den Abfall in Polyethylenen und anderen, ähnliche kinetische Eigenschaften zeigenden Polymeren vom Standpunkt einer *kontinuierlichen*, aber *nicht konstanten Verteilungsfunktion der reagierenden Radikale über die freie Aktivierungsenergie* zu diskutieren, wobei die von WÜNSCHE angegebene Methode gestattet, die Verteilungsfunktion experimentell zu bestimmen. Mit den so bestimmten Verteilungsfunktionen heben sich — wie Abbildung 3.14 zeigt — die physikalisch und chemisch interessanten Temperaturbereiche deutlicher als in den Originalmeßkurven (vom Typ der Abb. 3.12) heraus, und die Unterscheidung zwischen verschiedenen Polyethylenen wird erleichtert.

Im folgenden wird dieses Modell [3.42], ausgehend vom Konzentrationsabfall der Alkylradikale (entsprechend den Radikalgleichungen (4) bis (6)), vorgestellt. Diese Behandlungsmethode ist jedoch auch für die Diskussion von Reaktionen anderer Radikale, z.B. der von Allylradikalen, geeignet.

Für die Radikalrekombination von Alkylradikalen nach den Reaktionsgleichungen (4) und (5) wie auch für das Rekombinieren von Alkyl- mit Allylradikalen z.B. entsprechend

$$\begin{aligned}&-CH_2-\dot{C}H-CH_2-CH_2-\dot{C}H-CH=CH-CH_2- \Rightarrow\\ &-CH_2-CH_2-CH_2-CH_2-CH=CH-CH=CH-CH_2-\end{aligned} \tag{27}$$

gilt die kinetische Grundgleichung bimolekularer Reaktionen:

$$\frac{d[R\cdot]}{dt} = k\,[R\cdot]^2\,. \tag{3.19}$$

Im Polymerfestkörper basiert jede Radikalreaktion und damit auch die Radikalrekombination normalerweise auf zwei sich stark voneinander unterscheidenden Teilprozessen:

1. auf der relativ langsamen Annäherung der Radikale bis zum Reaktionsabstand mit k_m (insbesondere durch intra- und intermolekulare H-Atom-Migration, d. h. durch Radikalstellenwanderung, die einem Diffusionsprozeß gleicht und die durch im Polymeren infolge der Reaktion (3) vorhandene H_2-Moleküle entsprechend

   $$\dot{R} + H_2 + R'H' \Rightarrow RH + HH' + \dot{R}' \tag{28}$$

   beschleunigt wird) und
2. auf der schnellen Reaktion bzw. Rekombination der im aktivierten Volumen im Reaktionsabstand befindlichen Reaktanten mit k_c.

Damit ergibt sich für k:

$$\frac{1}{k} = \frac{1}{k_m} + \frac{1}{k_c}\,. \tag{3.20}$$

Da im allgemeinen $k_c \gg k_m$ ist, gilt $k \approx k_m$, d. h., der Annäherungsprozeß ist der geschwindigkeitsbestimmende Teilprozeß und wird deshalb diskutiert.

Aus der Tatsache, daß die Radikale sich in unterschiedlichen morphologischen Bereichen befinden, die Reaktionspartner unterschiedliche Abstände voneinander haben und sich zum Teil noch hinsichtlich ihrer sterischen und elektronischen Struktur unterscheiden, wird deutlich, daß wir es in Wirklichkeit nicht mit *einer* Reaktionskonstanten k, sondern mit einer breiten Verteilung der Geschwindigkeitskonstanten zu tun haben, d. h. mit einem Ensemble von Radikalen, deren Geschwindigkeitskonstanten zwischen k_{min} und k_{max} liegen.

Nach LEBEDEW [3.45] gilt für die Zeit- und Temperaturabhängigkeit der Radikalkonzentration c:

$$c(t, T) = c_0 \int_{k_{max}}^{k_{min}} f(kt)\, W(k)\, \mathrm{d}k\,. \tag{3.21}$$

c_0 ist die summarische Ausgangskonzentration an Alkyl- und Allylradikalen, die z.B. durch Bestrahlung bei 77 K durch γ-Strahlung erzeugt worden ist, $f(kt)$ ist der Anteil der Radikale mit der Reaktionskonstanten k, der zum Zeitpunkt t noch nicht reagiert hat. Das $W(k)$ gibt an, mit welcher Wahrscheinlichkeit Radikale mit bestimmten Geschwindigkeitskonstanten k auftreten.

Den Zusammenhang zwischen der Reaktionskonstanten k und der für die Aktivierung der Radikalreaktion erforderlichen freien Energie F kann man in Übereinstimmung mit [3.42, 3.47] in folgender Weise formulieren:

$$k = \nu_0 \exp\left(-\frac{F}{RT}\right). \tag{3.22}$$

Daraus folgt

$$F = RT \ln \frac{\nu_0}{k} \tag{3.23}$$

und

$$F = RT(\ln \nu_0 t - \ln kt)\,. \tag{3.24}$$

In (3.22) bis (3.24) verkörpern ν_0 eine in erster Näherung temperaturunabhängige Stoßfrequenz, F die freie Aktivierungsenergie, R die allgemeine Gaskonstante und T die absolute Temperatur.

Mit (3.22) läßt sich (3.21) in folgender Form aufschreiben:

$$c(t, T) = c_0 \int_{F_{min}}^{F_{max}} f\left(\nu_0 t \exp\left(-\frac{F}{RT}\right)\right) W(F)\, \mathrm{d}F\,, \tag{3.25}$$

wobei $W(F)$ die normierte Verteilungsfunktion der Radikale in Abhängigkeit von der freien Aktivierungsenergie $F(T)$ darstellt. Bezeichnen wir mit T_{min} diejenige Temperatur, bei der der Radikalrekombinationsprozeß einsetzt, so ist F_{min} die zugehörige Aktivierungsenergie, für die nach (3.23) gilt:

$$F_{min} = RT_{min} \ln \frac{\nu_0}{k} . \tag{3.26}$$

Für $t = 1/\nu_0$ läßt sich (3.26) auch aus (3.24) ermitteln.

Da die Radikalreaktionen nur bei $F \geqq F_{min}$ bzw. bei $(T - T_{min}) \geqq 0$ möglich sind, wollen wir dies auch bei der Lösung von (3.25) ausnutzen. Subtrahieren wir (3.26) von (3.23), so ergibt sich für die Randbedingung $kt = 1$ die freie Energie in der dazu geeigneten Form:

$$F = R(T - T_{min}) \ln \nu_0 t + F_{min} . \tag{3.27}$$

Ausgehend von der Tatsache, daß sich im Bereich $F > F_{min}$ bei Erhöhung der freien Energie durch Erwärmen um ΔT die Konzentration der Radikale einer bestimmten Geschwindigkeitskonstanten bereits sehr schnell abfällt, ersetzten Lebedew [3.47] und Wünsche [3.42] die Funktion f der Beziehung (3.25] durch eine Sprungfunktion bei $kt = 1$, wodurch sich diese Beziehung zu

$$c(t, T) = c_0 \int_{F_{min}}^{F_{max}} W(F) \, dF \tag{3.28}$$

vereinfacht.

Unter Einbeziehung von (3.27) wird in der gleichen Arbeit für die Temperatur- und Zeitabhängigkeit der Radikalkonzentration die Relation

$$c(t, T) = c_0[1 - W(F) \, R(T - T_{min}) \ln \nu_0 t] \tag{3.29}$$

abgeleitet.

Diese Beziehung beschreibt im allgemeinen nicht nur den Abfall eines Radikaltyps. Bereits im Zusammenhang mit der Erläuterung der Reaktion [3.21] ist vermerkt worden, daß c_0 sowohl die Anfangskonzentration der Alkyl- als auch die der Allylradikale umfaßt. Im Falle des bei 77 K bestrahlten Polyethylens besteht c_0 allerdings fast ausschließlich aus Alkylradikalen, und auch die Ausgangsverteilungsfunktion

$$W_0(F) = W_{0k}(F) + W_{0l}(F) \qquad (3.30$$

ist hauptsächlich die der Alkylradikale $W_{0k}(F)$. Die bei Temperaturerhöhung ab $F \geqq F_{min}$ einsetzende Radikalrekombination drückt sich anfangs fast ausschließlich in $W_{0k}(F)$ aus; denn für die Aktivierung von Allylradikalreaktionen ist eine wesentlich höhere freie Energie F erforderlich. Bei den Allylradikalen ist das ungepaarte Elektron bis zu einem gewissen Grade in das π-Elektronensystem der Doppelbindung mit einbezogen, wodurch es (im Vergleich zu Alkylradikalen) eine höhere Stabilität bzw. geringere Reaktivität besitzt. Während ein Teil der Alkylradikale durch Rekombination nach (4) und (5) verschwindet, wandeln sich andere durch Reaktion mit Doppelbindungen nach Reaktionsgleichung (6) in Allylradikale um (vgl. 3.2.1.1.).

Unter diesen Bedingungen hat $W(F)$ in der Beziehung (3.29) die Form

$$W(F) = W_{0k}(F) - W_{ku}(F) + W_{0l}(F) + W_{ul}(F)\,. \tag{3.31}$$

Dabei bezeichnet $W_{0k}(F)$ den Anteil der Alkylradikale, der zwischen F und $F + \mathrm{d}F$ rekombiniert, während $W_{ku}(F)$ den sich durch Reaktion mit Doppelbindungen im gleichen Energieintervall in Allylradikale umwandelnden Anteil der Alkylradikale angibt. $W_{0l}(F)$ und $W_{ul}(F)$ nennen den Anteil der zwischen F und $\mathrm{d}F$ verschwindenden Allylradikale, wobei $W_{0l}(F)$ die durch γ-Strahlen bei 77 K erzeugten und W_{ul} die durch Umwandlungsreaktionen aus Alkylradikalen entstandenen Allylradikale bezeichnet.

Im allgemeinen setzen die Umwandlungen von Alkyl- in Allylradikale bei niedrigeren Aktivierungsenergien F ein als die Reaktionen, die zum Abbau der Allylradikale führen. Jedoch gilt stets

$$\int_{F_{\min}}^{F_{\max}} W_{ku}(F)\,\mathrm{d}F = \int_{F_{\min}}^{F_{\max}} W_{ul}(F)\,\mathrm{d}F\,. \tag{3.32}$$

Den Zusammenhang und die Unterschiede zwischen $W_0(F)$ nach Beziehung (3.30) und $W(F)$ nach Beziehung (3.31) sowie zwischen $W_{ku}(F)$ und $W_{ul}(F)$ veranschaulicht Abbildung 3.13.

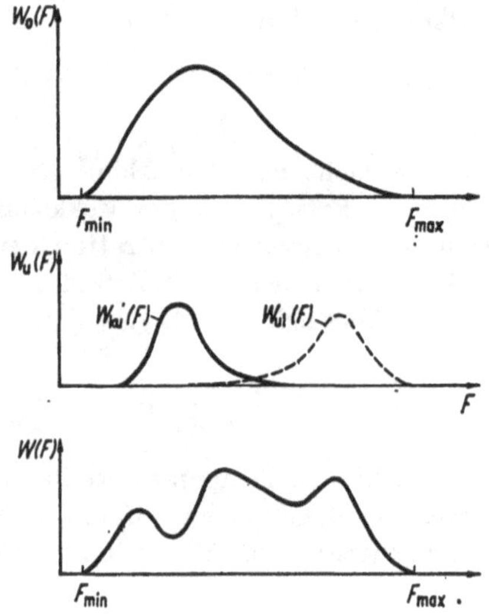

Abb. 3.13. Einfluß der Anfangsverteilung $W_0(F)$ und der Verteilungsfunktionen $W_u(F)$ auf die Gesamtverteilungsfunktion $W(F)$ in schematischer Darstellung. $W_{ku}(F)$ ist die Verteilungsfunktion der sich in Allylradikale umwandelnden Alkylradikale, die durch Umwandlungsreaktionen aus Alkylradikalen entstanden waren

Um dieses Interpretationsmodell für die Diskussion realer Polymerproben nutzen zu können, ist es notwendig, die Verteilungsfunktion $W(F)$ aus den experimentellen Ergebnissen zu bestimmen. Dies ist bei Vernachlässigung thermisch gebildeter Radikale relativ leicht möglich, wenn man — wie dies für Abbildung 3.12 geschehen ist — die Konzentration der Radikale bei vorgegebener Lagerdauer als Funktion der Temperatur mißt. Nach WÜNSCHE u. a. [3.40] kann man, ausgehend von Relation (3.29), die Verteilungsfunktion $W(F)$ der freien Aktivierungsenergie als Funktion der Temperaturdifferenz $T - T_{\min}$ durch Differentiation der relativen Radikalkonzentration in den einzelnen Temperaturbereichen bestimmen. Ergebnisse dieser Behandlungsmethode zeigt Abbildung 3.14.

Die genaue Kenntnis des konstanten Vorfaktors $\mathrm{R} \ln \nu_0 t$ in Gleichung (3.29) ist hierzu nicht erforderlich, da die Verteilungsfunktion $W(F)$ die Normierungsbedingung

$$\int_{F_{\min}}^{F_{\max}} W(F)\, \mathrm{d}F = 1 \tag{3.33}$$

erfüllen muß. Aussagen über die Verteilungsfunktionen $W_k(F)$ und $W_l(F)$ können getroffen werden, wenn man aus der EPR-Signalform die Anteile der Alkyl- und Allylradikale zum Gesamtspektrum getrennt bestimmt und

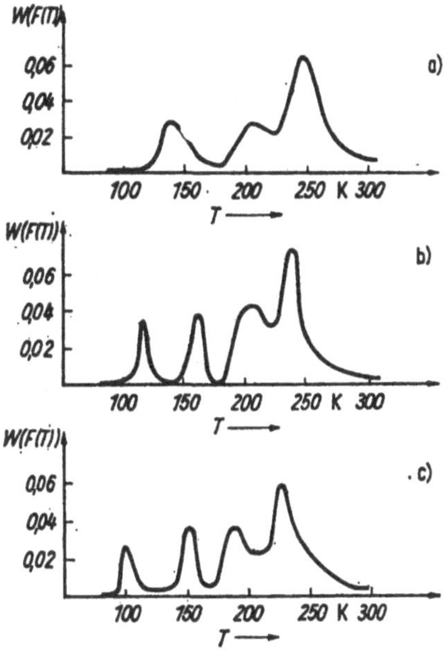

Abb. 3.14. Verteilungsfunktionen $W(F(T))$ für die in Abbildung 3.12 dargestellten Radikalkonzentrationsabfallkurven, a) für ein PEHD, b) und c) für zwei verschiedene PEND

auch einzeln deren Konzentrationsabfall mißt, was jedoch selbst bei hohem experimentellen Aufwand nur mit relativ großem Fehler möglich ist.

Abbildung 3.14 macht deutlich, daß die Verteilungsfunktion $W(F(T))$ die physikalisch und chemisch besonders interessanten Temperaturbereiche klarer heraushebt als dies bei den in Abbildung 3.12 dargestellten Originalmeßkurven $c(t, T)/c_0$ der Fall ist.

In den Diagrammen b) und c) der Abbildung 3.14 ist das im Bereich von 100 K bis 120 K auftretende Maximum in der Verteilungsfunktion auf die Rekombination von Radikalpaaren zurückzuführen, d. h. von Radikalen, die sich von Anfang an in enger Nachbarschaft befunden haben. Es sind in den Teilabbildungen 3.14b) und c) Ergebnisse wiedergegeben, die an Polyethylenen niederer Dichte (PEND) erzielt worden sind. Das bei etwa 150 K in diesen Diagrammen auftretende Maximum wird auf die Rekombination einer großen Anzahl von in amorphen Bereichen befindlichen Alkylradikalen zurückgeführt, die nach längerer Migration einen Reaktionspartner gefunden haben. Im PEHD (Abb. 3.14a)) erfordert auch die Rekombination primär gebildeter Radikalpaare eine höhere Aktivierungsenergie, so daß in diesem hochkristallinen Material die bisher diskutierten Teilprozesse in einem engeren, sich stark überlappenden Temperaturbereich stattfinden.

Im Tieftemperaturbereich (von 77 K bis ca. 200 K) werden in bestrahlten Polyethylenen die Radikalabbauprozesse überlagert von der thermisch stimulierten Neubildung von Alkylradikalen [3.55]. Diese wird von Elektronen ausgelöst, die bei 77 K nach Reaktionsweg (1a) gebildet und anschließend matrixstabilisiert werden. Mit Temperaturerhöhung können die Elektronen nach und nach ihre Trap-Positionen verlassen und über Reaktionsweg (2) Radikale oder Radikalpaare bilden. Bei der Rekombination von Elektronen mit Ionen wird ein Teil der überschüssigen Energie als Radiothermolumineszenz [3.53] abgestrahlt.

Das oberhalb 180 K beobachtbare Maximum in der Verteilungsfunktion $W(F(T))$ wird übereinstimmend mit Fujimara, Nura und Wünsche [3.07, 14, 15] der durch den β-Relaxationsprozeß geförderten Rekombination von Radikalen, die sich in kristallinen und intermediären Bereichen befinden, zugeordnet. Während jedoch im Tieftemperaturbereich der Abbau von Alkylradikalen durch Reaktionen mit Allylradikalen (nach Reaktionsgleichung (27)) vernachlässigt werden kann, gewinnen diese Abbruchreaktionen bei Temperaturen nahe und oberhalb 200 K an Bedeutung. Sie erfordern höhere Aktivierungsenergien als die reine Alkylradikalrekombination (nach Reaktionsgleichungen (4) und (5)). Oberhalb 220 K wird die Spektrengestalt bereits im starken Maße durch das Spektrum der Allylradikale bestimmt. Zu deren (gegenseitiger) Rekombination sind besonders hohe Aktivierungsenergien notwendig, so daß im Polyethylen ein Teil von ihnen selbst bei Zimmertemperatur Lebensdauern von $\tau > 10$ min haben kann. (Wieviel Energie zur Aktivierung der Rekombinationsreaktionen erforderlich ist, hängt — wie bereits vermerkt — bei in Festkörpern eingeschlossenen Radikalen stets sowohl von der chemischen und elektronischen Molekülstruktur der Spezies als auch von der Nahordnung in der morphologischen Umgebung der Radikalstelle und den Entfernungen zu potentiellen Reaktionspartnern ab.) Aus diesen Gründen wird das letzte Maximum in der Funktion $W(F(T))$ auf die Rekombination von im Inneren von Kristalliten gebildeten Alkylradikalen und auf die Rekombination von in amorphen Bereichen befindlichen Allylradikalen zurückzuführen sein. Ein beachtlicher Teil der in diesem Bereich rekombinierenden Alkylradikale ist entsprechend dem oben diskutierten Modell durch Radikalumwandlungsreaktionen aus primär gebildeten Alkylradikalen hervorgegangen.

3.4. EPR-Untersuchungen zur molekularen Beweglichkeit

3.4.1. Untersuchungen an radiolytisch gebildeten Radikalen

Als Beispiel für die Widerspiegelung von Bewegungseffekten in Spektren von Radikalen, die in Polymeren durch Strahlung oder mechanische Überbelastung entstehen, sollen Messungen an bestrahlten Polyoxymethylenen dienen.

In diesem System sind nach [3.48] hauptsächlich die folgenden Abbauradikale zu erwarten:

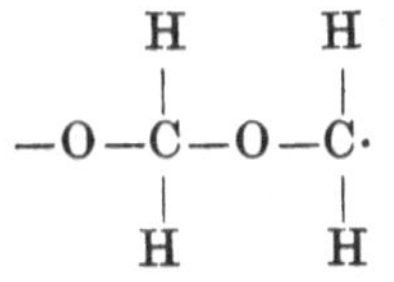

Radikal A

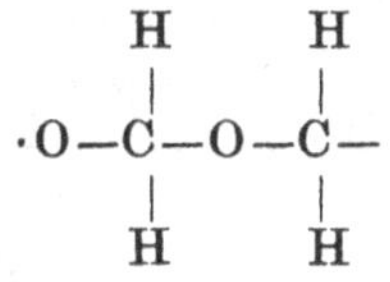

Radikal B

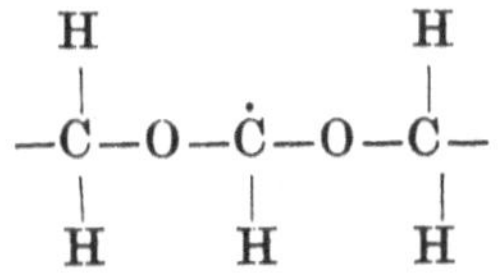

Radikal C

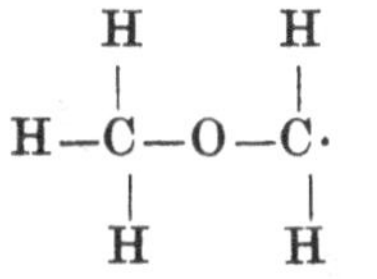

Radikal D

Messungen an bei 200 K bestrahlten Proben ergaben je nach Meßtemperatur die in Abbildung 3.15 wiedergegebenen Spektren, wobei sich das bei 273 K registrierte Spektrum durch eine besonders gut aufgelöste Hyperfeinstruktur

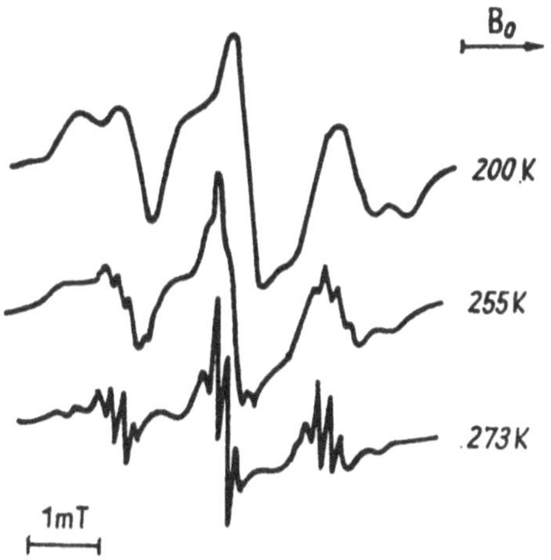

Abb. 3.15. EPR-Spektren von bei 200 K mit 30 kV-Röntgenstrahlung bestrahltem Polyoxymethylen. Die Temperaturangaben beziehen sich auf die Meßtemperaturen

auszeichnet [3.48]. Wollen wir wissen, ob das aussagekräftigere EPR-Spektrum des betrachteten Polymers eine Folge höherer Beweglichkeit oder einer Radikalrekombination ist, so empfiehlt es sich, die Temperaturabhängigkeit in entgegengesetzter Richtung zu untersuchen. Behält es die durch Erwärmung erhaltene Spektrengestalt bei, so dürfte die Rekombination eines kurzlebigen Radikals als erwiesen gelten. Im anderen Falle gilt es gegebenenfalls, noch eine reversible Radikalumwandlung (chemische Reaktion) von den Effekten der Beweglichkeit zu unterscheiden. Bei Polyformaldehyd ergab die erneute Untersuchung bei 200 K, daß die weitere Aufspaltung des Triplettspektrums, die bei Erwärmung beobachtet worden war, hauptsächlich die Folge zunehmender Beweglichkeit ist.

Eine Methode, überlagerte Spektren voneinander zu trennen, besteht darin, diese zu berechnen. Man berechnet die Spektren und addiert sie zueinander mit unterschiedlichen Gewichtsfaktoren, bis das berechnete Spektrum mit dem gemessenen übereinstimmt (Spektrensimulation). In vielen Fällen lohnt

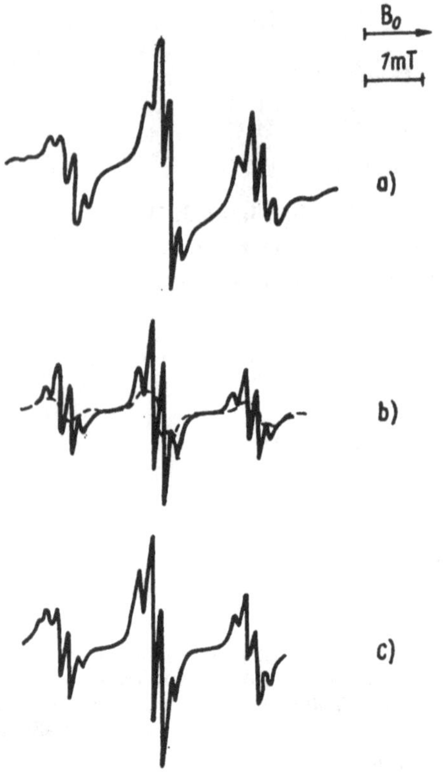

Abb. 3.16. Gemessene und berechnete Spektren des bestrahlten Polyoxymethylen; a) Meßspektrum bei 287 K, b) berechnete Spektren von Radikal A ———, von Radikal D ———, c) Überlagerung der berechneten Spektren der Radikale A und D

sich der Aufwand. So ergab sich z.B. durch Spektrensimulation, daß das in Abbildung 3.16a) wiedergegebene Spektrum des bestrahlten Polyoxymethylens als weitere Aufspaltung des primären Tripletts nicht nur das sofort dem Spektrum zu entnehmende Quartett, sondern noch ein Triplett [3.48] enthält. Abbildung 3.16b) zeigt zwei berechnete Spektren, sie gehören zu den Radikaltypen A und D. Addiert man mittels des Computers die beiden hier gezeigten Signale, so erhält man das in Abbildung 3.16c) wiedergegebene Spektrum.

Das berechnete Spektrum kommt dem bei 257 K aufgenommenen EPR-Signal des bestrahlten Polyformaldehyds bereits nahe. Durch weitere Variation der Gewichtsfaktoren, der Linienbreite, der g-Faktoren und der Aufspaltungskonstanten sowie eventuell unter Einbeziehung weiterer Radikaltypen ist prinzipiell auch bei solchen überlagerten Spektren die vollständige Simulation der Spektren möglich, jedoch bringt eine genauere Simulation selten echten Erkenntnisgewinn.

Die aus Abbildung 3.15 ablesbaren Temperatureinflüsse auf die Linienbreiten sind eine Folge von Veränderungen in den Relaxationszeiten T_2, die ihrerseits von den Korrelationszeiten τ_c bzw. von den Bewegungsfrequenzen in der Nachbarschaft der Radikale abhängen. Die Zusammenhänge zwischen molekularer Beweglichkeit, Linienbreiten, Relaxations- und Korrelationszeiten werden am Beispiel der NMR im Kapitel 6 erläutert. Im Falle bekannter g- und Hyperfeinstrukturtensoren sind auch für EPR die Abhängigkeiten mathematisch formulierbar. Bei vielen Nitroxidradikalen ist dies der Fall.

3.4.2. Bewegungsuntersuchungen mittels Spinsonden- und Spinmarkermethoden

Die Mehrzahl der EPR-Untersuchungen zum Studium der molekularen Beweglichkeit in Polymeren werden mit Hilfe stabiler Radikale ausgeführt. Meistens werden dazu Nitroxidradikale vom Typ

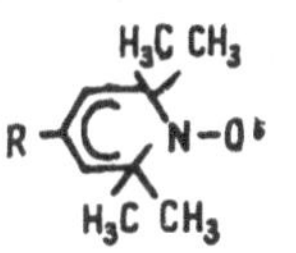

eingesetzt. Daneben wird z.B. Di-tert-Butylennitroxid und Pyrolin

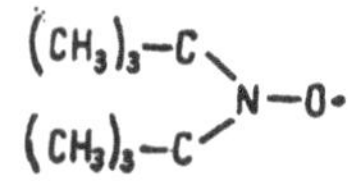

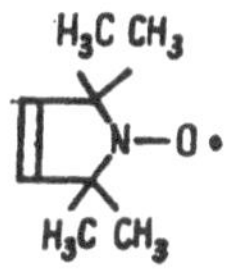

genutzt. Die Nitroxidradikale zeigen in niederviskosen Lösungen oder hochbeweglichen Schmelzen eine vom Stickstoff herrührende Triplettaufspaltung mit gleichen Signalamplituden. Ihre HFS-Kopplungskonstanten a^{N} betragen abhängig vom Rest R und dem Lösungsmittel zwischen 1,4 mT und 1,7 mT. Schränkt man die Beweglichkeit der Nitroxidradikale durch Einbringen in eine Festkörpermatrix oder durch Temperaturerniedrigung ein, so macht sich der Tensorcharakter des g-Faktors und der HFS-Wechselwirkung A bemerkbar. Die Spektren werden, wie dies in Abbildung 3.17 zu sehen ist, durch die Wirkung von $g_{\|}$ und $g_{\perp}$ sowie von $A_{\|}$ und $A_{\perp}$ sowohl in der Lage der Komponenten als auch in den Signalamplituden unsymmetrisch.

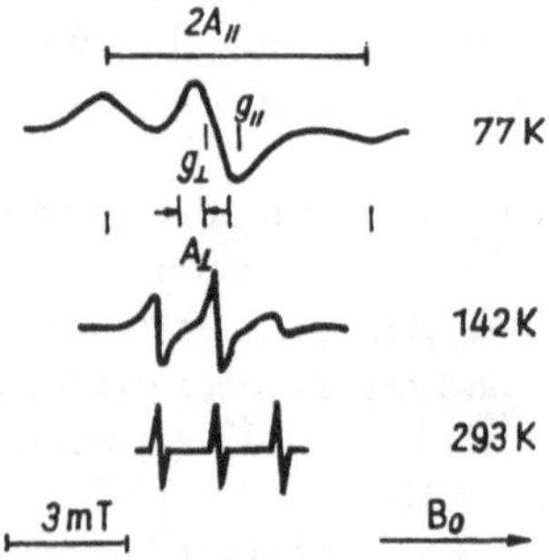

Abb. 3.17

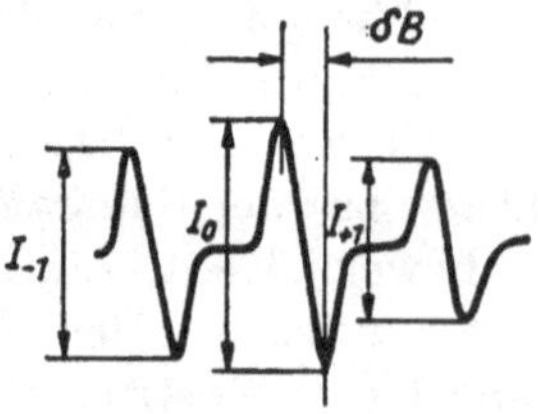

Abb. 3.18

Abb. 3.17. EPR-Spektren von Di-tert-Butylnitroxidradikalen bei unterschiedlichen Meßtemperaturen (nach Ueda und Yashiro [3.49])

Abb. 3.18. Nitroxidradikalspektrum, zur Erläuterung von Symbolen, die in Beziehung (3.34) genutzt werden (nach [3.40])

Wenn das experimentelle Spektrum in der Form dem in Abbildung 3.18 skizzierten ähnelt, kann aus dem Spitze-Spitze-Abstand der Mittellinie δB und den drei Amplituden I_{-1}, I_0 und I_{+1} die mittlere Korrelationszeit für die Rotation der Nitroxidradikale um seine Achsen vermittels der in [3.40] (auf Seite 296) angegebenen beiden Bestimmungsgleichungen ermittelt werden.

Danach gilt für τ_c

$$\begin{aligned} \tau_c &= \delta B \left[\left(\frac{I_0}{I_+} \right)^{1/2} - \left(\frac{I_0}{I_-} \right) \right] C \,, \\ \tau_c &= \delta B \left[\left(\frac{I_0}{I_+} \right)^{1/2} + \left(\frac{I_0}{I_-} \right) \right] C' \,, \end{aligned} \tag{3.34}$$

wobei C und C' charakteristische Parameter der Nitroxidradikale und experimentelle Bedingungen beinhalten.

Oft sind die Verhältnisse komplizierter. Für die Auswertung der Spektren sind deshalb verschiedene Methoden entwickelt worden. Eine Beziehung ähnlich der Relation (3.34) wird für die Rotationskorrelationszeit τ_c in der Arbeit von Deutschbein und Götz [3.50] vorgestellt und für das Studium von Übergangstemperaturen in verschiedenen linearen und räumlich vernetzten Polymeren genutzt.

Die volle Einsatzbreite von Spinsonden- und Spinmarkermethoden wird in Veröffentlichungen von Törmälä, Lindberg u. a. [3.51] demonstriert. In diesen Arbeiten werden auch Vergleiche zu mit mechanischen, dielektrischen und NMR-Methoden ausgeführten Relaxationsuntersuchungen angestellt. Die EPR ist insbesondere zum Studium hochfrequenter Bewegungen im Frequenzbereich zwischen 10^7 Hz und 10^{11} Hz geeignet bzw. zu Glas- oder Phasenübergängen, die auch Auswirkungen auf diesen Frequenzbereich haben.

Werden die stabilen Radikale in die Polymermatrix lediglich eingelagert, was de facto nur in amorphen Bereichen möglich ist, so spricht man von *Spinsonden*technik. Erfolgt die Bindung an die Polymermoleküle durch chemische Bindungen, so nennt man das *Spinmarkierung*. Letztere ist auf Polymere mit funtionellen Gruppen beschränkt, falls man nicht über Mahlprozesse und Trapreaktionen eine chemische Einbindung erzwingt. Den letzten Weg beschritten Sakaguchi und Kashiwabara [3.52].

In den siebziger Jahren sind sehr viele Polymersysteme mittels Spinsonden- und Spinmarkertechnik hinsichtlich Phasenübergängen und Relaxationsverhalten untersucht worden. Dabei hat sich diese EPR-Methode als eine sehr wertvolle Ergänzung zu den traditionellen Meßmethoden erwiesen. Es darf jedoch bei der Interpretation der Ergebnisse nicht außer acht gelassen werden, daß die Spektren der Nitroxidradikale primär nur das Bewegungsverhalten der Sonden oder Marker in Polymermatrixbereiche widerspiegelt, die in ihrer Nahordnung durch das Einbringen der stabilen Radikale gestört sind.

4. Molekülstrukturuntersuchungen mittels hNMR in flüssiger Phase

4.1. Einführung in die Problematik der Mikrostrukturanalyse

Wenn man bei der Polymersynthese (Polymerisation, Polykondensation, Polyaddition) bzw. bei der Modifikation des fertigen Polymers durch chemische Umwandlung eine gezielte Beeinflussung der zu erwartenden Polymereigenschaften vornehmen will, müssen die Zusammenhänge zwischen den chemischen Reaktionen während des Strukturbildungsprozesses, der Struktur der Makromoleküle, der durch intra- und intermolekulare Wechselwirkungen bedingten übermolekularen Struktur sowie den physikalisch-chemischen und anwendungstechnischen Eigenschaften bekannt sein. Ein zentrales Problem stellt dabei die quantitative Charakterisierung der Mikrostruktur der Polymere dar.

Die Kenntnis der Mikrostruktur erlaubt einerseits mittelbar, d. h. nachträglich, tiefere Einblicke in den Mechanismus der während des Strukturbildungsprozesses abgelaufenen Reaktionen und andererseits Voraussagen über zu erwartende Eigenschaften des fertigen Polymers. Sie ist damit gleichzeitig eine notwendige Voraussetzung für das Studium der räumlichen Anordnung langkettiger Moleküle und für die Behandlung molekular-dynamischer Prozesse.

Trotz der großen Erfolge der herkömmlichen *chemischen* Analyse bedarf diese — insbesondere unter dem Blickwinkel der oben genannten Zielstellung — der Ergänzung und Erweiterung durch die *instrumentelle* (physikalische) Analytik, für die die Einbeziehung der maschinellen Rechentechnik bzw. EDV charakteristisch ist. Die Grundlage der instrumentellen Analytik bildet die Messung der Veränderung einer physikalischen Erscheinung durch die zu untersuchende Probe, die der chemischen Analytik besteht in der Messung der Ergebnisse chemischer Reaktionen am untersuchten Stoff [4.001].

Für die Aufklärung der Mikrostruktur von Makromolekülen hat sich neben der traditionellen IR-Spektroskopie (Lichtstreuung, Pyrolysegaschromatographie etc.) die hochauflösende magnetische Kernresonanzspektroskopie (high resolution nuclear magnetic resonance, abgekürzt hNMR) zu einer der wirkungsvollsten Methoden entwickelt, wobei in den letzten Jahren, insbesondere durch den Einsatz der ^{13}C-NMR, weitere Fortschritte gegenüber der ^{1}H-NMR erzielt werden konnten.

In diesem Kapitel wird anhand einiger ausgewählter, instruktiver Beispiele, die vorwiegend aus der eigenen Forschungstätigkeit der Verfasser stammen, ein Einblick in Möglichkeiten, Methodik und Ergebnisse der quantitativen Mikrostrukturanalyse mit hNMR vermittelt. Zum Verständnis der Mikrostrukturanalyse und zur Interpretation der gewonnenen Ergebnisse ist nach der Definition der Mikrostrukturgrundbegriffe zunächst ein Überblick über die Theorie der Copolymerisation nützlich. Zugleich wird damit eine Einführung in die statistische Betrachtungsweise gegeben, die auch in der Theorie polymeranaloger Reaktionen eine wichtige Rolle spielt.

4.2. Grundbegriffe der Mikrostruktur

Unter Mikrostruktur wird im folgenden die Struktur (Art, Anzahl, Reihenfolge, räumliche Anordnung der Atome) eines Makromoleküls verstanden, das die mittleren Merkmale und damit Eigenschaften eines Ensembles isolierter realer Einzelmoleküle repräsentiert. Da sich die Mikrostrukturmerkmale am Einzelmolekül nicht einfach „abzählen" lassen, sondern in der Regel durch Messung an einer sehr großen Anzahl von Molekülen bestimmt werden, sind sie im statistischen Sinne Mittelwerte von Häufigkeitsverteilungen, die von den Bedingungen der Strukturbildung (z. B. Polymerisation oder Polymerumwandlung) abhängen.

Die *Konstitution* (auch als Komposition oder Zusammensetzung bezeichnet) gibt bei linearen oder verzweigten Polymeren die Arten der am Aufbau des Makromoleküls beteiligten Wiederholungseinheiten (Grundbausteine, Strukturelemente) als Molanteile oder in Mol-% an. Hierbei ist zwischen Struktur- und herkunfts(prozeß-)bezogener Betrachtungsweise zu unterscheiden [4.002]. Erstere hat nur die unverwechselbare, eindeutige Beschreibung zum Zwecke der wissenschaftlichen Kommunikation zum Ziel, letztere dagegen gleichzeitig die Verdeutlichung des strukturellen Aufbaus an Hand der beim Herstellungsprozeß eingesetzten Ausgangskomponenten.

Dies sei am Beispiel erläutert: Bei den in diesem Kapitel behandelten Stoffsystemen, die durch Polymerisation bzw. Copolymerisation entstanden sind, werden in Übereinstimmung mit der Literatur als Wiederholungseinheiten die Grundbausteine, d. h. die beim Herstellungsprozeß eingesetzten Monomereinheiten, betrachtet. Das entspricht der herkunftsbezogenen Beschreibung der Mikrostruktur. Die Konstitution gibt dann den Molanteil bzw. die Mol-% der in die Kette eingebauten *chemisch* verschiedenen Monomereinheiten an, wobei z. B. auch Endgruppen oder definierte chemische Unregelmäßigkeiten in der Kette als gesonderte Einheiten in die Konstitutionsangabe einbezogen werden können. Die Angabe der Molanteile *sterisch* unterschiedlicher Verknüpfungsarten (siehe Konfiguration) entspricht in diesem Sinne dagegen einer strukturbezogenen Konstitutionsbeschreibung, da die konfigurativen Eigenschaften des Makromoleküls erst durch die Verknüpfung der Grundbausteine (Monomereinheiten) zustande kommen.

Bei den Produkten polymeranaloger Umwandlungsreaktionen, beispielsweise bei chloriertem Polyethylen oder chloriertem Polyvinylchlorid, ist die Beschreibung der Mikrostruktur in der Monomerbetrachtungsweise unzweckmäßig, da der ursprüngliche

Grundbaustein durch den Chloreinbau grundlegend verändert wird. Bei diesen Stoffsystemen werden daher die Strukturelemente, d. h. C-Atome, die mit 0, 1 oder 2 Chloratomen substituiert sind, anstelle von Grundbausteinen (ursprüngliche Monomereinheiten und durch Chlorierung entstandene „neue“ Monomereinheiten) verwendet. Die Strukturelementebeschreibung läßt sich nachträglich in die Grundbausteinbeschreibung überführen.

Mit *Konfiguration* bezeichnet man allgemein die räumliche Anordnung der Atome oder Atomgruppen um den disymmetrischen, diasterischen oder starren Teil eines Moleküls [4.003]. Bei Polymeren aus Monomereinheiten mit Stereoisomeriezentrum, z. B. bei Vinylpolymeren, bei denen jedes zweite Kohlenstoffatom bzw. Strukturelement ein Asymmetriezentrum ist, versteht man unter Konfiguration die in der Kette realisierte gegenseitige räumliche Anordnung der Grundbausteine (Stellung der Substituenten relativ zur Hauptkette und zueinander). Zwei unterschiedliche stereoisomere Konfigurationen liegen dann vor, wenn sie durch eine einfache Drehung oder Translation der Kette nicht ineinander überführbar sind. Das gilt hier insbesondere für die *isotaktische* (meso) und die *syndiotaktische* (razemische) Verknüpfungsart (Taktizität bzw. Taxie). Aus Abbildung 4.1a) und b) können die Definitionen der stereoisomeren Verknüpfungsarten abgelesen werden. Die Angabe der relativen Häufigkeit der verschiedenen Verknüpfungsarten wird in Molanteilen oder Mol-% vorgenommen. Drei miteinander verknüpfte asymmetrische Monomereinheiten, die eine isotaktische und eine syndiotaktische Verknüpfung einschließen, nennt man *heterotaktisch*. Da hier nur Polymere mit gesättigter Hauptkette betrachtet werden, entfällt die Diskussion der cis- und trans-Isomerie, die bei Dienpolymeren vorkommt.

a) Ausschnitt aus der Kette eines Vinylunipolymeren in Kopf-Schwanz-Verknüpfung

i = *isotaktische Verknüpfung*
s = *syndiotaktische Verknüpfung*
ss = *syndiotaktische Verknüpfungsdiade (Monomertriade)*
is = *heterotaktische Verknüpfungsdiade (Monomertriade)*
usw.

asymmetrische Monomereinheit B (mit Stereoisomeriezentrum)
x = *Substituent*
┼ = ($-CH_2-$)-*Gruppe*
Kettenstück:
~BBBBBBBB~

b) Ausschnitt aus der Kette eines Vinyl-Vinyl-Copolymeren in Kopf-Schwanz-Verknüpfung

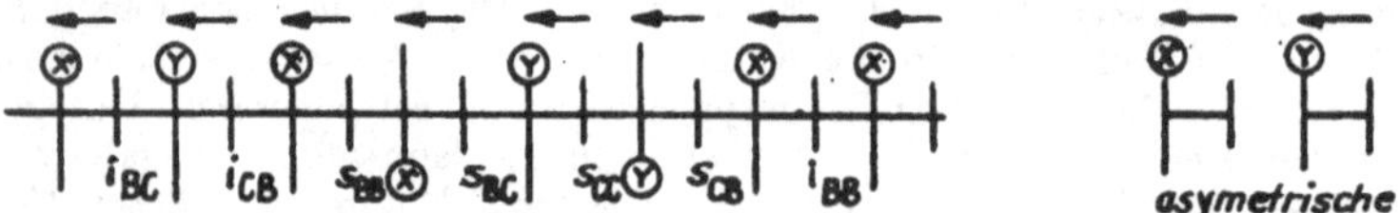

i_{BC} = *co-isotaktische Verknüpfung der Monomereinheiten B und C*
s_{CB} = *co-syndiotaktische Verknüpfung der Monomereinheiten C und B*
s_{BB} = *syndiotaktische Verknüpfung zweier B-Monomereinheiten usw.*

asymetrische Monomereinheiten B, C (mit je 1 Stereoisomeriezentrum)
x, y = *Substituenten*
┼ = ($-CH_2-$)-*Gruppe*
Kettenstück:
~BCBBCCBB~

c) Ausschnitt aus der Kette eines Ethylen-Vinyl-Copolymeren

c1) in Kopf-Schwanz-Verknüpfung

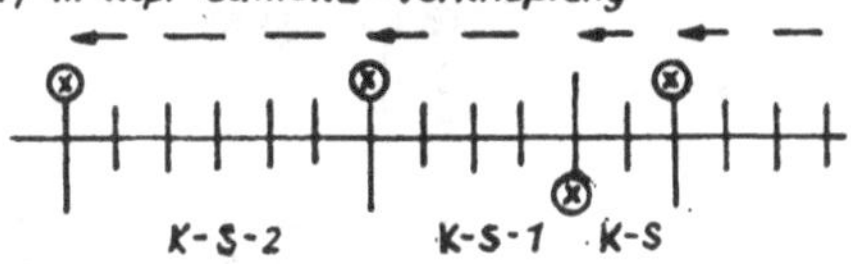

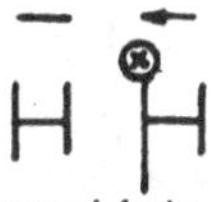

symmetrische ME A
asymmetrische ME B
Kettenstück:
~ BAA BA BBA ~

K-S-2, K-S-1 = Kopf-Schwanz-Verknüpfung mit 2 bzw. 1 dazwischengeschalteten symmetrischen ME
K-S = Kopf-Schwanz-Verknüpfung zweier asymmetrischer ME

c2) mit "verkehrt" eingebauten Vinyleinheiten

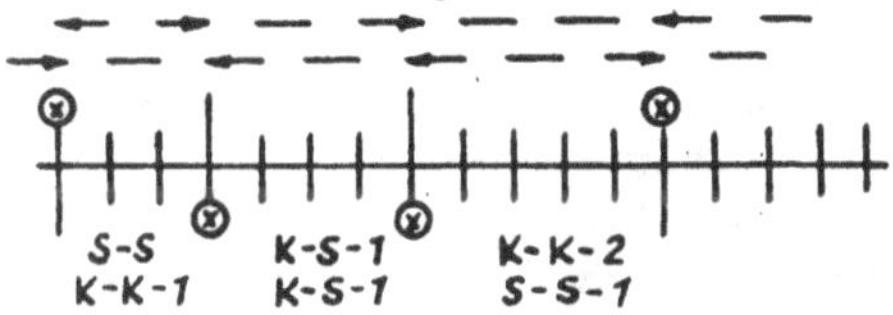

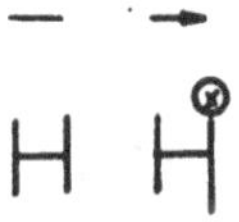

symmetrische ME A
asymmetrische, verkehrt eingebaute ME B) (ME B s. a)*
Kettenstück:
*~ BB*AB*AABA ~*
oder (identische Beschreibung)
*~ B*ABA BAB*A ~*

S-S = Schwanz-Schwanz-Verknüpfung zweier asymmetrischer ME oder
K-K-1 = Kopf-Kopf-Verknüpfung zweier asymmetrischer ME mit 1 zwischengeschalteten symmetrischen ME
K-S-1 = siehe c1) usw.

d) Ausschnitt aus der Kette eines Vinyl-Vinyl-Copolymeren mit „verkehrt" eingebauten Comonomereinheiten

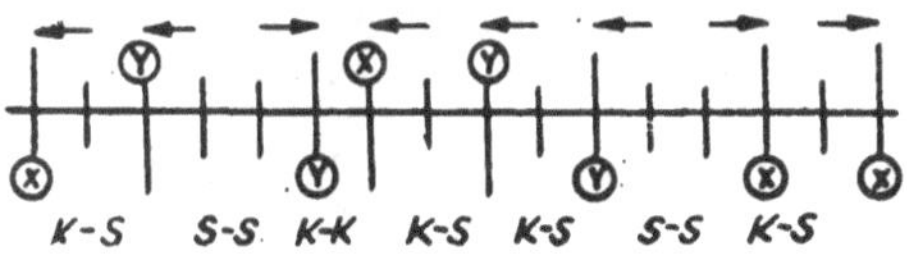

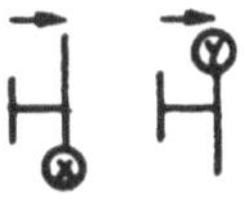

asymmetrische ME B und C siehe b)
asymmetrisch, verkehrt eingebaute ME B) und C*)*
Kettenstück:
*~ BCC*BCCB*B* ~*

K-S = normale Kopf-Schwanz-Verknüpfung zweier asymmetrischer ME
S-S = Schwanz-Schwanz-Verknüpfung
K-K = Kopf-Kopf-Verknüpfung

e) Ausschnitt aus der Kette eines Vinylcopolymeren mit „normal" und „verkehrt" eingebauter dreifach substituierter asymmetrischer Comonomereinheit

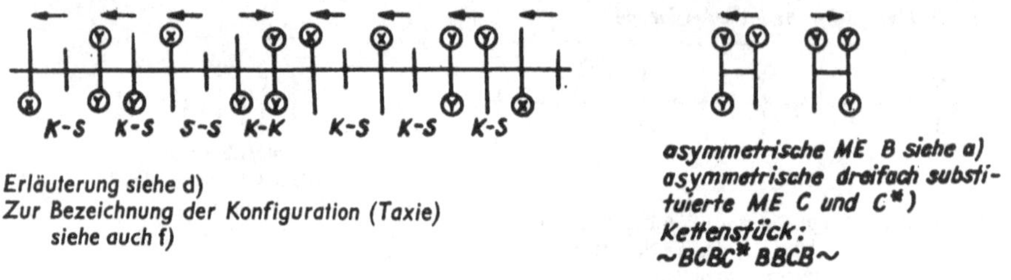

f) Ausschnitte aus der Kette eines ditaktischen Unipolymeren in Kopf-Schwanz-Verknüpfung

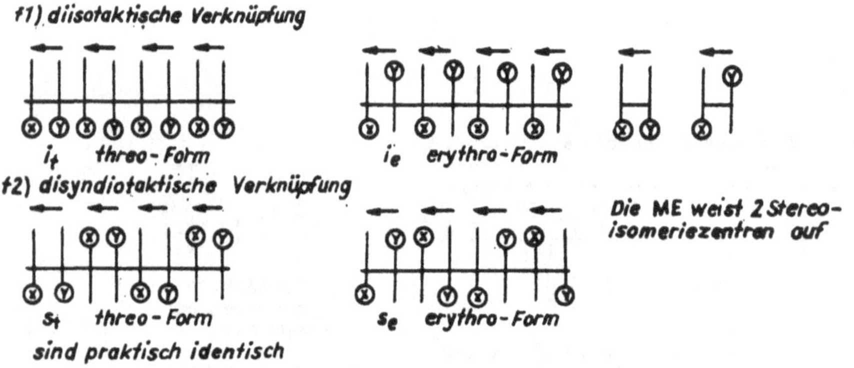

**) idealisierte, schematische Darstellung als planare Zick-Zack-Kette (all-trans-Konformation)*

Abb. 4.1. Zusammenstellung verschiedener stereo- und strukturisomerer Verknüpfungsarten (FISCHER-Projektion)

Unter *Konformation* versteht man die räumlichen Anordnungen des Molekülgerüstes, die durch relative Bewegungen innerhalb des Moleküls zustande kommen, ohne daß Bindungen geöffnet werden, ausgenommen normale Molekülschwingungen [4.003]. Bei kettenförmigen Makromolekülen sind es alle möglichen räumlichen Anordnungen der Strukturelemente des Moleküls, die durch Drehung dieser Elemente um die C-C-Bindung (sp^3) eingenommen werden können. Die thermodynamisch stabilsten Konformationen (mit der jeweils längsten Lebensdauer im Gleichgewicht) werden *Konformere* genannt [4.003].

Bei Polymeren, deren Monomereinheiten aus zwei unterschiedlichen Strukturelementen bestehen, wie es z. B. bei Vinyl- und Vinylideneinheiten der Fall ist, spielt die Reihenfolge der Strukturelemente in der Kette eine Rolle. Diese Struktur- oder Stellungsisomerie wird hier als *relative Orientierung* der zugehörigen Monomereinheiten bezeichnet. Man unterscheidet die sogenannte „Kopf-Schwanz"-Anordnung von den „Kopf-Kopf"- bzw. „Schwanz-Schwanz"-Anordnungen (s. Abb. 4.1c) bis e)). Letztere müssen bei genügend langen Kettenmolekülen in gleicher Anzahl vorhanden sein. Eines der die

Monomereinheit bildenden Strukturelemente wird als Kopf, das andere als Schwanz bezeichnet. Ein Pfeil über der geschriebenen Monomereinheit kann dabei als Kennzeichnung dienen. Er sagt nichts über die Einbaurichtung der Monomereinheit relativ zur Wachstumsrichtung des Polymers beim Polymerisationsprozeß aus. Bei den meisten Polymeren dominiert die Kopf-Schwanz-Anordnung. Unter *verkehrt* (anomal) eingebauten Monomereinheiten versteht man asymmetrische Monomereinheiten, die zwischen symmetrischen oder asymmetrischen Einheiten in umgekehrter Orientierungsrichtung wie die Mehrzahl ihrer asymmetrischen Nachbarn eingebaut sind. Quantitative Angaben erfolgen als Molanteile, bezogen auf alle Einheiten, oder als Mol-%.

Die Kenntnis der Konstitution bzw. Konfiguration sagt noch nichts über die *Verteilung* chemisch unterschiedlicher Wiederholungseinheiten bzw. sterisch unterschiedlicher Verknüpfungsarten aus. Bei gleicher Zusammensetzung sind ganz verschiedene Verteilungsarten möglich (vgl. Beispiele in Abb. 4.2.). Diese Verteilungen werden *Sequenzverteilungen* genannt. Eine Sequenz ist eine Folge von Wiederholungseinheiten (Grundbausteinen, Monomereinheiten, Strukturelementen oder Verknüpfungsarten). Eine aus der Kette herausgegriffene endliche Sequenz mit einem bestimmten angebbaren Aufbau (z. B. Art und Reihenfolge der Strukturelemente) wird hier als *Teilstruktur* der makromolekularen Kette bezeichnet. Man unterscheidet zwei Betrachtungsweisen bei der gedanklichen Zerlegung der makromolekularen Kette in Sequenzen [4.004]:

n-aden Verteilung

Bei der spektroskopisch analytischen Betrachtungsweise werden die Makromoleküle entsprechend den gerade noch spektroskopisch unterscheidbaren Teilspektren in gleichlange Teilstrukturen (Diaden, Triaden, Tetraden ... von Monomereinheiten bzw. Dreierketten, Fünferketten, Siebenerketten ... von Strukturelementen) zerlegt. Man betrachtet dann die molaren Anteile aller möglichen Kombinationen von Monomereinheiten oder Strukturelementen in einer solchen n-ade (Folge von genau n Monomereinheiten). Besteht die Monomereinheit aus 2 Strukturelementen, so enthält jede n-ade genau 2 Teilstrukturen mit einer Länge von $(2n - 1)$ Strukturelementen ($(2n - 1)$-er Ketten). Eine n-ade weist $(n - 1)$ konfigurative Verknüpfungen auf.

Sequenzlängenverteilung

Die andere Betrachtungsweise ist der Vorhersage oder Interpretation physikalisch-chemischer bzw. anwendungstechnischer Eigenschaften des Polymers zugewandt. Dazu muß die Häufigkeitsverteilung (Molanteile) von verschieden langen Sequenzen, die jedoch aus nur *einem* Typ von Monomereinheiten oder Strukturelementen bestehen (homogene Sequenzen), betrachtet werden.

Eine tabellarische Übersicht über die oben definierten und einige weitere wichtige Mikrostrukturmerkmale für verschiedene Polymersysteme allgemeiner Art findet man in [4.005, 4.120].

Die Monomereinheiten erhalten hier die Bezeichnungen A, B, C, ... Das Symbol A wird beispielsweise für die symmetrische Ethyleneinheit benutzt, die aus zwei nicht substituierten C-Atomen (Strukturelemente „00“) besteht. B und C verkörpern asymmetrische Monomereinheiten wie die Vinyleinheit (Strukturelemente „10“) oder die Vinylideneinheit (Strukturelemente „20“), wobei die Ziffern „1“ und „2“ ein einfach bzw. doppelt substituiertes C-Atom in der makromolekularen Kette symbolisieren.

4.3. Überblick über die Theorie der Copolymerisation

4.3.1. Copolymerisationsmodell

Zur Beschreibung der Konstitution und Sequenzverteilung von radikalisch hergestellten Copolymersystemen sind kinetische und statistische Überlegungen erforderlich. Als Schlüsselgrößen dazu dienen die bedingten Anlagerungswahrscheinlichkeiten P_{ij} der Wachstumsreaktionen der makromolekularen Kette. Sie werden auch als Additions- oder Übergangswahrscheinlichkeiten bezeichnet und lassen sich entweder aus den Monomeransatzdaten (kinetischer Zugang) oder aus der Mikrostruktur des fertigen Polymers (statistischer Zugang z. B. über spektroskopische Messungen) gewinnen.

Die spezielle Formulierung der mathematischen Beziehungen, die zur Mikrostrukturanalyse bzw. -beschreibung dienen, richtet sich für ein betrachtetes Stoffsystem nach den Voraussetzungen und Annahmen, die das versuchsweise angenommene kinetische Schema und/oder das geeignet gewählte statistische Modell der Copolymerisation charakterisieren. Diese Voraussetzungen und Annahmen werden hier als *Copolymerisationsmodell* bezeichnet. Sie sind für jedes untersuchte Stoffsystem zu verifizieren. Für die meisten radikalisch hergestellten Bipolymere gilt das in Tabelle 4.1 in etwas vereinfachter Form zusammengefaßte Copolymerisationsmodell. Hinsichtlich einer ausführlicheren Diskussion des Copolymerisationsmodells sei auf die Arbeit von Mjagtschenkow und Frenkel [4.006] verwiesen.

Annahme 1 (Tab. 4.1) besagt, daß man sich bei der mathematischen Behandlung der binären Copolymerisation auf die Betrachtung der Wachstumsreaktionen der makromolekularen Kette beschränken kann. Diese Annahme ist im allgemeinen erfüllt, sobald der Polymerisationsgrad $\overline{P}_n$ in der Größenordnung von 50 und mehr Monomereinheiten liegt. Die Annahmen 3 und 4 sind klar. Voraussetzung 5 läßt sich einhalten, wenn die Copolymerisation

— im kontinuierlichen Verfahren unter ständigem Nachdosieren der schneller verbrauchten Monomerkomponente oder
— im diskontinuierlichen Verfahren mit kleinen Umsätzen w (in der Regel $w < 10$ Masse-%) oder
— am azeotropen Punkt ($f = F$, siehe unten), falls ein solcher existiert,

durchgeführt wird.

In Voraussetzung 2 wird das mathematisch-statistische Modell festgelegt. Die Zufallsstatistik (Bernoulli-Modell, Markov-Statistik 0. Ordnung), bei der die Anlagerung einer weiteren Monomereinheit X oder Y zur wachsenden Kette völlig unabhängig davon ist, ob als letzte radikalische Endeinheit eine X- oder eine Y-Einheit vorkommt, ist als Spezialfall darin enthalten.

Tabelle 4.1. Annahmen des Copolymerisationsmodells „erster Ordnung“ zur Beschreibung der binären Copolymerisation mit der einfachen Copolymerisationsgleichung und der MARKOV-Statistik 1. Ordnung

Annahme/Voraussetzung	Hinweise zur Behandlung bei Nichterfüllung der Annahme+)
1. Das Stationaritätsprinzip gilt, d. h., es existiert kein Einfluß der Kettenlänge auf die Additionswahrscheinlichkeiten P_{ij} (Vernachlässigung der Kettenstart- und -abbruchreaktionen).	Kinetik des Kettenwachstums in Abhängigkeit vom Polymerisationsgrad $\overline{P_n}$; Oligomerisationsstatistik
2. Die Wahrscheinlichkeit der Addition einer Monomereinheit X oder Y zur wachsenden Kette ist nur von der letzten Monomereinheit (von der radikalischen Endeinheit) abhängig, „Terminal model“ (MARKOV-Statistik 1. Ordnung).	Die Zufallsstatistik (BERNOULLI-Modell) ist als Spezialfall in der MARKOV-Statistik 1. Ordnung enthalten. „Penultimate model“ (MARKOV-Statistik 2. Ordnung); „Pen-penultimate model“ (MARKOV-Statistik 3. Ordnung)
3. Die Wachstumsschritte sind irreversibel, d. h., es existieren keine Depolymerisationsreaktionen während der Copolymerisation.	Copolymerisation mit Depolymerisation (reversible Copolymerisation)
4. Bei der Copolymerisation mit asymmetrischen Monomereinheiten erfolgen die Wachstumsschritte nach dem Kopf-Schwanz-Mechanismus, d. h., es existieren keine „verkehrt“ in die Kette eingebauten Monomereinheiten.	Copolymerisation mit anomalen Additionsreaktionen (kann auch als Multikomponentencopolymerisation aufgefaßt werwerden
5. Das Monomerverhältnis im Ansatz bleibt konstant	Integrierte Copolymerisationsgleichung; Computerprogramme für beliebige Umsätze; Monte-Carlo-Simulation des Copolymerisationsprozesses; chemische Uneinheitlichkeit der Zusammensetzung

+) Ausführliche Literaturangaben dazu s. z. B. [4.005, 4.120]

Die meisten Untersuchungen über die Mikrostruktur radikalisch hergestellter Copolymersysteme haben gezeigt, daß der Kettenaufbau mit der MARKOV-Statistik 1. Ordnung hinreichend genau beschrieben werden kann [4.007]. Die folgenden Ausführungen behandeln daher den mathematischen Formalismus für dieses Modell und geben einige Kriterien an, wie es zu verifizieren ist.[1]

Die Verknüpfung zwischen den Mikrostrukturgrößen und spektroskopischen Daten (Intensitäten ausgewählter Spektrenteile, die Teilspektren oder Teilresonanzen genannt werden und bestimmten Teilstrukturen der makromolekularen Kette zugeordnet sind) läßt sich unter Vorgabe des statistischen Modells auf zweierlei Weise (direkt bzw. indirekt) vornehmen:

- Entweder man extrahiert die Mikrostrukturparameter aus den spektroskopischen Meßwerten (Intensitätsverhältnissen),
- oder es werden für geeignet ausgewählte Mikrostrukturwerte die Intensitätsverhältnisse berechnet und mit den experimentell bestimmten Werten verglichen.

Beispiele für beide Möglichkeiten sind im Abschnitt 4.5. diskutiert. Tabelle 4.1 enthält außer den Annahmen über das Copolymerisationsmodell ohne Anspruch auf Vollständigkeit auch einige Hinweise zur Behandlung für den Fall, daß die eine oder andere Annahme bzw. Voraussetzung nicht erfüllt ist.

4.3.2. Copolymerisationsgleichung und Monomerreaktivitätsverhältnisse

Wir fragen zunächst nach dem Zusammenhang, der zwischen dem im Reaktionsgefäß angesetzten molaren Verhältnis der Monomere X und Y und dem nach der Reaktion erhaltenen molaren Verhältnis f von X- und Y-Einheiten im fertigen Copolymerisat besteht:

$$F = \frac{[X_F]}{[Y_F]} \quad \text{Monomerverhältnis im Ansatz,}$$

$$f = \frac{[X_M]}{[Y_M]} \quad \text{Monomerverhältnis im fertigen Copolymerisat.}$$

[1] Die MARKOV-Statistik k-ter Ordnung besagt im Falle der Copolymerisation, daß die Anlagerung einer weiteren Monomereinheit X oder Y an die wachsende Kette nur von den k unmittelbar vorangehenden, bereits eingebauten Einheiten X oder Y (und deren Reihenfolge) beeinflußt wird. Alle noch weiter vom Anlagerungsort entfernten, an den Positionen $k + 1$, $k + 2$ ... in der Kette befindlichen Einheiten üben keinen Einfluß auf die Anlagerung der betrachteten Monomereinheit mehr aus. Die wichtigsten Beziehungen für die MARKOV-Statistik 2. Ordnung sind in Abschnitt 4.6. zusammengestellt und kurz erläutert.

Dieser Zusammenhang wird durch die Copolymergleichung gegeben, die vor fast 40 Jahren abgeleitet wurde [4.008]. Sie lautet (in ihrer einfachsten Form gemäß den Voraussetzungen 1 bis 4 von Tab. 4.1.):

$$\frac{d[X_F]}{d[Y_F]} = \frac{r_X F + 1}{r_Y \frac{1}{F} + 1} . \tag{4.1a}$$

Die Copolymerisationsgleichung gibt das differentielle molare Verhältnis an, mit dem die Monomere X und Y in das *momentan* entstehende Copolymer eingebaut werden. Ist Voraussetzung 5 erfüllt, dann wird

$$\frac{d[X_F]}{d[Y_F]} = \frac{[X_M]}{[Y_M]} = f , \tag{4.1b}$$

d. h. gleich dem molaren Verhältnis der Monomere im fertigen Copolymerisat.

r_X und r_Y sind als Verhältnisse entsprechender Geschwindigkeitskonstanten der vier Wachstumsreaktionen definiert [4.009]:

$$r_X = \frac{k_{XX}}{k_{XY}} , \qquad r_Y = \frac{k_{YY}}{k_{YX}} . \tag{4.2}$$

Sie werden Monomerreaktivitätsverhältnisse (MRV) oder Copolymerisationsparameter genannt. Die MRV r_X und r_Y charakterisieren das miteinander reagierende Paar von Monomereinheiten. Sie sind Größen, die von der Wechselwirkung einer radikalischen Endeinheit mit *beiden* Monomereinheiten abhängen (4.2). Die Absicht einer Reduktion der MRV auf physikalische Größen, die dem *individuellen* Monomer (im Vergleich zu einem Standardmonomer) entsprechen (Struktur, Substituenteneffekt), führte zur Aufstellung des Q-e-Schemas durch Alfrey und Price [4.010]. Mit dessen Hilfe lassen sich die MRV für die Copolymerisation zweier beliebiger Monomere X und Y aus empirisch aufgestellten Tabellen der Q- und e-Werte zumindest in der Größenordnung richtig vorausberechnen:[1]

$$r_X = \frac{Q_X}{Q_Y} \exp\left\{-e_X(e_X - e_Y)\right\} , \tag{4.3}$$

falls die Q- und e-Werte für jedes der betroffenen Monomere X und Y jeweils durch Copolymerisation mit dem Standardmonomer S (Styren) bekannt sind. Die molekülphysikalische Bedeutung der Q- und e-Werte wurde z. B. von Fleischer [4.011, 4.012] diskutiert.

[1] Die entsprechende Gleichung für r_Y erhält man durch Vertauschen der Indices X und Y.

Zur experimentellen Bestimmung der MRV existiert eine Vielzahl verschiedener Verfahren (s. z.B. [4.005, 4.120]). Drei grundsätzliche Arten des experimentellen Vorgehens lassen sich unterscheiden:

1. Es wird eine *Serie* von Monomeransatzverhältnissen F_l und die zugehörige Serie f_l der Copolymerzusammensetzungen benutzt, wobei (für die meisten Methoden) mindestens 5 bis 8 solcher Wertepaare zur Verfügung stehen sollten. (Der Index $l = 1, 2 \ldots$ bezeichnet ein bestimmtes Wertepaar.)
2. Man verwendet eine Serie von Monomeransatzverhältnissen F_l und eine zugehörige Serie von Sequenzparametern S_l des fertigen Copolymers.
3. Für eine Copolymerisationsserie werden jeweils die Monomeransatzverhältnisse vor Beginn F_l(Anfang) und nach Abschluß des Copolymerisationsprozesses F_l(Ende) bestimmt.

Zur Gewinnung der benötigten Daten können in Abhängigkeit vom speziellen Stoffsystem und den Meßmöglichkeiten folgende chemische bzw. physikalische Meßmethoden eingesetzt werden: Die Elementaranalyse, die IR- oder hNMR-Spektroskopie, die thermogravimetrische Analyse etc. Der Vorteil der hNMR-Spektroskopie besteht darin, daß sich die F- bzw. f-Werte in der Regel auf sehr einfache Weise und in guter Genauigkeit bestimmen lassen, wobei Verunreinigungen wie herstellungsbedingte, schwer entfernbare Lösungsmittelreste bei der Analyse des Copolymers meist nicht stören. Es genügt für diesen Zweck in der Mehrzahl der Fälle die weniger aufwendige ^{1}H-NMR-Spektroskopie. Für die Ermittlung der Sequenzparameter S_l ist die hNMR von allen genannten Methoden am besten geeignet. Die zur 2. Art gehörigen MRV-Bestimmungsverfahren liefern zugleich Kriterien zur Entscheidung darüber, mit welcher Ordnung der Markov-Statistik das untersuchte Copolymersystem zu interpretieren ist (s. S. 223).

Bei Gültigkeit der Annahme 5 des Copolymerisationsmodells (Tab. 4.1) erhält man die Molanteile $P(\mathrm{X})$ und $P(\mathrm{Y})$ der Monomere X und Y im fertigen Copolymer nach den Beziehungen

$$P(\mathrm{X}) = \frac{f}{1+f} = \frac{[\mathrm{X_M}]}{[\mathrm{X_M}] + [\mathrm{Y_M}]}\,; \quad P(\mathrm{Y}) = \frac{1}{1+f} = \frac{[\mathrm{Y_M}]}{[\mathrm{X_M}] + [\mathrm{Y_M}]}\,. \tag{4.4}$$

Sie sind gleich den Wahrscheinlichkeiten, die betreffenden Monomere im Copolymer vorzufinden. Werden die eckigen Klammern weggelassen, sollen unter $\mathrm{X_M}$ und $\mathrm{Y_M}$ die Molprozente der Einheiten X und Y im Copolymer verstanden werden:

$$\mathrm{X_M} = 100P(\mathrm{X})\,; \quad \mathrm{Y_M} = 100P(\mathrm{Y})\,, \quad \text{in Mol-\%}\,. \tag{4.5}$$

Nach Konstruktion gelten dann die Normierungsbedingungen

$$P(\mathrm{X}) + P(\mathrm{Y}) = 1 \quad \text{und} \quad \mathrm{X_M} + \mathrm{Y_M} = 100\,. \tag{4.6}$$

$P(X)$, $P(Y)$ bzw. X_M, Y_M oder f lassen sich am fertigen Copolymer hNMR-spektroskopisch aus dem Intensitätsverhältnis von Teilresonanzen (Gruppenresonanzen) ermitteln, die bestimmten, für die betrachteten Einheiten X bzw. Y charakteristischen *Gruppen* der Hauptkette ($-CH_2-$, $-CHR-$, $-CHR'-$, $-CR_2-$ ...) oder der jeweiligen Substituenten R, R' zugeordnet sind. Bei Messung und Auswertung des Monomeransatzgemisches kann man in analoger Weise den Wert F erhalten.

4.3.3. Beschreibung der Mikrostruktur der Kette bei chemischen Copolymeren (kompositive Statistik)

Die folgenden Ausführungen sollen eine schnelle, zusammenhängende Orientierung über die Definition und Bedeutung der Sequenzverteilungsparameter sowie über die zwischen ihnen bestehenden Relationen und den Zusammenhang mit den n-aden-Anteilen ermöglichen. Sie bilden die Grundlage für das Verständnis der quantitativen Auswertung der hNMR-Spektren bezüglich dieser Parameter. Wie aus den Beispielen in Abschnitt 4.5. hervorgeht, werden dazu stets Intensitätsverhältnisse von „Teil(struktur)resonanzen" benutzt, die bestimmten spektroskopisch unterscheidbaren n-aden bzw. *Teilstrukturen* der makromolekularen Kette zugeordnet sind.

4.3.3.1. Die Anlagerungswahrscheinlichkeiten

Die Wahrscheinlichkeiten P_{ij} (i, j = X oder Y) für die Anlagerung einer Monomereinheit j an eine auf eine i-Einheit endende Kette lassen sich bei Gültigkeit der Voraussetzungen des Copolymerisationsmodells ebenfalls aus den vier Wachstumsreaktionen ableiten. Sie sind in Tabelle 4.2 nach den von Tosi [4.013] genannten Gesichtspunkten zusammengestellt:

a) in Abhängigkeit von den 3 Variablen des Monomeransatzes r_X, r_Y und F (Spalte (a)),

b) in Abhängigkeit von den das Copolymer charakterisierenden 2 Variablen x, y bzw. X_M und R [4.014] (Spalte (b) bzw. (c)). Die Blockzahl R wird in 4.3.3.2 definiert.

Zusätzlich gibt die Spalte (d) die P_{ij} in Abhängigkeit von den spektroskopisch meßbaren Diadenanteilen $P(XX)$, $\overline{P}(XY)$ und $P(YY)$ an (s. 4.3.3.3.).

x, y sind Funktionen des Produktes der MRV $r_X r_Y$ (s. 4.3.3.4.) und des molaren Verhältnisses f der Monomereinheiten X und Y im Copolymer. Sie können benutzt werden, um eine Größe, die durch die 3 Ansatzvariablen ausgedrückt ist, in dieselbe Größe als Funktion der beiden Copolymervariablen zu transformieren [4.013]:

$$x = r_X F = \frac{f - 1 + \sqrt{(f-1)^2 + 4 r_X r_Y f}}{2}\,,$$
$$y = \frac{r_Y}{F} = \frac{2 r_X r_Y}{f - 1 + \sqrt{(f-1)^2 + 4 r_X r_Y f}}\,. \tag{4.11}$$

Tabelle 4.2. Zusammenstellung der Beziehungen zur Bestimmung der bedingten Anlagerungswahrscheinlichkeiten P_{ij} ($i, j = \mathrm{X}$ oder Y)

P_{ij}	(a) als Funktion der Ansatzvariablen $r_\mathrm{X}, r_\mathrm{Y}, F$, [4.015]	(b) als Funktion der Copolymervariablen nach Tosi [4.013]	(c) als Funktion der Copolymervariablen nach Harwood [4.014]	(d) als Funktion der Diadenanteile	Nr. der Gleichung
P_XX	$= \dfrac{r_\mathrm{X}F}{r_\mathrm{X}F + 1}$	$= \dfrac{x}{x + 1}$	$= \dfrac{\mathrm{X_M} - \dfrac{R}{2}}{\mathrm{X_M}}$	$= \dfrac{P(\mathrm{XX})}{P(\mathrm{XX}) + 0{,}5\overline{P}(\mathrm{XY})}$	(4.7)
P_XY	$= \dfrac{1}{r_\mathrm{X}F + 1}$	$= \dfrac{1}{x + 1}$	$= \dfrac{\dfrac{R}{2}}{\mathrm{X_M}}$	$= \dfrac{0{,}5\overline{P}(\mathrm{XY})}{P(\mathrm{XX}) + 0{,}5\overline{P}(\mathrm{XY})}$	(4.8)
P_YX	$= \dfrac{1}{\dfrac{r_\mathrm{Y}}{F} + 1}$	$= \dfrac{1}{y + 1}$	$= \dfrac{\dfrac{R}{2}}{\mathrm{Y_M}}$	$= \dfrac{0{,}5\overline{P}(\mathrm{XY})}{P(\mathrm{YY}) + 0{,}5\overline{P}(\mathrm{XY})}$	(4.9)
P_YY	$= \dfrac{\dfrac{r_\mathrm{Y}}{F}}{\dfrac{r_\mathrm{Y}}{F} + 1}$	$= \dfrac{y}{y + 1}$	$= \dfrac{\mathrm{Y_M} - \dfrac{R}{2}}{\mathrm{Y_M}}$	$= \dfrac{P(\mathrm{YY})}{P(\mathrm{YY}) + 0{,}5\overline{P}(\mathrm{XY})}$	(4.10)

Die Gleichungen in den Spalten (a) und (b) sind zwar formal identisch, die experimentellen Anforderungen zur Gewinnung der P_{ij} nach (a) bzw. (b) sind jedoch verschieden. x, y siehe Gleichung (4.11)

Für die P_{ij} gelten folgende Normierungsbedingungen:

$$P_{XX} + P_{XY} = 1 , \qquad P_{YY} + P_{YX} = 1 . \tag{4.12}$$

Die Molanteile der Einheiten X und Y im Copolymer $P(X)$ und $P(Y)$ lassen sich ebenfalls durch die P_{ij} darstellen [4.016]:

$$P(X) = \frac{P_{YX}}{P_{XY} + P_{YX}} ; \qquad P(Y) = \frac{P_{XY}}{P_{XY} + P_{YX}} . \tag{4.13}$$

Mit den Anlagerungswahrscheinlichkeiten P_{ij} kann die Verteilung von Monomereinheiten oder Sequenzen in der Kette mathematisch vollständig beschrieben werden (s. 4.3.3.3.). Zur Berechnung der P_{ij} nach den Beziehungen der Spalten (a) und (b) müssen entweder r_X, r_Y und F oder das Produkt der MRV und f bekannt sein.

Wenn keine oder keine genügend genauen Meßwerte der Ansatzvariablen r_X, r_Y und F verfügbar sind, wie dies bei großtechnisch hergestellten Copolymeren häufig vorkommt, ist es zweckmäßig, die von Harwood und Ritchey [4.014] eingeführte übersichtliche Blockzahlkonzeption in ihrer statistischen Formulierung zur Berechnung der P_{ij}, d. h. die in Spalte (c) angegebenen Beziehungen, zu verwenden. Die erforderlichen Mikrostrukturgrößen des fertigen Copolymers X_M, Y_M und R lassen sich — wie in den Beispielen (4.5.) gezeigt — relativ leicht auf spektroskopischem Wege gewinnen. Die Verwendung der Blockzahl R hat weiterhin den Vorteil, daß sie eine qualitative Charakterisierung der Art des Kettenbaus (alternierend, statistisch zufällig, blockartig) ermöglicht. Die Verknüpfung der statistischen Größen mit den kinetischen kann nachträglich durch Berechnung des Produktes der MRV aus den zahlenmittleren Sequenzlängen (siehe unten) vorgenommen werden.

Als letzte Möglichkeit der Bestimmung der Anlagerungswahrscheinlichkeiten P_{ij} ist in Spalte (d) die Berechnung aus spektroskopisch gemessenen Diadenanteilen angegeben. (Die Diadenanteile lassen sich auch aus den Anteilen höherer n-aden, z. B. aus gemessenen relativen Tetradenhäufigkeiten berechnen, s. Tab. 4.3)

4.3.3.2. Die Blockzahlkonzeption

Die Blockzahl R (run number) ist definiert als die mittlere Zahl der Blöcke, die pro 100 Monomereinheiten im Copolymer vorhanden sind [4.014]. Sie ist damit gleich der mittleren Anzahl der wechselseitigen Verknüpfungen zwischen beiden Typen von Monomereinheiten.

Ein Beispiel soll dies erläutern: Um eine unendlich lange Kette zu symbolisieren (zur Vernachlässigung von Endgruppeneffekten), wird die erste mit der letzten Monomereinheit verbunden. Die Blöcke sind der Übersichtlichkeit halber durch Bindestriche hervorgehoben:

– X-YY-XXX-Y-X-YY-X-YYYY-XX-Y-XXXX-YYY – .

Das „Makromolekül" umfaßt 25 Monomereinheiten (12 X-ME, 13 Y-ME), die in 12 Blöcken angeordnet sind. Die Mikrostrukturanalyse läßt sich hier durch einfaches Abzählen durchführen. Die Zusammensetzung beträgt $X_M = 48$ Mol-%, $Y_M = 52$ Mol-%, die Blockzahl $R = 48$. Die maximal mögliche Blockzahl R_{max} (siehe unten) wäre $R_{max} = 96$.

Für ein „ideal" statistisch zufällig aufgebautes Copolymerisat erhält man [4.014]

$$R_{sz} = \frac{X_M Y_M}{50} . \tag{4.14}$$

Andererseits ergibt sich die Blockzahl R aus den Wachstumsreaktionen in Abhängigkeit von den Monomeransatzdaten zu

$$R = \frac{200}{r_X F + 2 + \frac{r_Y}{F}} . \tag{4.15}$$

Wir gewinnen die Blockzahlen im Gegensatz dazu aus der Analyse der h-NMR-Spektren (s. 4.5.). Unabhängig vom Markov-Modell läßt sich R aus den gemessenen Diadenanteilen (siehe S. 161) wie folgt ermitteln:

$$R = 200P(\mathrm{XY}) = 200P(\mathrm{YX}) = 100\bar{P}(\mathrm{XY}) . \tag{4.16}$$

Beim Vergleich von experimentell ermittelten Blockzahlen R mit den nach Beziehung (4.14) berechneten werden zwei Fälle unterschieden, die eine qualitative Charakterisierung der Verteilung der Monomereinheiten in der makromolekularen Kette ermöglichen (vgl. Abb. 4.2):

$R > R_{sz}$ Es besteht eine Tendenz zum Alternieren der Monomereinheiten.

$R < R_{sz}$ Im Copolymeren liegt eine Tendenz zur Blockbildung der Monomereinheiten vor.

Das Wort „Tendenz" soll andeuten, daß z. B. zwischen den Grenzfällen des statistisch zufälligen Kettenaufbaus und des streng alternierenden (oder blockartigen) Aufbaus eine „unendlich" große Anzahl von Strukturmöglichkeiten existiert. Beim obigen Beispiel wäre nur eine sehr geringe Abweichung der „abgezählten" Blockzahl R von $R_{sz} = 49{,}92$ in Richtung Blockbildung zu verzeichnen.

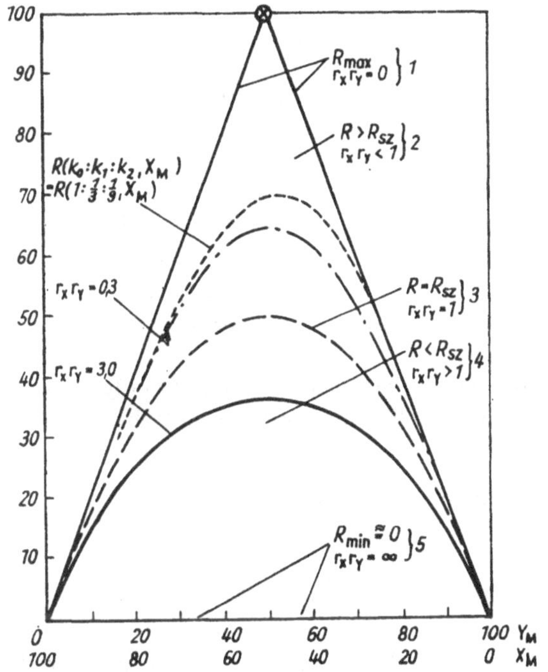

Abb. 4.2. Möglichkeiten der Verteilung der chemisch unterschiedlichen Monomereinheiten X und Y längs der Kette in Bipolymerisaten. — Darstellung der Blockzahl R in Abhängigkeit von der Konstitution X_M, Y_M;
Erläuterungen:

1 ideal (bezüglich Y) ⊗ streng	alternierend	XYXYXXYXYXXXYXYXYXYX XYXYXYXYXYXYXYXYXYXY
2 Tendenz zum Alternieren (R-Werte in der Fläche zwischen den Kurven 1 und 3)		
3 statistisch zufälliger Kettenaufbau		XXXYYYYXXXYXYXXYYXYY
4 Tendenz zur Blockbildung (R-Werte in der Fläche zwischen den Kurven 3 und 5)		
5 Blockcopolymer oder Mischung zweier Unipolymerer		XXXXXXXXXXYYYYYYYYYY

Die Kurven $R(r_X r_Y, X_M)$ mit $r_X r_Y = 0{,}3$ und 3,0 sind Beispiele für die Fälle 2 bzw. 4. Die Kurve $R(k_0 : k_1 : k_2, X_M) = R(1 : \frac{1}{3} : \frac{1}{9}, X_M)$ stellt ein Beispiel für Blockzahlen dar, wie sie bei PAR mit (verzögerndem) Nachbargruppeneffekt auftreten können (s. Abschnitte 4.3.6., 4.5.5.2.)

Die maximal mögliche Blockzahl R_{max} wird erreicht, wenn die Monomereinheiten einer Komponente voneinander *isoliert* in die makromolekulare Kette eingebaut sind. Dies trifft bei *ideal* alternierenden Copolymeren stets für diejenige Komponente zu, die in geringerem Anteil in das Copolymer eingebaut ist. Zwei Fälle sind daher zu unterscheiden:

$$\left.\begin{array}{llll} \text{Für} & X_M \leqq \dfrac{X_M + Y_M}{2} & \text{gilt} & R_{\max} = 2X_M \\[2ex] \text{Für} & Y_M \leqq \dfrac{X_M + Y_M}{2} & \text{gilt} & R_{\max} = 2Y_M \end{array}\right\} \leqq 100\,. \qquad \begin{array}{r} (4.14\text{a}) \\[2ex] (4.14\text{b}) \end{array}$$

Die linken Gleichheitszeichen gelten, wenn *beide* Komponenten ideal alternierend eingebaut sind und die Monomerverteilung im Copolymer folglich vom *streng* alternierenden Typ ist ($R_{\max} = 100$).

Jedes auf die Sequenzverteilung beziehbare und meßbare Merkmal einer Molekülkette kann als Funktion der Blockzahl und der Konstitution des Copolymers angegeben werden [4.017]. X_M, Y_M und R lassen sich in vielen Fällen ohne Schwierigkeiten aus den hNMR-Spektren der Copolymere als Funktionen der Intensitäten bestimmter Teilresonanzen ermitteln.

4.3.3.3. Die Beschreibung der Sequenzverteilung

n-aden Häufigkeitsverteilungen

Zur Berechnung der Molanteile $P(ijk...)$ der n-aden im Copolymeren (mit $i, j, k, ... =$ X oder Y) schreibt man zunächst alle möglichen Anordnungen beider Arten von Monomereinheiten X und Y in der n-ade auf. Dabei bezieht man sich am besten auf eine „zentrale" (hier unterstrichene) Monomereinheit, um Doppelzählungen zu vermeiden. Im Falle von *Diaden* könnte diese „zentrale" Monomereinheit beispielsweise die linke (oder rechte) Monomereinheit sein. Bei *Triaden* ist es die zentrale Einheit, bei *Tetraden* die linke (oder rechte) Einheit der zentralen Diade usw. Man beachte, daß stets Kettenstücke aus einer ungeraden Anzahl von C-Atomen innerhalb der n-ade betrachtet werden.

Ein Beispiel soll dies verdeutlichen: Wir wählen als X-Einheit eine Ethyleneinheit A, die aus 2($-CH_2-$)-Gruppen (Symbol 00) besteht und als Y-Einheit eine Vinylmonomereinheit B, die eine ($-$CHR$-$)- und eine ($-CH_2-$)-Gruppe (Symbol 10) enthält. Dann sind folgende Anordnungen möglich, wobei wir die ($-CH_2-$)-Gruppe als zentrale Gruppe herausgreifen:

$$\begin{array}{llllll} \underline{\text{A}}\text{A} & 0\underline{0}0(0) & \underline{\text{A}}\text{B} & 0\underline{0}1(0) & \underline{\text{B}}\text{B} & 1\underline{0}1(0) \\ & & \underline{\text{B}}\text{A} & 1\underline{0}0(0)\,. & & \end{array}$$

Diese Betrachtungsweise entspricht dem physikalischen Meßverfahren (z. B. der hNMR-Spektroskopie), da zu jeder dieser zentralen Einheiten bzw. Gruppen, unabhängig davon, ob wir Protonenresonanz-(^{1}H-NMR-) oder Kohlenstoff-13-Kernresonanzmessungen (^{13}C-NMR) durchführen, ein ganz bestimmtes Teilspektrum gehört. Die Überlagerung aller solcher Teilspektren ergibt das Gesamtspektrum. Die Teilspektren der Methylengruppen in den Diaden A̲B und B̲A sind (wenn wir alle weiteren Einheiten rechts und links dieser Diaden einmal als gleich annehmen) identisch, d. h. spektroskopisch ununterscheidbar. Unser gedachtes Methylendiadenspektrum besteht daher aus drei Teilspektren. Analoge Überlegungen sind auf jede beliebige Gruppe eines Copolymers und für beliebig größere n-aden anwendbar. Jedoch vergrößert sich mit n die Anzahl der möglichen spektroskopisch unterscheidbaren Anordnungen. (s. [4.021, 4.120]).

Wir fragen nun nach den Molanteilen oder relativen n-aden-Häufigkeiten $P(ijk...)$, die den Intensitäten der zugehörigen Teilspektren proportional sind. Sie werden als Produkte aus den Anlagerungswahrscheinlichkeiten P_{ij} (beginnend von der zentralen Monomereinheit) multipliziert mit der Wahrscheinlichkeit $P(\mathrm{X})$ bzw. $P(\mathrm{Y})$ (die zentrale Einheit X oder Y im Copolymer vorzufinden) gebildet [4.016]. (Man kann mit gleichem Resultat auch irgendeine andere anstelle der zentralen Monomereinheit als Bezugseinheit wählen. Das hier dargestellte Vorgehen erscheint jedoch vom spektroskopischen Standpunkt aus logischer.) Die $P(ijk...)$ liegen im Bereich $0 \leqq P(ijk...) \leqq 1$ und sind gleich den Molanteilen der ausgewählten X- oder Y-zentrierten n-aden unter *allen* möglichen X- und Y-zentrierten n-aden mit gleichem n. Man erhält die folgenden Beziehungen [4.017, 4.018, 4.019], die zugleich als Beispiele dienen mögen:

Diaden ($n = 2$), vollständiges Schema

$$\underline{\mathrm{X}}\mathrm{X} \quad P(\mathrm{XX}) = P_{\mathrm{XX}} P(\mathrm{X}) = \frac{\mathrm{X_M} - \frac{R}{2}}{100}, \tag{4.17}$$

$$\underline{\mathrm{X}}\mathrm{Y} \quad P(\mathrm{XY}) = P_{\mathrm{XY}} P(\mathrm{X}) = \frac{R}{200}, \tag{4.18}$$

$$\underline{\mathrm{Y}}\mathrm{X} \quad P(\mathrm{YX}) = P_{\mathrm{YX}} P(\mathrm{Y}) = \frac{R}{200}, \tag{4.19}$$

$$\underline{\mathrm{Y}}\mathrm{Y} \quad P(\mathrm{YY}) = P_{\mathrm{YY}} P(\mathrm{Y}) = \frac{\mathrm{Y_M} - \frac{R}{2}}{100}. \tag{4.20}$$

Ununterscheidbare n-aden lassen sich dabei, wenn ihre Wahrscheinlichkeiten einander gleich sind, zusammenfassen (Symbol: überstrichenes $\bar{P}$):

$$\bar{P}(\mathrm{XY}) = P(\mathrm{XY}) + P(\mathrm{YX}) = 2P(\mathrm{XY}) = 2P(\mathrm{YX}) = \frac{R}{100}. \tag{4.21}$$

Die Diadenanteile sind nach Konstruktion auf den Wert 1 normiert. Es gilt

$$P(\mathrm{XX}) + \bar{P}(\mathrm{XY}) + P(\mathrm{YY}) = 1. \tag{4.22}$$

Triaden ($n = 3$), nur X-zentrierte Triaden

XXX $\quad P(\mathrm{XXX}) = P_{\mathrm{XX}}^2 P(\mathrm{X}),$ (4.23)

XXY $\quad P(\mathrm{XXY}) = P_{\mathrm{XX}} P_{\mathrm{XY}} P(\mathrm{X}),$

YXX $\quad P(\mathrm{YXX}) = P_{\mathrm{XY}} P_{\mathrm{XX}} P(\mathrm{X}),$

$$\left.\begin{array}{l} P(\mathrm{XXY}) = P_{\mathrm{XX}} P_{\mathrm{XY}} P(\mathrm{X}), \\ P(\mathrm{YXX}) = P_{\mathrm{XY}} P_{\mathrm{XX}} P(\mathrm{X}), \end{array}\right\} \bar{P}(\mathrm{XXY}) = 2 P_{\mathrm{XX}} P_{\mathrm{XY}} P(\mathrm{X}). \quad (4.24)$$

YXY $\quad P(\mathrm{YXY}) = P_{\mathrm{XY}}^2 P(\mathrm{X})\,.$ (4.25)

Drei weitere analoge Beziehungen werden für die Y-zentrierten Triaden durch Vertauschen der Buchstaben X und Y erhalten. In dieser Form sind die Triadenanteile mit zentraler X- *und* Y-Einheit auf 1 normiert. Läßt man in den ungeradzahligen n-aden (Triaden, Pentaden ...) die Multiplikation mit dem Molanteil $P(\mathrm{X})$ bzw. $P(\mathrm{Y})$ weg, ergeben sich die sogenannten „monomerzentrierten n-aden Anteile", die man in der Literatur ebenfalls gelegentlich findet [4.018]. Die hier dafür benutzte Symbolik ist $\tilde{P}(ijk...)$ für $n = 3, 5, 7$ ...

In diesem Falle sind die n-aden mit zentraler X- bzw. Y-Einheit jeweils für sich auf den Wert 1 normiert. Beispielsweise gilt dann für die X-zentrierten Triaden

$$\frac{P(\mathrm{XXX})}{P(\mathrm{X})} + \frac{\bar{P}(\mathrm{XXY})}{P(\mathrm{X})} + \frac{P(\mathrm{YXY})}{P(\mathrm{X})} = \tilde{P}(\mathrm{XXX}) +$$

$$+ \tilde{\bar{P}}(\mathrm{XXY}) + \tilde{P}(\mathrm{YXY}) = 1\,. \quad (4.26)$$

Die Tetradenanteile können mit den Diadenanteilen und die Pentadenanteile mit den Triadenanteilen abgeleitet werden.

Tetraden ($n = 4$)

Zur Demonstration der Berechnung seien zwei zufällig ausgewählte Tetraden herausgegriffen:

XXXX $\quad P(\mathrm{XXXX}) = P(\mathrm{XX}) P_{\mathrm{XX}}^2 = P_{\mathrm{XX}}^3 P(\mathrm{X})\,,$ (4.27)

YXXX $\quad P(\mathrm{YXXX}) = P(\mathrm{XX}) P_{\mathrm{XY}} P_{\mathrm{XX}} = P_{\mathrm{XX}}^2 P_{\mathrm{XY}} P(\mathrm{X})\,.$ (4.28)

Die Bildung der n-aden-Anteile für $n > 4$ erfolgt in Analogie zu diesen Beispielen. Zur zahlenmäßigen Berechnung setzt man — je nachdem, welche Variablen bekannt sind — für die P_{ij} die Ausdrücke aus Tabelle 4.2 ein. n-aden-Anteile können unter Verwendung der Normierungsbedingungen

(4.12) auf $(n-1)$-aden-Anteile reduziert werden. Die folgende Gleichung illustriert dies:

$$P(\mathrm{X\underbrace{XY}Y}) + P(\mathrm{X\underbrace{XY}X}) = P(\mathrm{XY})\,\{P_{\mathrm{XX}}P_{\mathrm{YY}} + P_{\mathrm{XX}}P_{\mathrm{YX}}\}$$
$$= P(\mathrm{XY})P_{\mathrm{XX}} = P(\mathrm{XXY})\,. \qquad (4.29)$$

Eine Übersicht über die grundlegenden Beziehungen zwischen n-aden-Anteilen mit gleichem und unterschiedlichem n gibt Tabelle 4.3. Diese Rela-

Tabelle 4.3. Beziehungen zwischen n-aden-Anteilen (relativen n-aden-Häufigkeiten), die unabhängig vom MARKOV-Modell gelten (nach [4.020, 4.021, 4.025])

a) **für n-aden gleicher Ordnung (bis $n = 4$)**

aus den Normierungsbedingungen der n-aden-Anteile

Triaden — Triaden

$$\overline{P}(\mathrm{XXY}) + 2P(\mathrm{YXY}) = 2P(\mathrm{XYX}) + \overline{P}(\mathrm{XYY})\,. \qquad (4.30)$$

Tetraden — Tetraden

$$\overline{P}(\mathrm{XXYX}) + \overline{P}(\mathrm{XXYY}) = \overline{P}(\mathrm{XXXY}) + 2P(\mathrm{YXXY})\,. \qquad (4.31)$$

b) **für n-aden verschiedener Ordnung (bis $n = 4$)**

Monaden (Konstitution)-Diaden

$$P(\mathrm{X}) = P(\mathrm{XX}) + 0{,}5\overline{P}(\mathrm{XY})\,. \qquad (4.32)$$

Diaden — Triaden

$$P(\mathrm{XX}) = P(\mathrm{XXX}) + 0{,}5\overline{P}(\mathrm{XXY})\,,$$
$$\overline{P}(\mathrm{XY}) = 2P(\mathrm{XYX}) + \overline{P}(\mathrm{XYY}) = \overline{P}(\mathrm{XXY}) + 2P(\mathrm{YXY})\,. \qquad (4.33)$$

Diaden — Tetraden[1])

$$P(\mathrm{XX}) = P(\mathrm{XXXX}) + \overline{P}(\mathrm{XXXY}) + P(\mathrm{YXXY}),$$
$$\overline{P}(\mathrm{XY}) = \overline{P}(\mathrm{XXYX}) + \overline{P}(\mathrm{XXYY}) + \overline{P}(\mathrm{YXYY}) + \overline{P}(\mathrm{YXYX})\,. \qquad (4.34)$$

Triaden — Tetraden

$$P(\mathrm{XXX}) = P(\mathrm{XXXX}) + 0{,}5\overline{P}(\mathrm{XXXY})\,,$$
$$\overline{P}(\mathrm{XXY}) = \overline{P}(\mathrm{XXXY}) + 2P(\mathrm{YXXY}) = \overline{P}(\mathrm{XXYX}) + \overline{P}(\mathrm{XXYY})\,, \qquad (4.35)$$
$$P(\mathrm{YXY}) = 0{,}5\overline{P}(\mathrm{XYXY}) + 0{,}5\overline{P}(\mathrm{YXYY})\,.$$

Weitere Umrechnungsmöglichkeiten ergeben sich aus den obigen Beziehungen durch Vertauschung von X und Y.

---

[1] Diese Gleichungen beziehen sich auf die zentrale Diade entsprechend der spektroskopischen Betrachtungsweise. Wählt man beispielsweise die linke Diade als Bezugsgruppierung — wie es in der Literatur häufig angegeben wird —, erhält man die äquivalenten Beziehungen

$$P(\mathrm{XX}) = P(\mathrm{\underline{XX}XX}) + 0{,}5\overline{P}(\mathrm{\underline{XX}XY}) + 0{,}5\overline{P}(\mathrm{\underline{XX}YX}) + 0{,}5\overline{P}(\mathrm{\underline{XX}YY})$$
$$\overline{P}(\mathrm{XY}) = \overline{P}(\mathrm{\underline{XY}XX}) + \overline{P}(\mathrm{\underline{XY}XY}) + 2P(\mathrm{\underline{XY}YX}) + \overline{P}(\mathrm{\underline{XY}YY})\,.$$

tionen gelten *unabhängig* vom gewählten MARKOV-Modell und können sowohl zur Umrechnung der n-aden-Anteile ineinander als auch zur Überprüfung der spektroskopisch richtigen Zuordnung der Teilspektren zu den Teilstrukturen nützlich sein.

Die Möglichkeit der direkten quantitativen Mikrostrukturanalyse beruht nun darauf, daß die n-aden-Anteile $P(ijk\,...)$ sich für eine Copolymerprobe aus den Intensitätsverhältnissen der zugehörigen Teilspektren des hNMR-Gesamtspektrums bestimmen lassen. Man setzt diese Intensitätsverhältnisse daher anstelle der entsprechenden $P(ijk...)$ in die dafür geeigneten Gleichungen (4.17) bis (4.28) ein und löst diese unter Verwendung der Beziehungen (4.7) (b) (c) bis (4.10) (b) (c) nach f, $r_X r_Y$ oder X_M, Y_M und R auf. (Beispiele s. 4.5.)

Verteilungsfunktionen für homogene Sequenzen

Die im folgenden erklärten Gleichungen sind aus den Arbeiten [4.013, 4.019, 4.023] zusammengestellt. Sie gelten in entsprechender Form auch für die Y-Einheiten. Sie beziehen sich jeweils nur auf die Monomereinheiten eines Typs, d. h. in diesem Falle auf die Gesamtanzahl der X-Einheiten oder -Sequenzen (getrennt auf 1 normiert).

Die Wahrscheinlichkeit, daß eine Sequenz aus lauter X-Einheiten genau n Einheiten enthält (an den Rändern stehen Y-Einheiten), oder, anders ausgedrückt, das Verhältnis der Anzahl von X-Sequenzen, die genau n Einheiten enthalten, zur Gesamtzahl aller X-Sequenzen, die im Copolymer vorliegen, ist:

$$S(\mathrm{X})_n = \frac{P(\mathrm{YX}^n\mathrm{Y})}{\sum_{n=1}^{\infty} P(\mathrm{YX}^n\mathrm{Y})} = \frac{P(\mathrm{YX}^n\mathrm{Y})}{P(\mathrm{YX})} = P_{\mathrm{XX}}^{n-1}(1 - P_{\mathrm{XX}})\,. \qquad (4.36)$$

Das Zeichen X^n im Argument der Formel (4.36) symbolisiert dabei die Sequenz aus n X-Einheiten. Diese Gleichung stellt bis auf die Normierung die Sequenzlängenverteilungsfunktion der Komponente X im Copolymer dar.

Die zahlenmittlere Sequenzlänge $\bar{l}_X$, die ihre Parallele in der zahlenmittleren Molekularmasse hat, ergibt sich nach Gleichung (4.36) als Mittelwert dieser Verteilungsfunktion [4.023b]:

$$\bar{l}_\mathrm{X} = \frac{\sum_{n=1}^{\infty} nS(\mathrm{X})_n}{\sum_{n=1}^{\infty} S(\mathrm{X})_n} = \sum_{n=1}^{\infty} nS(\mathrm{X})_n = \frac{1}{P_{\mathrm{XY}}}\,. \qquad (4.37)$$

Die Vertauschung von X und Y liefert $\bar{l}_Y$ und $\bar{l}_{Y,sz}$. Die $\bar{l}_i$ (i = X oder Y) dienen hier zum einen als Hinweis darauf, daß sich auch Sequenz*längen*verteilungsfunktionen (bzw. im vorliegenden Fall deren Mittelwerte), die ebenfalls auf den P_{ij} basieren, aus hNMR-spektroskopisch zugänglichen Größen (vgl. Tab. 4.2, Spalten (c) und (d)) berechnen lassen. (Solche Berechnungen können beispielsweise für die Untersuchung von

Korrelationen zwischen Sequenzverteilung und Ordnungsgrad bei Bipolymeren nützlich sein [4.066], die aus einer ordnungsfähigen (kristallisierbaren) und einer nichtordnungsfähigen Monomerkomponente bestehen.) Zum anderen stellen die $\bar{l}_i$ Zwischenwerte dar, auf die in Abschnitt 4.3.3.4. zurückgegriffen wird.

$\bar{l}_X$ entspricht damit der Gesamtanzahl aller X-Einheiten, geteilt durch die Anzahl der XY-Verknüpfungen (vgl. Beziehung (4.8d) in Verbindung mit (4.36)). Für die statistisch zufällige Verteilung der Monomereinheiten erhält man als Spezialfall

$$\bar{l}_{X,sz} = \frac{1}{P(Y)} . \tag{4.38}$$

Weitere Verteilungsfunktionen, mit denen man die Wahrscheinlichkeit berechnen kann, eine Monomereinheit X innerhalb bestimmter homogener Sequenzen vorzufinden, sind z. B. in [4.013] angegeben.

Es sei betont, daß die rechte Seite der Gleichungen (4.36) und (4.37) nur für das Markov-Modell 1. Ordnung gilt. Für Markov-Modelle höherer Ordnung werden die Ausdrücke komplizierter, und es sind die bedingten Wahrscheinlichkeiten $P_{ijk\ldots}$ der entsprechenden Ordnung einzusetzen. Für das Bernoulli-Modell dagegen vereinfachen sich die Ausdrücke: Wie auch aus Gleichung (4.38) im Vergleich zu (4.37) ersichtlich ist, braucht man die P_{ij} lediglich durch die entsprechenden Wahrscheinlichkeiten $P(j)$ zu substituieren, d. h., $P_{XY} = P_{YY} = P(Y)$, $P_{YX} = P_{XX} = P(X)$.

Allgemein ist die Berechnung solcher Verteilungsfunktionen nur sinnvoll, wenn die Gültigkeit des Copolymerisationsmodells gewährleistet ist. Sie läßt sich in der Praxis verifizieren durch Überprüfung der Übereinstimmung zwischen den experimentellen Ergebnissen und den theoretischen Voraussagen für mehrere Proben, die unterschiedliche Zusammensetzungen aufweisen.

4.3.3.4. Das Produkt der Monomerreaktivitätsverhältnisse

Im folgenden werden die für alle Berechnungen der Sequenzverteilung notwendigen P_{ij} (Tab. 4.2.) der Einfachheit und Einheitlichkeit halber nach den Beziehungen (4.7c) bis (4.10c) berechnet. In diese gehen nur die am fertigen Copolymer gemessenen Größen X_M, Y_M und R ein. Auch die zahlenmittleren Sequenzlängen $\bar{l}_i$ (i = X oder Y) lassen sich nach den Gleichungen (4.37), (4.8), (c) und (4.9), (c) als Funktion dieser hNMR-spektroskopisch leicht meßbaren Größen darstellen.

Die Beschreibung der Sequenzverteilung durch die Blockzahl R bzw. $\bar{l}_i$ hat aber einen Nachteil: R bzw. $\bar{l}_i$ sind selber Funktionen der Konstitution bzw. der Konstitution und der Blockzahl. Ein Aussagewert läßt sich diesen beiden Größen daher nur im Vergleich mit den entsprechenden Größen R_{sz} bzw. $\bar{l}_{i,sz}$ (vgl. die Beziehungen (4.14) und (4.38)) zuordnen. Es ist infolgedessen zweckdienlicher, nach einem Sequenzverteilungsparameter zu suchen, der z. B. die Sequenzverteilung für den gesamten Konstitutionsbereich

$0 < X_M < 100$ Mol% durch eine einzige Zahl charakterisiert und den man aus R bzw. $\bar{l}_i$ gewinnen kann. Genau diese Anforderungen erfüllt das Produkt der Monomerreaktivitätsverhältnisse $r_X r_Y$. Man erhält es nach der Gleichung [4.022]

$$r_X r_Y = (\bar{l}_X - 1)(\bar{l}_Y - 1) \,. \tag{4.39}$$

Durch die Berechnung des Produktes der MRV $r_X r_Y$ wird zugleich die Verbindung zwischen den statistischen und den kinetischen Größen hergestellt. Das Produkt der MRV kann bei dem hier vorausgesetzten Copolymerisationsmodell ohne Kenntnis der Monomeransatzdaten prinzipiell aus den gemessenen Werten X_M, Y_M und R einer einzigen Probe erhalten werden. Es gilt dann für die gesamte Copolymerserie (unterschiedliche Zusammensetzungen). Umgekehrt läßt sich die Gültigkeit des Copolymerisationsmodelles widerlegen, wenn die für eine Copolymerserie gefundenen $r_X r_Y$-Werte von der Zusammensetzung abhängen.

Die Anwendbarkeit bzw. Aussagefähigkeit der Beziehung (4.39) ist im speziellen Fall jedoch durch eine Fehlerrechnung zu überprüfen. Die Verteilung der Monomereinheiten in der Kette (s. Abb. 4.2) spiegelt sich wie folgt im Produkt der MRV wider:

$r_X r_Y = 1$ „ideal" statistisch zufällig aufgebaute Kette,
< 1 es besteht eine Tendenz zum Alternieren der X- und Y-Einheiten,
$= 0$ „ideal" oder „streng" alternierende Kettenstruktur (siehe oben),
> 1 es besteht eine Tendenz zur Bildung homogener Blöcke.

Zwei Copolymersysteme mit gleichem Produkt der MRV $r_X r_Y$ und gleicher Konstitution weisen die gleiche Sequenzverteilung auf [4.023c].

Zwischen dem Produkt der MRV und dem Polymerisationsmechanismus (radikalisch, ionisch, koordinativ) bestehen Zusammenhänge, auf die hier jedoch nicht näher eingegangen werden kann.

4.3.4. Beschreibung der Mikrostruktur der Kette bei sterischen Copolymeren (konfigurative Statistik)

In Analogie zu den Ausführungen über chemische Copolymere existieren auch bei sterischen Copolymeren zur statistischen Beschreibung Markov-Modelle verschiedener Ordnung (s. z. B. [4.021]).

Der Gehalt und die Verteilung der isotaktischen (i) und syndiotaktischen (s) Verknüpfungen (Abb. 4.1) in *sterischen* Copolymeren ergeben sich als Spezialfall für $F = 1$ aus der Copolymerisationsstatistik: Statt der Monomereinheiten X und Y sind die Verknüpfungen i und s einzusetzen. Zu beachten ist lediglich, daß an die Stelle der Monomer-n-aden hier die Verknüpfungs-

(n-1)-aden treten. Eine Monomer*triade* entspricht daher beispielsweise einer Verknüpfungs*diade*. Mit diesen Voraussetzungen lassen sich alle Sequenzparameter und -verteilungsfunktionen aus den vorangegangenen Abschnitten sinngemäß übernehmen bzw. umschreiben (vgl. dazu 4.5.2.).

Bei der radikalischen Unipolymerisation von Monomeren des Vinyltyps ist das BERNOULLI-Modell in sehr vielen Fällen eine hinreichend gute Näherung zur statistischen Beschreibung des Kettenaufbaus. Die konfigurative Verknüpfungsverteilung wird dann mit einem einzigen Parameter, dem isotaktischen Anteil $P(\mathrm{i}) = \sigma$, charakterisiert. Der syndiotaktische Anteil ist $P(\mathrm{s}) = 1 - P(\mathrm{i}) = (1 - \sigma)$.

Die Entscheidung, ob das BERNOULLI-Modell anwendbar ist, wird in der Literatur häufig durch die Bestimmung des Verhältnisses $4P(\mathrm{ii})\ P(\mathrm{ss})/P(\mathrm{is})^2$ getroffen. Dieses Kriterium ist — wie BOVEY [4.021] ausgeführt hat — sehr empfindlich und kann wesentlich vom zu erwartenden Wert 1 der BERNOULLI-Statistik abweichen, falls die benutzten Monomertriadenanteile nicht sehr genau gemessen worden sind. Im allgemeinen werden Werte des Verhältnisses, die etwa zwischen 0,5 und 2,0 liegen, noch nicht als Widerspruch zur BERNOULLI-Statistik angesehen. Weitere Kriterien sind in [4.024] angegeben. $P(\mathrm{is})$ ist dabei der Molanteil heterotaktischer Verknüpfungsdiaden. $P(\mathrm{ii})$ und $P(\mathrm{ss})$ entsprechen den Molanteilen der als Argument angegebenen homotaktischen Verknüpfungsdiaden.

Die Probleme der konfigurativen Mikrostrukturbeschreibung und -bestimmung mit hNMR (vorwiegend ^{1}H-NMR) ebenso wie die daraus ableitbaren Aussagen über den Polymerisationsmechanismus (allerdings ohne die Vorstellungen über die sogenannte „Stereokontrolle", siehe dazu die Literaturangaben in [4.024]) sind in der Monographie von BOVEY [4.021] ausführlich dargestellt.

4.3.5. Beschreibung der Mikrostruktur der Kette bei gleichzeitig vorliegenden kompositiven und konfigurativen Verknüpfungen

Der Verteilung der *chemisch* unterschiedlichen Einheiten (beispielsweise X und Y) längs der Kette überlagert sich bei der Bipolymerisation z. B. vinylartiger Monomereinheiten noch die Verteilung der *sterisch* unterschiedlichen Konfigurationen, d. h. die Verteilung isotaktischer und syndiotaktischer Verknüpfungen innerhalb homogener Sequenzen einer Monomerart und die Verteilung co-isotaktischer und co-syndiotaktischer Verknüpfungen an den XY- und YX-Übergangsstellen. Die allgemeine Statistik binärer Vinylcopolymersysteme mit asymmetrischen α-Kohlenstoffatomen und die Besonderheiten der MARKOV-Modelle bis zur zweiten Ordnung sind von GRONSKI, KLESPER und CANTOW [4.025] unter Verwendung eines Matrixformalismus [4.016] behandelt worden. Dieser fundamentalen Arbeit [4.025] können die Beziehungen zwischen den n-aden-Anteilen gleicher und verschiedener Ordnung, die unabhängig vom MARKOV-Modell gelten, für Bipolymere mit 0 (vgl. Tab. 4.3), 1 bzw. 2 asymmetrischen Kohlenstoffatomen entnommen werden. In einer weiteren Publikation haben Gronski und Klesper [4.026] die Verteilung isotaktischer und syndiotaktischer Verknüpfungen für Bipolymere aus zwei Vinyleinheiten für verschiedene Ansätze der konfigurativen Parameter σ_{ij} (i, j = X oder Y) und drei Arten der kompositiven Statistik (Bernoulli-Modell, Markov-Modell 1. Ordnung: alternierend und blockartig) berechnet. Auf der Grundlage dieser Ergebnisse wurden die Korrelationen zwischen beiden Verteilungen, d. h. der Grad der Transkription der kompositiven Verteilung der Einheiten auf die konfigurative Verteilung der Verknüpfungsarten, untersucht und u. a. an Hand eines Vergleiches der kompositiven Blockzahlen $R_{\text{komp.}}$ (s. (4.16)) mit den analog definierten Blockzahlen $R_{\text{konf.}} = 100\,\overline{P}(\text{is})$ diskutiert. Die gebildete konfigurative Statistik erwies sich im allgemeinen Fall als vom Nicht-Markov-Typ im Gegensatz zum angenommenen Markov-Modell 1. Ordnung für die kompositiven Ketten. Sie hängt sowohl vom Produkt der MRV $r_X r_Y$ als auch von der Zusammensetzung P(X) ab.

Ein sehr instruktiver Vergleich verschiedener Auswerteverfahren h-NMR-spektroskopischer Messungen (^{1}H-NMR) zur Gewinnung konfigurativer und kompositiver Mikrostrukturparameter ist von Stroganov, Platé und Mitarbeitern [4.027] am Beispiel von Styren-Methylmethacrylat-Copolymeren durchgeführt und diskutiert worden.

Zur Bestimmung der konfigurativen Parameter des Kreuzwachstumsschrittes σ_{XY} und σ_{YX} (molare Anteile co-isotaktischer Verknüpfungen zwischen den Monomereinheiten X und Y und umgekehrt, Bernoulli-Modell hinsichtlich der konfigurativen Verknüpfungen s. o.) aus Monomertriadenmessungen hat Klesper [4.028] anstelle der aufwendigeren Kurvenanpassungsmethode [4.029] eine Schnittpunktmethode vorgeschlagen. Jedoch lassen sich, wie aus der Arbeit [4.029] hervorgeht, die co-isotaktischen Anteile σ_{XY} und σ_{YX}, die ungleich sein können, *einzeln* nicht eindeutig mit der hNMR-Spektroskopie allein ermitteln. Man kann spektroskopisch nur ihr Produkt $\Sigma_P = \sigma_{XY} \cdot \sigma_{YX}$ und ihre Summe $\Sigma_S = \sigma_{XY} + \sigma_{YX}$, die bei der zitierten Schnittpunktmethode verwendet werden, bestimmen.

4.3.6. Beschreibung der Mikrostruktur der Kette bei substituierten Polymeren

Bipolymere oder Multikomponentenpolymere lassen sich nicht nur durch die bisher behandelte Copolymerisation gewinnen, sondern auch durch Reaktionen funktioneller Gruppen fertiger (isolierter) Makromoleküle. Werden als Reaktionspartner der funktionellen Gruppen niedermolekulare Reagenzien verwendet, spricht man von polymeranalogen Reaktionen (PAR). Im Gegensatz zu den Reaktionen funktioneller Gruppen in niedermolekularen Substanzen können bei PAR zusätzlich wichtige, charakteristische Polymereffekte auftreten, die auf der Kettenstruktur der Makromoleküle beruhen und die Reaktionsfähigkeit der funktionellen Gruppen beeinflussen. Diese Effekte sind in den Arbeiten von Platé und Noah [4.030] zusammengestellt. Wir wollen uns hier auf die Betrachtung des „Nachbargruppen“-Effektes beschränken. Er ist definiert [4.031] als die Änderung der Reaktionsfähigkeit einer gegebenen funktionellen Gruppe oder Wiederholungseinheit der makromolekularen Kette unter dem Einfluß bereits reagiert habender (umgewandelter) Gruppen, die sich in der unmittelbaren Nachbarschaft der betrachteten Gruppe befinden. Die Reaktionsfähigkeit der betreffenden Gruppen (bzw. Wiederholungseinheiten) wird daher eine Funktion des Umwandlungsgrades bzw. des Fortschreitens der Reaktion. Ähnlich wie bei der Copolymerisation lassen sich die Voraussetzungen für eine bestimmte kinetische und/oder statistische Beschreibung der PAR als „Substitutionsmodell" zusammenfassen [4.029]. Grundvoraussetzungen sind, daß die Umwandlungsreaktionen im homogenen Medium (z. B. in verdünnter Lösung des Polymers) bei hinreichendem Überschuß des niedermolekularen Reaktionspartners ablaufen. Wir wollen im folgenden die noch nicht umgewandelten (ursprünglichen) Wiederholungseinheiten des Polymers mit X, die einfach umgewandelten mit Y (die zweifach umgewandelten mit Z, usw.) bezeichnen. Als wesentlichste Annahme des Substitutionsmodells sei der Nachbargruppeneffekt genauer definiert: Die Reaktivität der X-Einheiten hänge nur von der Art der nächsten Nachbarn rechts und links von X ab. Für die einfache Umwandlung gilt das Reaktionsschema

$$\mathrm{XXX} \xrightarrow{k_0} \mathrm{XYX}\,,$$

$$\mathrm{XXY\ oder\ YXX} \xrightarrow{k_1} \mathrm{XYY\ oder\ YYX}\,,$$

$$\mathrm{YXY} \xrightarrow{k_2} \mathrm{YYY}\,.$$

Ist der Nachbargruppeneffekt wirksam, so wird das kinetische und sequentielle Verhalten der Produkte PAR sehr viel komplexer als im Falle der Copolymerisation. KLESPER und Mitarbeiter [4.032] haben dies am Beispiel der Triaden demonstriert (Abb. 4.3). Jede Wiederholungseinheit X, die in eine

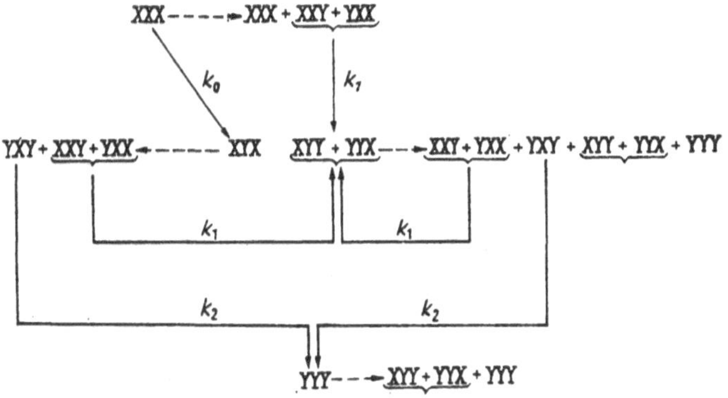

Abb. 4.3. Flußdiagramm der Grundreaktionen (→) und der Kopplungen der Reaktionen (-- →) am Beispiel der einfachen Umwandlung von Triaden bei polymeranalogen Reaktionen mit Nachbargruppeneffekt (nach [4.032]).

Einheit Y umgewandelt worden ist, ändert nicht nur die Triade, deren zentrale Einheit sie bildet, sondern zugleich die beiden benachbarten Triaden rechts und links, deren flankierende Einheit sie ist. Man muß daher die drei *Grundreaktionen* mit den Geschwindigkeitskonstanten k_i ($i = 0, 1, 2$), die in Abbildung 4.3 durch ausgezogene Pfeile gekennzeichnet sind, von den *Kopplungen* der Reaktionen (gestrichelte Pfeile) unterscheiden.

Wie in [4.031, 4.032] gezeigt wird, weisen die Produkte PAR, die sich in der genannten Weise charakterisieren lassen, im allgemeinen eine Sequenzverteilung auf, die einem Nicht-Markov-Typ entspricht, weil die Strukturbildungsreaktionen im Unterschied zur Copolymerisation nicht geregelt entlang irgendeiner Richtung der makromolekularen Kette ablaufen. Die Sequenzverteilung wird durch das Verhältnis der Geschwindigkeitskonstanten $k_0:k_1:k_2$ bestimmt.

Auf die exakte kinetische bzw. statistische Behandlung von PAR wird in der Monographie [4.031] ausführlich eingegangen. Für gewisse Relationen zwischen den Geschwindigkeitskonstanten und für bestimmte Umwandlungsgradbereiche, die in [4.031] näher erläutert sind, stellen Markov-Modelle 2. und sogar 1. Ordnung eine gute Näherung dar (letzteres z. B. für $k_0 > k_1 > k_2$ und $P(\mathrm{Y}) < 0{,}4$).

Ziel der Mikrostrukturuntersuchungen mit hNMR an Produkten der PAR ist die Bestimmung des Molanteils der umgewandelten Einheiten $P(\mathrm{Y})$ (der bei der einfachen Umwandlung identisch mit dem Umwandlungsgrad ist), die allgemeine quantitative Charakterisierung der Sequenzverteilung, z. B. durch die Blockzahl R, und die Ermittlung des Verhältnisses der Geschwindigkeitskonstanten $k_0:k_1:k_2$. Während der Umwandlungsgrad $P(\mathrm{Y})$ und auch die Blockzahl R aus den hNMR-Spektren (Intensitätsverhältnisse geeigneter Teilstrukturresonanzen bzw. n-aden Resonanzen) relativ leicht gewonnen werden können (vgl. Tabn. 4.10 und 4.11), läßt sich das Verhältnis der Geschwindigkeitskonstanten $k_0:k_1:k_2$ nicht *direkt* bestimmen. Man erhält es, indem man die gemessenen relativen n-aden-Häufigkeiten (Molanteile) mit den unter Vorgabe eines geeigneten statistischen Modells berechneten Anteilen vergleicht. Beispiele für die berechnete Abhängigkeit verschiedener n-aden-Anteile vom gewählten Verhältnis $k_0:k_1:k_2$ sind in [4.030b, 4.031] diskutiert. (Siehe dazu auch Abbn. 4.14 bis 4.16.) (Im Unterschied zu den Copolymeren werden die n-aden hier nicht aus Monomereinheiten, sondern aus den Strukturelementen X und Y, den Wiederholungseinheiten gebildet, vgl. Diskussion in 4.2.).

Beispielsweise für das Markov-Modell 1. Ordnung sind Möglichkeiten der Berechnung der Blockzahl R für ein vorgegebenes Verhältnis $k_0:k_1:k_2$ bei festgehaltenen Molprozenten der nicht umgewandelten Einheiten $\mathrm{X_M} = 100P(\mathrm{X})$ von Litmanowitsch und Krenzel [4.033, 4.034] sowie Keller

[4.035] vorgeschlagen worden. Für Verhältnisse $k_0 > k_1 \geqq k_2$ (Verzögerungseffekt der benachbarten bereits umgewandelten Einheiten) sind die berechneten Blockzahlen $R_{\text{ber.}} > R_{\text{sz}}$ (vgl. (4.14)), d. h., die Verteilung der Wiederholungseinheiten in der Kette weist eine Tendenz zum Alternieren auf (Beispiel s. Abb. 4.2).

Für Verhältnisse $k_0 < k_1 \leqq k_2$ (Beschleunigungseffekt) dagegen findet man $R_{\text{ber.}} < R_{\text{sz}}$, d. h. einen Kettenaufbau mit Tendenz zur blockartigen Verteilung der Wiederholungseinheiten.

Mit den berechneten Blockzahlen $R_{\text{ber.}} = R(k_0 : k_1 : k_2, X_M)$ können dann die bedingten Wahrscheinlichkeiten P_{ij} nach den Beziehungen (4.7) (c) bis (4.10) (c) berechnet werden, womit alle Voraussetzungen für die weitere Berechnung beliebiger Merkmale des Kettenaufbaus entsprechend 4.3.3.3. gegeben sind.

Ein weiterer Effekt ist zu berücksichtigen, wenn eine doppelte oder sogar dreifache (hier gleichartige) Substitution zugelassen wird. So kann beispielsweise bei der Chlorierung von Polyethylen oder auch Polyvinylchlorid eine (—CH_2—)-Gruppe sowohl einfach in eine (—CHCl—)-Gruppe als auch doppelt in eine (—CCl_2—)-Gruppe umgewandelt werden. (Die Methylgruppe von Polypropylen könnte theoretisch sogar dreifach chloriert werden.) Hat an einer solchen Wiederholungseinheit bereits eine einfache Substitutionsreaktion stattgefunden (Umwandlung X → Y), kann die nachfolgende Substitutionsreaktion (Umwandlung Y → Z) durch den im Ergebnis der vorangegangenen Reaktion entstandenen *neuen* Zustand der Wiederholungseinheit (in bindungstheoretischer wie sterischer Hinsicht) unbeeinflußt bleiben oder aber behindert bzw. gefördert werden. Zur mathematischen Beschreibung ist von Frensdorff und Ekiner [4.036] der Parameter λ eingeführt worden, wobei für den Fall der Behinderung der weiteren Substitution $\lambda < 1$ und für den Fall der Förderung $\lambda > 1$ gilt. $\lambda = 1$ würde der statistisch zufälligen Doppelsubstitution entsprechen. Eine exakte kinetische bzw. statistische Behandlung dieses Effektes im *Zusammenwirken* mit dem Nachbargruppeneffekt existiert wegen der Kompliziertheit des Problems gegenwärtig noch nicht. Bei Doppelsubstitution wäre der Nachbargruppeneffekt durch ein Verhältnis von 12 Geschwindigkeitskonstanten zu beschreiben.

Zwei Lösungswege zeichnen sich jedoch ab:

— die *Monte-Carlo*-Simulation des Substitutionsprozesses,

— der Einsatz näherungsweiser Behandlungsmethoden [4.035, 4.036], die auf einem Markov-Modell basieren.

Letztere können in der Regel mit Kleinrechnern bewältigt werden. Die hNMR-Mikrostrukturanalyse kann einen sehr wertvollen Beitrag zur experimentellen Bestimmung des Parameters λ und des Verhältnisses der Geschwindigkeitskonstanten $k_0 : k_1 : k_2$ liefern (s. 4.5.5.).

4.4. Gewinnung der Mikrostrukturparameter von Polymeren aus den hNMR-Spektren

4.4.1. Spektrenparameter und Aussagemöglichkeiten über Polymere und Monomere

Als Beispiel für die Spektrenparameter ist die ^{13}C-PFT-NMR-Spektroskopie gewählt worden (Tab. 4.4). Sinngemäß gleiche Parameter und Aussagemöglichkeiten treffen für die ^{1}H-NMR-Spektroskopie zu. Für die quantitative Mikrostrukturanalyse haben, abgesehen von *den* Spektrenparametern, die der Gewinnung der Linienzuordnung dienen (wie hauptsächlich die chemischen Verschiebungen), die *Intensitäten* der Resonanzlinien die ausschlaggebende Bedeutung. Sie sind bei geeigneter Wahl der Meßbedingungen (Spektrometereinstellung) proportional der Anzahl der in Resonanz befindlichen Kerne und damit proportional den *n*-aden-Anteilen.

4.4.2. Grundlegende Anforderungen bei der Aufnahme der hNMR-Spektren

Wenn man qualitativ und quantitativ gut auswertbare hNMR-Spektren von Polymeren aufnehmen will, müssen einige grundlegende NMR-spektroskopische und probenspezifische Bedingungen eingehalten werden. Diese sind im folgenden zusammengestellt. Im übrigen wird auf die Spektrometerbedienungsanleitung verwiesen.

a) *Optimale Spektrometereinstellung*

α) CW-Betrieb (ohne Spektrenakkumulation):
Vermeidung von Sättigungseffekten (Intensitätsverfälschungen) durch hinreichend klein eingestellte B_1-Flußdichte und angepaßte Sweepgeschwindigkeit. Wahl einer geeigneten Spektrenbreite (Frequenzbereich), Einstellung der Schreiberverstärkung so, daß für die Spektrenauswertung die volle Papierhöhe ausgenutzt werden kann.

β) Impulsbetrieb (mit Akkumulation des FID):
Geeignete Wahl der HF-Impulsdauer t_w, des Impulsabstandes t_0, der Spektrenbreite F (anhand Δt) und der Speicherplätze N für den FID, um eine genügend gute spektrale Auflösung ohne Intensitätsverfälschungen zu gewährleisten und das Sampling-Theorem einzuhalten (vgl. 1.2.3.).
Wahl einer genügend großen Anzahl von Akkumulationen als Voraussetzung für ein günstiges Signal/Rausch-Verhältnis. Vermeidung weiterer Fehlerquellen, die die Intensitäten beeinflussen (vgl. Tab. 1.4 in 1.2.3.).

b) *Optimale Probenpräparation*

Geeignete Wahl eines Lösungsmittels, in dem die *n*-aden-Resonanzen möglichst gut getrennt beobachtbar sind, der Referenzsubstanz (meist TMS oder HMDS), der Spektrometerstabilisierungssubstanz (bei interner Fremdkernstabilisierung z. B. mit ^{2}D-Resonanz) sowie der möglicherweise benutzten quantitativen Standardsubstanzen, Relaxationsreagenzien (zur Unterdrückung des NOE) usw. Alle genannten Komponenten müssen zusammen mit dem Polymer eine homogene Lösung ergeben. Die Resonanzlinien aller dieser Verbindungen sollten von denen des Polymers getrennt liegen.

Tabelle 4.4. Informationen aus den Spektrenparametern von Polymeren, Modellsubstanzen und Monomeren am Beispiel der ^{13}C-PFT-NMR-Spektroskopie

Spektrenparameter	Aussagemöglichkeiten
1. Lage der Resonanzlinien im Spektrum: chemische Verschiebung $\delta(^{13}C)$ in ppm, bezogen auf die Resonanz einer Referenzsubstanz (z. B. TMS oder HMDS)	– Linienzuordnung – Korrelationen mit der Bindungstheorie (mit π-Ladungsdichte, π-Bindungsordnung, freien Valenzindizes usw., mit sterischen Effekten) – Korrelationen mit dem Q-e-Schema (Monomerreaktivitäten) – Korrelationen mit Parametern der EDA-Komplexbildung
2. homonukleare Kopplungskonstanten $J(^{13}C, ^{13}C)$, in Hz. (Sie können praktisch nur bei ^{13}C-angereicherten Substanzen gemessen werden.)	– Konformationsanalyse
3. heteronukleare Kopplungskonstanten, hauptsächlich $J(^{1}H, ^{13}C)$, in Hz, über eine und mehrere Bindungen	– Linienzuordnung – Korrelationen mit Bindungstheorie (mit Bindungsordnung, Elektronegativität) – Konformationsanalyse
4. Multiplizitäten der Resonanzlinien bei Spektrenaufnahme ohne ^{1}H-Rauschentkopplung, mit gepulster ^{1}H-Rauschentkopplung oder mit off-resonance-Entkopplung	– Linienzuordnung
5. Linienbreiten in Hz	– Linienzuordnung – mikrodynamisches Verhalten (Austauschraten, Konformationsänderungen, molekulare Beweglichkeit)
6. Spin-Gitter-Relaxationszeiten T_1, in s, für individuelle Resonanzlinien (selektive T_1-Messung)	– Linienzuordnung – molekulare Beweglichkeit (Beweglichkeit von Kettensegmenten, Gruppen, Flexibilität der Kette)
7. Kern-Overhauser-Effekt (NOE), Verstärkungsfaktor η	– Art des Relaxationsmechanismus (mikrodynamisches Verhalten) – Bestimmung der „Bindungsorte" paramagnetischer Metallionen oder Spinsonden in labilen Komplexen
8. Intensitäten I der Resonanzlinien unter Berücksichtigung der NOE	– Linienzuordnung – quantitative Mikrostrukturanalyse

Sorgfältige Wahl der Konzentration des Polymers in der Lösung (s. Tab. 1.2): Bei der ^{1}H-NMR kann bei zu hoher Konzentration des Polymers die Beweglichkeit bereits so weit eingeschränkt sein, daß die direkte ^{1}H-^{1}H-Dipol-Dipol-Wechselwirkung als Linienverbreiterung beobachtbar wird. Bei der ^{13}C-NMR dagegen sind wegen des größeren räumlichen Abstandes der ^{13}C-Kerne voneinander und des kleineren magnetischen Momentes höhere Konzentrationen (s. 4.4.5.) ohne Beeinträchtigung der spektralen Auflösung möglich. Bei der Messung von Polymergemischen oder Copolymeren, die hinsichtlich ihrer Zusammensetzung uneinheitlich sind, ist z. B. auf Unverträglichkeitserscheinungen (s. 5.1.3.1.), die sich in einer Phasentrennung oder partiellen Entmischung äußern, zu achten. Solche Effekte sind zu vermeiden (Verringerung der Konzentration der Polymere in der Lösung, meist Erhöhung der Meßtemperatur, Änderung des Lösungsmittels), weil sie die Meßergebnisse stark verfälschen können. Mikrostrukturuntersuchungen an starrkettigen Polymeren sollten in isotroper Phase ausgeführt werden.

c) *Wahl einer geeigneten Meßtemperatur*

Sie muß einerseits genügend hoch sein, um eine homogene Lösung des Polymers mit ausreichender Beweglichkeit zu gewährleisten, andererseits dürfen jedoch noch keine Zersetzungserscheinungen (Kettenabbau) eintreten. Keine der niedermolekularen Komponenten der Lösung darf sieden, da aufsteigende Gasblasen die Spektrometerstabilisierung stören.

4.4.3. Besonderheiten der hNMR-Spektren von Polymeren

Niedermolekulare Verbindungen ergeben im allgemeinen ein definiertes Spektrum für jedes Isomer. Das Gesamtspektrum einer Mischung z. B. zweier spektroskopisch unterscheidbarer Isomere entspricht der Überlagerung der Spektren der beiden Isomere, wobei die relative Häufigkeit (Molanteile der Komponenten) das Intensitätsverhältnis der zugehörigen Teilspektren im Gesamtspektrum bestimmt. Die in der Mischung vorhandenen Isomere lassen sich in der Regel entsprechend ihren unterschiedlichen physikalischen Eigenschaften (Siedepunkt, Kristallisationsverhalten etc.) trennen, so daß die Zuordnung der Teilspektren zu den Komponenten — wenn sie nicht bereits spektroskopisch evident ist — keine Schwierigkeiten bereitet.

Bei den meisten Polymeren läßt sich die makromolekulare Kette aus einer Vielzahl gleichlanger, aber sterisch und/oder chemisch unterschiedlich zusammengesetzter Kettenstücke aufgebaut denken. Diese Teilstrukturen sind im Gegensatz zu den niedermolekularen Verbindungen untrennbar miteinander verknüpft und können ohne Zerstörung der Kette (z. B. Pyrolysegaschromatographie) nicht unabhängig voneinander untersucht werden. Das gleichzeitige Vorhandensein dieser Vielzahl von Teilstrukturen wirkt sich in den hNMR-Spektren als Überlagerung der zugehörigen Teilspektren (Teilresonanzen) entsprechend der relativen Häufigkeit der Teilstrukturen in der Kette aus. Wie viele solcher Teilspektren sich überlagern oder — anders ausgedrückt — wie lang die Kettenstücke sind, deren zentrale betrachtete Kerne (hier ^{1}H oder ^{13}C) spektroskopisch gerade noch unterscheidbare Teilspektren erzeugen, richtet sich bei vorgegebenem Polymer nach der Meßfrequenz des Spektrometers.

Die Erhöhung der Meßfrequenz (magnetische Flußdichte $\boldsymbol{B}_0$) hat folgende Wirkungen:

— Der Informationsgehalt des Spektrums erhöht sich:
  Man erhält Informationen über *längere* Kettenstücke. Dadurch steigt die *Anzahl* der zum Gesamtspektrum beitragenden Teilspektren infolge der Zunahme der

sterischen und/oder chemischen Verknüpfungsmöglichkeiten der Wiederholungseinheiten, die die Teilstrukturen bilden. Je länger aber die spektroskopisch unterscheidbaren Teilstrukturen sind und je genauer ihre relative Häufigkeit gemessen werden kann, um so besser können die zur Interpretation benutzten theoretischen Strukturbildungsmodelle (s. 4.3.) verifiziert werden.

— Die Verhältnisse $J/\delta\nu_0$ (der Kopplungskonstanten zu den chemischen Verschiebungen) nehmen für die betrachteten zentralen Kerne ab. Dadurch *vereinfachen* sich die Teilspektren. Letzteres ist für die ^{1}H-NMR-Teilstrukturanalyse von großer Bedeutung, spielt dagegen für die ^{13}C-NMR-Spektroskopie von Polymeren keine Rolle.

— Die Linienbreiten verringern sich,

(— das Signal/Rausch-Verhältnis erhöht sich).

Aus den genannten Gründen sollten für hNMR-Mikrostrukturuntersuchungen an Makromolekülen Spektrometer mit möglichst *hoher* Meßfrequenz (mindestens 100 MHz für ^{1}H-NMR, 20 MHz für ^{13}C-NMR) benutzt werden.

Für die Mikrostrukturanalyse resultieren aus den Besonderheiten der hNMR-Spektren von Polymeren folgende Probleme:

— das Erkennen von Teilspektren im Gesamtspektrum,

— die korrekte Zuordnung der Teilspektren zu den zugehörigen Teilstrukturen,

— die richtige und reproduzierbare Abtrennung der Teilspektren voneinander bzw. aus dem Gesamtspektrum.

4.4.4. Gang einer hNMR-Mikrostrukturanalyse

Der Gang einer hNMR-Mikrostrukturanalyse ist im folgenden zusammengefaßt. Hinsichtlich einer detaillierteren Darstellung der Hilfsmittel zur Gewinnung der Linienzuordnung, der Probleme der quantitativen Analyse und der Spektrensimulation wird auf die Arbeiten [4.005, 4.120] verwiesen.

a) Aufnahme der zu analysierenden Spektren unter Beachtung des im Abschnitt 4.4.2. Gesagten,

b) Zusammenstellung aller chemisch unterschiedlichen Gruppen sowie aller möglichen und wahrscheinlichen n-aden (Teilstrukturen), die in dem untersuchten Polymer vorkommen können,

c) Zuordnung der Teilspektren (Resonanzlinien oder Multipletts) zu den chemischen Gruppen bzw. zu den Teilstrukturen der makromolekularen Kette,

d) eindeutige (richtige und reproduzierbare) Abtrennung der Teilresonanzen aus dem Gesamtspektrum und voneinander; Bestimmung der relativen Intensitäten der Teilspektren, bezogen auf die Intensität des Gesamtspektrums. Als Möglichkeiten der Intensitätsmessung kommen je nach den apparativen und stoffspezifischen Modalitäten sowie Genauigkeitsanforderungen folgende in Frage:

   — Verwendung des Computerausdruckes der Intensitäten,

— Bestimmung der Intensitäten (Flächen) der Teilresonanzen durch elektronische Integration und Stufenhöhenmessung, durch Planimetrieren oder durch Ausschneiden und Wiegen (die Peakhöhenmessung ist wegen unterschiedlicher Linienbreiten nur ein grobes Maß),
— Bestimmung der Intensitäten sich überlappender Teilresonanzen durch Computersimulation der Spektren oder mit Hilfe eines Kurvenanalysators.

e) Ermittlung der relativen Intensitätskorrekturfaktoren für die gewählten Meßbedingungen (dies gilt nur für den Impulsbetrieb, wenn unterschiedliche NOE-Faktoren oder sonstige Intensitäts-„Verfälschungen" zu erwarten sind),
f) Ableitung von allgemeinen Beziehungen zwischen den relativen Intensitäten der Teilspektren und den Mikrostrukturparametern unter Vorgabe geeigneter theoretischer Modellvorstellungen über die Entstehung der zu untersuchenden Mikrostruktur (Polymerisations-, Copolymerisations-, Substitutionsmodell ..., Statistik der Strukturbildungs- bzw. -wandlungsreaktionen),
g) Einsetzen der gemessenen relativen Intensitäten in die abgeleiteten Mikrostrukturbeziehungen und Berechnung der quantitativen Werte der Mikrostrukturparameter (dies wird in der Regel an einer Proben*serie* z. B. unterschiedlicher Konstitution durchgeführt, um die in die Auswertung eingegangenen theoretischen Modellvorstellungen zu verifizieren),
h) Abschätzung der Genauigkeit bzw. Fehler der erhaltenen Mikrostrukturparameter,
i) graphische Darstellung der für die untersuchte Probenserie erhaltenen Mikrostrukturdaten (s. [4.005, 4.120]), Diskussion der Ergebnisse im Hinblick auf die Bedingungen der Strukturbildung bzw. -wandlung oder in bezug auf ihre Korrelation mit ausgewählten physikalischen, chemischen oder technologischen Eigenschaftsmerkmalen.

4.4.5. Gegenüberstellung ^{1}H- und ^{13}C-NMR

Im Vergleich zur ^{1}H-NMR erhält man mit der ^{13}C-NMR-Spektroskopie *mehr Informationen* über die Mikrostruktur von Makromolekülen, da sich die zu unterschiedlichen Teilstrukturen der Kette gehörenden Teilresonanzen in der Regel weniger stark überlagern (natürlicher Wegfall der homonuklearen und routinemäßige Beseitigung der heteronuklearen elektronengekoppelten Spin-Spin-Wechselwirkung durch ^{1}H-Rauschentkopplung). (Vgl. auch Abbn. 4.4, 4.5 und 4.10, Abschn. 4.5.) Die Informationen (Tab. 4.4) werden zudem bei ^{13}C-NMR durch direkte Messung am Kohlenstoffgerüst gewonnen. Darüber hinaus sind die ^{13}C-NMR-Spektren — falls die Linienzuordnung bekannt ist — *einfacher* auszuwerten. Diesen allgemeinen Vorteilen der ^{13}C-NMR-Spektroskopie stehen jedoch ein *höherer gerätetechnischer* Aufwand, eine oft *längere*

Meßzeit und eine meist *größere* erforderliche Probenmenge gegenüber. Hieraus folgen *höhere* Kosten im Vergleich zur ^{1}H-NMR-Spektroskopie.

In Tabelle 1.2 sind die beiden Spektroskopiearten einander gegenübergestellt, wobei für die ^{1}H-NMR der gegenwärtig (noch) am häufigsten verwendete stationäre Betrieb (contineous wave, CW), für die ^{13}C-NMR dagegen der Impulsbetrieb (pulse Fourier transform, PFT) gewählt worden ist. Ein Vergleich der Empfindlichkeiten beider Betriebsarten ist in [4.037, 4.038] diskutiert.

Die Überlegenheit der ^{13}C-NMR-Spektroskopie für die Mikrostrukturaufklärung an Makromolekülen beruht im wesentlichen auf folgendem (vgl. Tabn. 1.1, 1.2):

— Der Bereich der chemischen Verschiebungen $\delta(^{13}C)$ ist wesentlich größer als $\delta(^1H)$.
— Die Resonanzfrequenzen sind kleinen Strukturänderungen (Änderung der elektronischen Umgebung der betrachteten ^{13}C-Kerne) gegenüber empfindlicher. Geringe chemische und/oder sterische Unterschiede in den Teilstrukturen spiegeln sich in unterschiedlichen chemischen Verschiebungen $\delta(^{13}C)$ der zugehörigen Resonanzen wider.
— Die dipolare ^{13}C-^{13}C-Kopplung ist wegen der geringen natürlichen Häufigkeit der ^{13}C-Kerne praktisch vernachlässigbar. Auch die dipolare Kopplung mit anderen Spezies (z. B. mit paramagnetischen Verunreinigungen) ist wegen des kleineren magnetischen Momentes der ^{13}C-Kerne im Vergleich zu den Protonen für gleiche Abstände um den Faktor 4 geringer [4.037]. Intermolekulare Wechselwirkungen spielen eine untergeordnete Rolle. Der maßgebliche Beitrag zur Linienbreite rührt von der Wechselwirkung mit direkt gebundenen Protonen her [4.037]. Daher erhält man relativ kleine Linienbreiten auch für verhältnismäßig konzentrierte Lösungen.
— Die homonukleare elektronengekoppelte ^{13}C-^{13}C-Kopplung, die zu komplizierten Teilspektren der Teilstrukturen führen würde, beeinflußt wegen der geringen natürlichen Häufigkeit der ^{13}C-Kerne die Spektren praktisch nicht.
— In der ^{1}H-NMR gehören zu den betrachteten zentralen Protonen der Teilstrukturen der makromolekularen Kette *komplizierte* Teilspektren infolge der homonuklearen elektronengekoppelten Spin-Spin-Wechselwirkung benachbart gebundener Protonen. Die Teilspektren lassen sich im allgemeinen nur unter Zuhilfenahme quantenchemischer Rechenverfahren berechnen bzw. analysieren. In der ^{13}C-NMR tritt an die Stelle der homonuklearen die heteronukleare elektronengekoppelte Spin-Spin-Wechselwirkung der ^{13}C-Kerne mit den direkt gebundenen Protonen. Sie verursacht in der Regel einfache Multipletts ($|^1J(^{13}C, ^1H)| \ll |\nu(^1H) - \nu(^{13}C)|$), für die die sogenannten Multiplizitätsregeln (Anzahl der Multiplettlinien $Z = N + 1$ für Spins mit $I = 1/2$, N — Anzahl der benachbarten koppelnden Kerne)[1] gelten. Diese Multipletts vereinfachen sich bei routinemäßig angewendeter Protonenrauschentkopplung weiter zu Singuletts, wodurch die chemische Verschiebung eines betrachteten C-Atoms unmittelbar aus der Lage der Resonanzlinie der Teilstruktur im Spektrum bestimmbar ist und die Abtrennung der Resonanzen voneinander sehr erleichtert wird. Zugleich verbessert sich das Signal/Rausch-Verhältnis, wenn die Intensität der Teilresonanz nicht auf mehrere Resonanzlinien (Multiplett) verteilt, sondern in der Singulettresonanz konzentriert ist. Auf die mit dem NOE verbundene Erhöhung des Signal/Rausch-Verhältnisses ist in Kapitel 1 hingewiesen.
— Es sind selektive Relaxationszeitmessungen für Teilstrukturen der makromolekularen Kette möglich, woraus — unter Vorgabe geeigneter Bewegungsmodelle und bei Kenntnis des Relaxationsmechanismus — Rückschlüsse auf die molekulare Beweglichkeit dieser Teilstrukturen gezogen werden können.

[1] Für $N = 2$ ergibt sich mit $Z = 3$ z. B. ein Triplett, bei dem die Linien ein Intensitätsverhältnis von 1:2:1 aufweisen.

— Bei einigen Polymeren lassen sich infolge der relativ hohen molekularen Beweglichkeit im gequollenen bzw. im festen Zustand (oberhalb der Glasübergangstemperatur T_g) hochaufgelöste ^{13}C-NMR-Spektren aufnehmen, die in der spektralen Auflösung der Resonanzen denen des gelösten Polymers nahe kommen.

Im Vorgriff auf die im nächsten Abschnitt an Beispielen diskutierten Ergebnisse können für die Mikrostrukturanalyse von Polymeren folgende allgemeine Aussagen getroffen werden: Die Sequenzverteilungsparameter lassen sich in der Regel *genauer* und *zwangloser* mit ^{13}C-NMR ermitteln. Die Konstitutionswerte dagegen sind mit ^{1}H-NMR genauer und vor allem *billiger* bestimmbar. Wo Sequenzverteilungsparameter bereits mit der ^{1}H-NMR-Spektroskopie erhalten werden, sollte man diese Methode bevorzugen. Erfahrungsgemäß führt die Kombination beider Methoden zu optimalen Ergebnissen.

4.5. Beispiele der Mikrostrukturanalyse von Polymeren

4.5.1. Bestimmung der Taxie von Polyvinylchlorid und anderen Vinylpolymeren

In den letzten zwanzig Jahren haben sich viele Publikationen mit der Bestimmung der Taxie von PVC mit Hilfe der ^{1}H-NMR-Spektroskopie beschäftigt (s. z.B. Literaturübersichten in [4.021, 4.039, 4.040]), wobei die Abhängigkeit der Taxie von den Herstellungsbedingungen (z.B. von der Polymerisationstemperatur, dem angewendeten Katalysatorsystem, der Art des Polymerisationsmediums etc.) untersucht worden ist. PVC kann daher neben PMMA als klassisches illustratives Beispiel für die Mikrostrukturaufklärung an sterischen Copolymeren gelten.

PVC ergibt infolge der elektronengekoppelten Spin-Spin-Wechselwirkung ein sehr komplexes ^{1}H-NMR-Spektrum sowohl für die Methin- als auch für die Methylengruppen. In dem Beispiel für ein 100-MHz-Spektrum in Abbildung 4.4a) sieht man, daß der Methinprotonenteil des Spektrums spektroskopisch schlechter aufgelöst ist als der Methylenprotonenteil. Beide Spektrenteile sind jedoch durch die elektronegative Wirkung des Chlor, die eine Verschiebung in Richtung abnehmender magnetischer Flußdichte $\boldsymbol{B}_0$ vor allem der Methinprotonenresonanz verursacht, sehr gut voneinander getrennt. (Ein 220-MHz-Spektrum ist nicht viel weniger kompliziert aus den Überlagerungen der Teilspektren zusammengesetzt.) Um die ^{1}H-NMR-Spektren von PVC vereinfachen und analysieren zu können, lassen sich drei verschiedene Methoden anwenden:

— *Selektive Deuterierung.* Sie erfolgt am für die Polymerisation eingesetzten Ausgangsmonomer. Man erreichte dadurch auf chemisch präparative

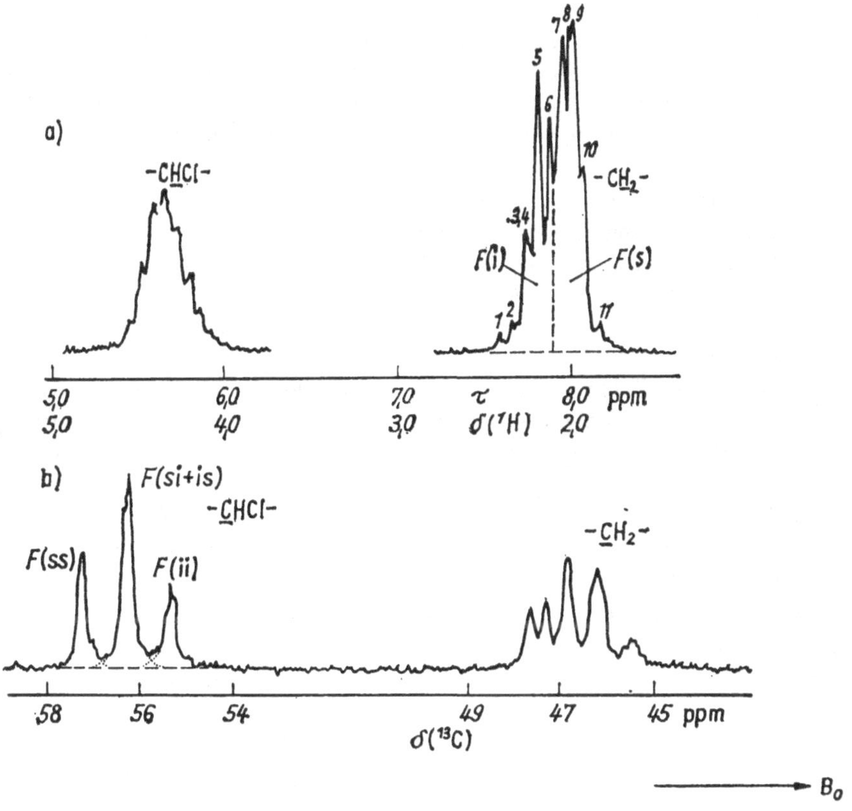

Abb. 4.4. Gegenüberstellung eines 100-MHz-^{1}H-NMR-Spektrums (a)) und eines protonenrauschentkoppelten 22,63-MHz-^{13}C-PFT-NMR-Spektrums (b)) von PVC. (Lösungsmittel: ortho-Dichlorbenzen; Konzentration des Polymers: a) ca. 7 Masse-%, b) ca. 20 Masse-%; Meßtemperatur: 413 K)

Weise eine Entkopplung[1] der Spektren im Methylenteil für PVC-α-d_1 und für PVC-α-cis β-d_2 bzw. im Methinteil für PVC-β, β-d_2. Diese Untersuchungen haben bewiesen, daß der Methylenteil des Spektrums mit Tetraden von Monomereinheiten (Verknüpfungstriaden) zu interpretieren

[1] Da die Resonanzfrequenz der durch Deuterium ersetzten Wasserstoffkerne viel niedriger ist (vgl. Tab. 1.1), sind deren Resonanzlinien im Protonenresonanzspektrum nicht beobachtbar. Die ^{1}H-^{2}D-Kopplungskonstanten sind um den Faktor 0,1535 kleiner als die entsprechenden ^{1}H-^{1}H-Kopplungskonstanten, so daß die dadurch bewirkten Linienaufspaltungen im Vergleich zur Linienbreite bei Polymeren meist vernachlässigt werden können.

ist [4.041a], während der Methinteil durch Überlagerung von Monomertriaden- bzw. -pentadenresonanzen zustande kommt [4.041b].

- *Selektive* ^1H*-*^{1}H*-Mehrfachspinentkopplung* (spektroskopische Manipulation). Die Messungen zeigten, daß der Methinteil des Spektrums das Resultat der Überlagerung der Resonanzlinien von Monomerpentaden ist [4.042].
- *Computersimulation des Spektrums.* Sie hat zum Ziel, geeignete Spektrenzerlegungsverfahren zu entwickeln bzw. zu verifizieren. Das Gesamtspektrum (oder der Methin- bzw. Methylenteil jeweils für sich) wird dabei aus den Teilspektren (Subspektren) der verschiedenen Monomer-n-aden ($n = 5$ für den Methinteil bzw. $n = 4$ für den Methylenteil) entsprechend deren relativen Häufigkeiten zusammengesetzt.[1] Dazu muß man über einen Satz von Spektrenparametern (chemische Verschiebungen, Kopplungskonstanten, Linienbreiten) für jede mögliche dieser Monomer-n-aden verfügen. Solche Sätze von Spektrenparametern lassen sich (zumindest näherungsweise) aus ^{1}H-NMR-Messungen an niedermolekularen Modellsubstanzen, hier z. B. 2,4-Dichlorpentan oder 2,4,6-Trichlorheptan, die man zuvor nach ihren Stereoisomeren fraktioniert hat, gewinnen (s. z. B. [4.021, 4.043]). Die Modellsubstanzen dienten damit zugleich der Bestätigung der Linienzuordnung in den Spektren.

In unserem Laboratorium haben wir vor mehreren Jahren ein leicht anwendbares Verfahren zur Bestimmung der Taxie aus dem Methylenteil der ^{1}H-NMR-Spektren (100 MHz) von PVC entwickelt, das auf der zuletzt genannten Methode basiert und hier als Beispiel für das Prinzip einer Spektrenzerlegung dienen soll. Der Methylenteil des PVC-Spektrums ist in Abbildung 4.4a) rechts dargestellt. Gut erkennbare Peaks sind beziffert. Im linken Teil des Spektrums (Peaks 1 bis 6) konzentrieren sich, wie sich aus der Computersimulation mit der Literatur entnommenen Spektrenparametersätzen für die verschiedenen Monomertetraden (Verknüpfungstriaden) ergab, diejenigen Teilspektren, die zu einer Teilstruktur mit zentraler *isotaktischer* Verknüp-

[1] Der *Methinteil* ergibt sich aus den 9 Teilspektren, die zu den zentralen Methinprotonen der 9 spektroskopisch unterscheidbaren Monomerpentaden issi, isss, ssss, iisi, iiss, isis, siss, iiii und siis gehören. Jedes der komplizierten Teilspektren ist bei der Überlagerung zum Methingesamtspektrum entsprechend seiner relativen Häufigkeit (Molanteil) zu berücksichtigen. Der *Methylenteil* ist bei nicht deuteriertem PVC aus den 6 Teilspektren (Multiplettresonanzen) der zentralen Methylenprotonen der 6 spektroskopisch unterscheidbaren Monomertetraden iii, iis, sis, isi, iss und sss entsprechend deren relativer Häufigkeit zu komponieren. Nur in den Tetraden isi und sss haben die beiden Protonen H_A und H_B der zentralen, betrachteten Methylengruppe die *gleiche* chemische Verschiebung, d. h., $\delta(H_A) = \delta(H_B)$. Bei der Aufzählung der n-aden ist hier nur jeweils *eine* Anordnung angeführt. Das ununterscheidbare Spiegelbild ist zu ergänzen, z. B. (isss + sssi).

fung gehören. Den rechten Spektrenteil (Peaks 7 bis 11) bilden hauptsächlich Teilspektren derjenigen Tetraden, die eine zentrale *syndiotaktische* Verknüpfung aufweisen. In der Mitte überlappen sich beide Spektrenteile.

Sind die Parametersätze für die Teilspektren richtig gewählt, und gibt man als Polymerisationsmodell das BERNOULLI-Modell vor, so läßt sich nur durch Variation des Molanteils $P(\mathrm{i}) = \sigma$ der isotaktischen Verknüpfungen das Gesamtspektrum aus der Überlagerung der gewichteten Teilspektren aller Tetraden berechnen und optimal an das experimentelle Spektrum anpassen. Gewichtsfaktoren sind die molaren Tetradenanteile, die sich nach den Ausführungen in 4.3.4. in Verbindung mit 4.3.3.3. berechnen lassen. (Beispielsweise wäre das normierte Teilspektrum der Tetrade, die die Verknüpfungen isi enthält, mit dem Anteil $P(\mathrm{isi}) = \sigma^2 (1 - \sigma)$ zu multiplizieren.)

Sobald optimale Übereinstimmung (Kongruenz) zwischen dem experimentellen und dem berechneten Spektrum erreicht ist, hat man den gesuchten isotaktischen Anteil σ gefunden. Dieses Verfahren ist für die Behandlung größerer Probenserien jedoch wegen seiner Umständlichkeit und Kosten ungeeignet.

Wenn σ aber für eine Probe in der angegebenen Weise ermittelt ist, so kann man umgekehrt eine „willkürliche" Abtrennung der beiden Spektrenteile voneinander vornehmen, wie es in Abbildung 4.4a) für das Minimum zwischen den Peaks 6 und 7 dargestellt ist, und ein zunächst genähertes σ bestimmen. Durch Vergleich des so erhaltenen fehlerhaften σ-Wertes mit dem aus der Spektrensimulation bekannten richtigen σ wird ein Korrekturfaktor berechnet, der im allgemeinen von der Größe des isotaktischen Anteils abhängig ist:

$$k(\sigma) = \frac{\text{tatsächliches } \sigma}{\sigma \text{ aus „willkürlicher Flächenzerlegung"}}\,. \tag{4.40}$$

Die durchgeführten Spektrensimulationen ergaben den konstanten Wert $k(\sigma) = 1{,}01$ für den Bereich $0{,}3 \leqq \sigma \leqq 0{,}6$ für die dargestellte Zerlegung. Berücksichtigt man den bei der Abtrennung (Reproduzierbarkeit) auftretenden Fehler, so kann k als gleich 1 betrachtet und vernachlässigt werden. Der isotaktische Anteil σ läßt sich daher aus den Intensitäten bzw. Flächen $F(\mathrm{i})$ und $F(\mathrm{s})$ der beiden Spektrenteile (Abb. 4.4a) direkt und sehr einfach näherungsweise bestimmen:

$$\sigma = \frac{F(\mathrm{i})}{F(\mathrm{i}) + F(\mathrm{s})}\,. \tag{4.41}$$

Dieses Verfahren wurde auch zur Abschätzung der Taxie in Ethylen-Vinylchlorid-Copolymeren benutzt [4.044].

Inzwischen sind durch weitere Messungen (z. T. bei höheren Frequenzen, 220 MHz) die Parametersätze der Teilspektren der Tetraden noch genauer bekannt [4.021, 4.040], so daß sich das beschriebene Verfahren verbessern ließe.

Für eine ausführlichere und exaktere Information über die Problematik und Ergebnisse der ^{1}H-NMR-Mikrostrukturbestimmung an PVC und anderen Vinylpolymeren sei die Monographie von Bovey [4.021] empfohlen.

Im Gegensatz zu der ^{1}H-NMR-Methode, die ein ,,Puzzle"-Spiel mit dem Computer voraussetzt, bietet die ^{13}C-NMR-Spektroskopie die Möglichkeit einer direkten, sehr einfachen quantitativen Analyse nicht nur der Anteile σ bzw. $(1 - \sigma)$ der sterischen Verknüpfungsarten i und s, sondern auch ihrer Sequenzverteilung. In Abbildung 4.4b) ist ein protonenrauschentkoppeltes ^{13}C-PFT-NMR-Spektrum von PVC (22,63 MHz) dargestellt. Der Methinkohlenstoffteil des Spektrums, dem wir uns hier insbesondere zuwenden wollen, besteht aus drei sehr gut getrennten Resonanzen, die mit steigender magnetischer Flußdichte $\boldsymbol{B}_0$ (von links nach rechts) syndiotaktischen (ss), heterotaktischen (is + si) und isotaktischen (ii) Monomertriaden zugeordnet werden können [4.045, 4.046] (die z. B. an der Resonanz der ii-Triaden sichtbare Feinstruktur läßt sich als Pentadeneinfluß deuten). Der Methylenkohlenstoffteil ist ein komplexes Spektrum, das von Carman [4.046] mit Monomertetraden interpretiert wurde.

Bezeichnet man die Resonanzintensitäten (Flächen) der drei betrachteten Methintriadenresonanzen entsprechend ihrer Zuordnung mit F(ss), F(is + si) und F(ii), so lassen sich die Anteile der Verknüpfungsdiaden P(ss), $\overline{P}$(is) und P(ii) ohne Schwierigkeiten ermitteln:

$$P(\mathrm{ss}) = \frac{F(\mathrm{ss})}{N}, \qquad \overline{P}(\mathrm{is}) = \frac{F(\mathrm{is} + \mathrm{si})}{N}, \qquad P(\mathrm{ii}) = \frac{F(\mathrm{ii})}{N}, \tag{4.42}$$

mit $N = F(\mathrm{ss}) + F(\mathrm{is} + \mathrm{si}) + F(\mathrm{ii})$. Unabhängig vom Markov-Modell lassen sich daraus unter Verwendung von Beziehung (4.32) P(i) ($\triangleq \sigma$) und P(s) $(\triangleq (1 - \sigma))$ berechnen. Die zahlenmittleren Sequenzlängen ergeben sich, indem man die Gleichungen (4.8), (4.9) in die Beziehung (4.37) einsetzt:

$$\bar{l}_i = \frac{2P(\mathrm{i})}{\overline{P}(\mathrm{is})}, \qquad \bar{l}_s = \frac{2P(\mathrm{s})}{\overline{P}(\mathrm{is})}. \tag{4.43}$$

Zur Prüfung, ob die Meßwerte dem Bernoulli-Modell gehorchen, kann weiterhin das Verhältnis 4 $P(\mathrm{ii})\, P(\mathrm{ss})/\overline{P}(\mathrm{is})^2$ benutzt werden (vgl. 4.3.4.). In Tabelle 4.5 sind die Ergebnisse der quantitativen Analyse einiger radikalisch polymerisierter PVC-Proben unterschiedlicher Herstellungsart (Emulsion,

Tabelle 4.5. Ergebnisse der ^{13}C-NMR-Mikrostrukturanalyse für verschiedene PVC-Typen

Probe	Triadenanteile (experimentell)			Diadenanteile (Taxie)		zahlenmittlere Sequenzlängen		Parameter zur Überprüfung des BERNOULLI-Modells
	P(ss)	$\overline{P}$(is)	P(ii)	P(s)	P(i)	$\bar{l}_s$	$\bar{l}_i$	$4P(\text{ii})\,P(\text{ss})/\overline{P}(\text{is})^2$ = „rr“
A	0,300	0,472	0,228	$0{,}53_6$	$0{,}46_4$	2,27	1,97	1,2
B	0,300	0,460	0,240	0,53	0,47	2,30	2,04	1,4
C	0,291	0,460	0,249	$0{,}52_1$	$0{,}47_9$	2,27	2,08	1,4
D	0,321	0,449	0,230	$0{,}54_6$	$0{,}45_4$	2,43	2,02	1,5
E	0,320	0,472	0,208	$0{,}55_6$	$0{,}44_4$	2,36	1,88	1,2

Weiterer Hinweis:
Die in Abhängigkeit von der Polymerisationstemperatur gemessenen und in der Literatur mitgeteilten Differenzen in den Aktivierungsenthalpien und -entropien für die isotaktische gegenüber der syndiotaktischen Verknüpfung streuen sehr stark (zusammenfassende Zahlenangaben s. z. B. [4.120]). Die großen Abweichungen der Ergebnisse verschiedener Autoren sind hauptsächlich eine Folge, der relativ *kleinen* Taxieänderung, die in Abhängigkeit von der Polymerisationstemperatur erzielt werden. kann. Sie dürften auf die noch unzureichende Genauigkeit bei der Spektrenzerlegung (insbesondere bei ^{1}H—NMR) und/oder auf die Polymer-Polymer-Assoziation (Stereoassoziatbildung, s. 5.1.3.2.) zurückzuführen sein.

Suspension) zusammengefaßt. Die letzte Spalte enthält den nach (4.39) formal berechneten Parameter „rr".

Die Ergebnisse lassen folgende Schlußfolgerungen zu:

— Die Proben enthalten fast gleich große Anteile an isotaktischen und syndiotaktischen Verknüpfungen, wobei letztere leicht überwiegen. Sie weichen in ihrer Mikrostruktur trotz unterschiedlicher Herstellungsbedingungen kaum voneinander ab. Es besteht eine gute Übereinstimmung mit den Resultaten der ^{1}H-NMR-Mikrostrukturanalyse.
— Die Verknüpfungsverteilung ist gerade noch mit dem BERNOULLI-Modell beschreibbar, obwohl bei diesen Proben — wie aus dem Parameter „rr" hervorgeht — („rr" > 1) eine, wenn auch schwache, Tendenz zur Bildung von Blöcken gleicher Verknüpfungsart zu bestehen scheint.[1]

Hinsichtlich einer Fehlerbetrachtung sei auf die Ausführungen in der Arbeit [4.024] verwiesen. Eine Übersicht über ^{13}C-NMR-Untersuchungen zur konfigurativen Sequenzverteilung von weiteren Vinylunipolymeren ist in der Monographie von RANDALL [4.047] zu finden.

4.5.2. Bestimmung der Sequenzverteilung bei Ethylencopolymeren und Ableitung von Substituenteninkrementen

Die Einführung der ^{13}C-NMR in die Polymerforschung Anfang der siebziger Jahre brachte nicht nur neue Impulse für die Mikrostrukturuntersuchung an sterischen Unipolymeren. Große Fortschritte konnten insbesondere bei der Sequenzanalyse von chemischen Copolymeren erzielt werden. Zu den ersten Beispielen gehören Ethylen-Propylen-Copolymere, deren Mikrostruktur (sterische und chemische Sequenzverteilung, Anteil „verkehrt" eingebauter

▶

Abb. 4.5. Gegenüberstellung eines 100-MHz-^{1}H-NMR-Spektrums (a)) und eines protonenrauschentkoppelten 22,63-MHz-^{13}C-PFT-NMR-Spektrums (b)) eines Ethylen-Vinylacetat-Copolymerisats (Probe K 7, s. Tab. 4.7; entnommen [4.050]). (Es ist zu beachten, daß in dieser und den folgenden Abbildungen alle chemischen Verschiebungen $\delta(^{13}C)$ auf TMS umgerechnet sind, während sie sich in den zitierten Originalarbeiten größtenteils auf den inneren Standard HMDS beziehen)

[1] Wie die Auswertung der Meßergebnisse verschiedener anderer Autoren (s. Literaturzitate 3 und 12 in [4.039]) und der Vergleich zeigt, weisen PVC-Proben, die bei Temperaturen $\gtrsim$ 273 K hergestellt sind, in der Regel Werte des Parameters „rr" auf, die $\gtrsim$ 1 sind. Eine Ausnahme bildet u. a. der aus den Ergebnissen von CARMAN [4.046] berechnete Wert rr. Die Polymerisationstemperatur aller in Tabelle 4.5 angegebenen Proben lag oberhalb 273 K.

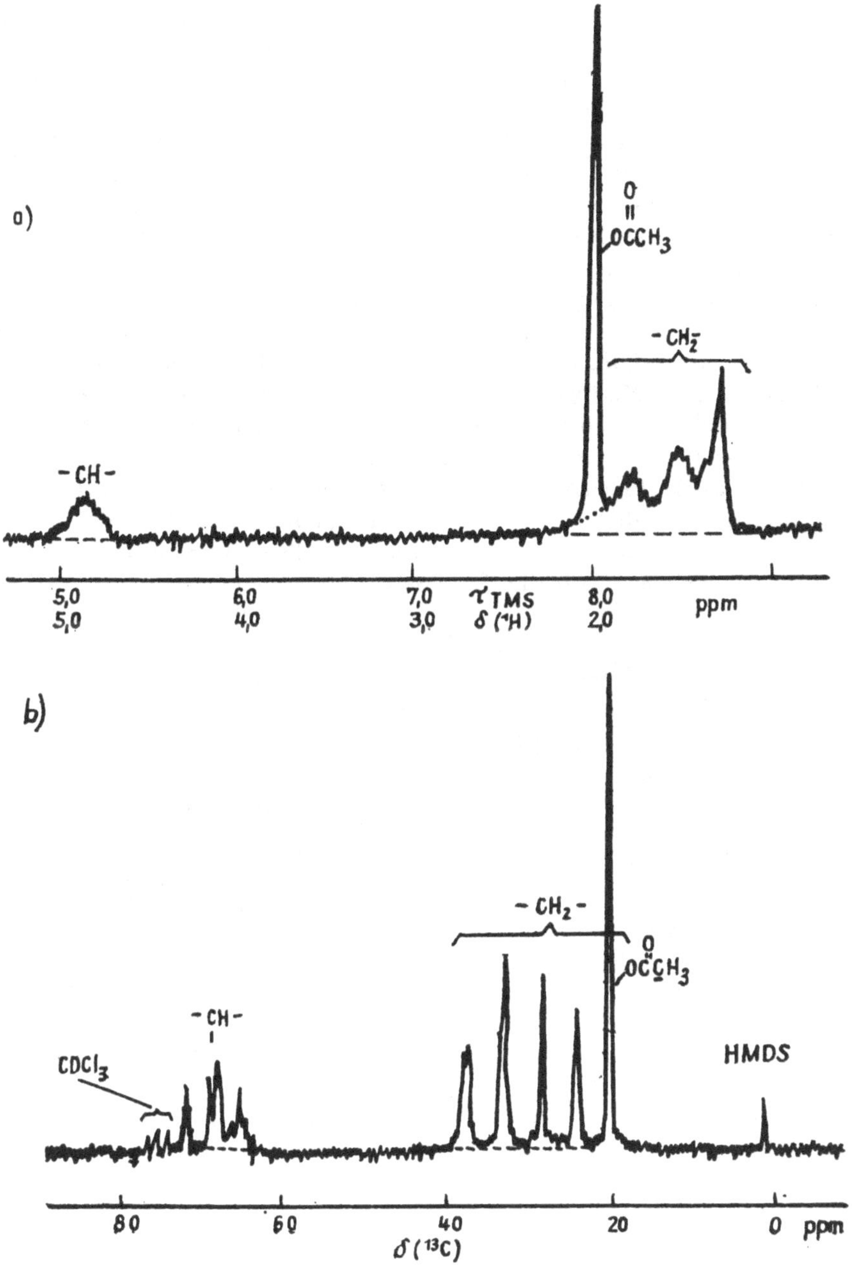
a)
-CH-
O
OCCH3
-CH2-
5,0 6,0 7,0 τ TMS 8,0
5,0 4,0 3,0 δ (1H) 2,0
ppm
b)
-CH2-
O
OCCH3
-CH-
CDCl3
HMDS
80 60 40 20 0 ppm
δ (13C)

Propyleneinheiten) inzwischen in einer großen Zahl von Arbeiten intensiv untersucht ist. Für den interessierten Leser seien als „Einstieg“ drei der neueren Veröffentlichungen genannt, die die wichtigsten Literaturzitate enthalten: [4.048, 4.049, 4.065].

Die Überlegenheit der ^{13}C-NMR-Spektroskopie im Vergleich zur ^{1}H-NMR bei der Sequenzanalyse von Copolymeren wird hier am Beispiel der Ethylen-Vinylacetat-Copolymeren demonstriert (Abb. 4.5). Bei der ausgewählten Probe betrug der Vinylacetatgehalt 57 Mol-%. Während im Protonenresonanzspektrum (a)) Sequenzeffekte nur im relativ schlecht aufgelösten Methylenteil zum Ausdruck kommen, lassen sich im ^{13}C-NMR-Spektrum (b)) der gleichen Probe auf den ersten Blick sowohl im Methinkohlenstoffteil (im chemischen Verschiebungsbereich $\delta(^{13}C)$ von 76 bis 64 ppm, umgerechnet auf TMS) als auch im Methylenkohlenstoffteil (im $\delta(^{13}C)$-Bereich von 40 bis 20 ppm) mehrere deutlich voneinander getrennte Resonanzen unterscheiden, die die Sequenzverteilung im Copolymer widerspiegeln bzw. aus deren relativen Intensitäten (Flächen) sich die Sequenzverteilung bestimmen läßt.

Als Zuordnungshilfen für die Resonanzen können hinsichtlich der verschiedenen chemischen Gruppen empirische Tabellen und Schemata aus der Literatur nützlich sein. Für die Zuordnung der Teilresonanzen zu den *Teilstrukturen* (n-aden) verwendet man beispielsweise niedermolekulare Modellsubstanzen [4.051] oder vergleicht bei Copolymeren unterschiedlicher Zusammensetzung die Spektren untereinander und/oder mit denen der entsprechenden Unipolymere. Wie stark die Spektrenform von der Copolymerzusammensetzung abhängt, geht aus Abbildung 4.6 hervor. Die Spektreninterpretation erfolgt hier mit Triaden von Monomereinheiten bzw. mit Kettenstücken (Teilstrukturen) aus fünf Strukturelementen.

Eine Diadenbetrachtung reicht zur Interpretation des Methylenteiles nicht aus. Das ergibt sich aus der *Anzahl* der dann zu erwartenden Resonanzen: Es wären nur drei, nämlich die für die Teilstrukturen $1\underline{0}1$, $1\underline{0}0$ und $0\underline{0}1$, sowie $0\underline{0}0$; für Triaden dagegen erhält man genau fünf Resonanzen (vgl. Abbn. 4.5 bis 4.7).

Dabei ist folgende Symbolik gewählt: Die Ethyleneinheit wird durch den Buchstaben A, die beiden ($-CH_2-$)-Gruppen jeweils durch eine 0 symbolisiert. Der Vinylacetateinheit wird der Buchstabe B zugeordnet. Sie besteht aus den Strukturelementen 1 (für das C-Atom, das den Substituenten trägt) und 0 (vgl. auch das Beispiel in 4.3.3.3.). Die Buchstaben A und B sind anstelle der allgemeinen Symbole X und Y in die Gleichungen von 4.3.3.3., z. B. als Argument oder Index, einzusetzen.

Der Methinteil der Spektren läßt sich damit wie folgt interpretieren: Für hohen VAc-Gehalt (Abb. 4.6, Spektrogramm a)) ist die rechte Resonanz F_3(CH) am größten. Sie wird folglich den BBB-Triaden (bzw. den „Fünfer-

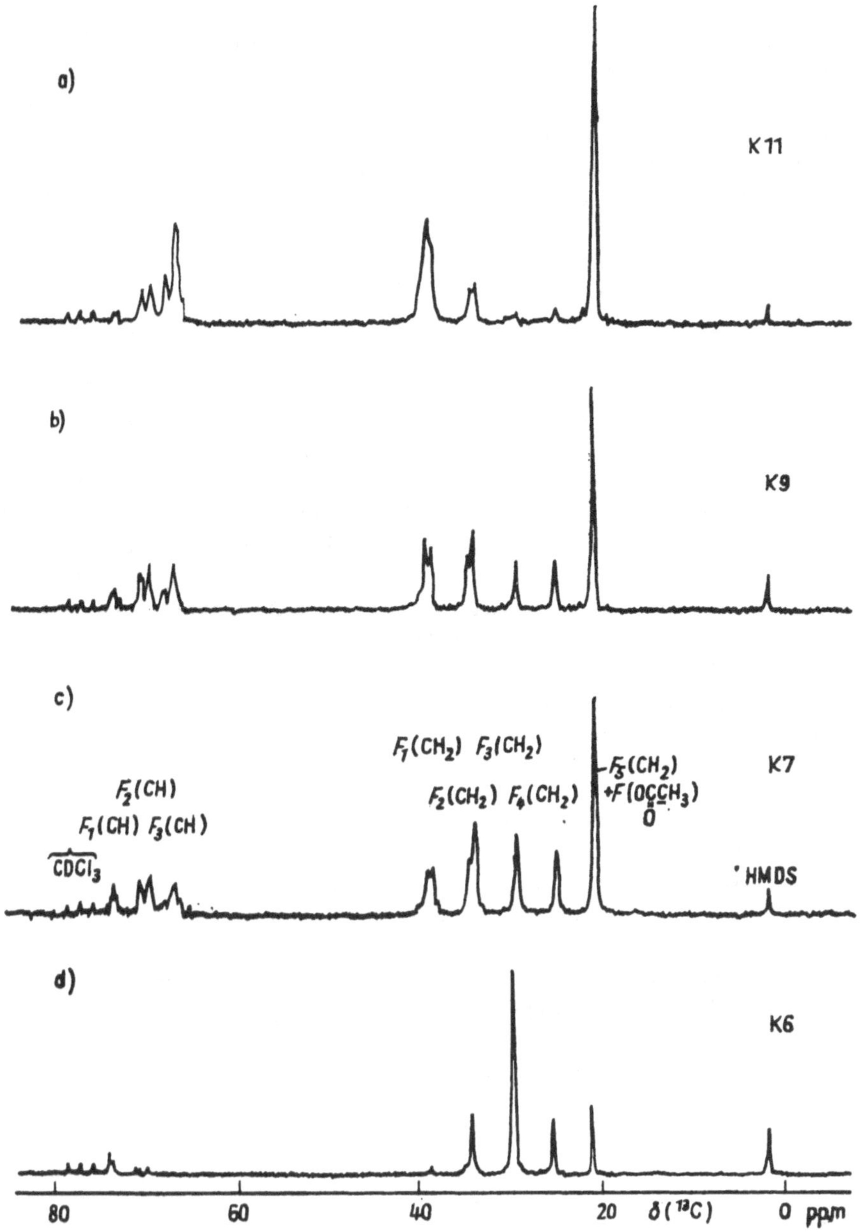

Abb. 4.6. Abhängigkeit der protonenrauschentkoppelten 22,63-MHz-^{13}C-PFT-NMR-Spektren von Ethylen-Vinylacetat-Copolymeren vom Vinylacetatgehalt, der in den von unten nach oben aufgeführten Proben steigt (vgl. Tab. 4.7; entnommen aus [4.050])

ketten“ $10\underline{1}01(0)$) zugeordnet. Bei kleinem VAc-Gehalt dominiert die linke Resonanz F_1(CH) (Abb. 4.6, Spektrogramm d)). Sie gehört daher zu den ABA-Triaden ($00\underline{1}00(0)$). Die mittlere Resonanz F_2(CH), die bei mittlerem VAc-Gehalt am intensivsten ist, wird schließlich den ABB- und BBA-Triaden ($00\underline{1}01(0) + 10\underline{1}00(0)$) zugeordnet (Tab. 4.6). Die Feinaufspaltungen der drei genannten Resonanzgruppen F_1(CH) bis F_3(CH) sind auf Konfigurationseinflüsse (Taxie der VAc-Einheiten [4.052]) bzw. auf die Wirkung der äußeren Substituenten in Siebenerketten (Pentadeneffekte) zurückzuführen und werden hier nicht weiter diskutiert.

Die Zuordnung der Resonanzen $F_1(CH_2)$ bis $F_5(CH_2)$ im Methylenteil der Spektren kann man analog zu diesen Überlegungen vornehmen. Als weitere Zuordnungshilfe seien die Berechnung des relativen Intensitätsverlaufes der Resonanzen $F_1(CH_2)$ bis $F_5(CH_2)$ in Abhängigkeit von der Zusammensetzung A_M, B_M (in Mol-%) und der Vergleich mit dem Experiment erwähnt, wobei für derartige zunächst qualitative Betrachtungen in der Regel die Behandlung mit dem Bernoulli-Modell ausreicht. Beispiele für solche berechneten Teilstrukturhäufigkeitskurven sind in [4.050] (Bilder 3 bis 10) gegeben. Bei der Linienzuordnung im Methylenteil geht man von den möglichen Fünferketten mit zentraler ($-CH_2-$)-Gruppe $\underline{0}$ aus und überlegt anschließend, in welchen Triaden jede der fünf möglichen Fünferketten (vgl. Abb. 4.7) enthalten ist (Tab. 4.6). Eine ausführlichere Diskussion findet man in [4.050]. Neben den Resonanzen der Hauptketten-C-Atome sind beim EVAc-Copolymer noch die Resonanzen zuzuordnen, die dem Vinylacetatsubstituenten angehören. Die Resonanz der ($-\mathrm{O}\underset{\underset{\mathrm{O}}{\|}}{\mathrm{C}}\mathrm{CH_3}$)-Gruppe überlagert sich mit der rechten Resonanz $F_5(CH_2)$ des Methylenteiles und verdeckt diese.

Die Resonanz der Carbonylgruppe ist in den Abbildungen 4.5 und 4.6 nicht dargestellt. Sie liegt bei etwa 169,5 ppm und weist eine schwache Triadenaufspaltung auf [4.052].

Eine schematische Übersicht über die Zuordnung der Hauptketten-C-Atome bietet Abbildung 4.7. Die typische Gliederung der Resonanzen in drei Methin- und fünf Methylenresonanzen gilt auch für andere Ethylenbipolymere mit Comonomereinheiten vom Vinyl- oder Vinylidentyp.

Im folgenden diskutieren wir die quantitative Auswertung der EVAc-Spektren als praktisches Beispiel mit Anleitungscharakter und betrachten zunächst das ^{1}H-NMR-Spektrum (Abb. 4.5a)). Da die verschiedenen Gruppen gut voneinander abtrennbare (gestrichelte Linien) Resonanzen mit den Intensitäten (Flächen) F(CH), $F(OCOCH_3)$ und $F(CH_2)$ (bzw. $F(OCOCH_3 + CH_2)$) liefern, bereitet die Bestimmung der Zusammensetzungswerte A_M und B_M keine Schwierigkeiten. Wegen der Abhängigkeit der Spektrenform von der Zusammensetzung (vgl. [4.053]) sind in den Gleichungen (4.44) und (4.45) zwei verschiedene Auswertemöglichkeiten (a) und (b) angegeben: Im Bereich hoher

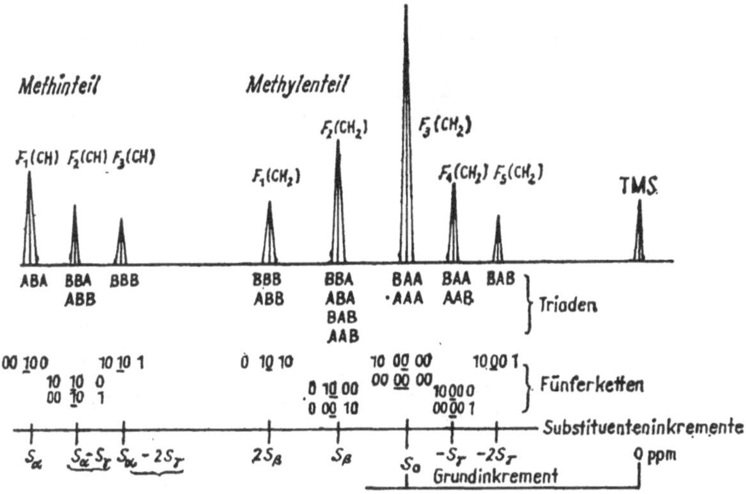

Abb. 4.7. Schematische Darstellung der ^{13}C-NMR-Linienzuordnung bei Ethylenbipolymeren mit Comonomereinheiten vom Vinyl-(bzw. Vinyliden-)Typ (die Feinaufspaltungen der Resonanzlinien sind weggelassen, die Intensitäten willkürlich gewählt; Symbolik s. Abschnitt 4.2., letzter Absatz). Übersicht über die Gewinnung der Inkremente aus dem Spektrogramm (entnommen aus [4.054])

Ethylengehalte ist die Resonanz $F(\mathrm{CH})$ nur ungenau meßbar, dagegen läßt sich die Abtrennung zwischen $F(\mathrm{OCOCH})_3$ und $F(\mathrm{CH_2})$ leicht und gut reproduzierbar vornehmen. Man benutzt daher in diesem Falle nur die beiden zuletzt genannten Intensitäten (Variante a)). Bei hohen Vinylacetatgehalten läßt sich andererseits $F(\mathrm{CH})$ genügend genau bestimmen. Dafür kann man auf die Abtrennung zwischen $F(\mathrm{OCOCH_3})$ und $F(\mathrm{CH_2})$ verzichten, d. h. insgesamt die Intensität $F(\mathrm{OCOCH_3} + \mathrm{CH_2})$ verwenden (Variante b)). Für das in Abbildung 4.5a) dargestellte Spektrum sind beide Varianten anwendbar und führen zu einem zahlenmäßig gleichen Ergebnis:

$$\mathrm{A_M} = \frac{3F(\mathrm{CH_2}) - 2F(\mathrm{OCOCH_3})}{3F(\mathrm{CH_2}) + 2F(\mathrm{OCOCH_3})} \cdot 100\% \quad \text{Mol-\% Ethylen}\,, \tag{4.44a}$$

$$\mathrm{B_M} = \frac{4F(\mathrm{OCOCH_3})}{3F(\mathrm{CH_2}) + 2F(\mathrm{OCOCH_3})} \cdot 100\% \quad \text{Mol-\% Vinylacetat im Copolymer}\,, \tag{4.45a}$$

$$\mathrm{A_M} = \frac{F(\mathrm{CH_2} + \mathrm{OCOCH_3}) - 5F(\mathrm{CH})}{F(\mathrm{CH_2} + \mathrm{OCOCH_3}) - F(\mathrm{CH})} \cdot 100\%\,, \tag{4.44b}$$

$$\mathrm{B_M} = \frac{4F(\mathrm{CH})}{F(\mathrm{CH_2} + \mathrm{OCOCH_3}) - F(\mathrm{CH})} \cdot 100\%\,. \tag{4.45b}$$

Tabelle 4.6. Linienzuordnung für die ^{13}C-NMR-Spektren von Ethylen-Vinylacetat-(Flächen) der Resonanzen und den Triadenwahrscheinlichkeiten bzw. den

Linien-Nr.	Spektrenteil	Kettenstück[d]) (Symbolik)	*n*-ade[d]) Triade	$\delta(^{13}C)_{exp}$[a]) in ppm	Intensität (Fläche)
1.	Methinteil	$00\ \underline{1}0\ 0$	ABA	74	$F_1(CH)$
2.		$10\ \underline{1}0\ 0$	BBA	70	$F_2(CH)$
		$00\ \underline{1}0\ 1$	ABB		
3.		$10\ \underline{1}0\ 1$	BBB	67	$F_3(CH)$
4.	Methylenteil	$0\ 1\underline{0}\ 10$	BBB, ABB	39	$F_1(CH_2)$
5.		$0\ 1\underline{0}\ 00$	BBA, ABA	34	$F_2(CH_2)$
		$0\ 0\underline{0}\ 10$	BAB, AAB		
6.		$0\ 0\underline{0}\ 00$	BAA, AAA	29,5	$F_3(CH_2)$
		$00\ \underline{0}0\ 0$	AAA		
7.		$10\ \underline{0}0\ 0$	BAA	25	$F_4(CH_2)$
		$00\ \underline{0}0\ 1$	AAB		
8.		$10\ \underline{0}0\ 1$	BAB	21	$F_5(CH_2)$[c])

Erklärungen:

a) Chemische Verschiebung $\delta(^{13}C)$, bezogen auf TMS.

b) Bei den Beziehungen zwischen Flächen und Mikrostrukturparametern ist der Faktor $(A_M + B_M)^{-1}$ weggelassen.

c) Diese Resonanzlinie war nicht getrennt von der Resonanz der $(OCO\underline{C}H_3)$-Gruppe meßbar.

d) Symbolik siehe Abschnitt 4.2. letzter Absatz.

Die Faktoren vor den Intensitäten (Flächen) in den Beziehungen (4.44), (4.45) resultieren aus der Normierung, da nicht die Anzahl der Protonen in den Gruppen bzw. Monomereinheiten, sondern der relative Anteil der Monomereinheiten A und B selber im Copolymer gefragt ist. Auf die Möglichkeiten der Bestimmung der Sequenzverteilung aus den ^1H-NMR-Spektren ([4.053, 4.056, 4.057]) wird hier nicht eingegangen, da die ^{13}C-NMR-Spektroskopie einen eleganteren und einfacheren Zugang bietet.

In analoger Weise zu den obigen Beziehungen (4.44), (4.45) ließe sich aus den ^{13}C-NMR-Spektren die Konstitution mit Hilfe der Intensitäten aller Methylenresonanzen einerseits und der Methin- oder Carbonyl- bzw. Methylresonanzen andererseits bestimmen. Wegen der für unterschiedliche chemische Gruppen aber im allgemeinen (bei kontinuierlich eingestrahlter Protonenrauschentkopplung) beobachtbaren Intensitäts-

Copolymeren und Angabe der Grundbeziehungen zwischen den Intensitäten Mikrostrukturparametern A_M, B_M, und R

Beziehungen zur Verknüpfung von Intensitäten und Wahrscheinlichkeiten bzw. Mikrostrukturparametern	
„terminal model“	„Bernoulli model“
$F_1(CH) \sim P_{BA}^2 P(B)$	$\sim P^2(A)\, P(B)$
$F_2(CH) \sim 2P_{BA} P_{BB} P(B)$	$\sim 2P(A)\, P^2(B)$
$F_3(CH) \sim P_{BB}^2 P(B)$	$\sim P^3(B)$
$F_1(CH_2) \sim P_{BB} P(B) \sim (B_M - R/2)$ [b)]	$\sim P^2(B)$
$F_2(CH_2) \sim [P_{BA} P(B) + P_{AB} P(A)] \sim R$	$\sim 2P(A)\, P(B)$
$F_3(CH_2) \sim P_{AA} P(A) \{1 + P_{AA}\}$ $\sim (A_M - R/2)\left\{1 + \frac{A_M - R/2}{A_M}\right\}$	$\sim P^2(A) \{1 + P(A)\}$
$F_4(CH_2) \sim 2P_{AA} P_{AB} P(A) \sim \frac{(A_M - R/2)\, R}{A_M}$	$\sim 2P^2(A)\, P(B)$
$F_5(CH_2) \sim P_{AB}^2 P(A) \sim \frac{R^2}{4A_M}$	$\sim P^2(B)\, P(A)$
$\sum_{i=1}^{5} F_i(CH_2) \sim (1 + P(A)) \sim (100 + A_M)$	$\sim (1 + P(A))$
$\sum_{i=1}^{4} F_i(CH_2) \sim [1 + P(A)\{1 - P_{AB}^2\}]$ $\sim (100 + A_M - R^2/4A_M)$	$\sim [(1 + P(A))\{1 - P^2(B)\}]$

abweichungen (NOE, Relaxationseffekte) muß in diesem Falle zuvor unter den gewählten Meßbedingungen eine Bestimmung der Intensitätskorrekturfaktoren [4.054], d. h. eine Intensitätseichung, durchgeführt werden. Man beschränkt sich bei der Mikrostrukturanalyse von Polymeren daher lieber auf die Auswertung der Resonanzen, die zu *einer* chemischen Gruppe gehören, wie es im folgenden am Beispiel der Methin- und der Methylenresonanzen demonstriert wird. Dabei setzt man voraus, daß der NOE für alle in die Auswertung einbezogenen Teilstrukturresonanzen dieser Gruppe gleich groß oder künstlich unterdrückt ist.

Die Grundbeziehungen für die quantitative Auswertung der ^{13}C-NMR-Spektren sind neben der Linienzuordnung in Tabelle 4.6 für das Markov-Modell 1. Ordnung („Terminal model“) und für das Bernoulli-Modell zusammengestellt: Die relativen (normierten) Intensitäten bzw. Flächen der Resonanzen F_i (...) sind den Teilstrukturwahrscheinlichkeiten proportional, die sich aus der Summe der Wahrscheinlichkeiten (Anteile) der zugehörigen Triaden ergeben. Die aufgeführten Wahrscheinlichkeitsausdrücke (Tab. 4.6) kann man unter Verwendung der in 4.3.3. besprochenen Beziehungen und Umformungen leicht selber ableiten. Die Intensitäten sind damit zunächst als Funktionen der Mikrostrukturparameter vorhanden. Die Proportionalitätskonstante ist für alle Resonanzen innerhalb des Methin- bzw. Methylenteiles der Spektren gleich und kürzt sich heraus, wenn man zum Zwecke der Auflösung beider Gleichungssysteme (Tab. 4.6) nach den Mikrostrukturparametern A_M, B_M und R die Intensitäten F_i(CH) oder $F_i(CH_2)$ jeweils zueinander ins Verhältnis setzt. Da im Methinteil nur B-zentrierte Triaden vorkommen, kann aus ihm allein die Bruttozusammensetzung A_M, B_M nicht ermittelt werden. Bei vorgegebenem B_M ist aber die Blockzahl R bestimmbar. Zum Methylenteil der Spektren dagegen tragen sowohl A- als auch B-zentrierte Triaden bei. Je nachdem, ob alle fünf oder nur vier Methylenresonanzen (wie in unserem Beispiel der EVAc-Copolymere) für die Auswertung zur Verfügung stehen, lassen sich folgende Beziehungen zur Ermittlung von A_M, B_M ableiten [4.050, 4.054, 4.055]:

$$A_M(CH_2) = \frac{F_3 + \frac{3}{2} F_4 + 2F_5}{2 \sum_{i=1}^{5} F_i - (F_3 + \frac{3}{2} F_4 + 2F_5)} \cdot 100\% , \tag{4.46a}$$

$$B_M(CH_2) = \frac{2(F_1 + F_2 - \frac{1}{2} F_4 - F_5)}{\sum_{i=1}^{5} F_i + (F_1 + F_2 - \frac{1}{2} F_4 - F_5)} \cdot 100\% , \tag{4.47a}$$

bzw.

$$A_M(CH_2) = \frac{F_2^2}{F_2(2F_1 + 2F_2 - F_4) - 2F_1F_4} \cdot 100\% , \tag{4.46b}$$

$$B_M(CH_2) = \frac{(F_2 - F_4)(2F_1 + F_2)}{F_2(2F_1 + 2F_2 - F_4) - 2F_1F_4} \cdot 100\% . \tag{4.47b}$$

Es genügt jeweils die Anwendung einer dieser Beziehungen für A_M oder B_M. Der komplementäre Wert läßt sich dann aus der Normierungsbedingung (4.6) berechnen. In den Gleichungen ist das Argument bei den Intensitäten $F_i(CH_2)$ einer vereinfachten Schreibung wegen weggelassen und dafür bei A_M bzw. B_M stellvertretend angegeben. Die Relationen (4.46), (4.47) sowie (4.48) bis (4.57) gelten für beliebige Ethylenbipolymere mit Comonomereinheiten vom Vinyl- bzw. Vinylidentyp.

Sind die Konstitutionswerte A_M, B_M ermittelt, folgt die Bestimmung der Blockzahlen R. Sie können sowohl aus den Intensitäten F_1(CH) bis F_3(CH) des Methinteiles (4.48) bis (4.51) als auch aus den Intensitäten des Methylenteiles $F_1(CH_2)$ bis $F_5(CH_2)$ (4.52) bis (4.57) bestimmt werden, wobei die Schreibweise in Analogie zu dem oben Gesagten verkürzt ist:

$$R_{exp}(CH) = \frac{F_1 + \frac{1}{2} F_2}{\sum_{i=1}^{3} F_i} 2B_M , \tag{4.48}$$

$$R_{exp}(CH) = \frac{4F_1}{2F_1 + F} B_M , \tag{4.49}$$

$$R_{\text{exp}}(\text{CH}) = \frac{2F_2}{F_2 + 2F_3}\,\text{B}_\text{M}\,, \tag{4.50}$$

$$R_{\text{exp}}(\text{CH}) = \sqrt{\frac{F_1}{\sum\limits_{i=1}^{3} F_i}}\;2\text{B}_\text{M}\,. \tag{4.51}$$

$$R_{\text{exp}}(\text{CH}_2) = \frac{2F_2}{2F_1 + F_2}\,\text{B}_\text{M}\,, \tag{4.52}$$

$$R_{\text{exp}}(\text{CH}_2) = \left\{\frac{3F_2 + 2F_3}{F_2} - \sqrt{\left(\frac{3F_2 + 2F_3}{F_2}\right)^2 - 8}\right\}\text{A}_\text{M}\,, \tag{4.53}$$

$$R_{\text{exp}}(\text{CH}_2) = \frac{2(F_2 - F_4)}{F_2}\,\text{A}_\text{M}\,, \tag{4.54}$$

$$R_{\text{exp}}(\text{CH}_2) = 2\left\{\text{B}_\text{M} - \frac{F_1}{\sum\limits_{i=1}^{5} F_i}\,(200 - \text{B}_\text{M})\right\}, \tag{4.55}$$

$$R_{\text{exp}}(\text{CH}_2) = \frac{F_2}{\sum\limits_{i=1}^{5} F_i}\,(200 - \text{B}_\text{M})\,, \tag{4.56}$$

$$R_{\text{exp}}(\text{CH}_2) = 2\left\{\frac{F_1 + F_2}{\sum\limits_{i=1}^{5} F_i}\,(200 - \text{B}_\text{M}) - \text{B}_\text{M}\right\}. \tag{4.57}$$

Die hier aufgeführten Beziehungen zur Bestimmung von R_{exp} repräsentieren nur einen Teil der Bestimmungsgleichungen, die sich aus den verschiedenen möglichen Kombinationen der Intensitäten ergeben. Die praktische Anwendung *mehrerer* solcher Beziehungen empfiehlt sich, da

- alle experimentell ermittelten Intensitäten fehlerbehaftet sind (Signal/Rausch-Verhältnis),
- die relativen Signalgrößen $F_i(\text{CH})$ bzw. $F_i(\text{CH}_2)$ stark von der Bruttozusammensetzung abhängen (Abb. 4.6).

Zweckmäßigerweise wird man zur Bestimmung von R_{exp} diejenigen Relationen aus wählen, in denen Kombinationen von im Vergleich zum Rauschen möglichst großen Intensitäten (Flächen) vorkommen.

Anschließend werden die auf diese Weise für eine individuelle Probe erhaltenen R_{exp}-Werte gemittelt. Mit diesem Mittelwert $\bar{R}_{\text{exp}}$ erfolgt dann die Berechnung der zahlenmittleren Sequenzlängen $\bar{l}_\text{A}$ und $\bar{l}_\text{B}$ nach Gleichung (4.37) sowie des Produktes der Monomerreaktivitätsverhältnisse nach (4.39).

Die Ergebnisse der quantitativen Auswertung sind in Tabelle 4.7 [4.050] für den Methin- und Methylenkohlenstoffteil der ^{13}C-NMR-Spektren von vier verschiedenen EVAc-Copolymeren getrennt zusammengestellt. Obwohl sich

Tabelle 4.7. Ergebnisse der quantitativen Auswertung der ^{13}C-NMR-Spektren von Ethylen-Vinylacetat-Copolymeren [4.050]

a) Methinkohlenstoffteil

Probe	Konstitution, in Mol-% [1]		Sequenzverteilungsparameter				
	A_M	B_M	$\overline{R}_{exp}$	$\overline{l}_A$	$\overline{l}_B$	$r_A r_B$	Z[2]
K 11	14,5 ± 0,5	85,5 ± 0,5	25,0 ± 3,7	(1,16 ± 0,21)	(6,84 ± 1,05)	(0,93 ± 1,3)	5
K 9	35,0 ± 0,5	65,0 ± 0,5	44,0 ± 0,5	1,59 ± 0,04	2,95 ± 0,05	1,15 ± 0,14	7
K 7	43,0 ± 0,5	57,0 ± 0,5	48,9 ± 0,6	1,76 ± 0,04	2,33 ± 0,05	1,01 ± 0,09	6
K 6	79,2 ± 0,2	20,3 ± 0,2	32,6 ± 0,5	4,89 ± 0,09	1,24 ± 0,03	0,95 ± 0,13	4
						Mittelwert: 1,01 ± 0,12	

b) Methylenkohlenstoffteil

Probe	Konstitution, in Mol-% [1]		Sequenzverteilungsparameter				
	A_M	B_M	$\overline{R}_{exp}$	$\overline{l}_A$	$\overline{l}_B$	$r_A r_B$	Z[2]
K 11	siehe oben a)		24,9 ± 0,4	1,16 ± 0,06	6,87 ± 0,15	0,94 ± 0,36	10
K 9			45,9 ± 1,4	1,53 ± 0,07	2,83 ± 0,11	0,97 ± 0,22	10
K 7			48,9 ± 1,0	1,76 ± 0,06	2,33 ± 0,07	1,01 ± 0,13	10
K 6			32,7 ± 0,4	4,87 ± 0,07	1,24 ± 0,03	0,93 ± 0,13	5
						Mittelwert: 0,96 ± 0,21	

Erklärungen: [1]) Konstitution bestimmt aus ^{1}H-NMR-Messungen
[2]) Anzahl der zur Auswertung benutzten Beziehungen

mit der ^{13}C-NMR-Spektroskopie Konstitutionswerte A_M, B_M ergeben, die denen der ^1H-NMR innerhalb der Fehlergrenzen beider Methoden gleich sind, wurden für die Sequenzauswertung die letzteren benutzt, da sie *genauer* sind. (Dies ist in der „Struktur" der Beziehungen (4.44), (4.45) im Vergleich zu (4.46), (4.47) begründet.) Eine ausführlichere Diskussion der Genauigkeitsanforderungen ist in [4.050] enthalten. Die Ergebnisse der Sequenzanalyse (Tab. 4.7) aus dem Methin- und Methylenkohlenstoffteil stimmen sehr gut überein. Sie bestätigen die bereits aus ^1H-NMR-Messungen [4.053, 4.056, 4.057] bekannte Tatsache, daß EVAc-Copolymere ein Beispiel für den statistisch zufälligen Kettenaufbau sind. Als Gesamtmittelwert des Produktes der Monomerreaktivitätsverhältnisse hat sich $\overline{r_A r_B} = 0{,}99 \pm 0{,}10$ [4.050] ergeben. Zum qualitativ gleichen Resultat gelangten verschiedene andere Autoren [4.052, 4.058, 4.059], deren Arbeiten annähernd gleichzeitig mit unseren Ergebnissen veröffentlicht wurden, durch einen Vergleich der experimentellen mit berechneten Intensitäten.

Die von uns vorgeschlagene Methodik der quantitativen ^{13}C-NMR-Mikrostrukturanalyse läßt sich mühelos auf andere Ethylenbipolymere mit Vinyl- oder Vinylidencomonomereinheiten übertragen. So erhielten wir [4.054] beispielsweise für Ethylen-Vinylchlorid-Copolymere und für Ethylen-Vinylidenchlorid-Copolymere, die zugleich als makromolekulare Modellsubstanzen für chloriertes PVC und PE dienten, $\overline{r_A r_B}$-Werte von $0{,}74 \pm 0{,}16$ bzw. $0{,}4 \pm 0{,}2$, d. h. diese Copolymere weisen eine schwache Tendenz zum Alternieren der Monomere in der Kette auf. Am zuletzt genannten Beispiel konnte wiederum die sehr gute Übereinstimmung zwischen ^1H- und ^{13}C-NMR-Ergebnissen demonstriert werden. Weiterhin wurden unter Einbeziehung niedermolekularer Modelle zur Spektreninterpretation eine Reihe Ethylen-Acrylat-Copolymere untersucht (Literaturhinweise s. [4.060, 4.061], wobei folgende Acrylatcomonomereinheiten zur Verfügung standen: Methylacrylat, β-Chlorethylacrylat, Glycidylacrylat, tert-Butylacrylat, n-Butylacrylat, Ethylacrylat und n-Propylacrylat. An den drei zuerst genannten Stoffsystemen wurden neben der Konstitutionsanalyse auch ^1H- und ^{13}C-NMR-Sequenzanalysen durchgeführt. Die Zielstellung dabei war, herauszufinden, ob die unterschiedlichen Acrylatseitenketten die Sequenzverteilung beeinflussen. Indirekt ergibt sich damit u. a. ein Hinweis auf die evtl. unterschiedlichen Reaktivitäten der drei miteinander verglichenen Acrylatcomonomereinheiten gegenüber Ethylen beim Copolymerisationsprozeß. Die Ergebnisse in bezug auf die erläuterten Fragestellungen sind folgende [4.060]:

— Die untersuchten Copolymersysteme weisen in ihrer Sequenzverteilung eine geringfügige Tendenz zum Alternieren ($\overline{r_A r_B} = 0{,}4$) im Vergleich zur statistisch zufälligen Verteilung auf.

— Der unterschiedliche Bau (Art und Länge der Acrylatseitenkette $(-\underset{\substack{\| \\ \mathrm{O}}}{\mathrm{C}}-\mathrm{O}-\ldots)$) beeinflußt das Produkt der Monomerreaktivitätsverhältnisse (d. h. die Sequenzverteilung) im Rahmen der Meßgenauigkeit praktisch nicht.

Gerade auf dem Gebiet der Mikrostrukturcharakterisierung von Copolymeren ist in den letzten Jahren die Anzahl der Publikationen stark angestiegen. Dabei zeichnet sich die Tendenz ab, neben der Sequenzverteilung der chemisch unterschiedlichen Einheiten *gleichzeitig* auch die der sterisch unterschiedlichen Verknüpfungen (Taxie und Cotaxie) genauer zu untersuchen. So haben Ting Kai Wu und Mitarbeiter [4.052] auf eine Bestimmungsmöglichkeit für die Taxie innerhalb der homogenen Vinylacetatsequenzen von EVAc-Copolymeren beispielhaft für andere Ethylencopolymere hingewiesen. Stellvertretend für Copolymersysteme aus *zwei* Arten asymmetrischer Monomereinheiten und die Untersuchungen vieler Forschungsgruppen seien hier die Arbeiten [4.025, 4.062] an Methylmethacrylat-Methacrylsäure-Copolymeren genannt. Auch das Problem der anomal eingebauten Einheiten, (siehe Diskussion und Zitate in [4.053, 4.063, 4.064]), die bei Ethylenbipolymeren in Abhängigkeit von den Herstellungsbedingungen in kleinen Mengen vorkommen können, läßt sich durch Anwendung der ^{13}C-NMR-Spektroskopie qualitativ und quantitativ erfolgreich untersuchen. Beispiele sind Ethylen-Propylen-Copolymere [4.049, 4.065] sowie Ethylen-Vinylalkohol-Copolymere, die durch Hydrolyse aus EVAc-Copolymeren hergestellt worden sind [4.064].

Hat man die Mikrostruktur von Ethylencopolymeren in der angegebenen Weise bestimmt, wobei zu den im Text genannten Merkmalen noch die Art und relative Häufigkeit der bei diesen Stoffsystemen herstellungsbedingt meist auftretenden Alkyl-Verzweigungen hinzukommen (s. 4.5.3.), so lassen sich Korrelationen mit makroskopischen physikalischen Eigenschaften, beispielsweise dem Ordnungsgrad und der Schmelztemperatur, aufstellen (z. B. [4.066]), deren Kenntnis für die Eigenschaftsoptimierung und Verarbeitungstechnologie Bedeutung erlangen könnte.

Auf eine weitere spektroskopische Anwendungsmöglichkeit der Ethylencopolymere sei abschließend hingewiesen: In der NMR-Spektroskopie ist es üblich, zur empirischen Vorausberechnung chemischer Verschiebungen Inkrementsysteme zu benutzen. Solche Inkrementschemata beruhen darauf, daß sich die chemischen Verschiebungen $\delta(^1\mathrm{H})$, $\delta(^{13}\mathrm{C})$ der jeweils betrachteten Kerne eines Moleküls oft näherungsweise additiv aus den Anteilen (Inkrementen) zusammensetzen lassen, die von Nachbargruppen herrühren. Die bekanntesten und für die Mikrostrukturanalyse von Polymeren (Zuordnung der Teilresonanzen zu den Teilstrukturen oder Gruppen der makromolekularen Kette) wichtigsten Inkrementsysteme sind das von Primas, Arndt und Ernst [4.067] für die ^{1}H-NMR aufgestellte sowie die von Grant und Paul [4.068] und Lindeman und Adams

[4.069] für die ^{13}C-NMR-Spektroskopie entwickelten Schemata, die durch Substituenteninkremente [4.070, 4.071] ergänzt werden. Die Inkremente selber werden in der Regel durch Messungen an einer Vielzahl niedermolekularer Modellsubstanzen bestimmt. Sie lassen sich aber auch aus den NMR-Spektren makromolekularer Modellsubstanzen ableiten [4.054, 4.072, 4.073]. In Abbildung 4.7 ist dies für die ^{13}C-NMR-Spektren von Ethylencopolymeren mit Vinyl- oder Vinylidencomonomereinheiten schematisch dargestellt. Die gewonnenen Inkremente S_0 (Grundinkrement) sowie S_i ($i = \alpha, \beta, \gamma$, Substituenteninkremente, wobei α, β, γ die Stellung des betrachteten Substituenten bezüglich der betrachteten Kerne oder Gruppe symbolisieren) können beispielsweise zur Vorausberechnung der Resonanzlagen von verkehrt eingebauten Einheiten in diesen Polymeren benutzt werden [4.051, 4.072] oder — wenn man von Ethylencopolymeren mit Vinylchlorid bzw. Vinylidenchlorid ausgeht [4.054, 4.072] und weitere Modellcopolymere zur Ableitung von Korrekturinkrementen hinzunimmt [4.074, 4.120] — das Fundament für die Linienzuordnung der wegen ihrer Teilstrukturvielfalt komplizierter zu analysierenden nachchlorierten Stoffsysteme wie chloriertes Polyethylen (CPE) [4.075], chloriertes PVC (CPVC) [4.076] und chloriertes ataktisches Polypropylen (CAPP) [4.077] bilden. (Tabellarische Zusammenstellung von „Polymer"-Inkrementen siehe [4.120, 4.124].)

4.5.3. Bestimmung des Verzweigungsgrades und der Verzweigungsarten bei Polyethylen

In Polyethylen (PE), insbesondere in PE niederer Dichte (PEND), kommen eine Reihe von Irregularitäten, d. h. Abweichungen bzw. Störungen des streng linearen Aufbaus der makromolekularen Kette, vor. Solche Irregularitäten sind: Kurzkettenverzweigungen (abgekürzt KK-V, wie Butyl-, Amyl-, Ethyl-,[1] 5-Ethyl-Hexyl-, in 1,3-Stellung benachbarte Ethylverzweigungen), Langkettenverzweigungen (LK-V, n-Alkylverzweigungen mit $n \geqq 6$) sowie Vinyl-($-CH{=}CH_2$), Vinyliden-($>C{=}CH_2$) und trans-Vinylen-Gruppen ($\diagdown C(H){=}C(H)\diagdown$). Zum Nachweis und zur quantitativen Bestimmung der relativen Häufigkeiten dieser Mikrostrukturmerkmale hat die NMR-Spektroskopie in den letzten Jahren entscheidende Beiträge geliefert. Aus der inzwischen umfangreichen Literatur zu dieser Thematik können hier nur wenige Arbeiten stellvertretend genannt werden, in denen der interessierte Leser jedoch weitere Zitate findet (s. auch Tab. 1. in [4.078]).

Der Gesamtverzweigungsgrad V, der gewöhnlich als Anzahl der Methylgruppen pro 1000 C-Atome angegeben wird, kann mit der ^{1}H-NMR-Spektroskopie leicht bestimmt werden. Man benutzt dazu (Abb. 4.8a)) die Intensität (Fläche) des CH_3-Multipletts $F(CH_3)$ bei $\tau = 9{,}11$ ppm und die Inten-

[1] Zum Vorkommen von Propylverzweigungen in PE siehe die Ausführungen weiter unten.

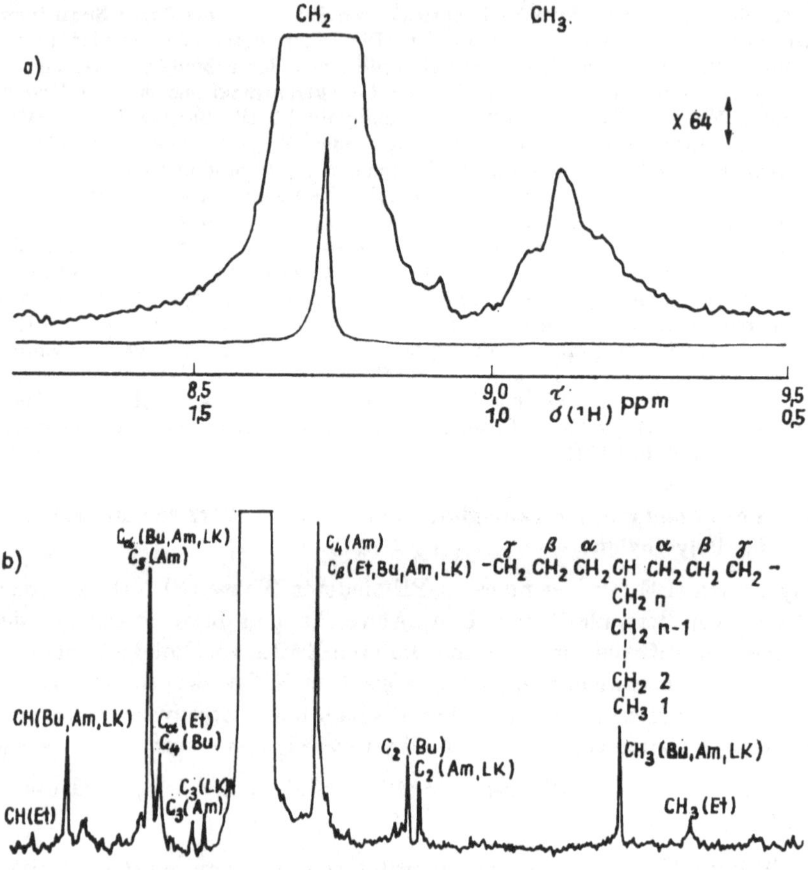

Abb. 4.8. Gegenüberstellung eines 90 MHz-^{1}H-PFT-NMR-Spektrums (a)) eines Polyethylenunipolymerisates (PEND) und eines protonenrauschentkoppelten 22,63 MHz-^{13}C-PFT-NMR-Spektrums (b)) einer analogen Probe. Das obere Spektrum bei a) ist 64-fach verstärkt; in b) ist die Verzweigungssymbolik nach [4.082] mit angegeben (entnommen aus [4.078])

sität der Methylenresonanz bei $\tau = 8{,}72$ ppm:

$$V = \frac{2F(\mathrm{CH_3})}{3F(\mathrm{CH_2}) + 2F(\mathrm{CH_3})} \cdot 1000\,. \qquad (4.58)$$

Da in diese Beziehung auch die Methylgruppen der Kettenenden eingehen, kann man — falls die zahlenmittlere Molekularmasse $\overline{M}_n < 10^4$ und der Beitrag dieser CH_3-Gruppen folglich nicht mehr ohne weiteres vernachlässigbar ist — an Gleichung (4.58) noch eine Korrektur anbringen.

Die Resonanzsignale der Vinyl-, Vinyliden- und Vinylengruppen liegen im Protonenresonanzspektrum voneinander getrennt [4.079, 4.080, 4.081], so daß ihr selektiver Nachweis mit ^{1}H-NMR möglich ist. Quantitative Messungen dieser Art erfordern die Möglichkeit der Spektrenakkumulation. Die relative Häufigkeit dieser ungesättigten Gruppen ist nicht so unbedeutend, wie oft angenommen wird. Nach den Ergebnissen von Goto und Nishioka [4.081] entfällt auf etwa 2000 C-Atome eine solche zu Sekundärreaktionen fähige Gruppe.

Die ersten grundlegenden ^{13}C-NMR-Untersuchungen zum selektiven Nachweis von KK-Verzweigungen und zur Identifizierung von LK-Verzweigungen bei Polyethylenen stammen von Randall [4.082] sowie von Bovey und Mitarbeitern [4.083, 4.084]. In der Arbeit von Axelson, Levy und Mandelkern [4.085] findet man Hinweise für die Spektrenaufnahme und -auswertemethodik, die für eine quantitativ richtige Mikrostrukturanalyse wesentlich sind. Mit der ^{13}C-NMR-Spektroskopie gelingt bisher die Unterscheidung von Alkylverzweigungen mit einer Seitenkettenlänge *bis zu* 6 C-Atomen. Der experimentelle Beweis dafür wurde mit Messungen an verzweigten Alkanen [4.086] und vor allem an verschiedenen Ethylen-α-Olefin-Copolymeren geführt [4.082, 4.083, 4.084, 4.087, 4.088], die nur einen sehr niedrigen α-Olefingehalt aufweisen und folglich Modelle für den *isolierten* Einbau von Kurzkettenverzweigungen darstellen. Zur Gewinnung der Linienzuordnung für die verschiedenen Verzweigungsstrukturen diente vorzugsweise außer diesen makromolekularen Modellsubstanzen das Inkrementschema von Lindeman und Adams [4.069].

In Abbildung 4.8b) ist ein typisches ^{13}C-NMR-Spektrum einer PEND-Probe dargestellt. Zur Bezeichnung der Resonanzen findet hier die von Randall [4.082] eingeführte Symbolik Verwendung, wonach die Hauptketten-C-Atome mit griechischen Buchstaben α, β, γ, ..., die Seitenketten-C-Atome mit arabischen Ziffern, bei der Methylgruppe beginnend, indiziert werden.

An für einzelne Verzweigungstypen charakteristischen Resonanzlinien (Schlüsselresonanzen) läßt sich die Existenz von Alkylverzweigungen verschiedener Länge qualitativ nachweisen und ihre relative Häufigkeit quantitativ bestimmen. Beispielsweise lassen sich Butylverzweigungen (Bu) über die Resonanz ihrer C_2-Atome bei 23,5 ppm, isolierte Ethylverzweigungen (Et) durch ihre Methinresonanz bei 39,8 ppm identifizieren. Als Schlüsselresonanzen für die Amylverzweigungen (Am) und die Hexyl- sowie längeren Verzweigungen, die ihrerseits nicht mehr voneinander unterschieden werden können und hier unter der Sammelbezeichnung LK-Verzweigungen zusammengefaßt werden, dienen jeweils die C_3-Resonanzen [4.089], die bei 32,8 ppm bzw. 32,2 ppm liegen. Für die quantitative Auswertung läßt sich wiederum (vgl. 4.5.2.) ein algebraisches Gleichungssystem aufstellen [4.082, 4.078], in das die Intensitäten (Flächen) der Schlüsselresonanzen eingehen und das man dann nach den relativen Häufigkeiten der gesuchten Verzweigungen auflöst.

Aus den verschiedenen Untersuchungen an PEND können folgende Schlußfolgerungen gezogen werden:

— Es dominieren im allgemeinen die n-Butylverzweigungen, womit durch physikalische Messungen der von Roedel postulierte Bildungsmechanismus der KK-Verzweigungen [4.090] gestützt wird.
— Aus dem Vorhandensein und der relativen Häufigkeit der anderen KK-Verzweigungen (Ethyl-, Amyl-, 5-Ethyl-Hexyl-Verzweigungen, 1,3-Diethylgruppierungen) im Vergleich zu den Butylverzweigungen sind neue Erkenntnisse über den molekularen Bildungsmechanismus ersterer zu erwarten [4.078]. Die Bildung isolierter Ethylgruppen kann zur Zeit nicht erklärt werden [4.078].
— Methyl- und Propylverzweigungen kommen in PEND nicht vor, es sei denn Propen oder Penten werden herstellungsbedingt als Comonomerkomponente bei der Polymerisation zugesetzt. Diese Verzweigungen sind ^{13}C-NMR-spektroskopisch ebenfalls bestimmbar.
— Das Verhältnis der relativen Häufigkeit der Butylverzweigungen zu der der anderen Verzweigungen und dieser Anteile untereinander hängt nach der Literatur von den Polymerisationsbedingungen ab. Neuere Messungen zeigen [4.078], daß diese Abhängigkeit trotz Variation der Polymerisationsbedingungen (Druck, Temperatur) in weiten Grenzen nicht so groß zu sein scheint, wie ursprünglich diskutiert.
— Da ^{13}C-NMR-spektroskopisch die eigentlichen LK-Verzweigungen zusammen mit den Verzweigungen von Hexyl an aufwärts gemessen werden, ist eine zusätzliche Abschätzung des langkettigen Anteils mit anderen Methoden, wie sie z.B. kürzlich von Hoffmann, Eckhardt und Mitarbeitern [4.078] mit dem $[\eta]$/GPC-Verfahren durchgeführt wurde, wünschenswert.
— KK-Verzweigungen bewirken eine Erniedrigung der Dichte, des Ordnungsgrades und des Schmelzbereichs sowie anderer damit verbundener Eigenschaften des PEND. LK-Verzweigungen verringern bei gleichem Verzweigungsgrad V die genannten Größen weniger stark. Sie beeinflussen vor allem die rheologischen Eigenschaften der PE-Schmelze und wirken sich dadurch auf die Verarbeitungseigenschaften aus.

Art und Anzahl der Alkylverzweigungen sind bei Polyethylen hoher Dichte (PEHD) mit ^{13}C-NMR bisher wenig untersucht worden. Bei den von Spevaček [4.091] ausgewählten kommerziellen PEHD-Unipolymerproben traten nur Methylverzweigungen (mit einer relativen Häufigkeit von 0,4 bis 2,6 pro 1000 C-Atome) auf. Ihre Existenz stimmt gut mit den Ergebnissen anderer Methoden (IR-Spektroskopie, Pyrolysegaschromatographie) überein.

Zum Abschluß seien drei weitere ^{13}C-NMR-Einsatzmöglichkeiten im Zusammenhang mit Messungen an PE genannt: Der Nachweis von Oxydationsprodukten in PE [4.092] (in dieser Arbeit wird zugleich ein erster Vorschlag für ein entsprechendes Reaktionsschema vorgelegt), die Untersuchung der durch Strahleneinwirkung veränderten Mikrostruktur von PE [4.093] sowie die Bestimmung der Verzweigungsstruktur von PVC [4.094], nachdem es z. B. mit $LiAlH_4$ zu PE reduziert und ^{13}C-NMR-spektroskopisch analysiert worden ist.

4.5.4. Untersuchung des Alternierungsgrades bei Acrylnitril-Styren-Copolymeren

Acrylnitril-Styren-Copolymere (AS) sind ein Beispiel für ein Bipolymer, das im Gegensatz zu den in Abschnitt 4.5.2. besprochenen Stoffsystemen aus *zwei* asymmetrischen Monomereinheiten besteht. Sie stellen ein geeignetes Modell zur Untersuchung von Einflüssen der Sequenzverteilung auf Copolymereigenschaften dar, da sich von diesem System sowohl „statistische" als auch alternierende und blockartige Copolymere herstellen lassen. Erste quantitative Untersuchungen führte SCHAEFER [4.095, 4.096] an statistischen AS-Copolymeren verschiedener Zusammensetzung mittels ^{13}C-NMR durch: Er bestimmte Triadenkonzentrationen und zahlenmittlere Sequenzlängen. Das Spektrum des äquimolaren statistischen AS-Copolymers verglich er qualitativ mit dem eines alternierenden, in Gegenwart von Zinkchlorid hergestellten Copolymers und konstatierte, daß das alternierende Copolymer keine merklichen Konzentrationen von homogenen S- oder AN-Sequenzen enthält. Die Frage, ob bei den mit Zinkchlorid hergestellten Copolymeren ein vollständiges Alternieren (oder genauer: ein ideales Alternieren für nicht exakt äquimolare Zusammensetzungen bzw. ein strenges Alternieren für die äquimolare Zusammensetzung) zu beobachten ist, ließ sich jedoch noch nicht beantworten.

Mit der ^{13}C-NMR-Spektroskopie wurden daher zwei verschiedene Probenserien von AS-Copolymeren untersucht [4.055, 4.097], eine mit Dibenzoylperoxid hergestellte „statistische" Serie (SAS-Proben) mit unterschiedlicher chemischer Zusammensetzung und eine in den Zusammensetzungen etwa äquimolare alternierende Serie (AAS-Proben), die in Gegenwart von Zinkchlorid präpariert worden war.

Für die Sequenzanalyse erwiesen sich die Resonanzen

— des quaternären C_1-Atoms der Phenylgruppe der Styreneinheit (Symbol B),

— des Nitril-C-Atoms der Acrylnitrileinheit (Symbol A) und
— des Methylen-C-Atoms der Hauptkette

als geeignet. Sie lassen sich in den ersten beiden Fällen Triaden und im letzten Fall Diaden mit unterschiedlicher chemischer Verknüpfung der Monomereinheiten (kompositiven n-aden, $n = 2, 3$) zuordnen. Zur Analyse wurden die Triadenresonanzen der Phenyl-C_1-Gruppe und der Nitrilgruppe herangezogen (s. Tab. 4.8, detailliertere Interpretation s. [4.097]). Abbildung 4.9 zeigt die Spektren der SAS-Proben und einer ausgewählten repräsentativen AAS-Probe sowie zum Vergleich das Spektrum eines Polystyrenunipolymers. Als Lösungsmittel wurde im Gegensatz zu SCHAEFER Dimethylformamid benutzt, das für den gesamten Zusammensetzungsbereich brauchbar ist. Die zugehörigen Resonanzlinien sind mit ,,LM“ gekennzeichnet.

Nach der Abtrennung der Triadenresonanzen F_i voneinander und der Intensitätsbestimmung (Ermittlung der relativen Flächen der Triadenresonanzen durch Planimetrieren) kann die quantitative Auswertung nach den gleichen Formeln (4.48) bis (4.51) vorgenommen werden, die bereits für die Analyse des Methinkohlenstoffteiles der EVAc-Copolymerspektren benutzt worden sind (4.5.2.). Zu beachten ist lediglich, daß für die A-zentrierten Triaden die Zusammensetzung B_M durch A_M in den genannten Beziehungen zu ersetzen ist (Tab. 4.8).

Die Ergebnisse der quantitativen Auswertung sind in Tabelle 4.9 zusammengefaßt [4.055]. Die Bruttozusammensetzungen A_M, B_M (in Mol-%) der untersuchten Proben wurden auf chemischem Wege bestimmt [4.097]. Die experimentell ermittelten Blockzahlen $\bar{R}_{exp}$ sind die Mittelwerte der Auswertung beider Spektrenteile.

Zunächst werden die Ergebnisse der SAS-Probenserie betrachtet. Die spektroskopisch bestimmten Blockzahlen R_{exp} stimmen bis auf die der Probe SAS 38c innerhalb der Fehlergrenzen sehr gut mit den Blockzahlen R_{ber} überein, die aus den auf chemischem Wege erhaltenen Monomerreaktivitätsverhältnissen r_A, r_B (Produkt $r_A r_B = 0{,}028$) sowie der Bruttozusammensetzung berechnet [4.097] worden sind. Vergleicht man die $\bar{R}_{exp}$-Werte einerseits mit den R_{sz}-Werten, die sich bei statistisch zufälliger Verteilung der Monomereinheiten in der makromolekularen Kette ergeben würden ($r_A r_B = 1$), und andererseits mit den Blockzahlen R_{max}, die man für das maximal mögliche Alternieren ($r_A r_B = 0$) bei der vorgegebenen Bruttozusammensetzung erhalten würde, so zeigt sich, daß auch die radikalisch hergestellten sogenannten statistischen SAS-Proben eine deutliche Tendenz zum Alternieren aufweisen. Dieselbe Aussage gewinnt man aus der Betrachtung der spektroskopisch bestimmten Produkte der Monomerreaktivitätsverhältnisse $r_A r_B$. Der Fehler $\Delta r_A r_B$ dürfte etwa $\pm 50\%$ des jeweils angegebenen Zahlenwertes betragen, was auch für die AAS-Probenserie zutrifft.

Tabelle 4.8. Linienzuordnung und Bezeichnung der Intensitäten (Flächen F_i) der Triadenresonanzen der Phenyl-C_1-Gruppe der Styreneinheit und der Acrylnitril-(—C≡N)-Gruppe

Gruppe (betrachtetes C-Atom)	zentrale Monomereinheit	n-ade	chemische Verschiebung $\delta(^{13}C)$ TMS[a]) ppm	Bezeichnung der Intensität (Fläche) der betrachteten Triade	Bemerkungen zur quantitativen Auswertung
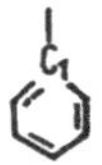	B	BBB	145,5	F_3	siehe Formeln (4.48) bis (4.51)
		BBA ABB	143,4	F_2	
		ABA	141,5	F_1	
—C≡N	A	BAB	121,9	F_1	(siehe Formeln (4.48) bis (4.51), ersetze B_M durch A_M
		AAB BAA	120,7	F_2	
		AAA	119,9	F_3	

[a]) Resonanzschwerpunkte

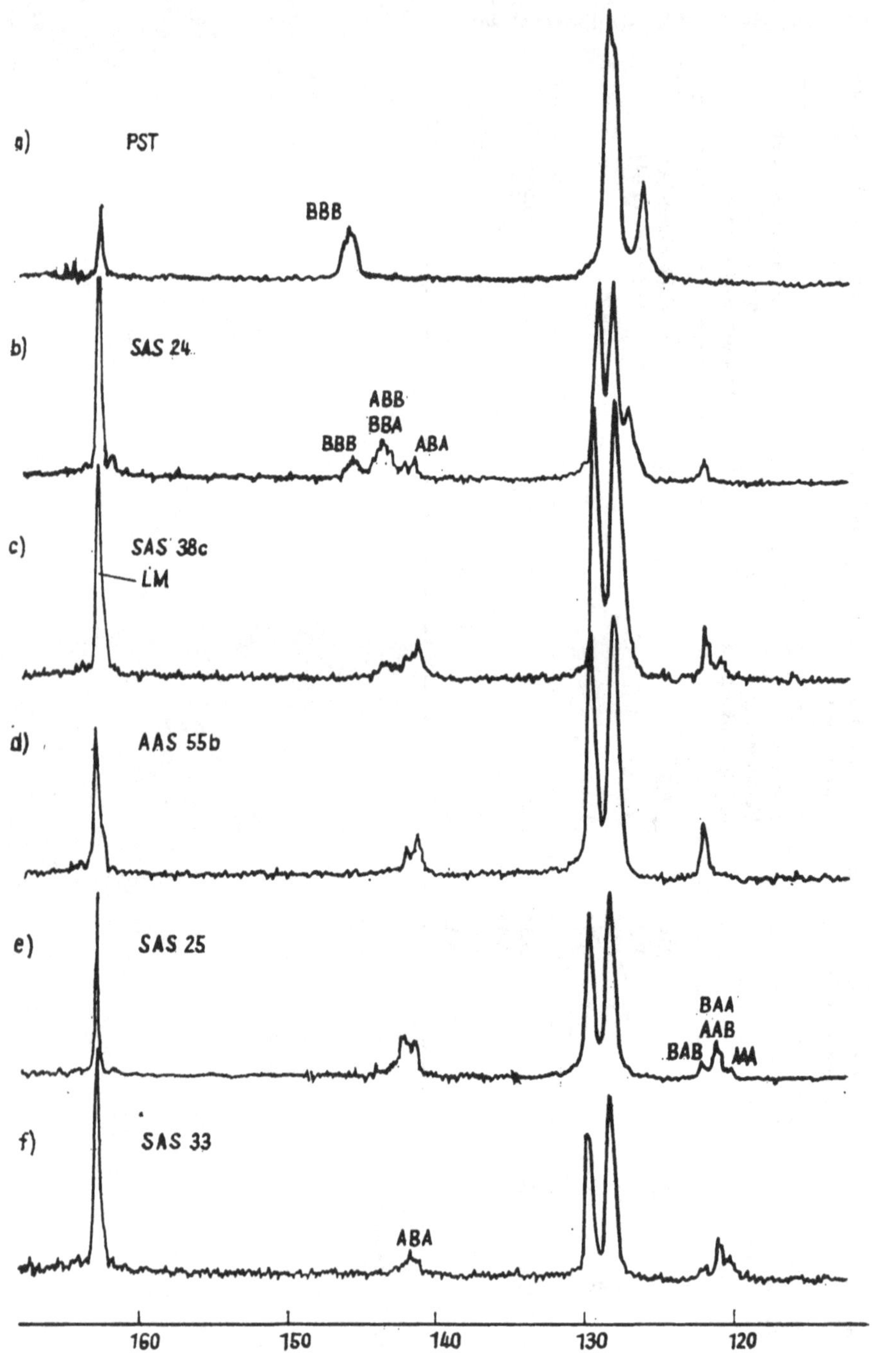

a)
PST
BBB
b)
SAS 24
ABB
BBA
BBB
ABA
c)
SAS 38c
LM
d)
AAS 55b
e)
SAS 25
BAA
AAB
BAB
AAA
f)
SAS 33
ABA
160
150
140
130
120

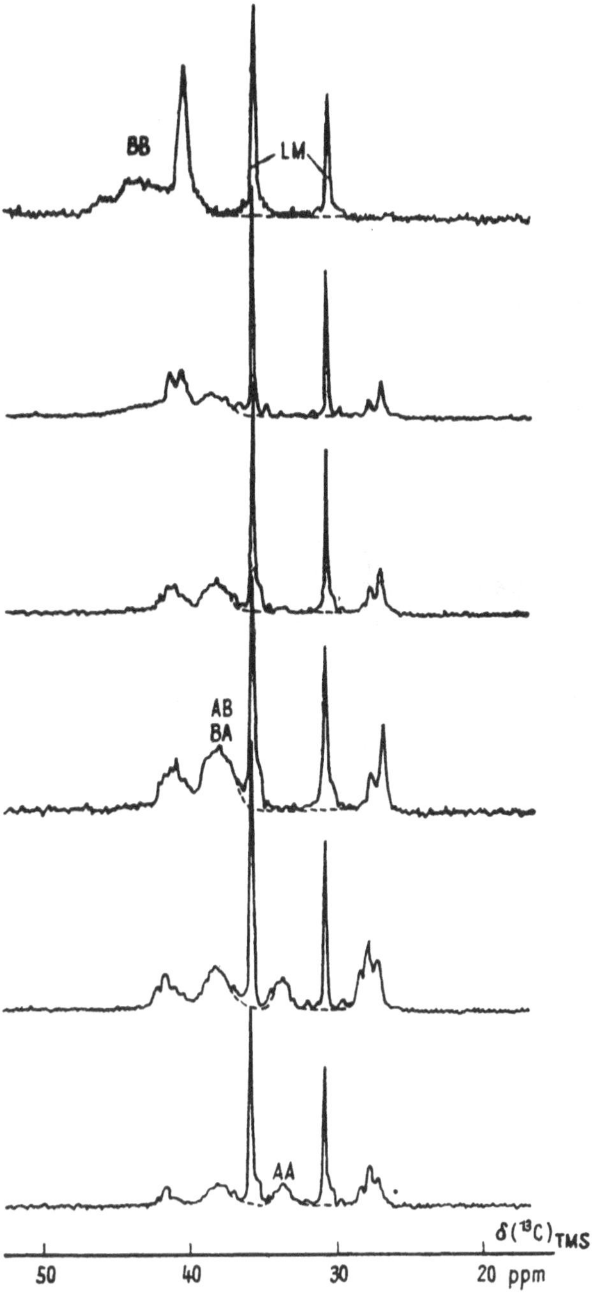

Abb. 4.9 Protonenrauschentkoppelte 22,63 MHz-^{13}C-PFT-NMR-Spektren von Polystyren (a)) und zwei verschieden hergestellten Acrylnitril-Styren-Copolymeren (b) bis f)), der Probenserien SAS bzw. AAS (statistische bzw. alternierende). Der Styrengehalt der Proben steigt von unten nach oben (vgl. Tab. 4.9; entnommen aus [4.097])

Tabelle 4.9. Ergebnisse der quantitativen Sequenzanalyse der protonenrauschentkoppelten ^{13}C-NMR-Spektren der beiden Acrylnitril-Styren-Copolymersysteme

Nr.	Probe	Bruttozusammensetzung in Mol-%		Blockzahl R				weitere Sequenzverteilungsparameter		
		A_M	B_M	R_{sz}	$\overline{R}_{ber}$ a)	$\overline{R}_{exp}$	R_{max}	$\overline{l}_A$	$\overline{l}_B$	$r_A r_B$
1	SAS 24	32,2	67,8	43,7	63,0	62,5 ± 1,5	64,4	1,03	2,17	0,04
2	SAS 38 c	50,2	49,8	50,0	86,1	79 ± 2	99,6	1,27	1,26	0,07
3	SAS 25	64,7	35,3	45,7	68,6	67,5 ± 1,5	70,6	1,92	1,04	0,04
4	SAS 33	70,7	29,3	41,4	57,6	57 ± 2	58,6	2,48	1,02	0,04
5	AAS 55 c	49,6	50,4	50,0	—	92 ± 2	99,2	1,078	1,096	0,007
6	AAS 55 b	50,3	49,7	50,0	—	88 ± 3	99,4	1,143	1,130	0,019
7	AAS 51	51,6	48,4	49,9	—	93 ± 2	96,8	1,110	1,041	0,005

A = Acrylnitril
B = Styren
a) R_{ber} = Blockzahl, berechnet aus dem chemisch ermittelten Produkt der Monomerreaktivitätsverhältnisse $r_A r_B = 0{,}028$ und der Bruttozusammensetzung.

Bei den in Gegenwart von Zinkchlorid hergestellten AAS-Proben ist die Tendenz zum Alternieren noch ausgeprägter: Die $\bar{R}_{exp}$-Werte liegen noch dichter bei den R_{max}-Werten. Das kommt auch klar im ermittelten Produkt der Monomerreaktivitätsverhältnisse $r_A r_B$ zum Ausdruck, das für die AAS-Proben etwa eine Größenordnung kleiner ist als für die SAS-Proben. Ein vollständiges Alternieren mit $R_{exp} = R_{max}$ bzw. $r_A r_B = 0$ wird auch bei den AAS-Proben nicht erreicht (Tab. 4.9). Insgesamt lassen die vorliegenden Ergebnisse erkennen, daß mit ^{13}C-NMR-Messungen eine eindeutige und quantitative spektroskopische Unterscheidung von AS-Copolymeren möglich ist, die auf Grund ihrer Herstellungsbedingungen verschieden stark alternieren. Andere Bipolymere aus zwei asymmetrischen Monomereinheiten lassen sich völlig analog zu diesem Beispiel NMR-spektroskopisch analysieren.

4.5.5. Mikrostrukturuntersuchungen an chlorierten Polymeren

4.5.5.1. Übersicht

Zum Abschluß wenden wir uns Stoffsystemen zu, die auf Grund ihrer möglichen Teilstrukturvielfalt wesentlich schwieriger zu analysieren sind. Als Beispiele mögen chloriertes Polyethylen (CPE), chloriertes Polyvinylchlorid (CPVC) und chloriertes ataktisches Polypropylen (CAPP) dienen. Für sie ist eine einheitliche Methodik der Mikrostrukturanalyse entwickelt und erprobt worden [4.075, 4.076, 4.098, 4.099, 4.100, 4.101, 4.120]. Insbesondere mit der ^{13}C-NMR-Spektroskopie lassen sich qualitativ und quantitativ sehr deutliche Unterschiede in der Mikrostruktur lösungs- und feststoff-(einschließlich suspensions-)chlorierter polymerer Produkte nachweisen, wobei CPE hier im Mittelpunkt der übersichtsartigen Diskussion stehen soll. Ausführliche Literaturhinweise zur bisherigen Anwendung der IR bzw. ^{1}H-NMR-Spektroskopie können den zitierten Originalarbeiten entnommen werden. Die Kernresonanzspektren (Abb. 4.10 bis Abb. 4.12) und die aus ihnen gewonnenen Mikrostrukturparameter stellen gewissermaßen „Fingerabdrücke" des Strukturbildungsprozesses bzw. Herstellungsverfahrens dar.

Aus Abbildung 4.10 geht die Überlegenheit der ^{13}C-NMR-Spektroskopie gegenüber der ^{1}H-NMR hervor: Spektrum b) zeigt eine viel bessere spektroskopische Auflösung im Vergleich zu a). Die (—CCl_2—)-Gruppen können direkt nachgewiesen werden, was mit ^{1}H-NMR nur indirekt möglich ist [4.075, 4.099, 4.102, 4.103]. Zur Gewinnung der Linienzuordnungen in den ^{13}C-NMR-Spektren wurde das für chlorhaltige Polymere abgeleitete Inkrementsystem [4.072, 4.073, 4.120] (vgl. 4.5.2.) benutzt, mit dem die chemischen

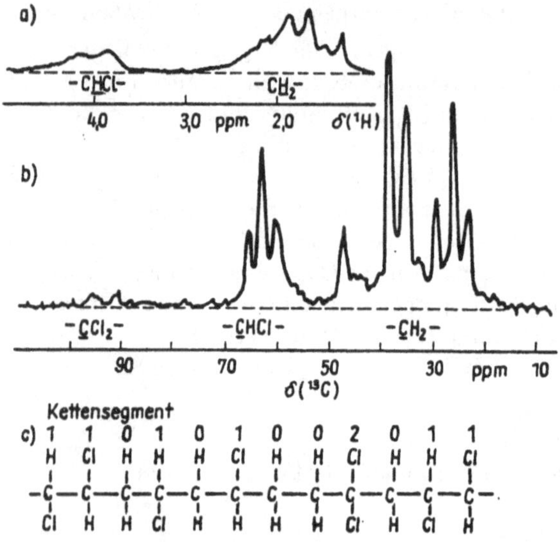

Abb. 4.10. Gegenüberstellung eines 100 MHz-^{1}H-NMR-Spektrums (a)) und eines protonenrauschentkoppelten 22,63 MHz-^{13}C-PFT-NMR-Spektrums (b)) zweier lösungschlorierter Polyethylenproben mit ähnlichem Chlorgehalt (für a) 52 Masse-%, für b) 46 Masse-%); c) schematische Darstellung eines CPE-Kettensegmentes (entnommen aus [4.060])

Verschiebungen $\delta(^{13}C)$ der zentralen C-Atome aller in CPE möglichen Teilstrukturen (Fünferketten) zumindest näherungsweise mit einer Genauigkeit in der Größenordnung von 1 ppm vorausberechnet werden können [4.073, 4.075]. Da die in CPVC möglichen Teilstrukturen eine Untermenge der in CPE denkbaren Teilstrukturen bilden, sind sie dabei mit erfaßt. Für CAPP sind die Inkremente geringfügig modifiziert worden [4.077].

Die NMR-spektroskopische Mikrostrukturanalyse liefert für Proben der genannten Stoffsysteme folgende Mikrostrukturgrößen:

— Den Chlorierungsgrad α, dessen genaue Definition für CPE, CPVC bzw. CAPP jeweils den Originalarbeiten [4.075, 4.099, 4.101] zu entnehmen ist. Bei CAPP (und auch CPVC) hat man dabei zwischen dem summarischen Chlorierungsgrad (pro Monomereinheit) und dem Gruppenchlorierungsgrad zu unterscheiden.
— Die Konstitutionswerte, d. h. die Molanteile an unchlorierten (bzw. Ausgangs-) und chlorierten Gruppen. Bei CPE und CPVC sind dies beispielsweise die Molanteile an $(-CH_2-)$-, $(-CHCl-)$- und $(-CCl_2-)$-Gruppen.

— Ausgewählte Teilstrukturhäufigkeitswerte, d. h. Molanteile von Teilstrukturen der makromolekularen Kette (z. B. von Fünferketten), bezogen auf den Gesamtanteil der betrachteten zentralen Gruppe. Bei CAPP war eine solche Auswertung vorerst noch nicht möglich.

Stellt man diese Werte für eine Proben*serie* über dem Chlorierungsgrad α dar, so erhält man Konstitutions- und Teilstrukturhäufigkeitskurven (Abb. 4.13 bis Abb. 4.16).

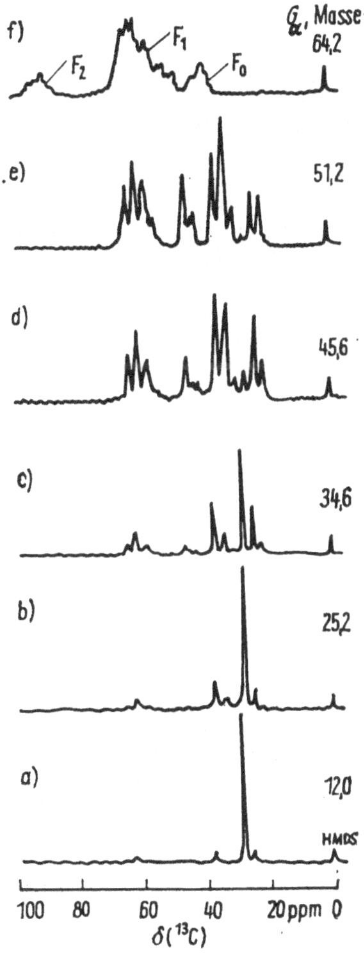

Abb. 4.11. Abhängigkeit der protonenrauschentkoppelten 22,63 MHz-^{13}C-PFT-NMR-Spektren einer lösungschlorierten CPE-Probenserie vom Chlorgehalt G_α, der in den von unten nach oben aufgeführten Proben steigt (entnommen [4.075])

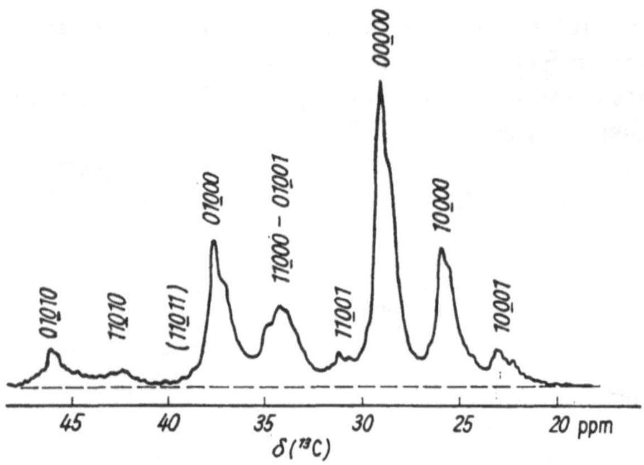

Abb. 4.12. Methylenteil des protonenrauschentkoppelten 22,63 MHz-^{13}C-PFT-NMR-Spektrogramms einer lösungschlorierten CPE-Probe mit einem Chlorierungsgrad $\alpha = 0{,}146$ (bzw. einem Chlorgehalt $G_\alpha = 43{,}1$ Masse-%) mit eingetragener Linienzuordnung; (die Zahlen symbolisieren folgende Gruppen: 0 – ($-CH_2-$), 1 – ($-CHCl-$), 2 – ($-CCl_2-$) (entnommen aus [4.098])

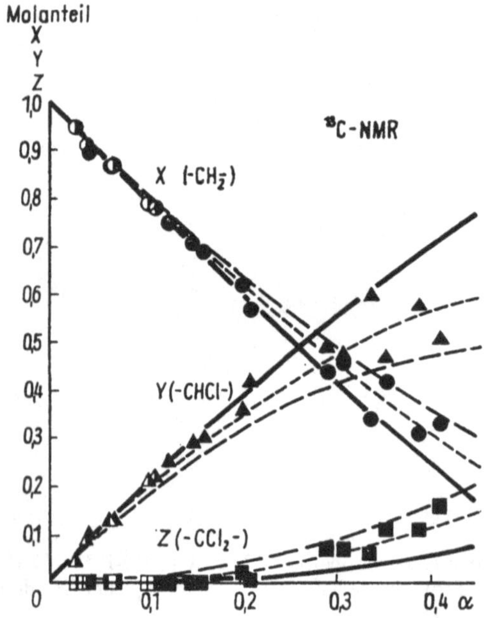

Abb. 4.13. ^{13}C-NMR-spektroskopisch bestimmte Konstitutionswerte X, Y, Z (Molanteil an ($-CH_2-$)-, ($-CHCl-$)- bzw. ($-CCl_2-$)- Gruppen) für zwei lösungschlorierte Probenserien in Abhängigkeit vom Chlorierungsgrad α der Proben. Vergleich mit berechneten Konstitutionskurven: — — — „$\lambda = 1$", statistisch zufällige Chlorierung, ——— $\lambda = 0{,}2$, behinderte Chlorierung (niedermolekulare Modelle [4.036]), - - - - - $\lambda = 0{,}6$, behinderte Chlorierung bei CPE (angepaßte Kurven [4.075])

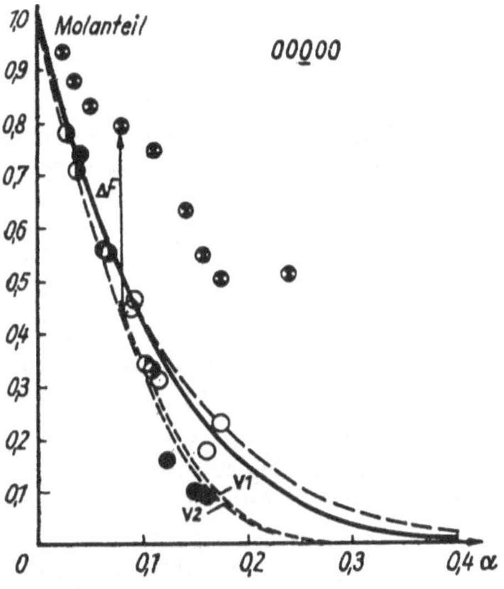

Abb. 4.14

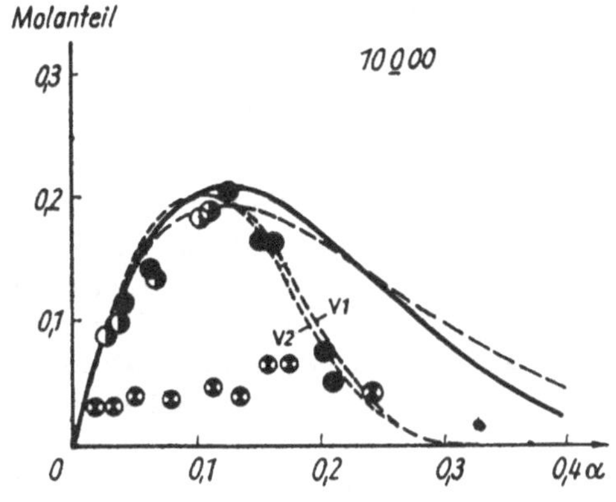

Abb. 4.15

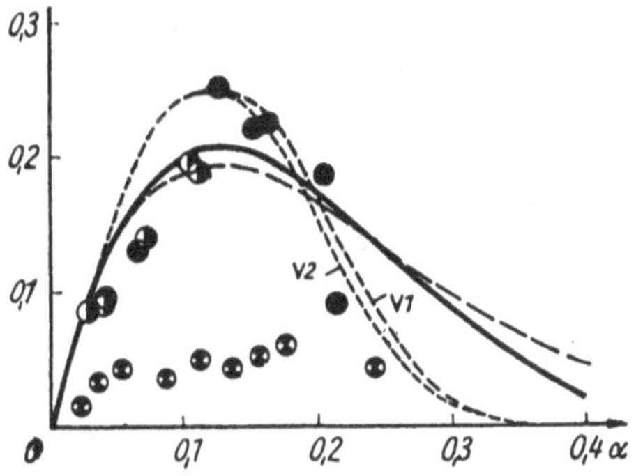

Abb. 4.16

Abb. 4.14 bis Abb. 4.16. ^{13}C-NMR-spektroskopisch bestimmte Teilstrukturhäufigkeitswerte (Molanteile ausgewählter Fünferketten 00000, 10000 und 01000 unter allen mit einer Methylengruppe 0 zentrierten Fünferketten, vgl. auch Abb. 4.12) für zwei Serien lösungschlorierter Proben (Meßpunkte ◑ und ●) sowie eine Serie feststoffchlorierter Proben (Meßpunkte ⊗) in Abhängigkeit vom Chlorierungsgrad α der Proben. Zum Vergleich sind in Abbildung 4.14 ^{1}H-NMR-spektroskopisch gewonnene Meßwerte ○ einer weiteren lösungschlorierten Serie eingetragen. — Vergleich mit berechneten Teilstrukturhäufigkeitskurven [4.098]; — — — Substitutionsmodell 1, statistisch zufällige Chlorierung („$\lambda = 1$"), ——— Substitutionsmodell 2, Behinderung der weiteren Chlorierung am selben C-Atom ($\lambda = 0{,}2$)*); - - - - Substitutionsmodell 3, Behinderung der weiteren Chlorierung am selben C-Atom ($\lambda = 0{,}6$) sowie verzögerte (behinderte) Chlorierung durch den Nachbargruppeneffekt ($k_0 : k_1 : k_2 = 1 : 0{,}33 : 0{,}11$) — $V1$ und $V2$ sind zwei Berechnungsversionen, ΔF s. Abschn. 4.5.5.3.

*) Dieser Wert $\lambda = 0{,}2$ wurde anstelle $\lambda = 0{,}6$ gewählt, um den Einfluß von λ auf die Teilstrukturhäufigkeiten besser zu verdeutlichen.

4.5.5.2. Lösungschlorierte Proben

Bei der Lösungschlorierung liegen die Makromoleküle als aufgelockerte Knäuel in der Lösung vor und haben eine hohe Segmentbeweglichkeit. Sie sind von allen Seiten und an allen Stellen für das Chlor frei zugänglich. Daher werden alle Makromoleküle unter vorgegebenen Herstellungsbedingungen annähernd einheitlich chloriert. Die Probe weist einen praktisch einheitlichen Chlorierungsgrad α auf, der von den Chlorierungsbedingungen (Konzentration des Chlors in der Lösung, Dauer der Einwirkung, Temperatur, Lösungsmittel usw.) abhängt.

In den gemessenen Konstitutions- und Teilstrukturhäufigkeitswerten (-kurven) spiegeln sich daher bei der Lösungschlorierung hauptsächlich die chemischen Elementarreaktionen des Chlorierungsprozesses (d. h. die Chlorsubstitutionsreaktionen und evtl. gleichzeitig stattfindende Nebenreaktionen wie Dehydrochlorierungsreaktionen, Chlorumverteilungsreaktionen usw.) wider. So ist ein nachträglicher Einblick in das während des Chlorierungsprozesses abgelaufene Reaktionsgeschehen möglich. Die Teilstrukturhäufigkeitswerte (-kurven) stellen ein Bild der „sequentiellen" Chlorverteilung [4.103, 4.104], d. h. der Verteilung der Chloratome längs der makromolekularen Kette dar (Abb. 4.10c)). Konstitutions- und Teilstrukturhäufigkeitskurven können unter Vorgabe geeigneter Modellvorstellungen (z. B. über die Statistik der Chlorsubstitutionsreaktionen) [4.030, 4.031, 4.036] berechnet werden [4.075, 4.076, 4.098, 4.099, 4.100, 4.101] (vgl. auch 4.3.6.). Sie lassen dann im Vergleich zu den experimentellen Ergebnissen (bei Kenntnis der Chlorierungsbedingungen) quantitative Rückschlüsse auf Parameter der elementaren Substitutionsreaktionen zu.

So haben wir für eine lösungschlorierte CPE-Probenserie durch Vergleich der experimentellen Konstitutionswerte (Meßpunkte) mit berechneten Konstitutionskurven den *Behinderungsparameter* λ der weiteren Chlorierung am selben C-Atom zu $\lambda = 0{,}6 \pm 0{,}25$ [4.075] bestimmt (Abb. 4.13). Eine CPE-Probe wird in Abbildung 4.13 durch drei senkrecht übereinander liegende Punkte repräsentiert, die den Molanteilen X, Y, Z der ($-CH_2-$)-, ($-CHCl-$)- bzw. ($-CCl_2-$)-Gruppen entsprechen und sich aus den korrigierten sowie normierten [4.075] Intensitäten (Flächen) der zugehörigen Resonanzen des NMR-Spektrums (vgl. Abb. 4.10b)) ergeben.

Aus den gemessenen Teilstrukturhäufigkeitswerten (siehe Meßpunkte der lösungschlorierten Serien) ließ sich im Vergleich zu den entsprechenden berechneten Kurven (Abbn. 4.14 bis 4.16) erstmals der *Nachbargruppeneffekt* der polymeranalogen Reaktionen bei CPE im Detail nachweisen [4.098] und das Verhältnis der Geschwindigkeitskonstanten des Nachbargruppeneffektes mit $k_0 : k_1 : k_2 = 1 : 0{,}33 : 0{,}11$ abschätzen, womit frühere reaktionskinetische Messungen sowjetischer Autoren [4.105, 4.106] anhand der sequentiellen Chlorverteilung bestätigt worden sind. Wie man die relativen Teilstrukturhäufig-

Tabelle 4.10. ^{13}C-NMR-spektroskopisch ermittelte Mikrostrukturparameter für eine lösungschlorierte CPE-Probenserie (nach [4.098], zweites Zitat)

Probe	M 6	M 9	F 20	F 19	F 18	F 13	F 16
Chlorierungsgrad α_{chem}	0,103	0,110	0,125	0,149	0,161	0,202	0,210
X_M, Mol-%	79,4	78,0	75,0	70,2	67,8	59,6	58,0
$N(0\underline{0}0)$[1])	0,58	0,56	0,44	0,35	0,34	0,22	0,14
$\overline{N}(1\underline{0}0)$	0,34	0,37	0,47	0,49	0,50	0,52	0,52
$N(1\underline{0}1)$[2])	0,08	0,07	0,09	0,16	0,16	0,26	0,34
$\overline{R}_{exp}$[3])	40 ± 6	41 ± 2	48 ± 4	57 ± 4	55 ± 2	62 ± 4	70 ± 6
R_{ber}	37,7	40,0	44,6	51,5	54,6	63,4	65,0
R_{sz}	32,7	34,3	37,5	40,8	43,7	48,2	48,7

α_{chem} = chemisch bestimmter Chlorierungsgrad, X_M = Mol-% der $(-CH_2-)$-Gruppen.

[1]),[2]) In Tabelle 3 in [4.098], zweites Zitat, sind diese aus den gemessenen Fünferkettenanteilen erhaltenen normierten Dreierkettenanteile versehentlich miteinander vertauscht.

[3]) Zur Ermittlung von R_{exp} setzt man in die Gleichungen (4.48) bis (4.51) $N(1\underline{0}1) = F_1$, $\overline{N}(1\underline{0}0) = F_2$, $N(0\underline{0}0) = F_3$, $X_M = B_M$ mit den entsprechenden Zahlenwerten ein. $\overline{R}_{exp}$ ist der Mittelwert der Ergebnisse. (Der Anteil an $(-CCl_2-)$-Gruppen ist noch sehr klein, unter 2 Mol-%, und wird vernachlässigt.). $R_{ber} = R(1:\frac{1}{3}:\frac{1}{9}, X_M)$, vgl. Abb. 4.2 und [4.098], zweites Zitat. R_{sz} ergibt sich nach (4.14) in Verbindung mit Beziehung (4.6).

keiten (Molanteile der verschiedenen Fünferketten) aus den ^{13}C-NMR-Spektren bestimmen kann, wird an Abbildung 4.12 deutlich, die den Methylenkohlenstoffteil einer CPE-Probe mit einem Chlorgehalt von 43,1 Masse-% ($\alpha = 0{,}146$) zeigt und die Zuordnung der Teilstrukturen erkennen läßt. Der Anteil von Teilstrukturen, die ($-CCl_2-$)-Gruppen enthalten (Symbol 2) ist bei dieser Probe noch so klein, daß er praktisch vernachlässigt werden kann. Die relativen Teilstrukturhäufigkeiten ergeben sich jeweils aus der Intensität (Fläche) einer der zugeordneten Resonanzen, bezogen auf die Gesamtintensität des Methylenteiles. Die gute Übereinstimmung der experimentellen Werte mit den berechneten kurzgestrichelten Kurven, die hier nur für drei ausgewählte Teilstrukturen dargestellt ist (Abbn. 4.14 bis 4.16), wird auch für die anderen Teilstrukturen (Abb. 4.12) beobachtet.

Der gemessene verzögernde Nachbargruppeneffekt ruft eine Tendenz zum Alternieren chlorierter und nicht chlorierter Gruppen im Vergleich zur statistisch zufälligen Chlorverteilung hervor, die bei Betrachtung der experimentell ermittelten Blockzahlen R_{exp} und der Blockzahlen R_{sz} deutlich wird (Tab. 4.10, [4.098]): Es gilt für alle Proben $R_{exp} > R_{sz}$.

Bei lösungschloriertem CPVC schien nach unseren Messungen [4.076] kein Nachbargruppeneffekt wirksam zu sein. Dieser Befund ließ sich wie folgt erklären: Nach dem Chlorierungsmodell von KOLINSKY, DOSKOČILOVÁ und Mitarbeitern [4.102] reagieren bei PVC nur die ($-CH_2-$)-Gruppen, die einfach bzw. doppelt chloriert werden können, während die unmittelbaren Nachbarn der reaktiven Gruppe, die ($-CHCl-$)-Gruppen des Ausgangspolymers nicht substituiert werden und daher stets gleich bleiben. Es wäre dann nur ein Nachbargruppeneffekt durch die übernächsten, wieder reaktiven ($-CH_2-$)-Gruppen denkbar. Dieser dürfte aber wesentlich kleiner sein als der Einfluß der nächsten Nachbarn.

Nach neueren Untersuchungen [4.121, 4.122, 4.123] muß das ursprüngliche, oben zitierte Chlorierungsmodell [4.102] dahingehend modifiziert und erweitert werden, daß neben den ($-CH_2-$)-Gruppen *auch* die ($-CHCl-$)-Gruppen der VC-Einheiten (durch Substitution) chloriert werden können. Abbildung 4.17 [4.122] liefert den Beweis dafür. Im ($-CCl_2-$)-Teil des ^{13}C-NMR-Spektrums einer CPVC-Probe mit $\alpha = 0{,}46$ sieht man neben der Resonanz der Teilstrukturen $0\bar{1}\underline{2}\bar{1}0$, die die doppelte Chlorierung der ($-CH_2-$)-Gruppen belegt, deutlich die Resonanz der Teilstrukturen $\bar{1}0\underline{2}0\bar{1}$. Die ($-CHCl-$)-Gruppen der VC-Einheiten bzw. die aus ihnen entstandenen ($-CCl_2-$)-Gruppen sind in der Zahlensymbolik durch einen oberen Querstrich hervorgehoben. Abbildung 4.17 demonstriert außerdem im Vergleich zu unseren früheren ^{13}C-NMR-Messungen (bei 22,6 MHz mit einem Proberöhrchendurchmesser von 10 mm [4.099]) den Vorteil eines Spektrometers mit höherer Meßfrequenz (50,3 MHz) und einem größeren Füllfaktor (Proben-

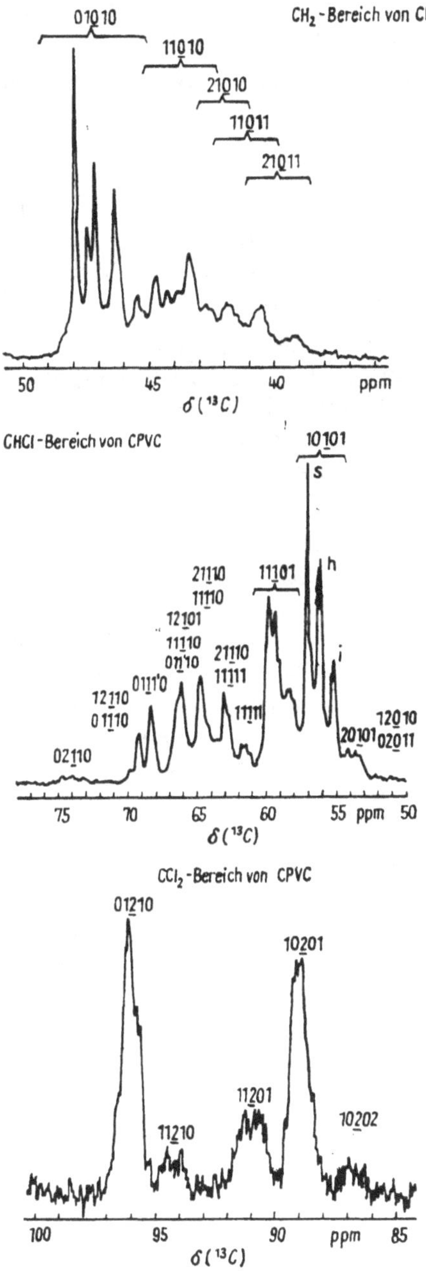

Abb. 4.17. 50,3 MHz-^{13}C-NMR-Spektrum einer CPVC-Probe (GEON 603×560/B. F. Goodrich &Co) mit einem Chlorgehalt von 66 Masse-% ($\alpha = 0{,}46$). Die Spektrenteile ($-CH_2-$), ($-CHCl-$) und ($-CCl_2-$) (von oben nach unten) sind mit unterschiedlicher Verstärkung und Spreizung ausgeschrieben

(Für die freundliche Überlassung des Spektrums, das dem Vortrag [4.122] entnommen ist, danken wir Dr. R. A. Komoroski)

durchmesser 20 mm). Diese Gerätemerkmale gewährleisten eine erhöhte spektroskopische Auflösung und Empfindlichkeit.

Die Analyse der Spektren verschiedener lösungschlorierter Probenserien (in Abhängigkeit vom Chlorierungsgrad α) zeigte, daß die Reaktivität $\bar{p}$(CHCl) der (C—H)-Bindungen der (—CHCl—)-Gruppen der VC-Einheiten kleiner als die der (—CH_2—)-Gruppen $\bar{p}(CH_2)$ ist. Das Verhältnis $\bar{p}$(CHCl): $\bar{p}(CH_2)$ liegt etwa im Bereich 0,2 ... 0,4 [4.120, 4.123]. Die Ursache dafür dürfte die sterische Behinderung [4.102, 4.120] sein. Die Aussage über die Unwirksamkeit des Nachbargruppeneffektes bleibt daher nur für diejenigen Fünferketten gültig, die *keine* Gruppen 2 enthalten.

Der Parameter λ, der die Behinderung bzw. Förderung der weiteren Chlorierung am selben C-Atom im Vergleich zur Zufallsstatistik beschreibt, hängt bei lösungschloriertem CPVC von den Chlorierungsbedingungen ab [4.076, 4.099] und spiegelt wahrscheinlich zugleich das Vorhandensein von Nebenreaktionen wider (s. Reaktionsschema und Diskussion in [4.120]).

Bei lösungschloriertem CAPP ließen sich mit der ^{13}C-NMR-Spektroskopie vorerst nur Konstitutionswerte, d. h. die Molanteile der (—CH—)- und (—CCl—)-, der (—CH_2—)-, (—CHCl—)- und (—CCl_2—)-, sowie der (—CH_3)-, (—CH_2Cl)- und (—$CHCl_2$)-Gruppen ((—CCl_3)-Gruppen wurden bisher nicht beobachtet), aber keine Teilstrukturhäufigkeiten messen. Daher kann hier über die Wirksamkeit des Nachbargruppeneffektes noch keine Aussage getroffen werden. Die Chlorierung der (—CH_2—)-Gruppen erfolgt im wesentlichen nach der Zufallsstatistik ($\lambda \approx 1$), während bei der Chlorierung der (—CH_3)-Gruppen eine Behinderung der weiteren Chlorierung am selben C-Atom wirksam zu sein scheint ($\lambda < 1$) [4.101]. Aus den Messungen läßt sich weiterhin das Verhältnis der mittleren Chlorierungswahrscheinlichkeiten der (C—H)-Bindungen für die verschiedenen reagierenden Gruppen $\bar{p}$(CH): $\bar{p}(CH_2)$:$\bar{p}(CH_3)$ bestimmen, das ein Maß für die mittlere relative Reaktivität der (C—H)-Bindungen in den Gruppen darstellt. Das durch lineare Regressionsanalyse ermittelte Verhältnis [4.101] $\bar{p}(CH):\bar{p}(CH_2):\bar{p}(CH_3) = (3{,}2 \ldots 2{,}0):(1{,}9 \ldots 1{,}2):1$ besagt, daß die (C—H)-Bindung in der Methingruppe des ataktischen Polypropylens gegenüber Chlor etwa 2- bis 3mal reaktiver ist als eine (C—H)-Bindung in der Methylgruppe. Die (C—H)-Bindungen in der Methylengruppe sind etwa eineinhalbmal so reaktiv wie die in der Methylgruppe. Für die Zufallsstatistik erhielte man zum Vergleich das Verhältnis 1:1:1.

Die quantitative Auswertung ergab bei allen drei untersuchten Stoffsystemen eine gute Übereinstimmung zwischen den chemisch (z. B. nach [4.107]) und den spektroskopisch ermittelten Werten des Chlorierungsgrades α.

4.5.5.3. Feststoffchlorierte Proben

Feststoffchlorierte Proben weisen im Gegensatz zu lösungschlorierten eine Heterogenität (chemische Uneinheitlichkeit) des Chlorierungsgrades α auf [4.103, 4.104]. Danach gibt es in solchen Proben im allgemeinen einen Anteil an praktisch noch unchloriertem Ausgangspolymer (PE, PVC), bzw. an längeren unchlorierten Sequenzen, und einen mehr oder weniger stark (uneinheitlich) chlorierten Anteil an chloriertem Polymer (CPE, CPVC). Die Ursache dafür ist sowohl bei der Gasphasen- als auch bei der Suspensionschlorierung in der nicht mehr freien Chlorgaszugänglichkeit zu Makromolekülen oder Makromolekülteilen zu suchen, die sich im Innern der beim jeweiligen Verfahren betrachteten Partikel befinden. Dabei kann angenommen werden, daß die Chlordiffusion ins Innere der Partikel von der Schicht des bereits chlorierten Produktes behindert wird [4.104, 4.108]. Weiterhin spielt die Morphologie des Ausgangspolymers eine wichtige Rolle: So konnte z.B. bei gasphasenchloriertem CPVC gezeigt werden, daß die Konstitutionskurven von der Porosität des Ausgangs-PVC abhängen [4.099]. Mit steigender Porosität nähern sie sich denen von lösungschloriertem CPVC an; bei vergleichbarem Chlorierungsgrad $\bar{\alpha}$ wird der Anteil an $(-CCl_2-)$-Gruppen geringer. Auch der Ordnungszustand (Anteil an und Größenverteilung von amorphen und geordneten (kristallinen) Bereichen) des Ausgangspolymers dürfte die Chlorgaszugänglichkeit und dadurch die Mikrostruktur beeinflussen [4.109].

NMR-spektroskopisch wirkt sich die chemische Uneinheitlichkeit des Chlorierungsgrades α (Mittelwert für eine Probe: $\bar{\alpha}$) sowohl auf die gemessenen Konstitutionswerte (und -kurven) als auch auf die beobachtete sequentielle Chlorverteilung aus. Bei CPVC weisen feststoffchlorierte Proben mit einem gemittelten Chlorierungsgrad $\bar{\alpha}$ einen erhöhten $(-CCl_2-)$-Gruppengehalt im Vergleich zu entsprechenden lösungschlorierten Proben mit einem einheitlichen Chlorierungsgrad α auf [4.099]. Bei CPE ist dieser Effekt nicht so deutlich ausgeprägt [4.110].

Die Teilstrukturhäufigkeitswerte feststoffchlorierter Proben dagegen weichen in charakteristischer Weise von denen lösungschlorierter Proben mit vergleichbarem α ab [4.110, 4.111]. In den Abbildungen 4.14 bis 4.16 wird dies am Beispiel verschiedener CPE-Probenserien demonstriert. Tabelle 4.11 belegt, daß die aus den gemessenen Teilstrukturhäufigkeiten der Dreierketten $N(0\underline{0}0)$, $\bar{N}(1\underline{0}0)$ und $N(1\underline{0}1)$ bestimmten Blockzahlen $\bar{R}_{\text{exp}}$ kleiner als die zum Vergleich berechneten $\bar{R}_{sz}$-Werte sind. Das deutet auf eine blockartige Verteilung chlorierter und nichtchlorierter Gruppen infolge der uneinheitlichen Chlorierung hin. Die in Abbildung 4.14 eingezeichnete Differenz ΔF des Teilstrukturhäufigkeitswertes (Molanteil der aus fünf Methylengruppen be-

Tabelle 4.11. ^{13}C-NMR-spektroskopisch ermittelte Mikrostrukturparameter für eine feststoffchlorierte CPE-Probenserie (vgl. [4.111])

Probe	2 M′	3 M′	4 M′	5 M′	6 M′	7 M′	8 M′	9 M′	10 M′
Chlorierungsgrad α_{chem}	0,022	0,035	0,050	0,086	0,110	0,134	0,156	0,174	0,241
X_M Mol-%	95,6	93,0	90,0	82,8	78,0	73,2	68,8	65,2	51,8
$N(0\underline{0}0)$	0,975	0,920	0,895	0,852	0,813	0,694	0,675	0,615	0,607
$\overline{N}(1\underline{0}0)$	0,025	0,080	0,080	0,076	0,129	0,165	0,143	0,188	0,137
$N(1\underline{0}1)$	—	—	0,025	0,073	0,059	0,141	0,182	0,197	0,256
$\overline{R}_{exp}$	2 ± 1	8 ± 2	10 ± 3	13 ± 8	15 ± 6	24 ± 12	24 ± 15	28 ± 15	22 ± 16
R_{sz}	8,4	13,0	18,0	28,5	34,3	39,2	42,9	45,4	49,9

Erläuterungen s. Legende zu Tabelle 4.10.
Der Anteil der vernachlässigten (—CCl_2—)-Gruppen liegt unter 5,5 Mol-%. Zur Berechnung von $\overline{R}_{exp}$ dienten aus Intensitätsgründen nur die Gleichungen (4.48) und (4.50). Nimmt man für die letzten drei Proben die Relation (4.51) hinzu, erhält man für $\overline{R}_{exp}$ die Werte (36 ± 22), (38 ± 20) bzw. (32 ± 20).

stehenden Teilstruktur 00000 unter allen methylenzentrierten Fünferketten) einer feststoffchlorierten Probe zum entsprechenden Wert einer lösungschlorierten Probe mit vergleichbarem Chlorierungsgrad α läßt sich als Maß für die Chlorierungsgraduneinheitlichkeit der feststoffchlorierten Probe benutzen. Damit kann für solche Proben eine Zweikomponentenzerlegung durchgeführt werden, die (ohne vorherige Fraktionierung) eine ^{13}C-NMR-spektroskopische Abschätzung des maximal vorhandenen unchlorierten, PE-artigen Anteils γ und des maximalen Chlorierungsgrades α_{max} (CPE) des chlorierten Anteils $(1 - \gamma)$ für die untersuchte Probe erlaubt [4.111].

Eine ähnliche Zweikomponentenzerlegung wurde auch für feststoffchlorierte CPVC-Proben entwickelt und durchgeführt [4.100, 4.120]. Diese NMR-Auswertung unfraktionierter Proben bestätigte qualitativ die durch aufwendige Fraktionierversuche [4.112] ermittelte Chlorierungsgrad-(bzw. Chlorgehalts-)häufigkeitsverteilung.

4.5.5.4. Gemischanalyse

Wenn der Chlorierungsgrad α nicht zu groß ist, erkennt man allein auf Grund des NMR-Spektrums (vor allem bei ^{13}C-NMR), welchem der drei genannten Stoffsysteme eine unbekannte Probe angehört (was elementaranalytisch nicht möglich ist), und kann ihre Mikrostruktur auf die oben angegebene Weise bestimmen. Aber auch Gemische können ohne vorherige Trennung nach ihren Bestandteilen analysiert werden. So läßt sich z.B. bei PE-CPE- oder PVC-CPVC-Mischungen die in Abschnitt 4.5.5.4. erwähnte Zweikomponentenanalyse anwenden. Für Mischungen aus PVC und CPE ist ebenfalls eine Methode entwickelt worden, die die Bestimmung des Mischungsverhältnisses beider Komponenten wie auch die Ermittlung der Mikrostruktur des CPE-Anteils (Chlorierungsgrad α, Konstitution und Teilstrukturhäufigkeiten) rein spektroskopisch gestattet [4.113].

4.6. Ergänzungen zur Mikrostruktur von Copolymeren

Zwei wichtige Ergänzungen zur Erweiterung des Copolymerisationsmodells können für die theoretische Interpretation bzw. Auswertung hNMR-spektroskopisch gewonnener Ergebnisse der Mikrostrukturanalyse nützlich sein.

4.6.1. Behandlung der Copolymerisation bei hohen Umsätzen

Ändert sich das Monomeransatzgemisch während der Copolymerisation merklich, beispielsweise dadurch, daß die eine Komponente bevorzugt (schneller) in das Copolymer eingebaut wird, und verarmt die Ausgangsmischung daher im Laufe der Zeit an diesem

Monomer, so entsteht in zwei aufeinanderfolgenden differentiell kurzen Zeitintervallen entsprechend Gleichung (4.1) jeweils ein Copolymerisat mit etwas anderer Zusammensetzung, da die MRV konstant sind. Betrachtet man einen längeren Zeitabschnitt (bzw. größeren Umsatz), so ergibt sich ein Copolymerisat, das hinsichtlich der Zusammensetzung aus beiden Komponenten uneinheitlich ist. Der mittlere Molanteil $\overline{P(X, \varphi)}$ des Monomers X hängt dann vom molaren Umsatz φ ab. Folgende Gleichung definiert den molaren Umsatz φ:

$$\varphi = 1 - \frac{[M]}{[M_0]} \quad \text{mit} \quad \begin{cases} [M] = [X_F] + [Y_F]\,|_t \\ [M_0] = [X_F] + [Y_F]\,|_{t=0}\,, \end{cases} \tag{4.59}$$

wobei $[M]/[M_0]$ das Verhältnis der molaren Monomerkonzentrationen der Komponenten X und Y im Ansatz zur Zeit t (Copolymerisationsende) bzw. zur Zeit $t = 0$ (Copolymerisationsanfang) ist. Führen wir weiterhin in Analogie zu den Beziehungen (4.4) Molanteile des Monomeren i (i = X oder Y) im Monomeransatz zur Zeit t bzw. $t = 0$ ein,

$$\begin{aligned} F(i, t) &= \left.\frac{[i_F]}{[X_F] + [Y_F]}\right|_t \qquad i = \text{X oder Y}\,, \\ F(i, 0) &= \left.\frac{[i_F]}{[X_F] + [Y_F]}\right|_{t=0}\,, \end{aligned} \tag{4.60}$$

dann läßt sich nach einem Vorschlag von KRUSE [4.114] die Copolymerisationsgleichung integrieren, in die nachstehende Form umschreiben und bequem auswerten:

$$\begin{aligned} (1 - \varphi)^{1 + r_X r_Y - r_X - r_Y} &= \left(\frac{F(X, t)}{F(X, 0)}\right)^{r_Y - r_X r_Y} \left(\frac{F(Y, t)}{F(Y, 0)}\right)^{r_X - r_X r_Y} \\ &\cdot \left\{\frac{(1 - r_Y)\,F(Y, 0) - (1 - r_X)\,F(X, 0)}{(1 - r_Y)\,F(Y, t) - (1 - r_X)\,F(X, t)}\right\}^{1 - r_X r_Y}. \end{aligned} \tag{4.61}$$

Der mittlere Molanteil $\overline{P(X, \varphi)}$ des Monomers X im fertigen Copolymer ergibt sich für den Umsatz φ aus

$$\overline{P(X, \varphi)} = \frac{F(X, 0) - F(X, t)\,(1 - \varphi)}{\varphi}. \tag{4.62}$$

Mit bekannten Monomeransatzdaten (MRV, $F(X, 0)$) läßt sich für einen vorgegebenen $F(X, t)$-Wert nach (4.61) zunächst φ und anschließend nach (4.62) $\overline{P(X, \varphi)}$ berechnen. Für einen festen $F(X, 0)$-Wert kann mit variablem $F(X, t)$ die vollständige Abhängigkeit des mittleren Molanteils der Komponente X vom Umsatz φ berechnet werden. Bemerkenswert ist, daß alle vorkommenden unabhängigen Variablen des Monomeransatzes, aber auch die abhängige Variable $\overline{P(X, \varphi)}$ mit der hNMR-Spektroskopie meßbar sind.

4.6.2. Die Copolymerisationsgleichung und Sequenzverteilung für das MARKOV-Modell 2. Ordnung

Beim MARKOV-Modell 2. Ordnung (penultimate model) bestimmen die *beiden* zuletzt angelagerten Monomereinheiten (d. h. die letzte *und* die vorletzte Einheit) die Wahrscheinlichkeit für die Anlagerung einer neuen weiteren Einheit X oder Y an die wachsende Kette. Das ist eine Erweiterung der Annahme 2 des Copolymerisationsmodelles. Daher existieren für dieses Modell acht verschiedene Wachstumsreaktionen. Die hieraus unter Beibehaltung aller übrigen Annahmen des Copolymerisationsmodelles ableitbare Copolymerisationsgleichung lautet [4.115]:

$$f = \frac{1 + \dfrac{r'_{\mathrm{X}} F(1 + r_{\mathrm{X}} F)}{1 + r'_{\mathrm{X}} F}}{1 + \dfrac{\dfrac{r'_{\mathrm{Y}}}{F}\left(1 + \dfrac{r_{\mathrm{Y}}}{F}\right)}{1 + \dfrac{r'_{\mathrm{Y}}}{F}}} = \frac{P(\mathrm{X})}{P(\mathrm{Y})}, \tag{4.63}$$

wobei die vier Monomerreaktivitätsverhältnisse r_{X}, r'_{X}, r_{Y} und r'_{Y} hier als Quotienten entsprechender Geschwindigkeitskonstanten der Wachstumsreaktionen wie folgt definiert sind:

$$r_{\mathrm{X}} = \frac{k_{\mathrm{XXX}}}{k_{\mathrm{XXY}}}, \quad r'_{\mathrm{X}} = \frac{k_{\mathrm{YXX}}}{k_{\mathrm{YXY}}}, \quad r_{\mathrm{Y}} = \frac{k_{\mathrm{XYY}}}{k_{\mathrm{XYX}}}, \quad r'_{\mathrm{Y}} = \frac{k_{\mathrm{YYY}}}{k_{\mathrm{YYX}}}. \tag{4.64}$$

Die acht Anlagerungswahrscheinlichkeiten P_{ijk} lassen sich wiederum aus den Monomeransatzdaten (a) oder z. B. NMR-spektroskopisch aus den gemessenen n-aden-Anteilen des fertigen Copolymers (b) bestimmen, wobei für dieses Modell die Kenntnis der Triadenanteile erforderlich ist:

(a) (b)

$$P_{\mathrm{XXY}} = \frac{1}{1 + r_{\mathrm{X}} F} = \frac{P(\mathrm{XXY})}{P(\mathrm{XXX}) + 0{,}5\bar{P}(\mathrm{XXY})},$$
$$P_{\mathrm{XXX}} = 1 - P_{\mathrm{XXY}}, \tag{4.65}$$

$$P_{\mathrm{YXY}} = \frac{1}{1 + r'_{\mathrm{X}} F} = \frac{P(\mathrm{YXY})}{P(\mathrm{YXY}) + 0{,}5\bar{P}(\mathrm{XXY})},$$
$$P_{\mathrm{YXX}} = 1 - P_{\mathrm{YXY}}, \tag{4.66}$$

$$P_{\mathrm{XYX}} = \frac{1}{1 + \dfrac{r'_{\mathrm{Y}}}{F}} = \frac{P(\mathrm{XYX})}{P(\mathrm{XYX}) + 0{,}5\bar{P}(\mathrm{XYY})},$$
$$P_{\mathrm{XYY}} = 1 - P_{\mathrm{XYX}}, \tag{4.67}$$

$$P_{\mathrm{XXY}} = \frac{1}{1 + \dfrac{r_{\mathrm{Y}}}{F}} = \frac{P(\mathrm{YYX})}{P(\mathrm{YYY}) + 0{,}5\bar{P}(\mathrm{YYX})},$$
$$P_{\mathrm{YYY}} = 1 - P_{\mathrm{XXY}}. \tag{4.68}$$

Wenden wir uns nun umgekehrt der Berechnung der verschiedenen n-aden-Anteile (n-aden-Wahrscheinlichkeiten) zu [4.116, 4.118, 4.117]:

Monaden (*Konstitution* $n = 1$)

$$P(\mathrm{X}) = \frac{1 + \dfrac{P_{\mathrm{YXX}}}{P_{\mathrm{XXY}}}}{\dfrac{P_{\mathrm{YXX}}}{P_{\mathrm{XXY}}} + 2 + \dfrac{P_{\mathrm{XYY}}}{P_{\mathrm{YYX}}}}; \qquad P(\mathrm{Y}) = 1 - P(\mathrm{X}). \tag{4.69}$$

Diaden ($n = 2$) unvollständiges Schema

$$P(\mathrm{XX}) = \frac{\dfrac{P_{\mathrm{YXX}}}{P_{\mathrm{XXY}}}}{\dfrac{P_{\mathrm{YXX}}}{P_{\mathrm{XXY}}} + 2 + \dfrac{P_{\mathrm{XYY}}}{P_{\mathrm{YYX}}}} = P(\mathrm{XY}) \frac{P_{\mathrm{YXX}}}{P_{\mathrm{XXY}}} = P(\mathrm{X})\, P_{\mathrm{XX}}\,, \tag{4.70}$$

$$P(\mathrm{XY}) = \frac{1}{\dfrac{P_{\mathrm{YXX}}}{P_{\mathrm{XXY}}} + 2 + \dfrac{P_{\mathrm{XYY}}}{P_{\mathrm{YYX}}}} = P(\mathrm{X})\, P_{\mathrm{XY}}\,. \tag{4.71}$$

Für die Berechnung höherer n-aden-Anteile ist folgende Umrechnung der bedingten Wahrscheinlichkeiten P_{ij} aus den P_{ijk} von Nutzen:

$$P_{\mathrm{XY}} = \frac{P_{\mathrm{XXY}}}{P_{\mathrm{XXY}} + P_{\mathrm{YXX}}}\,, \qquad P_{\mathrm{YX}} = \frac{P_{\mathrm{YYX}}}{P_{\mathrm{XYY}} + P_{\mathrm{YYX}}}\,. \tag{4.72}$$

P_{XX} und P_{YY} ergeben sich aus den Normierungsbedingungen (4.12).

Triaden ($n = 3$) unvollständiges Schema

$$P(\mathrm{XXX}) = P(\mathrm{X})\, P_{\mathrm{XX}} P_{\mathrm{XXX}} = P(\mathrm{XX})\, P_{\mathrm{XXX}} = \tilde{P}(\mathrm{XXX})\, P(\mathrm{X})\,, \tag{4.73}$$

$$P(\mathrm{XXY}) = P(\mathrm{X})\, P_{\mathrm{XX}} P_{\mathrm{XXY}} = P(\mathrm{XX})\, P_{\mathrm{XXY}} = \tilde{P}(\mathrm{XXY})\, P(\mathrm{X})\,, \tag{4.74}$$

$$P(\mathrm{YXX}) = P(\mathrm{Y})\, P_{\mathrm{YX}} P_{\mathrm{YXX}} = P(\mathrm{YX})\, P_{\mathrm{YXX}} = \tilde{P}(\mathrm{YXX})\, P(\mathrm{X})\,, \tag{4.75}$$

$$P(\mathrm{YXY}) = P(\mathrm{Y})\, P_{\mathrm{YX}} P_{\mathrm{YXY}} = P(\mathrm{YX})\, P_{\mathrm{YXY}} = \tilde{P}(\mathrm{YXY})\, P(\mathrm{X})\,. \tag{4.76}$$

Aus den Gleichungen (4.73) bis (4.76) ist die Berechnungsvorschrift für die Triadenanteile ersichtlich, wenn man von links die entsprechenden Wahrscheinlichkeiten multipliziert oder wenn man die „monomerzentrierten" Triadenwahrscheinlichkeiten $\tilde{P}$ benutzt, die sich auf die zentrale X-Einheit beziehen. Diese lauten in Abhängigkeit von den P_{ijk} [4.116]:

$$\tilde{P}(\mathrm{XXX}) = \frac{P_{\mathrm{YXX}}(1 - P_{\mathrm{XXY}})}{P_{\mathrm{YXX}} + P_{\mathrm{XXY}}}\,, \tag{4.77}$$

$$\tilde{P}(\mathrm{YXX}) = \tilde{P}(\mathrm{XXY}) = \frac{P_{\mathrm{YXX}} P_{\mathrm{XXY}}}{P_{\mathrm{YXX}} + P_{\mathrm{XXY}}}\,, \tag{4.78}$$

$$\tilde{P}(\mathrm{YXY}) = \frac{P_{\mathrm{XXY}}(1 - P_{\mathrm{YXX}})}{P_{\mathrm{YXX}} + P_{\mathrm{XXY}}}\,. \tag{4.79}$$

Die zur Vervollständigung des Schemas noch fehlenden Gleichungen ergeben sich durch Vertauschen von X und Y in den Beziehungen (4.70) bis (4.79). Höhere n-aden-Anteile berechnet man entweder (a) als Produkte der Diadenanteile (4.70), (4.71) mit den entsprechenden bedingten Wahrscheinlichkeiten P_{ijk} (von links nach rechts) oder (b) durch Multiplikation der zentralen n-aden-Anteile (Diaden oder Triaden) mit den bedingten Wahrscheinlichkeiten P_{ijk}, ausgehend vom Zentrum. Als Beispiele dienen jeweils zwei willkürlich ausgewählte Tetraden- bzw. Pentadenanteile:

$$P(\mathrm{YXXY}) \overset{(a)}{=} P(\mathrm{YX})P_{\mathrm{YXX}}P_{\mathrm{XXY}} = P(\mathrm{YXXY}) \overset{(b)}{=} P(\mathrm{XX})P^2_{\mathrm{XXY}},$$

$$\overline{P}(\mathrm{YXXX}) = \overline{P}(\mathrm{YX})P_{\mathrm{YXX}}P_{\mathrm{XXX}} = \overline{P}(\mathrm{YXXX}) = 2P(\mathrm{XX})P_{\mathrm{XXY}}P_{\mathrm{XXX}},$$

$$P(\mathrm{YXXXY}) = P(\mathrm{YX})P_{\mathrm{YXX}}P_{\mathrm{XXX}}P_{\mathrm{XXY}} = P(\mathrm{YXXXY}) = P(\mathrm{XXX})P^2_{\mathrm{XXY}},$$

$$\overline{P}(\mathrm{XYXYY}) = \overline{P}(\mathrm{XY})P_{\mathrm{XYX}}P_{\mathrm{YXY}}P_{\mathrm{XYY}} = P(\mathrm{XYXYY}) = 2P(\mathrm{YXY})P_{\mathrm{XYX}}P_{\mathrm{XYY}}.$$

Die Blockzahl R läßt sich allgemein wie folgt berechnen:

$$R = 200P(\mathrm{XY}) = 200P(\mathrm{YX}) = 100\overline{P}(\mathrm{XY}), \qquad \text{vgl. (4.16).}$$

Die Sequenzverteilungsparameter $S(\mathrm{X})_n$, $\bar{l}_\mathrm{X}$ sowie $U(\mathrm{X}, n)$ ergeben sich nach den Beziehungen (4.80) bis (4.83) [4.118]:

$$S(\mathrm{X})_n = P_{\mathrm{YXX}}P_{\mathrm{XXY}}P^{n-2}_{\mathrm{XXX}}, \quad \text{für } n \geqq 2, \tag{4.80}$$

$$S(\mathrm{X})_1 = P_{\mathrm{YXY}} = 1 - P_{\mathrm{YXX}}, \quad \text{für } n = 1, \tag{4.81}$$

$$\bar{l}_\mathrm{X} = 1 + \frac{P_{\mathrm{YXX}}}{P_{\mathrm{XXY}}}, \tag{4.82}$$

$$U(\mathrm{X}, n) = nS(\mathrm{X})_n \frac{P_{\mathrm{XXY}}}{P_{\mathrm{XXY}} + P_{\mathrm{YXX}}}.^{1} \tag{4.83}$$

Sind die Triadenanteile und das Monomerverhältnis im Ansatz F bekannt, so kann man nach einem Vorschlag von Chujo, Ubara und Nishioka [4.119] die MRV des Markov-Modelles 2. Ordnung an einer einzigen Copolymerprobe bestimmen:

$$r_\mathrm{X} = \frac{2P(\mathrm{XXX})}{F\overline{P}(\mathrm{XXY})}, \qquad r'_\mathrm{X} = \frac{\overline{P}(\mathrm{YXX})}{2FP(\mathrm{YXY})},$$
$$r'_\mathrm{Y} = \frac{F\overline{P}(\mathrm{XYY})}{2P(\mathrm{XYX})}, \qquad r_\mathrm{Y} = \frac{2FP(\mathrm{YYY})}{\overline{P}(\mathrm{YYX})}. \tag{4.84}$$

Die Triadenanteile können dabei in der Regel hNMR-spektroskopisch gemessen werden. Erhält man als Ergebnis die Identitäten $r_\mathrm{X} = r'_\mathrm{X}$ und $r_\mathrm{Y} = r'_\mathrm{Y}$, ist für die Beschreibung der Mikrostruktur des Copolymers das Markov-Modell 1. Ordnung ausreichend.

[1] $U(\mathrm{X}, n)$ gibt die Wahrscheinlichkeit dafür an, daß eine Monomereinheit X sich in einer abgeschlossenen Sequenz mit genau n Einheiten des Typs X befindet, bzw. ist gleich dem Verhältnis der Anzahl von X-Einheiten, die in homogenen Sequenzen mit n Mitgliedern vorliegen, zur Gesamtzahl von X-Einheiten.

5. Weitere Beiträge der Flüssigkeits-hNMR-Spektroskopie zur Polymerforschung

5.1. Studium intermolekularer Wechselwirkungen in Monomer- und Polymerlösungen

5.1.1. Übersicht

Neben der im vorangegangenen Kapitel besprochenen Mikrostrukturanalyse kann die hNMR-Spektroskopie auch zur Untersuchung spezifischer intermolekularer Wechselwirkungen (abgekürzt: WW) dienen, die infolge ihres Vorhandenseins während des Strukturbildungsprozesses den Reaktionsmechanismus und -ablauf beeinflussen und sich dadurch auf die Mikrostruktur des erzeugten Polymers direkt auswirken.

Wie die Bestandteile des Polymerisationsansatzes zeigen, liegt z. B. häufig eine Komplex- oder Assoziatbildung als Monomer-Monomer-WW, als Monomer-Lösungsmittel-WW, als Polymer-Lösungsmittel-WW, aber auch als Polymer-Polymer-WW (Stereokomplex) vor. Diese Wechselwirkungen nutzt man zum Teil als Wirkprinzipien für eine Polymersynthese „nach Maß" aus. Die zuletzt genannte WW hat beispielsweise Bedeutung für die sogenannte Replikationspolymerisation (Herstellung von Stereoblockpolymeren). Andererseits spielen einige der WW auch für die Anwendung und Verarbeitung des betreffenden Polymers eine Rolle.

Vom physikalischen Standpunkt läßt sich die Komplexbildung durch verschiedene Ursachen beschreiben. Eine davon ist die Elektronen-Donator-Akzeptor-Wechselwirkung (EDA-WW; s. [5.01]), die beispielsweise für die Herstellung von Copolymeren mit alternierendem Kettenbau ausgenutzt wird.

Hier werden an wenigen ausgewählten Beispielen stellvertretend für die Vielfalt der veröffentlichten Untersuchungen, d. h. ohne Anspruch auf Vollständigkeit, einige Einsatzmöglichkeiten der hNMR-Spektroskopie auf diesem Forschungsgebiet demonstriert. Die für die quantitative Beschreibung der Komplexe notwendigen Größen werden bei solchen Untersuchungen hauptsächlich aus den chemischen Verschiebungen δ, den Intensitäten und den longitudinalen Relaxationszeiten gewonnen. Weitere Informationen liefern die Temperatur- und Konzentrationsabhängigkeiten der Meßgrößen.

5.1.2. Bestimmung von Komplexbildungskonstanten

Im folgenden sei vorausgesetzt, daß nur *eine* Art von Komplexen mit einer definierten Stöchiometrie vorliegt. Wir betrachten einen (1:1)-Komplex, für den die Konstante $\tilde{K}$ der Reaktion

$$\mathrm{D} + \mathrm{A} \overset{\tilde{K}}{\rightleftarrows} \mathrm{AD}$$

definiert ist als

$$\tilde{K} = \frac{[\mathrm{AD}]}{[\mathrm{A}] \cdot [\mathrm{D}]} = \frac{[\mathrm{AD}]}{([\mathrm{A}]_0 - [\mathrm{AD}]) \cdot ([\mathrm{D}]_0 - [\mathrm{AD}])} . \tag{5.1}$$

[AD], [A] und [D] sind die Konzentrationen des Komplexes, der Akzeptor- und der Donatormoleküle in der Lösung. Die Ausgangs- bzw. Gesamtkonzentrationen der letzteren (im nicht assoziierten Zustand) sind mit dem unteren Index 0 gekennzeichnet.

Bei einem schwachen EDA-Komplex unterliegen die betrachteten Kerne (Protonen, ^{13}C-Atome, ...) der Moleküle A (oder D) einem schnellen Austausch zwischen dem assoziierten (Komplex) und dem nicht assoziierten Zustand. Die dabei wirksamen Grundgesetzmäßigkeiten sind identisch mit den im Abschnitt 2.3.2. im Zusammenhang mit EPR-Untersuchungen diskutierten. NMR-spektroskopisch beobachtet man im allgemeinen Falle eines schnellen Austausches der Kerne zwischen i Lagen nur ein einziges Resonanzsignal mit der chemischen Verschiebung

$$\delta_{\mathrm{beob}} = \sum_i P_i \delta_i \quad \text{mit} \quad \sum_i P_i = 1 , \tag{5.2}$$

wobei P_i die Molanteile in den verschiedenen Lagen i sind. Daher erhalten wir für den diskutierten EDA-Komplex, bei dem ein Austausch zwischen nur zwei Lagen ($i = 2$) stattfindet, die beobachtete chemische Verschiebung der Kerne $\delta^{\mathrm{A}}_{\mathrm{beob}}$, z. B. des Akzeptormoleküls A nach Beziehung (5.3),

$$\delta^{\mathrm{A}}_{\mathrm{beob}} = P_{\mathrm{A}} \cdot \delta^{\mathrm{A}}_{\mathrm{fr}} + P_{\mathrm{AD}} \cdot \delta^{\mathrm{A}}_{\mathrm{kompl}} , \tag{5.3}$$

wobei $P_{\mathrm{A}} = [\mathrm{A}]/([\mathrm{A}] + [\mathrm{AD}])$; $P_{\mathrm{AD}} = [\mathrm{AD}]/([\mathrm{A}] + [\mathrm{AD}])$ gilt. $\delta^{\mathrm{A}}_{\mathrm{beob}}$ entspricht dem gewichteten Mittel aus der chemischen Verschiebung $\delta^{\mathrm{A}}_{\mathrm{fr}}$ des Moleküls A im freien (nicht assoziierten Zustand) und aus der Verschiebung $\delta^{\mathrm{A}}_{\mathrm{kompl}}$ von A im reinen Komplex. Definiert man weiterhin (vgl. Abb. 5.1)

$$\begin{aligned} \Delta_{\mathrm{beob}} &= \delta^{\mathrm{A}}_{\mathrm{fr}} - \delta^{\mathrm{A}}_{\mathrm{beob}} , \\ \Delta_{\mathrm{kompl}} &= \delta^{\mathrm{A}}_{\mathrm{fr}} - \delta^{\mathrm{A}}_{\mathrm{kompl}} , \end{aligned} \tag{5.4}$$

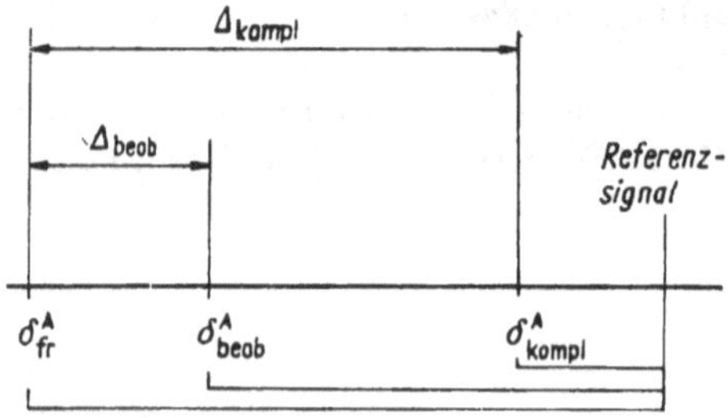

Abb. 5.1. Definition der chemischen Verschiebungen der betrachteten Kerne (z. B. Protonen) der Akzeptormoleküle A, δ^A_{fr} — chemische Verschiebung der Akzeptorprotonen im freien Zustand des Moleküls (diese chemische Verschiebung des Akzeptorprotonensignals gegenüber dem Signal einer Referenzsubstanz wird in einem inerten Lösungsmittel — im gewählten Beispiel ist es *n*-Hexan — durch Extrapolation auf unendliche Verdünnung bestimmt), δ^A_{beob} — beobachtete chemische Verschiebung der Akzeptorprotonen im System Akzeptor — Donator — Lösungsmittel, δ^A_{kompl} — chemische Verschiebung der Akzeptorprotonen im reinen Komplex (sie ist nicht meßbar, kann aber rechnerisch ermittelt werden), Δ_{beob}, Δ_{kompl} — Differenzen der genannten chemischen Verschiebungen, siehe Definitionsgleichungen (5.4)

so läßt sich (5.2) nach einigen Umformungen schreiben als

$$\frac{1}{[D]_0} = \Delta_{kompl}\tilde{K}\,\frac{1}{\Delta_{beob}} - \tilde{K}\left\{1 + \frac{[A]_0}{[D]_0}\left(1 - \frac{\Delta_{beob}}{\Delta_{kompl}}\right)\right\} \tag{5.5}$$

oder in reziproker Form

$$\frac{1}{\tilde{K}} = [D]_0\left(\frac{\Delta_{kompl}}{\Delta_{beob}} - 1\right) - [A]_0\left(1 - \frac{\Delta_{beob}}{\Delta_{kompl}}\right). \tag{5.6}$$

(5.6) kann graphisch ausgewertet werden. Dazu trägt man für bekannte Werte Δ_{beob}, $[A]_0$ und $[D]_0$ die Größe $1/\tilde{K}$ über Δ_{kompl} auf. Es ergibt sich jeweils eine Kurve. Die Kurven schneiden sich in einem Punkt. Aus den Koordinaten des Schnittpunktes werden schließlich $\tilde{K}$ und Δ_{kompl} ermittelt. Die erläuterte Bestimmung der Komplexbildungskonstanten $\tilde{K}$ entspricht der in der UV-Spektroskopie gebräuchlichen Methode von Drago und Rose [5.02]. Sie wurde zuerst von Tsuchida, Tomono und Sano [5.03] in die NMR-Spektroskopie übertragen und in ihr angewendet (Beispiele s. [5.03]).

Für ideale Lösungen und unter der Bedingung $[A]_0 \ll [D]_0$ vereinfacht sich Beziehung (5.1) zu

$$\tilde{K} \approx \frac{[AD]}{[D]_0([A]_0 - [AD])}, \tag{5.7}$$

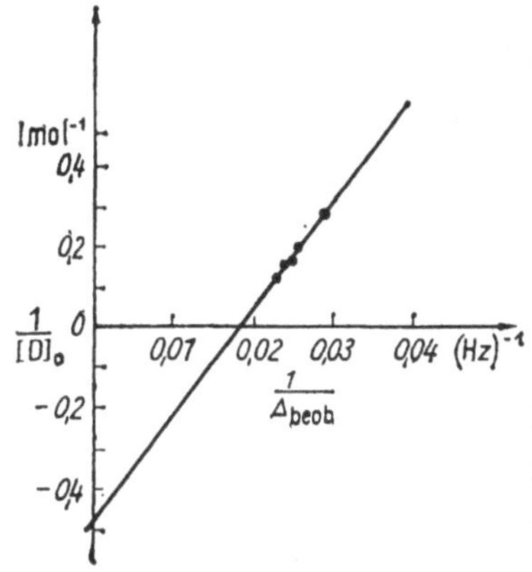

Abb. 5.2. Beispiel der Bestimmung einer Komplexbildungskonstante für das System MSA-THF nach (5.8). Temperatur: 303 K, Ergebniswerte: $\tilde{K} = 0{,}48$ (Ordinatenabschnitt), $\Delta_{\text{kompl}} = -52{,}6$ Hz ($= -0{,}526$ ppm)

und man erhält anstelle (5.5)

$$\frac{1}{[\mathrm{D}]_0} = \Delta_{\text{kompl}} \cdot \tilde{K} \frac{1}{\Delta_{\text{beob}}} - \tilde{K} \,. \tag{5.8}$$

Diese Beziehung, deren Ableitung für die hNMR-Spektroskopie auf HANNA, ASHBAUGH, FOSTER und FYFE [5.04] zurückgeht, ist das Analogon zur BENESI-HILDEBRAND-Gleichung [5.05] der UV-Spektroskopie.

Zur Bestimmung von $\tilde{K}$ trägt man hier $1/[\mathrm{D}]_0$ über $1/\Delta_{\text{beob}}$ auf. Aus Anstieg und Schnittpunkt mit der Ordinatenachse ergeben sich $\tilde{K}$ und Δ_{kompl}. Abbildung 5.2 zeigt ein Beispiel für das System Maleinsäureanhydrid-Tetrahydrofuran [5.06]. Die Messung erfolgte mit ^{1}H-NMR (100 MHz) am Signal der MSA-Protonen. Ein Vergleich verschiedener (inzwischen für den Computer aufbereiteter) Auswertemethoden für Gleichgewichte schwacher Molekülkomplexe (1:1) unter dem Gesichtspunkt der Genauigkeit der eingehenden NMR-Meßdaten und der resultierenden Fehler wurde von STAMM und Mitarbeitern [5.07] vorgenommen. Aus der Temperaturabhängigkeit der Komplexbildungskonstante $\tilde{K}$ können die thermodynamisch wichtigen Größen ΔH (Komplexbildungsenergie), ΔG (Änderung der freien Reaktionsenthalpie) sowie ΔS (Reaktionsentropieänderung) nach folgenden Beziehungen berechnet werden:

$$\ln \tilde{K} = -\frac{\Delta H}{RT} + \text{const} \,, \tag{5.9}$$

$$\Delta G = -RT \ln \tilde{K} \,, \tag{5.10}$$

$$\Delta S = \frac{\Delta H - \Delta G}{T} \,. \tag{5.11}$$

R ist die molare Gaskonstante, T die absolute Temperatur in Kelvin.

Tabelle 5.1. Komplexbildungskonstante und thermodynamische Größen, ermittelt aus ^{1}H-NMR-Spektren

Akzeptor mol l^{-1}	Donator	Lösungs-mittel	T K	Δ_{kompl} Hz	$\tilde{K}$ l · mol^{-1}	$\tilde{K}^*$	ΔG kJ mol^{-1}	ΔH kJ mol^{-1}	$(\overline{\Delta S})_T$ J mol^{-1} K^{-1}
MSA	THF	n-Hexan	303	−52,6	0,48	3,6	−3,5	−10,3	−23,9
0,008	3,27−9,27		333	−52,6	0,33	2,4	−2,4		
MSA	1-Hexanol	n-Hexan	303	−50,0	0,8	6,0	−4,5	− 6,8	− 7,5
0,008	1,00−3,36		333	−42,1	0,66	4,7	−4,3		
MSA	MAc	n-Hexan	303	−40,1	0,85	6,4	−4,7	−11,1	−21,2
0,008	2,54−9,72		333	−36,4	0,61	4,3	−4,0		
MSA	VAc	n-Hexan	303	−26,7	1,15	8,7	−5,4	−14,3	−29,2
0,008	1,64−10,61		333	−24,4	0,73	5,2	−4,6		

ΔG — Änderung der freien Enthalpie, ΔH — Änderung der Enthalpie, ΔS — Änderung der Entropie, $\Delta_{kompl} = \delta^{A}_{fr} - \delta^{A}_{kompl}$ (chemische Verschiebung der Akzeptorprotonen (MSA) in der freien Form minus der im reinen Komplex), $\tilde{K}$ — Komplexbildungskonstante als Verhältnis von Komplexkonzentration zu den Monomerkonzentrationen, $\tilde{K}^*$ — Komplexbildungskonstante in Molenbrucheinheiten für unterschiedliche Temperaturen T_1 und T_2.

Für das in Abbildung 5.2 angegebene Beispiel und für einige verwandte Stoffsysteme wurden die in Tabelle 5.1 genannten Werte ermittelt [5.06]. Die Komplexbildungskonstanten (Tab. 5.1) nehmen — wie nach dem Mechanismus der Assoziatbildung erwartet — mit ansteigender Temperatur ab. Für Zimmertemperatur bestand Vergleichsmöglichkeit mit UV-spektroskopisch gewonnenen Ergebnissen anderer Autoren [5.08]. Es wurde gute Übereinstimmung gefunden.

Auch die Eigenassoziation kann mit hNMR untersucht werden (s. z. B. [5.09]).

5.1.3. Messung von Polymer-Polymer-Wechselwirkungen

5.1.3.1. Verträglichkeitsuntersuchungen an Polymergemischen in Lösung

In vielen Fällen sind Gemische aus zwei Polymeren im festen und im flüssigen Zustand, in der Schmelze wie in der Lösung unverträglich, [5.10] bis [5.13]. Stellt man z. B. ein Gemisch aus zwei verschiedenen Polymeren in einem Lösungsmittel her, so bilden sich, wenn die Gesamtkonzentration c der Lösung nicht zu klein gewählt wurde, nach endlicher Zeit zwei Phasen, d. h. zwei Schichten mit meist visuell erkennbarer Grenzfläche (Phasengrenze), heraus, die die Unverträglichkeit demonstrieren. Jede Schicht enthält beide Polymere, jedoch in unterschiedlichem (entgegengesetztem) Mischungsverhältnis, das vom eingewogenen Mischungsverhältnis abweicht [5.10]. Ähnliche Entmischungserscheinungen werden auch bei Copolymeren mit stark uneinheitlicher Konstitution beobachtet.

Die Unverträglichkeit und die mit ihr verbundenen Entmischungserscheinungen können bei unpassend gewählter hNMR-Probenpräparation (s. 4.4.2. b)) die hNMR-Meßergebnisse erheblich verfälschen. Man wird daher im allgemeinen bestrebt sein, diesen Effekt zu vermeiden.

Andererseits läßt sich die hNMR-Spektroskopie unter entsprechend eingerichteten Meßbedingungen sehr vorteilhaft zum Nachweis und zur quantitativen Untersuchung dieser Erscheinungen in Lösung einsetzen. In Ergänzung zu den viel billigeren optischen Meßmethoden liefern die hNMR-Spektren Informationen über die Mikrostruktur der an der Entmischung beteiligten Makromoleküle. Für die Aufnahme der Spektren verschiebt man die sich im Proberöhrchen einstellende Phasengrenze (durch Wahl einer geeigneten Füllhöhe und evtl. durch Verschieben des Röhrchens) so, daß sie außerhalb des wirksamen Meßvolumens des Probenkopfes liegt. Die Messung erfolgt dann z. B. an der unteren Schicht.

Einige Ergebnisse solcher Untersuchungen sollen die Anwendung illustrieren: Beispielsweise könnte man für die beiden Polymere Polyvinylacetat

(PVAc) und Polymethylacrylat (PMA) (bei ewa gleicher mittlerer Molekularmasse) vermuten, sie seien in Lösung miteinander verträglich, da sie sich „nur“ in der Reihenfolge der Atome im Substituenten unterscheiden:

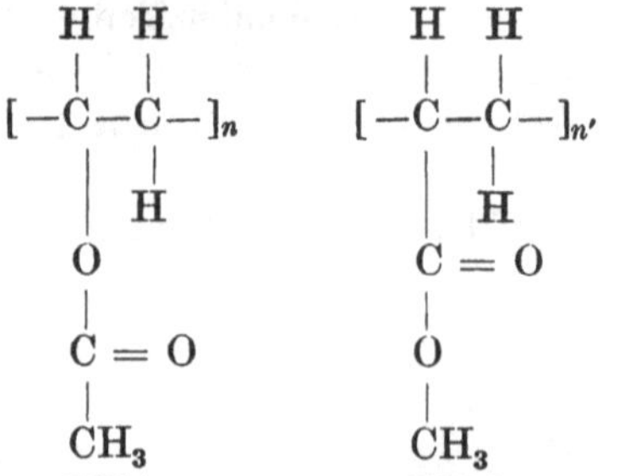

PVAc PMA

Die Abbildungen 5.3 und 5.4 zeigen, wie sich mit der ^{1}H-NMR-Spektroskopie (100 MHz) die Phasentrennung und damit die Unverträglichkeit nachweisen lassen. Die Spektren A und B (Abb. 5.3) wurden unmittelbar (ca. 3 min) bzw. nach längerer Wartezeit (ca. 47 min) nach gutem Durchmischen der Lösungen der beiden Polymere aufgenommen. Man erkennt eine deutliche Änderung

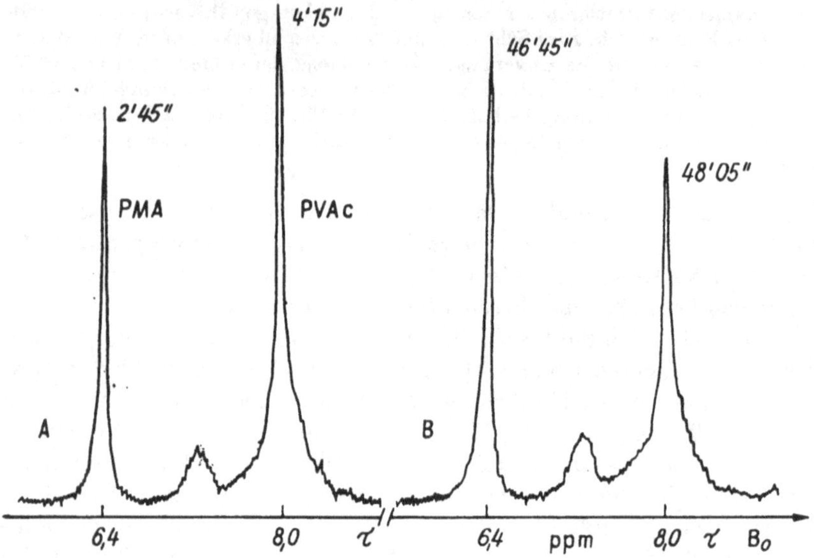

Abb. 5.3. ^{1}H-NMR-spektroskopischer Nachweis der Phasentrennung einer (50:50)-Mischung von PVAc und PMA in Benzenlösung (Gesamtkonzentration der Polymere: 4 Masse-%) in Abhängigkeit von der Zeit (Spektrum A: ≈ 3 min, Spektrum B: ≈ 47 min nach dem Homogenisieren der Mischung), Meßfrequenz 100 MHz, Meßtemperatur 305 K. Es wurde mit externem Standard gearbeitet (TMS in Kapillare)

des Intensitätsverhältnisses der beiden Resonanzen der CH_3-Protonen von PMA ($\tau \approx 6{,}4$ ppm) und von PVAc ($\tau \approx 8{,}0$ ppm)[1]. Durch die quantitative Auswertung [5.14] der Intensitäten kann nun das im NMR-Meßvolumen (d. h. hier in der unteren Schicht) vorliegende Mischungsverhältnis der beiden Polymere (% PMA, % PVAc) bestimmt werden.

Für die als Beispiel dienenden, chemisch sehr ähnlichen Polymere PVAc und PMA, die elementar-analytisch nicht unterscheidbar sind, wurden drei Meßkomplexe ausgewählt:

— Variation der Gesamtpolymerkonzentration im Lösungsmittel bei gleichbleibendem Verhältnis der Polymere untereinander (Abb. 5.4),
— Variation des Mischungsverhältnisses der Polymere bei konstanter Gesamtkonzentration (Abb. 5.5).

Die Messung erfolgt für diese beiden Fälle jeweils *nachdem* der Gleichgewichtszustand der Phasentrennung erreicht ist.

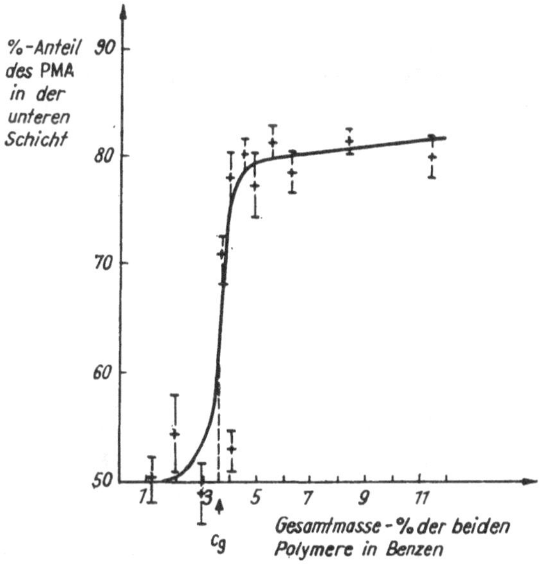

Abb. 5.4. ^{1}H-NMR-spektroskopischer Nachweis der Unverträglichkeit von PVAc und PMA (50:50)-Mischung in Benzenlösung in Abhängigkeit von der Gesamtkonzentration (in Masse-%) der beiden Polymere. Bestimmung der Grenzkonzentration c_g der Verträglichkeit (unterhalb der eine klare, homogene Lösung erhalten wird). Der %-Anteil an PVAc ergibt sich als der zu 100% komplementäre Wert. Die Zusammensetzung der oberen Schicht ist jeweils umgekehrt

[1] Zu dieser Resonanz tragen außerdem die $(-CH_2-)$-Gruppen von PVAc und PMA bei

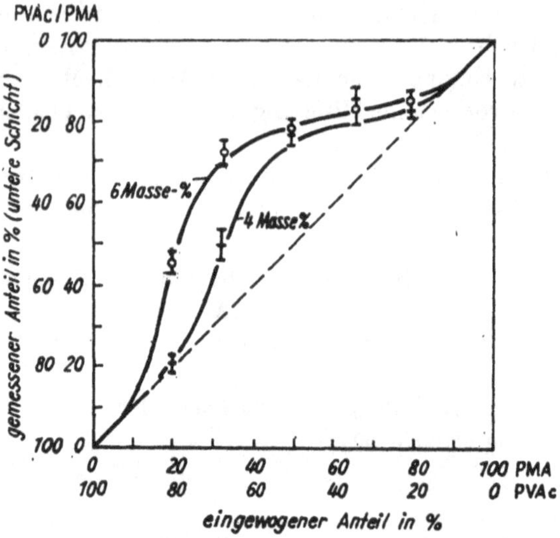

Abb. 5.5. ^{1}H-NMR-spektroskopische Untersuchung der Verträglichkeit von PVAc und PMA in Benzenlösung: Variation des Mischungsverhältnisses der Polymere für zwei unterschiedliche Gesamtkonzentrationen (4 und 6 Masse-%) der Polymere in der Lösung

— Zeitliche Verfolgung des Mischungsverhältnisses der beiden Polymere in der unteren Schicht vom Zeitpunkt der Mischung (homogenisierte Lösung) bis zur Einstellung des Gleichgewichtszustandes der Phasentrennung (Abb. 5.3, 5.6).

Die Ergebnisse des ersten Meßkomplexes (Darstellung des gemessenen Mischungsverhältnisses der Polymere in der unteren Schicht über der Konzentration c der Lösung, Ausgangsmischungsverhältnis der Polymere als Parameter) zeigen einen deutlichen Sprung von der Verträglichkeit zur Unverträglichkeit mit steigender Konzentration. In Abbildung 5.4 ist dies am Beispiel der (50:50)-Mischung demonstriert. Man erkennt, daß die Grenzkonzentration c_g, die häufig als Maß für die Verträglichkeit benutzt wird, leicht und eindeutig ermittelt werden kann. Sie betrug für diese ausgewählte Mischung $c_g = (3{,}6 \pm 0{,}4)$ Masse-% des Gesamtpolymers in der Lösung. Die Genauigkeit läßt sich mit den in [5.14] gegebenen methodischen Hinweisen noch verbessern. Sie ist der optisch-visuellen Methode der Bestimmung von c_g, die in der Beobachtung der oft schwer erkennbaren Ausbildung der Phasengrenze besteht, weit überlegen.

Im zweiten Meßkomplex wurde nachgewiesen, daß die Unverträglichkeit bei einem Ausgangsmischungsverhältnis der Polymere von etwa 50:50 am

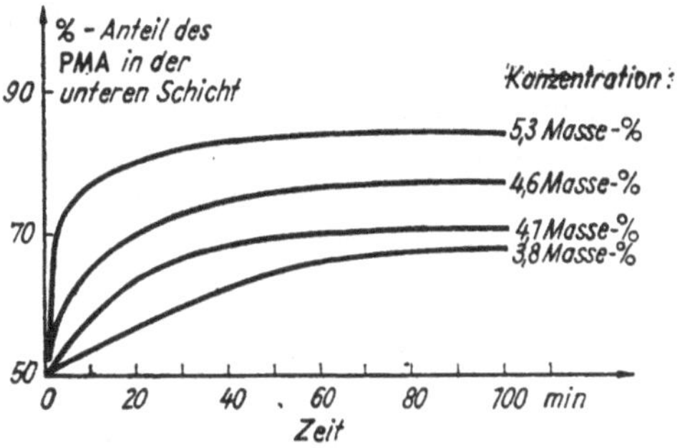

Abb. 5.6. Zeitlicher Ablauf der Einstellung des Gleichgewichtszustandes der Phasentrennung einer (50 : 50)-Mischung aus PVAc und PMA in Benzen für verschiedene Gesamtkonzentrationen der Polymere in der Lösung

größten ist (Abb. 5.5): Für gleiche Mischungsanteile erreicht die Abweichung der in der unteren Schicht gemessenen prozentualen Zusammensetzung vom eingewogenen prozentualen Mischungsverhältnis ihr Maximum. Außerdem ist ersichtlich, daß die Unverträglichkeit für höhere Gesamtkonzentration der Polymere stärker ausgeprägt ist.

Der dritte Meßkomplex ergab, daß sich das Gleichgewicht der Phasentrennung mit steigender Konzentration der Polymere in der Lösung schneller einstellt (Abb. 5.6).

Weitere Aussagen über die Unverträglichkeit der beiden Polymere wären aus Messungen bei unterschiedlichen Temperaturen zu erwarten. Für die hier diskutierten Untersuchungen war die Meßtemperatur einheitlich (305 ± 1) K. Erwähnenswert ist schließlich, daß durch quantitative Auswertung der Polymerresonanzintensitäten gegenüber der Signalintensität des Lösungsmittels hNMR-spektroskopisch die Konzentration der Lösung bestimmt oder zumindest überprüft werden kann.

Insgesamt beweisen die erläuterten Messungen, daß die Polymere PVAc und PMA in Benzenlösung (305 K) nur bei niedrigen Konzentrationen $c < c_g$ verträglich, sonst aber unverträglich sind. Unverträglichkeitsuntersuchungen, die dem hier gewählten Beispiel entsprechen, sind auch mit Spektrometern älterer Bauart und niedrigerer Meßfrequenz (z. B. 60 MHz) ausführbar.

Die Anwendung gerade der hNMR-Methode zur Untersuchung des Problemkreises der Unverträglichkeit von Polymeren in der Lösung ist deshalb besonders lohnenswert, weil sich in vielen Fällen über die bloße Bestimmung des Mischungsverhältnisses der Mischpartner hinaus gleichzeitig zusätzliche Informationen über die Mikrostruktur der beteiligten Polymere wie Taxie,

Verzweigungen, Sequenzverteilung bei Copolymeren (vgl. Kap. 4.) in den Phasen gewinnen lassen. Die Anwendung ist nicht auf ternäre Systeme (Polymer A + Polymer B + Lösungsmittel) beschränkt. Das Studium der Zusammenhänge zwischen den Unverträglichkeitserscheinungen einerseits und der Mikrostruktur andererseits bietet eine Möglichkeit, die Kenntnisse über die zwischenmolekularen Wechselwirkungen zu erweitern.

5.1.3.2. Untersuchungen zur Polymer-Polymer-Assoziation (Aggregation)

Oftmals neigen Makromoleküle in Lösung zur Assoziation bzw. zur Bildung verschiedenartiger geordneter Strukturen. Wird die Beweglichkeit der betrachteten Kerne, z.B. der Protonen, dabei durch die inter-(oder intra-) molekularen Wechselwirkungen so stark eingeschränkt, daß die entsprechende NMR-Linienbreite (infolge der direkten magnetischen Dipol-Dipol-WW) etwa 200 Hz übersteigt, so entziehen sich diese Protonen dem hNMR-spektroskopischen Nachweis [5.15]. Die Situation ähnelt der, die man bei der hNMR-Untersuchung hochvernetzter Polymerproben vorfindet [5.16]. Die Existenz von Protonen in Bereichen, deren molekulare Beweglichkeit stark behindert ist, läßt sich durch Aufnahme von Breitlinien-NMR-Spektren (vgl. Kap. 7.) bestätigen.

Die Resonanzlinien von Protonen in frei beweglichen oder nur wenig behinderten Segmenten nicht assoziierter Kettenstücke oder Makromoleküle weisen demgegenüber eine wesentlich geringere Linienbreite, die für Polymere erfahrungsgemäß zwischen 3 Hz und 20 Hz liegt, auf [5.17].

Eine Assoziatbildung wirkt sich im erläuterten Sinn folglich auf das Verhältnis der Gesamtintensität der Protonensignale des Polymers (z.B. gemessen als Gesamtfläche unter den Protonenresonanzen) zur Intensität (Fläche) der Lösungsmittelsignale aus: Bei festgehaltener Konzentration des Polymers in der Lösung und gleichbleibender Spektrometereinstellung muß daher die Intensität I' der Polymersignale einer Probe, in der Assoziate existieren, kleiner sein als die Intensität I_0 der Protonen in einer entsprechenden assoziatfreien Probe.

SPEVAČEK und SCHNEIDER [5.17] gehen davon aus, daß die NMR-Intensität z.B. der Polymersignale in der assoziatfreien Probe durch

$$I_0 = KN \frac{1}{T} (1 + \gamma^2 \boldsymbol{B}_{1\text{eff}}^2 \, T_1 T_2)^{-1/2} \tag{5.12}$$

gegeben ist, wobei K eine Konstante ist, N die Anzahl der Protonen im Meßvolumen, T die absolute Temperatur, γ das gyromagnetische Verhältnis, $\boldsymbol{B}_{1\text{eff}}$ der Effektivwert der magnetischen Flußdichte des Hochfrequenzfeldes. T_1 und T_2 sind die longitudinale und die transversale Relaxationszeit.

Man sieht aus (5.12), daß sich I_0 mit steigender Temperatur monoton verringert: Das Produkt T_1T_2 wächst mit der Temperatur. Die Überlagerung mit der Funktion $1/T$ ergibt praktisch einen *linearen* Abfall [5.17] von I mit zunehmender Temperatur. Für Systeme, in denen eine Assoziation vorkommt, stehen nicht alle vorhandenen Kerne N für die hNMR-Messung wirklich zur Verfügung. Es ist daher N durch $N_n(T)$, die temperaturabhängige Anzahl der *nicht* zu den Assoziaten gehörenden, d. h. frei beweglichen, Protonen, zu ersetzen:

$$I' = KN_n(T)\frac{1}{T}\,[1 + \gamma^2 B_{1\mathrm{eff}}^2 (T_1T_2)_n]^{-1/2}\,, \tag{5.13}$$

wobei $I' < I_0$ gilt. Zur Verringerung der Intensität tragen in der Regel die Protonen aller im Assoziat vorkommenden Gruppen wie CH_3—, —CH_2—, —CH— usw. der Makromoleküle gleichmäßig bei.

Ein Abbau assoziierter Strukturen — wie er bei einer Temperaturzunahme zu erwarten ist — wird sich wegen der Vergrößerung von $N_n(T)$ in (5.13) als *Erhöhung* von I' bemerkbar machen.

Liegen daher in einer Polymerlösung Assoziate vor, so beobachtet man bei den in Abhängigkeit von der Temperatur gemessenen Intensitäten der Resonanzen *Abweichungen* vom erwarteten linearen Verlauf. Diese sind eine Folge der Überlagerung der beiden beschriebenen, gegenläufigen Effekte. Damit eröffnet sich eine hNMR-spektroskopische Möglichkeit zum qualitativen Nachweis der Assoziatbildung.

Für eine feste Temperatur T sind die Beziehungen (5.12) und (5.13) miteinander vergleichbar, und es läßt sich der relative Gehalt an Protonen in assoziierten Strukturen nach [5.15, 5.17] quantitativ ermitteln aus

$$p = \frac{N_a}{N_0} = \frac{N_a}{N_a + N_n} = 1 - \frac{I'}{I_0}\,, \tag{5.14}$$

wobei N_a und N_0 die Anzahl der Protonen in den Assoziaten bzw. die Gesamtzahl der Protonen im Meßvolumen sind. p wird meist in % ausgedrückt: $\%p = p \cdot 100\%$.

Wenn sich I_0 nicht durch direkte Messung bestimmen läßt, kann p aus der praktisch linearen Temperaturabhängigkeit der Intensitäten in Systemen *ohne* Assoziation erhalten werden. Man extrapoliert dazu die Intensitäten aus dem Temperaturbereich, wo die Assoziate vollständig abgebaut sind, bis zur erforderlichen Temperatur und benutzt den so gefundenen I_0-Wert für die Berechnung von p. Sind die Protonen aller Gruppen in gleicher Weise durch die Assoziatbildung in ihrer Beweglichkeit eingeschränkt, ist p identisch mit dem relativen Gehalt an assoziierten Monomereinheiten.

Tabelle 5.2. Relativer prozentualer Gehalt $\%p$ an assoziierten Monomereinheiten für Lösungen von isotaktischem (i) und syndiotaktischem (s) PMMA bei 300 K (27 °C) in verschiedenen Lösungsmitteln (nach [5.17])

Lösungsmittel	relativer Gehalt $\%p$ an assoziierten Monomereinheiten		
	i-PMMA	s-PMMA-1	s-PMMA-2
$CDCl_3$	2 ... 12	0	0
C_6D_6	12 ... 15	5	4
o-$C_6H_4Cl_2$	15	70 ... 85	0
CCl_4	20 ... 24	a)	40 ... 48
Cd_3CN	18 ... 23	5	—

a) s-PMMA-1 konnte in CCl_4 nicht gelöst werden.
Die Konzentration des Polymers in der Lösung betrug jeweils 50 mg pro 0,5 ml Lösungsmittel. Spektrometer: JEOL-PS-100 MHz.

Mikrostrukturmerkmale

	$\overline{M}_n$	Triadenanteile, %			Diadenanteile, %	
		I	H	S	i	s
i-PMMA	$27 \cdot 10^3$	97	3	0	98,5	1,5
s-PMMA-1	$17 \cdot 10^4$	2,5	9	88,5	7	93
s-PMMA-2	$44 \cdot 10^3$	3,5	31,5	65	19,2	80,8

$I = P(\text{ii}) \cdot 100\%$, $H = P(\text{is} + \text{si}) \cdot 100\%$, $S = P(\text{ss}) \cdot 100\%$; $\text{i} = P(\text{i}) \cdot 100\%$, $\text{s} = P(\text{s}) \cdot 100\%$

In Tabelle 5.2 sind als Beispiel Ergebnisse solcher Messungen in verschiedenen Lösungsmitteln aufgeführt. Eine ausführliche Diskussion der Ergebnisse (einschließlich der Herstellungsbedingungen der Proben) ist in [5.17] zu finden.

Für PVC in ortho-Dichlorbenzen wiesen die genannten Autoren durch Messung von p in Abhängigkeit von der Temperatur zwei Arten assoziierter Strukturen nach: Der erste Typ wird im Temperaturbereich von 353 K bis 383 K (80 °C bis 110 °C) vollständig abgebaut, der zweite ist stabiler. Der Zerfall dieser Assoziate beginnt erst oberhalb 433 K (160 °C).

Es ist klar, daß die Assoziatbildung z. B. für die hNMR-spektroskopische Bestimmung der Taxie (vgl. Kap. 4.) ein unerwünschter Effekt ist, der zu fehlerhaften Ergebnissen führen kann, worauf Wilkes [5.18] bei PVC als erster hingewiesen hat. Daher müssen Lösungsmittel, Meßtemperatur und thermische Vorbehandlung sorgfältig ausgewählt sein. Man vergleiche für PVC dazu die Ausführungen in [5.19].

Weiterführende Untersuchungen, in denen z.B. die Lösungsmittelabhängigkeit, die thermische Stabilität, die Stöchiometrie des assoziierten (Stereo)-Komplexes genauer ermittelt sowie die für die Assoziation notwendige minimale stereoreguläre Sequenzlänge bestimmt, die Kinetik der Assoziation und des Komplexzerfalls hNMR-spektroskopisch genauer studiert worden sind, finden sich in den Arbeiten [5.15, 5.20, 5.21].

Wie Liu [5.46, 5.47] an oligomerem PE und Wu [5.48] an EVAc-Copolymeren mit einem VAc-Gehalt $<$ 37,5 Mol-% gezeigt haben, lassen sich aus ^{1}H-NMR-Messungen (bei Verwendung aromatischer Lösungsmittel) auch Aussagen über die intramolekulare Aggregation im Sinne einer Kettenfaltung in diesen Lösungsmitteln gewinnen: Zur Kettenfaltung neigen homogene Methylensequenzen mit einer Länge von $N \geq 8$ Ethylenmonomereinheiten. Im NMR-Spektrum weisen Methylenprotonen im Inneren „gefalteter" Kettenstücke gegenüber den Protonen in entsprechenden nichtgefalteten Sequenzen eine geringfügige Verschiebung in Richtung niedrigerer magnetischer Flußdichte auf. Hierauf beruht die Möglichkeit der Spektrenzerlegung und die daraus folgende Abschätzung des Anteils der Protonen (bzw. E-Monomereinheiten) in gefalteten Kettenbereichen.

5.2. Umordnungsprozesse und Orientierungseffekte in flüssig-kristallinen Polymerlösungen

Bei gelösten Makromolekülen, die auf Grund der Starrheit ihrer Grundkette oder auf Grund ihrer durch spezifische Molekularkräfte bedingten Formstabilität in magnetischen, elektrischen oder mechanischen Feldern orientiert werden können, ist damit zu rechnen, daß die Lösungen oberhalb einer Mindestkonzentration spontan in eine flüssig-kristalline Phase übergehen können.

Protonenresonanzuntersuchungen an flüssig-kristallinen makromolekularen Lösungen haben gezeigt, daß die NMR-Signale praktisch ausschließlich auf die Protonen der Lösungsmittel zurückzuführen sind. Die starrkettigen Makromoleküle führen auf Grund der Nichtäquivalenz aller ihrer Protonen und der direkten Dipol-Dipol-Wechselwirkung ihrer Kernspins zu außerordentlich linienreichen Spektren, deren Resonanzsignale sehr breit sind, so daß die Spektren im allgemeinen nicht aufgelöst werden können, sondern nur zum Spektrenuntergrund beitragen.

Aus den Lösungsmittelsignalen können wichtige Informationen über die Struktur und die Eigenschaften der Lösungen starrkettiger Polymere sowie über zwischenmolekulare Wechselwirkungen gewonnen werden. Bei diesen

NMR-Untersuchungen geht es vorrangig um den Nachweis von Molekülorientierungen, von Umordnungsvorgängen und von Phasen unterschiedlicher Beweglichkeit.

Während bei den im Kapitel 4. beschriebenen typischen Mikrostrukturuntersuchungen und auch bei den im Abschnitt 5.1. genutzten Messungen die Spektren unter Bedingungen aufgezeichnet werden, bei denen sich der HAMILTON-Operator (1.19) auf die isotropen Anteile oder gar auf (1.20) reduziert, muß bei der theoretischen Interpretation von Untersuchungen an flüssig-kristallinen Lösungen mit dem vollständigen HAMILTON-Operator gerechnet werden. Da jedoch die Beiträge der indirekten Kernspinkopplung ($\hat{H}_J^i + \hat{H}_J^a$) stets viel kleiner sind als die der direkten Kerndipolkopplungen ($\hat{H}_D$), kann man für die Protonenresonanz den HAMILTON-Operator (1.19) zu der Form

$$\hat{H} = \hat{H}_M + \hat{H}_a^i + (3\cos^2\varphi - 1)(\hat{H}_\sigma^a + \hat{H}_D) \tag{5.15}$$

vereinfachen. Durch die ersten beiden Glieder wird die Lage des Spektrenschwerpunktes in isotroper Lösung oder beim Orientierungswinkel $\varphi = 55°$ bestimmt. Durch $\hat{H}_\sigma^a$ und $\hat{H}_D$ lassen sich in den Spektren die Anisotropieerscheinungen beschreiben. Zur Demonstration dieser Effekte ziehen wir Untersuchungsergebnisse von ROTH, DECKER u. a. [5.22, 5.23] heran, die an Lösungen des thermostabilen Poly-para-Phenylenterephthalamid (PpPT) in H_2SO_4 erzielt wurden. Bei diesen Makromolekülen ist die Thermostabilität und die Orientierbarkeit in Feldern auf die Starrheit der Grundkette zurückzuführen. Erste Untersuchungen zum Verhalten von PpPT-Lösungen im Magnetfeld und zu Phasenübergängen stammen von PAPKOV und Mitarbeitern [5.24]: Ausgehend von Viskositätsmessungen stellten sie fest, daß derartige Polymerlösungen oberhalb einer Mindestkonzentration spontan in den nematischen Zustand übergehen können, wobei sie beobachteten, daß dieser Effekt in Schwefelsäure oberhalb 9% bereits voll ausgeprägt ist. Erste NMR-Ergebnisse an diesen Lösungen stammen von KOLZOW und Mitarbeitern [5.25].

Im Gegensatz zu den üblichen hNMR-Messungen ist bei den nachfolgend beschriebenen Untersuchungen im allgemeinen an *nichtrotierenden* Proben gemessen worden. Abbildung 5.7 zeigt, wie sich unter dem Einfluß eines Magnetfeldes von 2,1 T das Protonenresonanzspektrum einer 11%igen, vororientierten Probe bei 283 K als Funktion der Verweildauer im Feld ändert. Die beobachteten NMR-Signale sind auf die Protonen des Lösungsmittels H_2SO_4 zurückzuführen.

Bei Temperaturen unterhalb 225 K verlaufen die Umordnungen so langam, daß man den Einfluß der Orientierung auf die Spektrengestalt durch

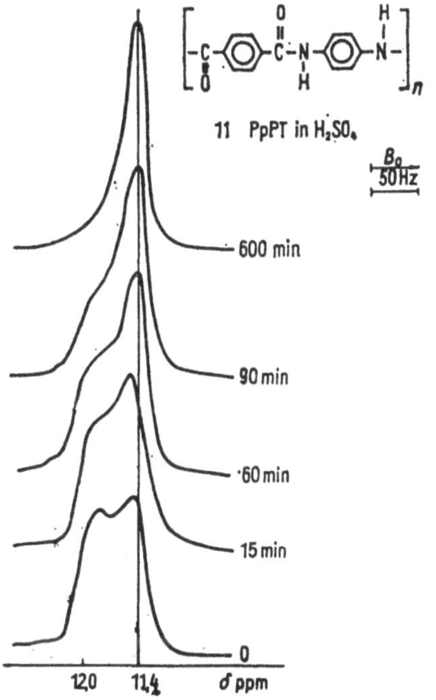

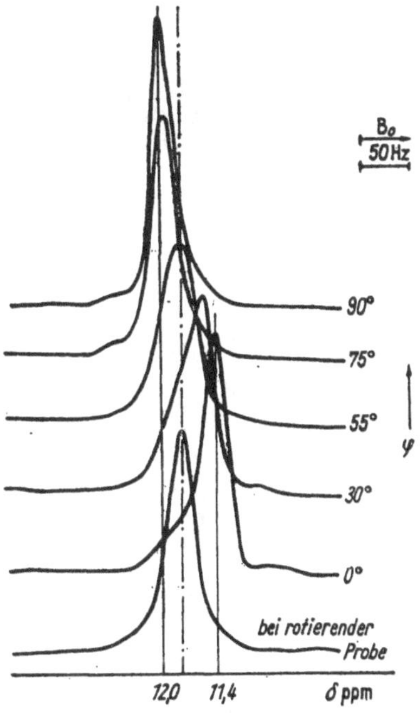

Abb. 5.7

Abb. 5.8

Abb. 5.7. Zeitliche Änderung des Lösungsmittelsignales im ^{1}H-NMR-Spektrum bei Einwirkung eines Magnetfeldes von 2,1 T. 11% PpPT in H_2SO_4, $T = 283$ K

Abb. 5.8. ^{1}H-NMR-Spektren einer im Magnetfeld orientierten 11%igen Lösung von Poly-para-Phenylenterephthalamid in H_2SO_4, aufgenommen bei unterschiedlichen Orientierungswinkeln und bei rotierender Probe. Meßtemperatur 313 K

Messungen als Funktion des Winkels erfassen kann. Ergebnisse zweier Meßserien zur Untersuchung der Winkelabhängigkeit der Protonenresonanzsignale sind in den Abbildungen 5.8 und 5.9 wiedergegeben. In der 8%igen Probe spaltet das Spektrum des H_2SO_4 in zwei Linien auf, deren Intensitäten und Lagen stark vom Winkel abhängen. Im Gegensatz dazu ändert sich bei der 11%igen Probe die Signalform in Abhängigkeit von der Orientierung zum Magnetfeld fast nicht, während starke Veränderungen in der Linienlage beobachtet werden. Bei dieser Probe beträgt die als Folge der Änderung der Orientierung betrachtete Veränderung der chemischen Verschiebung ca. 0,6 ppm. Die bei $\varphi = 55°$ registrierte Linienlage entspricht bei beiden Proben der zugehörigen rotierenden Probe. Die in Abbildung 5.8 enthaltene Spektren-

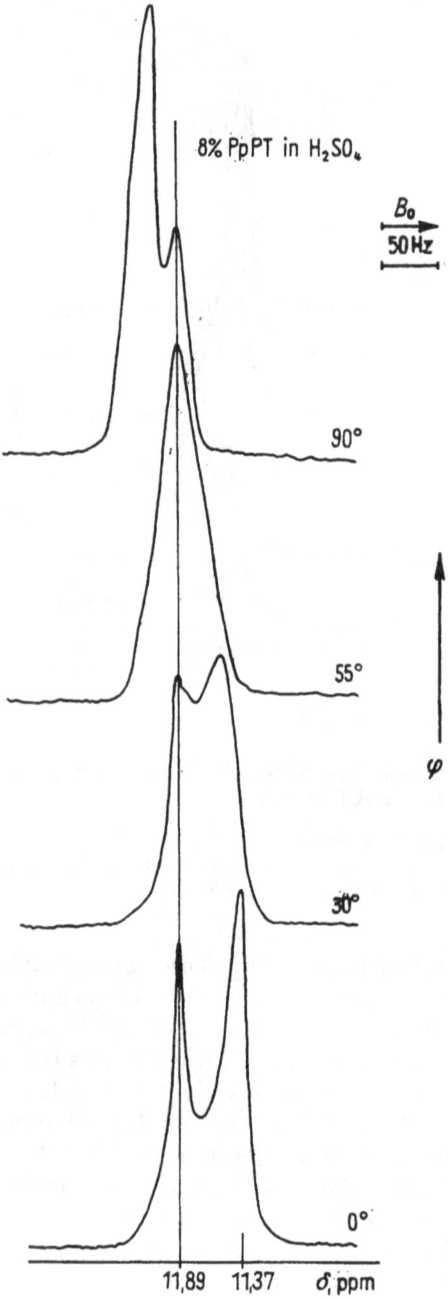

Abb. 5.9. ^{1}H-NMR-Spektrum einer im Magnetfeld orientierten 8%igen PpPT-Polymerlösung in Abhängigkeit vom Winkel φ zur ausgangs parallel zum Magnetfeld gerichteten Probe ($\varphi = 0°$ entsprechend Parallelität zu $\boldsymbol{B}_0$)

folge der 11%igen Probe zeigt nicht einmal andeutungsweise eine Dublettstruktur. Damit wird deutlich, daß die beobachteten Anisotropieerscheinungen allein Folge der Anisotropie der chemischen Verschiebung sind [5.23]. Dies ist auch verständlich, da sich die Hydroxylprotonen der Schwefelsäure, wie bereits aus Untersuchungen an wässriger H_2SO_4 bekannt, in einem sehr schnellen Austausch mit ihrer Umgebung befinden:

$$H_2SO_4 + H_2O \rightleftarrows HSO_4^- + H_3O^+ ,$$

$$n \cdot H_3O^+ + \text{PpPT} \rightleftarrows n \cdot H_2O + (\text{PpPT})\, H^+$$

$$n \cdot H_2SO_4 + \text{PpPT} \rightleftarrows n \cdot HSO_4^- + (\text{PpPT})\, H^+ .$$

Wegen des schnellen Protonenaustausches wechseln die OH-Gruppen ihre Kernspineinstellung so häufig, daß auch in flüssig-kristallinen Lösungen die direkten Dipol-Dipol-Wechselwirkungen der Kernspins völlig herausgemittelt werden und jede Hydroxylgruppe des H_2SO_4-Moleküls als isoliertes Spinsystem erscheint [5.23]. Das in Abbildung 5.7 beobachtete Ansteigen des feldhöheren Protonenresonanzsignals bedeutet, daß durch die Richtwirkung des anliegenden Magnetfeldes scheinbar immer mehr Protonen des Lösungsmittels Schwefelsäure stärker abgeschirmt werden, als dies im Mittel in der isotropen Lösung der Fall ist.

Eine zusätzliche Schwächung des äußeren Magnetfeldes am Ort der H_2SO_4-Protonen tritt ein, wenn die OH-Bindungsachsen bevorzugt parallel zu diesem äußeren Magnetfeld liegen. Bei dieser Orientierung ist in Übereinstimmung mit [5.26] das durch die Elektronenbewegung im Sauerstoffatom der Hydroxylgruppe am Ort des Protons hervorgerufene Magnetfeld dem äußeren Feld entgegengerichtet, so daß die Protonenresonanz erst bei höherem $\boldsymbol{B}_0$-Feld zustandekommt (vgl. Abb. 5.10).

Eine Verschiebung der Resonanzlage nach niedrigerem Feld (oder nach niedrigerer Frequenz) tritt ein, wenn die OH-Bindungen etwa senkrecht zum $\boldsymbol{B}_0$-Feld orientiert sind, weil in diesem Fall das vom Bindungspartner der Protonen ausgehende Feld das äußere verstärkt.

Resonanz bei niedrigerem Feld als im isotropen Fall beobachten wir, wenn die Protonen in der OH-Bindung um mehr als 55° gegenüber dem orientierenden $\boldsymbol{B}_0$-Feld gedreht werden (vgl. Abbn. 5.8 und 5.9). Aus diesen Untersuchungen folgt, daß in flüssig-kristallinen PpPT-Lösungen die Schwefelsäuremoleküle von den starrkettigen Makromolekülen so orientiert werden, daß deren OH-Bindungen etwa parallel zu den Polymerketten angeordnet sind [5.23].

Die Schwefelsäuremoleküle neigen bekanntlich über Wasserstoffbrücken zur Assoziatbildung. Vermutlich bewirkt diese Assoziatbildung, daß bereits 10% Polymere ausreichen, alle H_2SO_4-Moleküle in die flüssig-kristalline

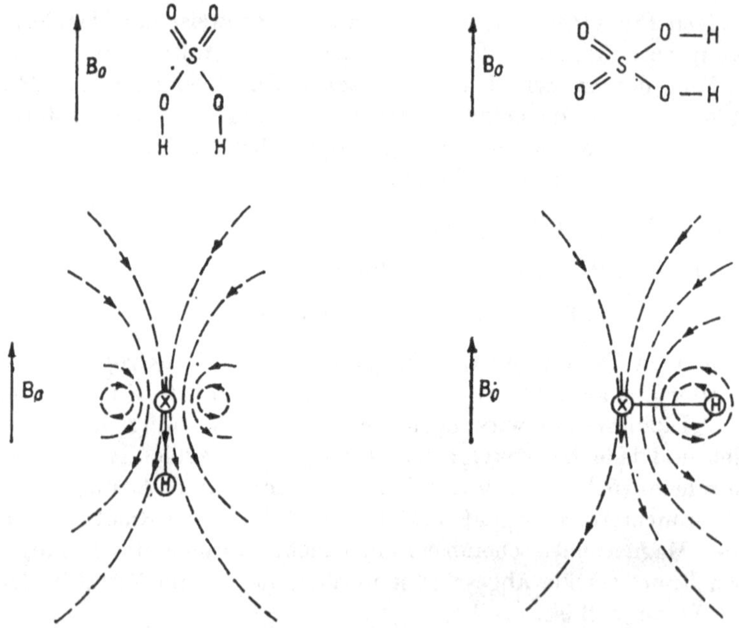

Abb. 5.10. Veranschaulichung des von Sauerstoffatomen ausgehenden intramolekularen Feldes, das sich am Ort von Protonen dem äußeren Feld $\boldsymbol{B}_0$ überlagert

Phase und den Umorientierungsprozeß einzubeziehen. Die in [5.23] untersuchte 8%ige PpPT-Lösung erwies sich als inhomogen, was sich in der Koexistenz von flüssig-kristalliner und isotrop flüssiger Phase äußerte. Aus diesem Grunde beobachtet man neben einem positionsfesten Lösungsmittelsignal ein orientierungsabhängiges Signal. Die Änderung der Signalposition spiegelt recht gut die für die anisotrope chemische Verschiebung (H_σ^a) charakteristische ($3\cos^2\varphi - 1$)-Abhängigkeit wider. Während sich in der 8%igen Lösung bereits flüssig-kristalline Aggregate bilden können, erwies sich eine 5%ige PpPT-H_2SO_4-Lösung auch NMR-spektroskopisch als völlig isotrop [5.23]. (Die mittels hNMR beobachteten Besonderheiten von Poly-para-Phenylenterephthalamid-H_2SO_4-Lösungen unterschiedlicher Konzentration spiegeln sich auch in den mit lNMR meßbaren Relaxationszeiten wider. Über Kernspinrelaxationsuntersuchungen am gleichen Stoffsystem berichten KURZE u. a. [5.27].)

Während beim System PpPT/H_2SO_4 und in einigen anderen Lösungen mit starrkettigen Polymeren die hNMR-spektroskopisch beobachtbare Orientierungsabhängigkeit insbesondere auf die Anisotropie der chemischen Verschiebung zurückzuführen ist, werden bei anderen flüssig-kristallinen Polymerlösungen die beobachtbaren Erscheinungen insbesondere durch die stets anisotrope Dipol-Dipol-Wechselwirkung der Kernspins verursacht. Das trifft z.B. auf hNMR-Untersuchungen an Lösungen von Poly-γ-Benzyl-L-Glutamat zu. In diesen Lösungen bilden die einzelnen Makromoleküle, unterstützt durch Molekularkräfte, relativ starre Helices, wodurch eine Orientierbarkeit in magnetischen und elektrischen Feldern zustande kommt.

Sobajima [5.28] beobachtete bei Protonenresonanzuntersuchungen an flüssig-kristallinen Lösungen von Poly-γ-Benzyl-L-Glutamat in CH_2Cl_2, daß sich mit zunehmender Verweildauer der Probe im Magnetfeld (von 1,4 T) ein deutliches Dublett herausbildet. Dies ist auf die Dipol-Dipol-Wechselwirkung in den CH_2Cl_2-Molekülen zurückzuführen. Mit fortschreitender Magnetfeldeinwirkung werden die Moleküle so orientiert, daß der interatomare Vektor zwischen den beiden Protonen in allen Lösungsmittelmolekülen die gleiche Vorzugsrichtung zum anliegenden Magnetfeld hat. Über analoge Untersuchungen im elektrischen Feld berichtete Jizuku [5.29].

Dreht man nach vollständiger Orientierung der Moleküle solch eine Probe um bestimmte Winkel gegenüber dem orientierenden Feld und wiederholt dabei in dichter Folge bei unterschiedlichen Winkeln die Messungen, so ergibt sich, daß der Dublettabstand — wie erwartet — proportional $(3\cos^2\varphi - 1)$ ist. Berechnet man jedoch entsprechend der allgemeinen Beziehung (1.24a) den Betrag der zu erwartenden Aufspaltung und vergleicht das Resultat mit den gemessenen Abständen, so zeigt sich, daß die gemessenen Dublettaufspaltungen bedeutend kleiner sind, als sich bei Rechnungen mit den für Einkristalle abgeleiteten Formeln ergibt. Dies weist darauf hin, daß durch die in flüssig-kristalliner Phase noch vorhandene relativ große molekulare Beweglichkeit die Wirkung der Dipolfelder teilweise herausgemittelt wird. Andererseits ist die kleinere Aufspaltung eine Folge der Tatsache, daß der Ordnungsgrad in lyotropen Flüssigkristallen geringer ist als in festen Einkristallen.

5.3. Kernspinpolarisation (CIDNP) in der Initiierungsphase der Polymerisation

5.3.1. Einführung in die chemisch induzierte dynamische Kernspinpolarisation (CIDNP)

Setzt man die Kernresonanzuntersuchungen an den monomeren Ausgangslösungen (Abschn. 5.1.) auch während des Initiierungsprozesses der radikalischen Polymerisation fort, so sind unter Umständen in den hNMR-Spektren anomale Intensitätsverhältnisse zu beobachten. Diese rühren von Nichtgleichgewichtsbesetzungen der Kernspinniveaus her. Die während Radikalreaktionen zustandekommenden anomalen Kernspinpolarisationen haben die gleiche Ursache wie die im Abschnitt 2.4. geschilderten CIDEP-Effekte. Die Intensitätsanomalien äußern sich darin, daß während des Verlaufes *radikalischer* Reaktionen (initiiert durch Thermolyse, Photo- oder Radiolyse bzw. bei speziellen Radikalreaktionen) vorübergehend, d. h., solange sich der Endzustand des reagierenden Systems noch nicht eingestellt hat, Emissions- und/oder verstärkte Absorptionslinien mit der hNMR-Spektroskopie (^{1}H-

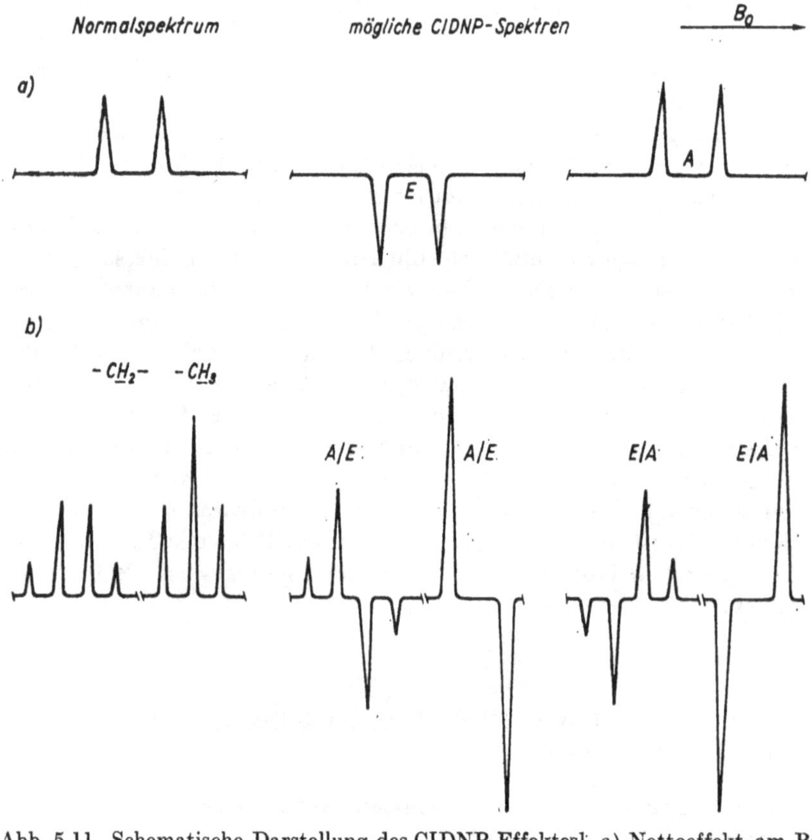

Abb. 5.11. Schematische Darstellung des CIDNP-Effektes[1], a) Nettoeffekt am Beispiel eines Dubletts, b) Multipletteffekt an einem Quartett und an einem Triplett (in Anlehnung an die Ergebnisse von BUTSCHATSCHENKO [5.33] für Ethyljodid)

[1] Beim Nettoeffekt treten E- oder A-Signale beim Käfigprodukt P_c und entgegengesetzte Signale beim Entweichungsprodukt P_e auf. Beim Multipletteffekt beobachtet man E/A- oder A/E-Signale sowohl bei den Produkten P_c als auch bei P_e.

^{13}C, ^{15}N, ^{19}F, ^{31}P ...) abweichend vom Normalspektrum beobachtet werden. Sie stammen von den *diamagnetischen* Reaktionsprodukten. Übersichten über eine Vielzahl von Reaktionen, bei denen CIDNP auftritt, sind in den Arbeiten [5.30 bis 5.33] zu finden. Abbildung 5.11 illustriert die Effekte in einer schematischen Darstellung. Man unterscheidet zwischen Nettoeffekt und Multipletteffekt, die in einem reagierenden System gleichzeitig vorkommen können und sich dann überlagern. Bei ersterem zeigen alle Resonanzlinien, die von äquivalenten Kernen herrühren, einheitlich Emission (E) oder verstärkte Absorption (A), wie es in Abbildung 5.11a) am Beispiel einer Dublettresonanz dargestellt ist. Im Falle des Multipletteffektes, der in Abbildung 5.11b) an einem Triplett und einem Quartett demonstriert wird, kommen im Multiplett gleichzeitig sowohl E- als auch A-Resonanzlinien vor.

Die CIDNP-Erscheinungen entdeckten Bargon, Fischer und Johnson [5.34] 1967 bei ^{1}H-NMR-Messungen und unabhängig von ihnen Ward und Lawler [5.35]. Seit 1969 ist insbesondere durch Arbeiten von Closs, Kaptein und Osterhoff [5.36, 5.37] bekannt, daß sich die meisten Meßergebnisse auf der Basis des Radikalpaarmechanismus (RPM)[1] erklären lassen. Einige der offen gebliebenen Fragen, wie die Magnetfeldabhängigkeit der Produktausbeute und die Rolle des Triplettmechanismus (vgl. 2.4.4.), wurden durch Untersuchungen von Sagdejew u. a. [5.38], sowie von Wong u. a. [5.39] Anfang der siebziger Jahre weitestgehend geklärt. Den Ende der

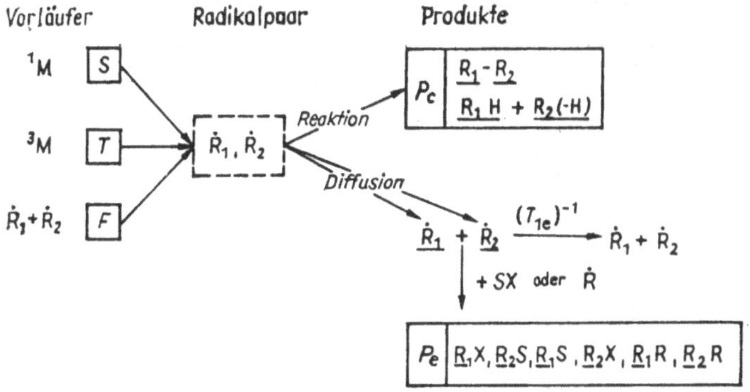

Abb. 5.12. Reaktionsschema zur Erläuterung des Entstehens von Kernspinpolarisation. P_c — Käfigreaktionsprodukte, P_e — Produkte aus entwichenen Radikalen. Unterstrichene Moleküle oder Molekülteile sind polarisiert. $(T_{1e})^{-1}$ — Elektronenspinrelaxationsrate

[1] Während sich die CIDNP im wesentlichen allein auf der Basis der S-T-Mischung erklären läßt — das letzte Glied im Hamilton-Operator (2.40) also vernachlässigt werden kann —, ist für das Zustandekommen der CIDEP die bei Wiederbegegnung der Radikale kurzzeitig und stark wirkende Austauschwechselwirkung (ebenso wie die S-T-Mischung) ein unabdingbares Erfordernis.

siebziger Jahre erreichten Stand, der sich unter anderem durch die klare Einbeziehung der Diffusion in den RPM (vgl. 2.4.3.) von älteren Arbeiten unterscheidet, geben die von MUUS und Mitarbeitern herausgegebene Publikation [5.40] und die Monographie von BUTSCHATSCHENKO u. a. [5.33] wieder.

Da die Grundzüge der Mechanismen der Elektronenspinpolarisation (CIDEP) bereits im Kapitel 2 erläutert wurden, braucht hier nur noch nachgetragen zu werden, welche Beziehungen zwischen der anomalen Polarisation der Elektronenspins und der Kernspins bestehen. Wir gehen dabei von dem in Abbildung 5.12 enthaltenen Schema und von Abbildung 2.19 aus: Wenn ein ursprüngliches Triplettradikalpaar durch die im Zusammenhang mit der in Abbildung 2.19 erläuterten S-T_0-Mischung S-Charakter erhält, kann es diamagnetische Käfigprodukte P_c bilden. Da diese Mischung entsprechend (2.41) die HFS-Wechselwirkung erfordert, ist sie in einigen Kernspinzuständen schneller als in anderen. Die eine schnelle Umwandlung ermöglichenden Kernspinzustände sind (falls anfangs das Radikalpaar im Triplettzustand vorlag) bevorzugt in den P_c zu finden. Für den entgegengesetzten Fall eines ursprünglichen S-Paares werden jene Kernspinkonfigurationen am schnellsten in nichtreaktive T-Zustände umgewandelt, die die schnellste S-T_0-Mischung ermöglichen. Diese werden deshalb kaum in den Käfigprodukten P_c zu finden sein. Sie entweichen aus dem Reaktionskäfig, und die den Radikalen anhaftende Polarisation kann im allgemeinen bei den Kernen der Produkte P_e der entwichenen Radikale nachgewiesen werden, d. h., bei den Produkten, die nach längerer Diffusion der Radikale entstehen.

Ein F-Paar, gebildet durch zufällige Begegnung zweier ursprünglich in keiner Weise korrelierter freier Radikale, wird sich qualitativ wie ein T-Paar verhalten, denn je höher der T-Charakter eines gegebenen Radikalpaares ist, desto wahrscheinlicher sind Radikalbegegnungen ohne Reaktion. Diese Betrachtung führt zur ersten Regel für die CIDNP, wonach das Polarisationsverhalten von T- und F-Paaren entgegengesetzt zu dem von S-Paaren ist.

Eine zweite Regel folgt aus der Tatsache, daß die S-T_0-Mischung keine Nettopolarisierung in bezug auf $\boldsymbol{B}_0$ hervorrufen kann. Ist in den betrachteten Radikalpaaren $g_1 - g_2 \neq 0$, so können allerdings bei den einzelnen Produkten Netto-CIDNP-Effekte auftreten. Wenn das Käfigreaktionsprodukt P_c eine Nettopolarisation zeigt, dann ist entsprechend obengenannter Regel zu erwarten, daß die entschlüpften Radikale eine gleichgroße, entgegengesetzte Polarisation auf die nach längerer Diffusion bei Wiederbegegnung gebildeten Produkte P_e übertragen. (Das ist jedoch nur in 1. Näherung der Fall, da sich durch die im Vergleich zur Kernspinrelaxation schnelle Elektronenspinrelaxation die Polarisation verringert und da außerdem die Intensitäten der einzelnen Liniengruppen durch F-Paar-Beiträge verändert werden.) Bei $g_1 = g_2$ werden Multipletteffekte (d. h. E/A- oder A/E-Polarisation) beobachtet. Unter diesen Bedingungen erscheinen sowohl bei den Käfigprodukten P_c als auch bei den Produkten P_e der entschlüpften Radikale einige Linien in Emission und andere mit verstärkter Absorption (vgl. Abb. 5.11 b)).

Für den erstgenannten Fall, Radikalpaare mit $g_1 \neq g_2$, wollen wir für in Triplettzuständen $^3[\dot{R}_1H, \dot{R}_2]$ gebildete Radikalpaare (wovon $\dot{R}_1H$ ein Radikal *mit* einem koppelnden Kern mit $I = 1/2$ symbolisiert und $\dot{R}_2$ ein Radikal *ohne* Kernspin) die zu erwartenden Signale anhand von Abbildung 5.13 erläutern. Die g-Faktor-Differenz $\Delta g = g_1 - g_2$ und die Kopplungskonstante A_1 seien hier positiv. Gleiches gilt für das Kernmoment μ_I, so daß der Grundzustand einen Kernspin parallel zu $\boldsymbol{B}_0$ hat. Die sich daraus ergebenden Linienlagen illustriert Abbildung 5.13 in ihrem oberen Teil. Es ist klar, daß in diesem Fall die durch Gleichung (2.41) definierte S-T_0-Mischgeschwindigkeit ω_{ab} für $\dot{R}_1H$ im α_1-Zustand (mit $m_{I1} = +1/2$) größer ist als in dem durch $m_{I1} = -1/2$ gekennzeichneten β_1-Zustand (weil der Abstand $\omega_1 - \omega_2$ zwischen α_1 und x größer ist als zwischen β_1 und x). Daher wird der erstgenannte Zustand den S-Charakter schneller erreichen als letzterer und bevorzugt im Rekombinationsprodukt P_c zu finden sein. Da hier der bevorzugte Weg zur stärkeren Besetzung der energetisch günstigsten Niveaus führt, werden wir bei P_c ein verstärktes Absorptionssignal beobachten können. Folglich wird der β_1-Zustand, der den antibindenden Triplettcharakter länger behält,

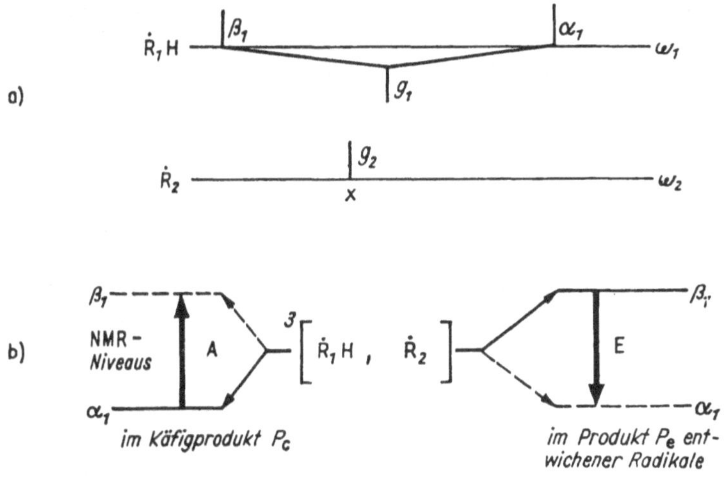

Abb. 5.13. a) ESR-Signallagen und Larmor-Frequenzen der Radikale, bedingt durch Kernspineinstellungen β_1 und α_1 sowie durch die g-Faktoren g_1 und g_2; b) zu erwartende Kernresonanzsignale, die ausgezogenen Linien bezeichnen den Weg zur wahrscheinlichsten Kernspinpolarisation in den Produkten P_c und P_e bei ursprünglichen Triplettradikalpaaren; A — Absorptionssignal, E — Emissionssignal

hauptsächlich bei den Produkten P_c zu finden sein, die aus den entwichenen Radikalen $\dot{R}_1H$ entstehen und zur Emissions-CIDNP führen.

5.3.2. Beispiele aus der Polymerforschung

Nach BARGON [5.41] waren es Polymerisationsuntersuchungen, bei denen das erste Mal mit hNMR die für CIDNP charakteristischen Emissions- und verstärkten Absorptionssignale beobachtet worden sind. An radikalisch polymerisierenden Systemen mit Maleinsäureanhydrid beobachtete BARGON im Jahre 1964, also drei Jahre vor den ersten Veröffentlichungen über CIDNP [5.34, 5.35], diesen Effekt, worauf er 1971 in Polymer Letters [5.41] hinwies.

Anknüpfend an 1968/1969 veröffentlichte CIDNP-Meßergebnisse über Untersuchungen zur Polymerisation von Methylmethacrylat und Styren, werden in dieser Arbeit [5.41] ausführlich Polarisationsmessungen diskutiert, die während der (mittels Benzoylperoxid (BPO) in Gegenwart von CBr_4 initiierten) Telomerisation von Styren ausgeführt wurden. An diesem System (wie auch bei analogen Messungen während der gleichartig initiierten Telomerisation von Vinyl- und Acrylestern, von Vinylbromid, Acrylnitril und α-Methylstyren) wurden Multiplettpolarisationseffekte beobachtet. Entsprechend den in 5.3.1. genannten Regeln können diese nur von Radikalpaaren mit $\Delta g = 0$ verursacht werden. In dem bis dahin angenommenen Reaktionsmechanismus erfolgt die Produktbildung jedoch über Radikale, die sich im g-Faktor relativ stark unterscheiden, weshalb bei den Produkten P_c und P_e reine Emission oder verstärkte Absorption zu erwarten gewesen wäre. Der beobachtete Multipletteffekt führte hier — wie in vielen anderen Fällen — zu wertvollen neuen Erkenntnissen über bisher nicht vermutete Zwischenschritte, die durch unterschiedliche Zusätze und Lösungsmittel beeinflußt werden können.

Man kann generell sagen: Ein besonderer Wert von CIDNP-Untersuchungen besteht darin, oft zusätzliche Informationen über Zwischen- oder Nebenreaktionen zu erhalten, die zwar nicht zu chemischen Endprodukten führen, aber verschiedene Begleiterscheinungen, z.B. unerwartet starke Lösungsmittelabhängigkeit, erklären können. Bei Reaktionen, bei denen die Endprodukte identisch mit den Ausgangsreaktionspartnern sind, signalisieren beobachtete CIDNP-Effekte den Ablauf von Radikalreaktionen. Beispielsweise wurden während des Zerfalles des Initiators Bispentafluorobenzylperoxid in benzolhaltiger Lösung Emissionssignale registriert, die belegen, daß unter den speziellen Bedingungen (vgl. [5.42]) Benzolmoleküle über radikalische Zwischenzustände (über die reversible Bildung von Radikalen des Cyclohexadienyltyps) an den in diesem System ablaufenden Radikalreaktionen beteiligt sind.

Ein weiteres großes Anwendungsgebiet von CIDNP-Untersuchungen betrifft die Elementarmechanismen von Energie- und Elektronenübertragungsprozessen sowie von Isomerisierungsreaktionen in der Startphase der photolytisch initiierten Polymerisation. ROTH und MANION [5.43] klärten z.B. auf der Basis von CIDNP-Messungen die Teilmechanismen der photosensibilisierten Isomerisation von substituierten Styrenen. BORER u. a. [5.44] widmeten sich der photolytisch initiierten Polymerisation von Acrylsäuremethylestern. Mit ^{1}H- und ^{13}C-CIDNP gewannen sie wertvolle Erkenntnisse über den Bildungsmechanismus der Primärradikale und untersuchten bei niedrigen Monomerkonzentrationen Konkurrenzreaktionen von Initiatorradikalen mit Monomeren und von Initiatorradikalen untereinander. Diese Experimente vermitteln einen Einblick in die ersten Stufen (Startphase) des Polymerisationsprozesses. Des weiteren geben die Autoren [5.44] eine experimentelle Technik an, die über die Modulierung des UV-Lichtes und die ^{13}C-FT-NMR die absolute Bestimmung von CIDNP-Intensitäten gestattet. Letzteres ist insbesondere für die Berechnung kinetischer Parameter von Bedeutung.

Oft sind CIDNP-Messungen und grundsätzliche Aussagen über den Mechanismus von Radikalreaktionen auch dann möglich, wenn ein EPR-spektroskopischer Nachweis der reagierenden Spezies aufgrund zu geringer Bildungsraten und der Kurzlebigkeit der Radikale sowie der schnellen Elektronenspinrelaxation nicht möglich ist. Insbesondere sind die von den Radikalpaaren herrührenden Polarisationseffekte im Kernspinsystem viel leichter nachweisbar, da bekanntlich die an die Kerne übertragene Polarisation aufgrund der um Größenordnungen längeren Kernspinrelaxationszeiten wesentlich länger im Kernspinsystem konserviert bleibt. Daraus resultiert diesbezüglich eine im Vergleich zur EPR größere Empfindlichkeit.

Neben wertvollen Erkenntnissen über die Radikalreaktionen ermöglichen CIDNP-Messungen auch viele rein physikalische Aussagen, z.B. über Elektronenspinrelaxationszeiten T_1, über Vorzeichen und Größen von Hyperfeinstrukturkopplungskonstanten a_λ, über g-Faktordifferenzen und den Energieaustausch in Radikalpaaren, über Diffusionsprozesse, über die Spinmultiplizitäten der Vorläufer der Radikalreaktionen, über Isotopieeffekte usw. [5.31 bis 5.33, 5.40].

CIDNP-Effekte sind nicht nur in chemischen Reaktionen, bei denen die Radikale zumindest zeitweise unabhängig von ihrem späteren Radikalpaarpartner diffundieren können, zu beobachten. DEKANTER, KAPTEIN u. a. [5.45] weisen anhand von Berechnungen und von Messungen an Biradikalen, deren Radikalstellen durch unterschiedlich lange flexible Polymethylenketten verbunden waren, auf Möglichkeiten hin, mit CIDNP-Messungen Aussagen über die Mikrodynamik der Polymethylenketten zu gewinnen.

6. Impuls- und Breitlinien-NMR an flüssigen und festen Polymersystemen

6.1. Meßgrößen und ihre Interpretation

6.1.1. Linienform und Momente für Festkörpersignale

Eine der Möglichkeiten, Informationen über Struktur und Beweglichkeit im Polymerfestkörper zu gewinnen, ist, die Form der Absorptionslinien, die sich aus der stationären NMR ergeben, zu analysieren. Wie bereits im 1. Kapitel erwähnt, handelt es sich hierbei durch die im Festkörper nichtausgemittelte dipolare Wechselwirkung um relativ stark verbreiterte und wenig strukturierte Linien. Da es für den allgemeinen Fall der Wechselwirkung vieler Kernspins in polykristallinem Material zwar recht anspruchsvolle Theorien gibt, diese aber keinen überschaubaren analytischen Ausdruck mit quantitativ auswertbaren Korrelationen zu Strukturinformationen liefern, werden häufig die Linienmomente als integrale Parameter für die Auswertung herangezogen. Lediglich für Zweiprotonensysteme, aber kaum noch für den Fall, daß drei oder mehr Protonen miteinander wechselwirken, ergeben sich für polykristallines Material getrennte Linien. Das sogenannte PAKEsche Dublett für ein Kernpaar mit dem Spin 1/2 [6.01] besitzt für tiefe Temperaturen den doppelten Abstand des lokalen Feldes $\Delta B = 3\gamma\hbar\mu_0/16\pi r^3$ des Nachbarkernes (r ist der Abstand der betrachteten Kerne voneinander, μ_0 die Permeabilität des Vakuums), für höhere Temperaturen (die Korrelationsfrequenz für die statistischen Umorientierungen zwischen Zuständen minimaler Energie bzw. für die Rotation um eine feste Achse senkrecht zum Kernverbindungsvektor soll groß sein gegenüber $\gamma\,\Delta B$) sinkt der Abstand auf den Wert ΔB, während bei sehr hohen Temperaturen (für die die Korrelationszeiten[1] der allgemeinen Umorientierung die Bedingung $\tau_c^{-1} \gg \gamma\,\Delta B$ erfüllen müssen) isotrope oder anisotrope Bewegungsformen zu *einer* Linie

[1] Da in der Hochfrequenzspektroskopie der Begriff Relaxation für die Wiederherstellung des thermischen Gleichgewichtswertes einer Magnetisierungskomponente nach Abschalten einer äußeren Störung benutzt wird (verschiedene Relaxationszeiten siehe Tab. 1.3), wird für mittlere Umorientierungs-, Aufenthalts- oder Sprungzeiten von MARKOV-Prozessen der Begriff Korrelationszeit gewählt. Letzterer ist analog zu den dielektrischen bzw. mechanischen Relaxationszeiten zu verstehen.

führen, deren Halbwertsbreite sich mit zunehmender Korrelationsfrequenz der Bewegung verringert [6.02, 6.03]. Bezüglich der Diskussion der Halbwertsbreite bei höheren Temperaturen sei auf die Behandlung der transversalen Relaxationszeit T_2 im Abschnitt 6.1.2. verwiesen. Da Relaxationsfunktion und Linienform nach (1.17), (1.18) miteinander über eine FOURIER-Transformation verknüpft sind, entspricht einem exponentiellen Abfall mit der Zeitkonstanten T_2 eine LORENTZ-Kurve der Halbwertsbreite $\Delta_{1/2}B = 2/\gamma T_2$.

Seltener als die experimentelle Bestimmung der Momente aus den Absorptionslinien (s. Gleichung (1.25)) wird die Möglichkeit der Momentbestimmung aus dem Anfangsverlauf instationärer NMR-Signale benutzt (z. B. [6.04)]. Für diese Meßgrößen gibt es seit langem bekannte Zusammenhänge mit der molekularen Struktur (z. B. [6.05]). Dabei kommt dem zweiten Moment die größte Bedeutung zu. Vierte Momente werden über das Verhältnis (M_4/M_2) zur Charakterisierung der Linienform herangezogen [6.06], enthalten jedoch wie die ebenfalls berechneten sechsten Momente [6.07], die zur Auswertung von Signalformen bei Festkörperimpulsfolgen benutzt wurden, eine so große Vielzahl von Beiträgen, daß der Vergleich mit dem Experiment sehr erschwert wird. Deshalb soll hier nur die Beziehung für das zweite Moment von polykristallinem Material angegeben werden:

$$M_2 = \langle \Delta B^2 \rangle = \frac{1}{N} \sum_i \frac{9}{320\pi^2} \gamma^2 \hbar^2 \mu_0^2 \sum_{k \neq i} r_{ik}^{-6}$$

$$+ \frac{1}{N} \sum_i \frac{1}{60\pi^2} \sum_F I_F(I_F + 1)\, \gamma_F^2 \hbar^2 \mu_0^2 \sum_{l_F} r_{il_F}^{-6} . \tag{6.1}$$

F charakterisiert dabei einen Fremdkern mit dem Kernspin I_F und dem gyromagnetischen Verhältnis γ_F, und r_{ik} bzw. r_{il_F} sind die Abstände des Kernes i zum Kern j bzw. zum Fremdkern l_F.

Durch die Proportionalität zur sechsten Potenz des reziproken Abstandes braucht man nur die Kerne in der näheren Umgebung zu betrachten und in die Summation alle Kerne einer Einheitszelle oder dicht dazu benachbarte einzubeziehen. Die Zahl N, ursprünglich Gesamtzahl der Resonanzkerne im Kristall, deren Spin gleich 1/2 gesetzt worden ist, läßt sich außerdem häufig aus Symmetriegründen weiter stark reduzieren. Für höhere Temperaturen wird unter den gleichen Bedingungen, die zu einer Halbierung der Aufspaltung des PAKEschen Dubletts geführt haben, durch die Bewegung um eine feste Achse senkrecht zum Kernverbindungsvektor das zweite Moment genau um einen Faktor 1/4 gegenüber dem Ausdruck (6.1) verringert. Schließlich tritt in den Fällen noch höherer Temperatur (falls $\tau_c \lessgtr T_2$ gilt) das zweite Moment als Vorfaktor in den Beziehungen für die Relaxationsraten auf und wird in diesem Zusammenhang im folgenden diskutiert.

6.1.2. Relaxationszeiten und Diffusionskoeffizienten

6.1.2.1. Allgemeines

Die kernmagnetischen Relaxationszeiten beschreiben im allgemeinen Änderungen des Energie- oder Entropiezustandes des Spinsystems, die durch Wechselwirkungen des magnetischen Momentes mit dem durch die Umgebung am Ort des Kernes hervorgerufenen lokalen Magnetfeld verursacht werden. Eine molekulardynamische Interpretation dieser reinen NMR-Meßgrößen wird erst durch Einführung spezieller Modellvorstellungen möglich, die diese Zeitkonstanten T_l in Bezug zu den Korrelationszeiten der Bewegung τ_c und zur Wechselwirkungsenergie W (in Frequenzeinheiten) setzt:

$$\frac{1}{T_l} = W^2 f(\tau_c) . \tag{6.2a}$$

W ist hauptsächlich von der Länge des Kernverbindungsvektors $\boldsymbol{r}_{ij}$ sowie von dessen Winkel Θ_{ij} mit dem äußeren Magnetfeld $\boldsymbol{B}_0$ abhängig, während τ_c hier als Repräsentant für verschiedene Arten von Korrelationszeiten steht. Dabei kann es sich um rotatorische isotrope oder anisotrope Bewegung bzw. um translatorische Sprünge, alles z. B. wieder für ein Spektrum von Korrelationszeiten, handeln.

Obwohl, speziell für die Anwendung auf Polymere, die einigermaßen realen Modelle häufig auf komplizierte, z. T. nur numerisch auswertbare Ausdrücke führen, können doch einige Grundbeziehungen angegeben werden, die das allgemeine Verhalten mindestens qualitativ gut beschreiben. Dabei sollen fünf unterschiedliche NMR-Relaxationszeiten diskutiert werden, deren Meßmethoden in Tabelle 1.3 angedeutet sind.

Drei der Zeiten sind longitudinal, beschreiben also die Wiedereinstellung einer Gleichgewichtsmagnetisierung längs des wirksamen Magnetfeldes. Am längsten bekannt (neben T_2) ist die longitudinale (Spin-Gitter- oder Energie-) Relaxationszeit T_1, die im äußeren statischen Magnetfeld $\boldsymbol{B}_0$ (für Eisenmagnete bis zu reichtlich 2 T) wirksam wird. In einem rotierenden Koordinatensystem, entsprechend einem hochfrequenten Wechselfeld der Larmor-Frequenz und der Amplitude $\boldsymbol{B}_1$ (senkrecht zum $\boldsymbol{B}_0$-Feld), kann ebenfalls eine Ausrichtung der Magnetisierung („spin locking") erfolgen. Die Zeitkonstante des entsprechenden Relaxationsprozesses heißt longitudinale Relaxationszeit im rotierenden Koordinatensystem $T_{1\varrho}$, und die Magnetfelder $\boldsymbol{B}_1$ liegen in der Größenordnung von einigen mT. Schließlich beschreibt die dipolare Relaxationszeit T_{1D} einen longitudinalen Relaxationsvorgang, der im lokalen dipolaren Feld $\boldsymbol{B}_L$ am Kernort vor sich geht, das etwa 0,25 mT beträgt.

Zur $T_{1\varrho}$-Messung gibt es ein „gepulstes" Analogon, das T_{2e}-Experiment. Diese effektive Zeitkonstante T_{2e} für den Abfall der transversalen Magnetisierung beim Anlegen von geeigneten Impulsgruppen kann wie ein $T_{1\varrho}$-Experiment bei einem durch Amplitude und Tastverhältnis gegebenen effektiven Feld $\boldsymbol{B}_e$, das sich somit durch den Impulsabstand variieren läßt und etwa eine halbe Größenordnung unterhalb $\boldsymbol{B}_1$ liegt, betrachtet werden. Bliebe noch die transversale (Spin-Spin- oder Entropie-) Relaxationszeit T_2, die das Erreichen des Gleichgewichtswertes Null senkrecht zum statischen Magnetfeld $\boldsymbol{B}_0$ nach einer Störung beschreibt. Dabei besitzt aber $\boldsymbol{B}_0$ nicht die gleiche Bedeutung für die Geschwindigkeit der erfaßbaren Bewegungsvorgänge wie $\boldsymbol{B}_0$, $\boldsymbol{B}_1$, $\boldsymbol{B}_\mathrm{L}$ und $\boldsymbol{B}_\mathrm{e}$ für T_1, $T_{1\varrho}$, $T_{1\mathrm{D}}$ und $T_{2\mathrm{e}}$ (s. 6.3.2.).

Von den Meßgrößen der instationären NMR-Methoden ist der Selbstdiffusionskoeffizient D_s am direktesten mit molekular-dynamischen Betrachtungen zu verknüpfen. Die Messung beruht auf der Tatsache, daß das Spin-Echo-Signal (s. Tab. 1.3) in inhomogenen Magnetfeldern bei merklicher Selbstdiffusion während des Meßprozesses schneller abfällt. Neben der Bestimmung des Selbstdiffusionskoeffizienten, der nicht an makroskopischen Stofftransport gebunden ist, erlaubt das Verfahren z. B. auch Aussagen über begrenzte Diffusionsvorgänge (z.B. [6.08]).

6.1.2.2. Theoretische Ergebnisse für die Relaxationszeiten

Unter den Voraussetzungen
— Zweispinsysteme gleicher Kerne mit dem Spin 1/2
— intramolekulare Dipol-Dipol-Wechselwirkung
— isotrope rotatorische Diffusion, durch *eine* Korrelationszeit beschreibbar,
werden die Resultate der Theorie nach Bloembergen, Purcell und Pound (BPP-Theorie [6.09 bis 6.11]) für T_1 und T_2 sowie die entsprechenden Ergebnisse für $T_{1\varrho}$ [6.12], $T_{2\mathrm{e}}$ [6.13] und $T_{1\mathrm{D}}$ angegeben und diskutiert. Daran anschließend werden die Konsequenzen aus der Nichteinhaltung einiger Voraussetzungen untersucht.

Mit dem zweiten Moment eines Zweispinsystems entsprechend (6.1), ausgedrückt in Frequenzeinheiten,

$$\langle \Delta\omega^2 \rangle = \gamma^2 \langle \Delta B^2 \rangle = \frac{9}{320\pi^2} \frac{\gamma^4 \hbar^2 \mu_0^2}{r^6} \tag{6.2b}$$

ergeben sich die Beziehungen

$$\frac{1}{T_1} = \frac{2}{3} \langle \Delta\omega^2 \rangle \left[\frac{\tau_\mathrm{c}}{1 + (\omega_0 \tau_\mathrm{c})^2} + \frac{4\tau_\mathrm{c}}{1 + (2\omega_0 \tau_\mathrm{c})^2} \right], \tag{6.3}$$

$$\frac{1}{T_2} = \frac{1}{3} \langle \Delta\omega^2 \rangle \left[3\tau_\mathrm{c} + \frac{5\tau_\mathrm{c}}{1 + (\omega_0 \tau_\mathrm{c})^2} + \frac{2\tau_\mathrm{c}}{1 + (2\omega_0 \tau_\mathrm{c})^2} \right], \tag{6.4}$$

$$\frac{1}{T_{1\varrho}} = \frac{1}{3} \langle \Delta\omega^2 \rangle \left[\frac{3\tau_\mathrm{c}}{1 + (2\omega_1 \tau_\mathrm{c})^2} + \frac{5\tau_\mathrm{c}}{1 + (\omega_0 \tau_\mathrm{c})^2} + \frac{2\tau_\mathrm{c}}{1 + (2\omega_0 \tau_\mathrm{c})^2} \right], \tag{6.5}$$

$$\frac{1}{T_{1\mathrm{D}}} = \frac{1}{3} \langle \Delta\omega^2 \rangle \left[\frac{3\tau_\mathrm{c}}{1 + (2\omega_\mathrm{L} \tau_\mathrm{c})^2} + \frac{5\tau_\mathrm{c}}{1 + (\omega_0 \tau_\mathrm{c})^2} + \frac{2\tau_\mathrm{c}}{1 + (2\omega_0 \tau_\mathrm{c})^2} \right], \tag{6.6}$$

$$\frac{1}{T_{2\mathrm{e}}} = \langle \Delta\omega^2 \rangle \cdot \tau_\mathrm{c} \left[1 - \frac{\tau_\mathrm{c}}{\tau} \cdot \tanh \frac{\tau}{\tau_\mathrm{c}} \right]. \tag{6.7}$$

(6.4) and (6.5) gelten nur unter der zusätzlichen Voraussetzung $\tau_c \ll T_2$. Für $T_2 < \tau_c < T_1$ muß (6.5) gemäß [6.14] durch

$$\frac{1}{T_{1\varrho}} = \frac{2}{\tau_c} \cdot \frac{B_L^2}{B_1^2 + B_L^2} \tag{6.8}$$

ersetzt werden. (6.7) ist für die bewährte Impulsgruppe nach Mansfield und Waugh (MW 4-Gruppe) (s. Tab. 1.3) angegeben. τ bedeutet hierin den halben Impulsabstand.

Die Gleichungen (6.3) bis (6.7) sind in Abbildung 6.1 qualitativ dargestellt. Für die erwähnten experimentellen Bedingungen gilt

$$T_1 \geqq T_{1\varrho} \geqq T_{2e} \geqq T_{1D} \geqq T_2 \,. \tag{6.9}$$

Die T_2-Kurve ist über den Gültigkeitsbereich hinaus durch den konstanten Wert für das starre Gitter ergänzt worden, am „Knickpunkt" gilt $T_2 \approx \tau_c$.

Die Kurven für T_1, $T_{1\varrho}$, T_{2e} und T_{1D} zeigen Minima. Aus den Formeln (6.3) sowie (6.5) bis (6.7) folgen die Bedingungen für die Minima, die Absolutwerte der Größen T_1 am Minimum sowie das Verhältnis dieser Werte zu dem entsprechenden T_2-Resultat für die gleiche Korrelationszeit. Die Ergebnisse sind in Tabelle 6.1 mit den entsprechenden Werten für T_2 am Knickpunkt zusammengestellt.

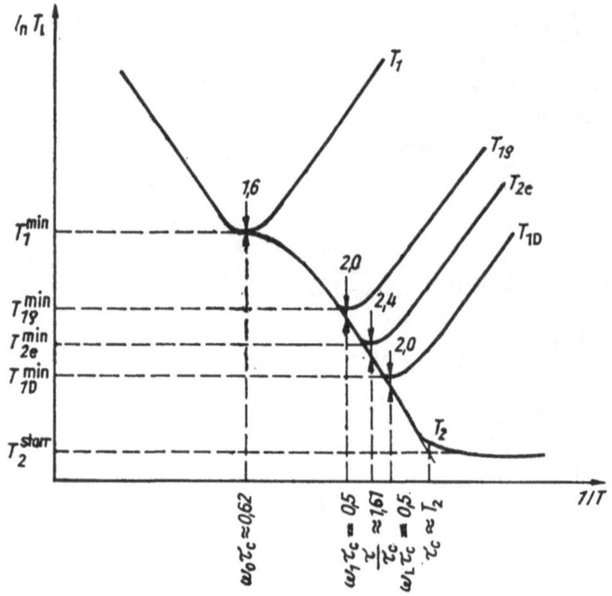

Abb. 6.1. Logarithmische Darstellung der NMR-Relaxationszeiten T_1, $T_{1\varrho}$, T_{2e}, T_{1D} und T_2 über der reziproken Temperatur

Tabelle 6.1. Bedingungen an den Minima für T_1, $T_{1\varrho}$, T_{2e}, T_{1D} und am T_2-„Knickpunkt"

	Bedingung	T_1^{min}	$\frac{T_1^{min}}{T_2}$	$\frac{\tau_c^{min}}{s}$	
T_1	$\omega_0\tau_c \approx 0{,}62$	$\frac{1{,}05\omega_0}{\langle\Delta\omega^2\rangle}$	1,6	10^{-9}	$\omega_0 = \gamma B_0$
$T_{1\varrho}$	$\omega_1\tau_c = 0{,}5$	$\frac{4\omega_1}{\langle\Delta\omega^2\rangle}$	2,0	10^{-6}	$\omega_1 = \gamma B_1$
T_{2e}	$\frac{\tau}{\tau_c} \approx 1{,}61$	$\frac{3{,}77}{\tau\langle\Delta\omega^2\rangle}$	2,4	$3 \cdot 10^{-6}$	
T_{1D}	$\omega_L\tau_c = 0{,}5$	$\frac{4\omega_L}{\langle\Delta\omega^2\rangle}$	2,0	10^{-5}	$\omega_L = \gamma B_L$
T_2	$\tau_c \approx T_2$	$\frac{1}{\langle\Delta\omega^2\rangle^{1/2}}$	—	10^{-5}	

Aus den Gleichungen (6.3) bis (6.7) ist ersichtlich, daß alle Relaxationszeiten für sehr kurze Korrelationszeiten (sogenannter „extreme narrowing"-Fall: $\omega_0\tau_c \ll 1$ bzw. $\tau_c \ll \tau$ für T_{2e}) proportional zur reziproken Korrelationszeit τ_c^{-1} sind, für T_2 gilt das auch im anderen Grenzfall $\omega_0\tau_c \gg 1$. Für die Grenzfälle $\omega_0\tau_c \gg 1$ (für T_1), $\omega_1\tau_c \gg 1$ (für $T_{1\varrho}$), $\omega_L\tau_c \gg 1$ (für T_{1D}) und $\tau_c \gg \tau$ (für T_{2e}) ergibt sich dagegen direkte Proportionalität zu τ_c. In den beiden Bereichen gilt also $\lg T_1 \sim \pm \lg \tau_c$, wodurch eine doppeltlogarithmische Darstellung nahegelegt wird, die für alle Asymptoten einen linearen Verlauf ergibt.

Setzen wir jetzt für den betrachteten Temperaturbereich die Gültigkeit einer Arrhenius-Beziehung[1]

$$\tau_c = \tau_{c0} \cdot \exp \frac{E_a}{RT} \tag{6.10}$$

mit der Aktivierungsenergie E_a voraus, so ergibt eine $\lg T_1$-Darstellung über der reziproken Temperatur (wie sie in Abb. 6.1 gewählt ist) Asymptoten mit dem Anstieg $\pm E_a/R$. Bei Gültigkeit der Voraussetzungen läßt sich damit aus dem Anstieg dieser Kurven die Aktivierungsenergie bestimmen.

[1] Diese Beziehung ist beim Vorhandensein kooperativer Umlagerungen nicht mehr richtig (siehe Abschn. 6.3.2.) und kann für Polymere oft nur für ein begrenztes Temperaturintervall benutzt werden.

Da die in Tabelle 6.1 angegebenen Bedingungen für die Lage der Minima (bzw. des T_2-Knickpunktes) eine Absolutbestimmung der zur entsprechenden Temperatur gehörenden Korrelationszeit erlauben, läßt sich bei bekannter Aktivierungsenergie die $\tau_c = f(T)$-Bestimmung auf den gesamten Meßbereich ausdehnen und überstreicht dabei einen Frequenzbereich von ca. 10^{-11} s ($\omega_0\tau_c \ll 1$ für T_1) bis ca. 10^{-3} s ($\omega_L\tau_c \gg 1$) für T_{1D}).

6.1.2.3. Anwendbarkeit der Ergebnisse

Im folgenden wird diskutiert, wie sich Verletzungen von Voraussetzungen aus 6.1.2.2. auf die Ergebnisse auswirken.

Die Bedingung Kernspin $I = 1/2$ ist für alle betrachteten Beispiele erfüllt, da wir nur Protonen- oder ^{13}C-Relaxation benutzen. Sollten Fremdkerne an der Wechselwirkung beteiligt sein, so können — zumindest für T_1 und T_2 — analoge Formeln angegeben werden (s. z. B. [6.11]). Das Auftreten von mehr als zwei miteinander wechselwirkenden Kernen kann im allgemeinen durch eine Mittelung der Ergebnisse der einzelnen Zweispinsysteme berücksichtigt werden ([6.15], für $\langle \Delta\omega^2 \rangle$ in den Gleichungen (6.3) bis (6.7) muß daher $\gamma^2 \langle \Delta B^2 \rangle$ gemäß dem ersten Teil von (6.1) eingesetzt werden) und führt nur in speziellen, besonders unsymmetrischen Fällen zu Abweichungen vom exponentiellen Verlauf [6.16 bis 6.18].

Die Voraussetzung intramolekularer Wechselwirkung beinhaltet, daß es sich hierbei um korreliert miteinander bewegte Kerne handelt, d. h., die internuklearen Abstandsverhältnisse erhalten bleiben. Diese Bedingung kann also bereits bei relativ eng benachbarten Kernen im Polymermolekül, z. B. durch Konformationsänderungen, verletzt werden. Ohnehin kann die Wechselwirkung mit dichtbenachbarten Ketten größer als mit weiter entfernten Teilen der eigenen Kette sein. Wegen der schnellen Abnahme der Wechselwirkung mit der sechsten Potenz des Abstandes ist jedoch häufig die Näherung für qualitative Aussagen ausreichend, die besagt, daß z. B. nur die Kerne innerhalb einer Monomereinheit bzw. die unmittelbaren Nachbarn miteinander wechselwirken. Die Einbeziehung der intermolekularen Beiträge ist zwar grundsätzlich möglich [6.19, 6.20], würde aber die Aussagen stark komplizieren. Qualitativ ergibt sich für die Temperaturabhängigkeit der Relaxationszeiten ein ähnlicher Verlauf wie bei der rotatorischen Bewegung. Die Beschränkung auf die Dipol-Dipol-Wechselwirkung geschieht, weil Auftreten anderer Wechselwirkungen zu Resultaten führt, die anders interpretiert werden müssen. Dafür gibt es zwar ebenfalls Formelzusammenstellungen (s. z. B. [6.11, 6.21]), die für spezielle Fragestellungen auch mit Vorteil benutzt werden können. Hier werden sie aber nur als Störungen des dipolaren Mechanismus behandelt, damit sich die Auswertung auf diesen konzentrieren kann.

So beeinflussen paramagnetische Zentren, z. B. molekular vorliegender Sauerstoff, durch das viel größere gyromagnetische Verhältnis des Elektrons sehr stark die Relaxationszeitmessungen, besonders die von T_1. Auch die Quadrupolwechselwirkung (jedoch nur für hier nicht betrachtete Kerne mit einem Spin $I \geqq 1$) ist im allgemeinen dominierend gegenüber der dipolaren, falls elektrische Feldgradienten in der Probe auftreten. Die starke dipolare Fremdkernwechselwirkung mit den Quadrupolkernen ist dagegen stets zu beachten. Diese Effekte können z. B. zu einer Verringerung der Protonenrelaxationszeit in gewissen Frequenzbereichen führen, wenn Protonenresonanzfrequenz und Quadrupolfrequenz der Chlorkerne übereinstimmen (quadrupolar dip, s. [6.22]).

Auch die anderen möglichen Wechselwirkungen, die als Relaxationsmechanismen in Erscheinung treten können, wirken nur unter bestimmten Voraussetzungen. Ihr Einfluß muß jedoch in jedem Falle ausgeschlossen werden, wenn sie nicht in die Interpretation einbezogen werden sollen. Zwischen unterschiedlichen Kernen kann noch die skalare Wechselwirkung über die Elektronenhüllen wirksam werden, bei hohen Temperaturen und angenähert kugelförmigen Molekülen (also kaum bei Polymeren, dagegen in Monomeren, s. 6.2.1.) muß die Spin-Rotation-Wechselwirkung berücksichtigt werden, und für tiefe Temperaturen kann auch die Anisotropie der chemischen Verschiebung ein Relaxationsmechanismus werden. Die Benutzung des ARRHENIUS-Ansatzes für die Temperaturzuordnung zu den Korrelationszeiten kann ebenfalls nur als Näherung aufgefaßt werden. Sie ist sicherlich nicht mehr berechtigt, wenn z. B. in Polymeren die kooperative Umlagerung von Kettensegmenten im Glasübergangsbereich betrachtet wird.

6.1.3. Relaxation in Mehrbereichssystemen

Unter Mehrbereichsystemen (Mehrphasensysteme im NMR-Sinne) verstehen wir mehrere Gebiete innerhalb einer Probe mit unterschiedlichen Relaxationszeiten. Die Ursache für diese Unterschiede kann verschiedenartig sein. Beispielsweise führen im allgemeinen die geringeren mittleren Abstände zu den Nachbarkernen in kristallinen gegenüber amorphen Bereichen zur Vergrößerung des zweiten Momentes und damit zur Verringerung der Relaxationszeit. Entsprechend kann aber auch eine höhere Beweglichkeit z. B. in Monomermolekülen gegenüber dem Polymer zu einer Beeinflussung der Relaxationszeit führen. Natürlich kann auch eine inhomogene chemische Struktur (etwa in Copolymeren) die Differenz der Relaxationszeiten hervorrufen.

Wir betrachten zwei Bereiche mit den Relaxationszeiten T_{1a} und T_{1b} und den relativen Anzahlen der zum Signal beitragenden Kerne p_a und p_b. (Es gilt $p_a + p_b = 1$.) Dann ist für das entstehende Signal wesentlich, wie sich die mittleren Aufenthaltsdauern der Kerne in dem jeweiligen Bereich (τ_a und τ_b) zu den entsprechenden Relaxationszeiten verhalten. Gilt hierfür

$$\tau_a \gg T_{1a}, \qquad \tau_b \gg T_{1b}, \tag{6.11}$$

so liegt der Fall des langsamen Austausches vor, d. h., während des Relaxationsvorganges bleibt die Zugehörigkeit der Kerne zu ihrem Bereich erhalten. Dann ist das Resultat $R_1(t)$ eine Summe der Relaxationsfunktionen der Einzelbereiche

$$R_1(t) = p_a \exp\left(-\frac{t}{T_{1a}}\right) + p_b \exp\left(-\frac{t}{T_{1b}}\right). \tag{6.12}$$

Eine solche Relaxationsfunktion erlaubt innerhalb gewisser Grenzen (s. z. B. [6.23], die Relaxationszeiten müssen sich um etwa einen Faktor 2 unterscheiden, die relativen Besetzungszahlen dürfen ca. 10% nicht unterschreiten, und das Signal/Rausch-Verhältnis darf nicht zu schlecht sein) eine graphische Trennung und damit gesonderte Bestimmung von p_a, p_b, T_{1a}, T_{1b}.

In dem anderen Grenzfall (schneller Austausch), für den

$$\tau_a \ll T_{1a}, \qquad \tau_b \ll T_{1b} \tag{6.13}$$

erfüllt sein muß, erfährt jeder Kern während des Relaxationsprozesses eine gemittelte Wechselwirkung. Die Relaxationsfunktion $R_1(t)$ hat dementsprechend einen exponentiellen Charakter:

$$R_1(t) = \exp\left\{-t\left(\frac{p_a}{T_{1a}} + \frac{p_b}{T_{1b}}\right)\right\}, \tag{6.14}$$

und die Parameter p_a, p_b, T_{1a} und T_{1b} sind nicht mehr gesondert bestimmbar. Es erfolgt lediglich eine gewichtete Mittelung der Relaxationszeiten der Einzelbereiche. In allen Zwischenbereichen, in denen die Ungleichungen (6.11) oder (6.13) nicht erfüllt sind, ergibt sich eine Beziehung vom Typ (6.12). Die Parameter p_a, p_b, T_{1a} und T_{1b}, die wieder aus der experimentellen Relaxationsfunktion gewinnbar sind, sind jedoch nur scheinbare relative Besetzungszahlen und Relaxationszeiten, die auf recht komplizierte Weise [6.03, 6.24] von den entsprechenden wahren Werten sowie von τ_a und τ_b abhängen. Das erschwert die Auswertung trotz Rechenerleichterungen durch einen „Atlas" [6.25] sehr stark. Deshalb ist beim Vorliegen eines mehrphasigen Signals sicherzustellen, ob wirklich langsamer Austausch vorliegt. Hierzu ist es sinnvoll, Meßparameter (z. B. die Temperatur) in solchen Bereichen zu ändern, in denen tatsächlich keine strukturellen oder dynamischen Veränderungen, die die Größe der NMR-Phasen beeinflussen können, vor sich gehen. Die Unabhängigkeit der Größen p_a und p_b gibt einen Hinweis auf die Berechtigung der vorgenommenen Zerlegung.

Weiterhin muß ausgeschlossen werden, daß andere Effekte Ursache für die Abweichung der Relaxationsfunktion vom rein exponentiellen Verlauf sind. Wie in 6.1.2.3. angedeutet, können Mehrspinsysteme auch im Falle nur eines vorliegenden Bereiches zu Abweichungen vom rein exponentiellen Verlauf führen. Meßbar groß können diese Abweichungen bei anisotropen Molekülbewegungen werden (s. a. 6.1.4.2.). Ähnliches trifft auf verschiedene Bewegungsmodelle für Polymere zu, da auch diese einen anisotropen Charakter besitzen. Ebensolche Abweichungen kann z. B. die intramolekulare Dipol-Dipol-Wechselwirkung zwischen verschiedenen Kernen hervorrufen [6.26, 6.27]. Umgekehrt kann aber auch für langsamen Austausch der Kerne nur eine einzige Exponentialkurve nachgewiesen werden, falls die Kernpolarisation anderweitig schnell ausgetauscht wird. Wenn z. B. in diamagnetischen Festkörpern paramagnetische Zentren oder besonders bewegliche Atom- oder Molekülgruppen als Relaxationssenken vorhanden sind, so kann als Folge der Wechselwirkung der Kernspins untereinander (Flip-Flop-Übergänge) ein räumlicher Weitertransport der Kernmagnetisierung von diesen Orten aus erfolgen. Diese Spindiffusion [6.28] ermöglicht einen Ausgleich lokaler Unterschiede in der Magnetisierung und verursacht auch in Mehrbereichssystemen eine exponentielle Relaxation, wobei sich diese Erscheinungen hauptsächlich auf die T_1-Messungen auswirken.
Schließlich gibt es noch einen Spezialfall für ein Zweibereichssystem, der die Angabe eines expliziten Resultates erlaubt und praktisch interessant ist. Es handelt sich um den Fall eines sehr kleinen, aber stark relaxationswirksamen Bereiches, für den

$$p_b \ll p_a\,, \qquad T_{1b} \ll T_{1a} \tag{6.15}$$

gilt. Die resultierende Relaxationsfunktion

$$R_1(t) = \exp\left\{-t\left(\frac{1}{T_{1a}} + \frac{p_b/p_a}{T_{1b} + \tau_b}\right)\right\} \tag{6.16}$$

zeigt, daß die mittlere Relaxationszeit des Gesamtsystems trotz der geringen Größe des Bereiches *b* von diesem entscheidend mitbestimmt (d. h. verringert) wird.

Eine sehr wichtige Frage ist die nach der Eignung der einzelnen Relaxationszeiten für die Durchführung einer Phasentrennung. Die Erfüllung der angestrebten Ungleichungen (6.11) kann offensichtlich für die kürzesten Relaxationszeiten am besten realisiert werden. T_1 ist also weniger gut geeignet, zumal häufig spindiffusionsgemittelte Relaxationskurven nachgewiesen werden. Nach (6.9) wäre T_2 am günstigsten, hier wird aber in Polymeren die Zerlegung des Gesamtsignales häufig durch eng beieinanderliegende T_2-Absolutwerte der Komponenten erschwert. Danach würden T_{1D}-Messungen infrage kommen. Tatsächlich stellt man bei vielen Polymeren ein einkomponentiges T_1 und ein zweikomponentiges $T_{1\varrho}$ bzw. T_{2e} fest, wobei die Komponenten eventuell nur *scheinbare* sind. T_{1D} und T_2 liefern dann z. T. noch mehr und im allgemeinen *wahre* Anteile.

Der Einsatz der einzelnen Relaxationszeiten zur Polymeruntersuchung wird aber auch durch andere Fragestellungen bestimmt. Das betrifft z. B. die Eignung für die Analyse sekundärer Relaxationsprozesse und von Glasübergangsphänomenen (s. 6.3.2.) sowie Fragen der Meßzeit (T_2 und T_{2e} günstig) und der Abstimmung des Spektrometers (für $T_{1\varrho}$ schwierig). So besitzt jede der Methoden ihre spezifischen Vor- und Nachteile, und die Auswahl muß in Abhängigkeit von den konkreten Anforderungen erfolgen.

6.1.4. Bewegungsmodelle in Polymeren

6.1.4.1. Korrelationszeitverteilungen

Eine für Polymere besonders unreale Annahme im Abschnitt 6.1.2.2. ist die Voraussetzung einer einheitlichen Korrelationszeit. Gut vorstellbar ist, daß bereits längs einer Polymerkette unterschiedliche Korrelationszeiten auftreten. Betrachten wir viele Bereiche dieser Art und setzen schnellen Austausch voraus (die Lebensdauer der Kerne in diesem Bereich ist kurz gegenüber der entsprechenden Relaxationszeit), so ergibt sich in Erweiterung von (6.14)

$$R_1(t) = \exp\left\{-t \int_0^\infty p(\tau_c)\,\frac{1}{T_1(\tau_c)}\,\mathrm{d}\tau_c\right\} \tag{6.17}$$

mit

$$\int_0^\infty p(\tau_c)\,\mathrm{d}\tau_c = 1\,. \tag{6.18}$$

Für $p(\tau_c)$ lassen sich jetzt die aus der dielektrischen Relaxation bekannten Verteilungen einsetzen und numerisch auswerten. Das soll hier nur für eine logarithmische Gauss-Verteilung angedeutet werden. Für die Korrelationszeit machen wir einen Arrhenius-Ansatz entsprechend (6.10) und postulieren eine Gauss-Verteilung der Aktivierungsenergie um ihren Mittelwert, die einer logarithmischen Gauss-Verteilung $p(\tau_c)$ entspricht [6.03, 6.29].

In Abhängigkeit von einem Breitenparameter dieser temperaturabhängigen Verteilungsfunktion erhält man Kurven, deren Abweichung von den Ergebnissen mit *einer* Korrelationszeit in Abbildung 6.2 dargestellt ist. Allgemein kann geschlußfolgert werden, daß die T_1-Minima aufgrund der Korrelationszeitverteilung angehoben werden, der T_1-Verlauf verbreitert und die T_2-Kurve erniedrigt wird. Das entspricht auch einer Vergrößerung des Verhältnisses der Relaxationszeiten am Minimum ($T_1^{\min}/T_2$) gegenüber dem in Tabelle 6.1 dargestellten Wert. Die Asymptoten ergeben nur noch scheinbare Aktivierungsenergien. Aus dem Verlauf der $T_1(1/T)$-Kurven muß versucht werden, durch Vergleich mit theoretischen Kurven, die unter Benutzung verschiedener Verteilungsfunktionen gewonnen werden, die Breitenparameter zu bestimmen.

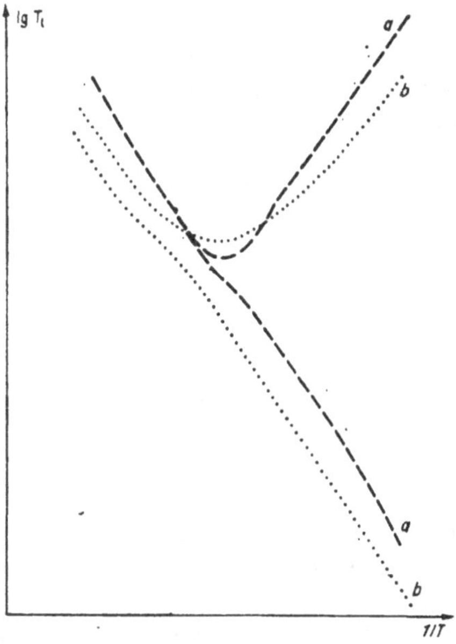

Abb. 6.2. Temperaturabhängigkeit von T_1 und T_2 für *eine* Korrelationszeit (*a*) sowie für eine logarithmische Gauss-Verteilung (*b*) der Korrelationszeiten mit einem Verteilungsparameter $\beta = 2$ (die obere und untere Korrelationszeit für einen Abfall der Verteilungsfunktion auf $1/e$ verhalten sich wie ca. 300:1) (nach [6.03])

Unbeeinflußt von der Art der Verteilungsfunktion bleibt jedoch die Lage des Minimums, die nach den Bedingungen aus Tabelle 6.1 vom Mittelwert der τ_c-Verteilung abhängt. Daher kann man aus der Temperaturverschiebung des Minimums von T_1, $T_{1\varrho}$ und T_{2e} für unterschiedliche Meßfrequenzen ω_0, HF-Feldstärken $B_1 = \omega_1/\gamma$ bzw. Impulsabstände τ die zugehörigen mittleren Korrelationszeiten und mit Gleichung (6.10) die mittleren Aktivierungsenergien bestimmen. Experimentell besonders einfach ist das für T_{2e}-Messungen möglich, da für unterschiedliche Impulsabstände keine gesonderte Abstimmung erforderlich ist und bei der Aufnahme einer Temperaturabhängigkeit mehrere Messungen für verschiedene τ-Werte kurz hintereinander ausgeführt werden können.

Da nach Tabelle 6.1 für die Absolutwerte aller vier Minima die Proportionalität zum Reziproken der mittleren Korrelationszeit ebenso wie für alle linken Flanken der Kurven in Abbildung 6.1 gilt, ist die Parallelität der Verbindung einer Sorte von Minima (z. B. für T_{2e} durch τ-Variation) zur linken Flanke der Kurve ein Indiz für das Vorhandensein von nur einer Korrelationszeit.

6.1.4.2. Anisotrope Bewegung in Polymeren

Das Modell einer isotropen stochastischen rotatorischen Diffusion kann am einfachsten dadurch modifiziert werden, daß eine zusätzliche Rotation um eine bevorzugte Achse, z. B. in Form eines stochastischen Diffusionsprozesses zwischen drei äquidistanten Gleichgewichtslagen, betrachtet wird, diese Achse also selber eine isotrope BROWNsche Bewegung ausführt [6.30, 6.31]. Ebenso kann man eine rotatorische BROWNsche Bewegung eines Ellipsoides betrachten, d. h., die Rotationsdiffusionskoeffizienten um alle drei Achsen unterscheiden sich voneinander [6.32]. Der praktisch interessierende Fall, daß die Achse der bevorzugten Rotation senkrecht auf dem Kernverbindungsvektor steht, entspricht der durch ein axialsymmetrisches Ellipsoid beschriebenen Bewegung und führt zu der Formel

$$\frac{1}{T_1} = \frac{0{,}25}{T_1^{\text{iso}}(\tau_{c_1})} + \frac{0{,}75}{T_1^{\text{iso}}(\tau_{c_2})}\,, \tag{6.19a}$$

wobei T_1^{iso} aus den entsprechenden Formeln (6.3) bis (6.7) für den isotropen Fall folgt, und für τ_{c_1} und τ_{c_2} gilt

$$\tau_{c_1}^{-1} = \tau_c^{-1}\,, \qquad \tau_{c_2}^{-1} = \tau_c^{-1} + \tau_r^{-1}\,, \tag{6.19b}$$

mit den Korrelationszeiten τ_c für die allgemeine Umorientierung und τ_r für die zusätzliche Rotation um die bevorzugte Achse. $\tau_{c_1} = \tau_{c_2}$, d. h. $\tau_r \gg \tau_c$, bedeutet isotrope Diffusion, und $\tau_{c_2} \ll \tau_{c_1}$, d. h. $\tau_r \ll \tau_c$, stellt den anderen Grenzfall der schnellen Umorientierung um eine bevorzugte Molekülachse dar.

Unter der Voraussetzung von Beziehungen des Typs (6.10) für τ_{c_1} und τ_{c_2} mit unterschiedlichen Aktivierungsenergien E_{a_1} und E_{a_2} ergibt sich die in Abbildung 6.3 gezeigte lg T_l/T^{-1}-Darstellung für $l = 1, 2$. Insbesondere zeigt der T_1-Verlauf zwei Minima, entsprechend $\omega_0\tau_{c_1} = 0{,}62$ und $\omega_0\tau_{c_2} = 0{,}62$. Dabei wächst vor allem das Verhältnis von T_1 am zweiten Minimum zu dem T_2-Wert bei gleicher Temperatur auf etwa $1{,}8 + 0{,}22\,\tau_c/\tau_r$ gegenüber 1,6 im isotropen Fall (hierfür wird $\tau_r \ll \tau_c$ vorausgesetzt) und kann damit beträchtliche Werte annehmen.

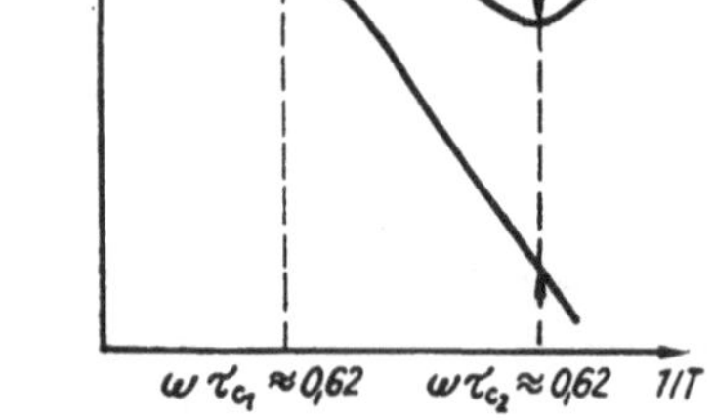

Abb. 6.3. Temperaturabhängigkeit von T_1 und T_2 für eine Rotation um eine bevorzugte Achse, die selber eine isotrope Bewegung ausführt (nach [6.3])

Wendet man dieses Bewegungsmodell auf mehrere korreliert miteinander bewegte Kernspins (Mehrspinmoleküle) an [6.31], so zeigen sich häufig Abweichungen vom rein exponentiellen Verlauf, wie in 6.1.3. erwähnt.

Wenn auch dieses Modell nicht in aller Strenge für Polymere gilt, so ist es sicher für diese Systeme ebenfalls charakteristisch, daß einige Bewegungsfreiheitsgrade behindert sind und sich der Gesamtbewegungsmechanismus aus verschiedenen Anteilen zusammensetzt.

Einen Versuch, polymerphysikalische Aspekte in die Interpretation der NMR-Relaxationszeiten einzubeziehen, stellt [6.33] dar. Um die Wirkung der anisotropen Kettenbewegung in Polymerschmelzen zu bestimmen, wird der festkörperähnliche Beitrag der nichtherausgemittelten dipolaren Kopplung zum NMR-Signal untersucht. Dabei werden als Anteile des Signals die Bewegung der Monomereinheiten durch Kettenfluktuationen und eine niederfrequente Bewegung des End-End-Vektors der Kettensegmente (ähnlich dem Rouse-Zimm-Modell) betrachtet. Die Ketten unterliegen einer ständigen Behinderung, die dadurch ausgedrückt wird, daß auf die Kettensegmentenden Kräfte wirken. Somit geht die Gleichberechtigung aller Richtungen verloren, und es kommt zu einer dipolaren Wechselwirkung, deren zeitlicher Mittelwert nicht verschwindet. Das ist eine Ursache für Abweichungen der Relaxationsfunktionen vom exponentiellen Verlauf.

Mit der Anwendung der komplizierten Resultate auf PVC unterschiedlicher Molekülmasse im hochelastischen Zustand befassen sich die Autoren der Arbeit [6.34]. Durch Variation einer Reihe von Parametern, wie Anzahl von Monomereinheiten pro Segment und pro Molekül, der Viskosität und der Temperatur, gelang die qualitative Bestätigung der experimentellen Resultate durch die Theorie. Dabei wurde der Vergleich noch beeinträchtigt, da die Forderung der theoretischen Ableitung nach Protonenpaaren durch PVC nicht erfüllt war. Das ganze Vorgehen zeigt, daß selbst mit einer sehr komplizierten Theorie und aufwendiger Auswertung mit einer Vielzahl von Einflußgrößen nur eine qualitative Interpretation der Ergebnisse möglich ist.

6.1.4.3. Spezielle Bewegungsmodelle

1. Dreikomponentenmodell der molekularen Dynamik in Polymerschmelzen [6.35]

Der grundlegende Bewegungsprozeß in diesem Modell ist die anisotrope Segmentumlagerung als Folge von lokalen Defektbewegungen mit der mittleren Korrelationszeit τ_s. Zusätzlich werden als Sekundärprozesse die longitudinale Kettendiffusion (τ_l) (reptation, [6.36]) und Konformationsfluktuationen der Umgebungsröhre (τ_r) berücksichtigt. Eine schematische Darstellung dieser Bewegungstypen erfolgt in Abbildung 6.4. Zur Berechnung der Gesamtkorrelationsfunktion wird die Unabhängigkeit der Korrelationsfunktionen der zugehörigen Bewegungstypen vorausgesetzt. Für die Berechtigung dieser Annahme spricht, daß sich die Zeitskalen der drei Bewegungsformen stark voneinander unterscheiden ($\tau_s \ll \tau_l \ll \tau_r$).

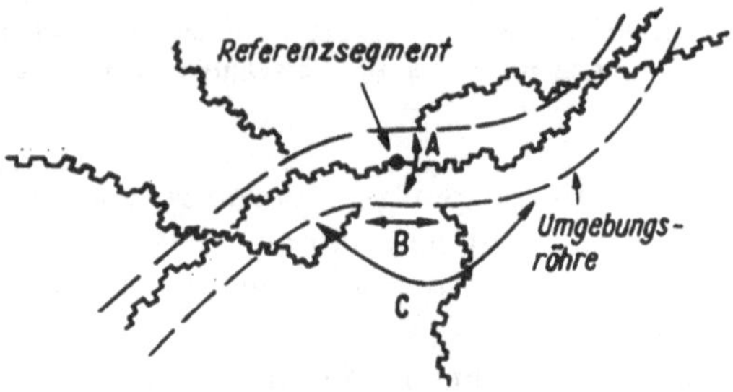

Abb. 6.4. Schematische Darstellung der drei Bewegungstypen der molekularen Umlagerung in Polymerschmelzen (nach [6.36]), A: schnelle anisotrope Segmentumorientierung infolge von Defektsprüngen, B: longitudinale Kettendiffusion (reptation) als Folge der Defektdiffusion, C: Konformationsfluktuationen der Umgebungsröhre

Die Ergebnisse enthalten als makroskopischen Parameter die Molmasse M, wobei die Korrelationszeiten sehr unterschiedlich von M abhängen:

$$\tau_l \sim M\,, \qquad \tau_r \sim M^3\,, \qquad \tau_s \sim M^0\,. \tag{6.20}$$

Mit diesem Modell ist insbesondere die Frequenzabhängigkeit der longitudinalen Relaxationszeit T_1 gut zu diskutieren. Das erfolgt in der Literatur für Polyethylenoxidschmelzen [6.37], Polyethylenschmelzen [6.38] und wird zur qualitativen Diskussion der PVC-Ergebnisse herangezogen [6.39]. Nachteilig wirkt sich aus, daß selten die experimentellen Voraussetzungen für Messungen über wesentlich mehr als eine Frequenzdekade vorhanden sind (in [6.37] Untersuchungen im Bereich von ca. 30 kHz bis 100 MHz).[1]

2. *Defektdiffusion in Polymerfestkörpern* [6.40]

Dieses Modell stellt eine theoretische Vorstellung der kernmagnetischen longitudinalen Relaxation in Polymeren im Bereich tiefer Temperaturen dar. Es setzt die Existenz von Defekten der Konzentration ϱ_α voraus, die drei Arten der Bewegung ausführen können:

a) Eindimensionale Defektdiffusion ohne Behinderung
Die charakteristische Korrelationszeit τ_b entspricht der mittleren Diffusionszeit, die ein Defekt zum Passieren eines Referenzsegmentes benötigt.

b) Dreidimensionale Defektdiffusion ohne Behinderung
Hier charakterisiert τ_a die mittlere Diffusionszeit eines Defektes von einem Referenzpunkt bis zu einem Punkt auf einer Kugeloberfläche.

c) Behinderte eindimensionale Defektdiffusion (τ_d)
Neben den Defekten (τ_b) können auch sogenannte Reflexionswände ($\tau_d > \tau_b$) fluktuieren. Diese stellen Diffusionsbarrieren dar, welche durch Nachbardefekte oder strukturelle Effekte (z. B. Grenze amorph — kristallin) gebildet werden.

Für diese Fälle werden das Verhalten der longitudinalen Relaxation im Tief- und im Hochfrequenzfall ($\omega_0\tau_{a,b,d} \ll$ bzw. $\gg 1$) bezüglich der Proportionalität der Relaxationsrate T_1^{-1} zu Potenzen von $\tau_{a,b,d}$ und ω_0 sowie die Lage des T_1-Minimums durch die Angabe des Wertes für $\omega_0\tau_{a,b,d}$ am Minimum beschrieben. Dabei gilt für kleine Defektkonzen-

[1] Man versucht deshalb [6.84], zur Erweiterung des Frequenzbereiches die bei einer Frequenz ω_0 gemessenen Werte $T_{1\varrho}$ (Analoges gilt auch für T_{2e}) auf T_1-Werte der Frequenz $\omega_1 = \gamma B_1$ umzurechnen.

trationen, daß mit steigendem ϱ_d die Diffusionszeit des nächsten Defektes zum Referenzsegment kürzer wird und die Relaxationsrate T_1^{-1} direkt proportional zu ϱ_d wächst.

Dieses Defektdiffusionsmodell wurde für festes Polyethylen erfolgreich angewendet [6.41] und auch für die qualitative Diskussion der Temperatur- und Frequenzabhängigkeit in PVC benutzt [6.39].

3. Bewegungen in amorphen Polymeren [6.42]

Ausgangspunkt der Überlegungen ist eine Zusammenstellung des Verlaufes der transversalen Relaxationsfunktion für amorphe Polymere in Abhängigkeit von der Temperatur und anderen Bedingungen. Dabei kann festgestellt werden, daß

– alle Relaxationsfunktionen zwischen der GAUSS-, LORENTZ-(Exponential-) und Ultra-LORENTZ-Form (Summe von Exponentialkurven) liegen,
– bei Temperaturen unterhalb $T_g + 50$ °C die Signalform unabhängig von der Molekülstruktur ist, bei höheren Temperaturen aber für Thermoplaste und Elaste Unterschiede auftreten und
– bei Temperaturen oberhalb $T_g + 100$ °C in linearen oder schwachvernetzten Kautschuken das Signal eine Summe zweier Komponenten mit unterschiedlicher Form sein kann.

Analoge Betrachtungen werden auch für gequollene, verstreckte und vernetzte Polymere angestellt.

Das Problem besteht nun in einer möglichst geschlossenen Interpretation aller dieser Linienformen. Hierzu wird einerseits die Anisotropie der Bewegung durch Zerlegung des mittleren lokalen Feldes in mehrere Komponenten ausgedrückt, die sich alle durch die entsprechenden Bewegungen zeitlich ausmitteln. Andererseits werden für die Ausmittelung jedes dieser Anteile zwei verschiedenartige Prozesse angenommen:

a) In einem uneinheitlichen System stellen die Fluktuationen eine Summe unabhängiger Prozesse dar, von denen jeder durch eine exponentielle Korrelationsfunktion beschrieben werden kann. Das ergibt eine gewöhnliche Korrelationszeitverteilung.
b) Die Fluktuationen stellen einen komplizierten Prozeß dar, der sich durch eine nichtexponentielle Korrelationsfunktion beschreiben läßt („effektive" Korrelationszeitverteilung).

Diese beiden Prozesse lassen sich nur mit NMR-Methoden unterscheiden, da der Logarithmus der Relaxationsfunktion, über der Zeit aufgetragen, im Falle a) eine Abweichung vom linearen Verlauf nach unten, im Falle b) nach oben zeigt.

Für das zweite Modell ergibt sich z. B. für die Komponente K der transversalen Relaxationsfunktion der Ausdruck

$$R_2^K(t) = \exp\,\{-\int_0^\infty G_K(\tau)\, M_2^K \tau^2 f(t/\tau)\, \mathrm{d}\tau\} \tag{6.21}$$

mit $$f(t/\tau) = \mathrm{e}^{-t/\tau} - 1 + t/\tau\ . \tag{6.22}$$

$G_K(\tau)$ ist die (effektive) Verteilungsfunktion der Korrelationszeiten τ und M_2^K das zweite Moment der Komponente K der Bewegungsprozesse, wodurch in M_2^K auch eine Anisotropieinformation enthalten ist. Interessant ist hierbei die Funktion $\exp\{-\tau^2 \cdot f(t/\tau)\}$, die zuerst von CHASANOWITSCH [6.43] angegeben worden ist und in den beiden Grenzfällen $\tau \gg t$ und $\tau \ll t$ in eine GAUSS- (e^{-t^2}) bzw. LORENTZ-Funktion ($\mathrm{e}^{-t\tau}$) übergeht.

Durch Einsetzen bestimmter Verteilungsfunktionen für die Korrelationszeiten (z. B. nach FUOSS und KIRKWOOD [6.44]) in (6.21) ergibt sich schließlich ein analytischer Ausdruck für $R_2^K(t)$ (und analog auch für die Relaxationsfunktionen für T_1 und $T_{1\varrho}$), in dem die mittlere Korrelationszeit τ_K, die Korrelationszeitverteilungsbreite δ_K und das zweite Moment M_2^K mit dem Anisotropieparameter, alle auf die Komponente K bezogen, enthalten sind. Typisch sind hierbei eine langsame und eine schnelle Komponente mit Korrelationszeiten der Bewegung von etwas unterhalb einer Millisekunde und in der Größenordnung einer Nanosekunde. Der relative Anteil des zweiten Momentes der schnellen Bewegung am Gesamtmoment stellt hierbei ein Maß für die Anisotropie der schnellen Bewegung dar.

In [6.42] wird daraus schließlich ein Algorithmus abgeleitet, in welcher Form die Analyse der Experimente erfolgen soll, um optimale Informationen über den Charakter und die mikrodynamischen Parameter der molekularen Bewegung in Polymeren zu erhalten. Dabei werden T_1-, T_2- und $T_{1\varrho}$-Messungen miteinander verknüpft.

6.2. Flüssige Polymersysteme

6.2.1. Monomere

Die Untersuchung von Monomeren sowie von Polymeren in Lösung ist nicht nur eine Domäne der hochauflösenden Kernresonanz in Flüssigkeiten. Auch die Impulskernresonanz kann hier wichtige Beiträge liefern. Dabei gehört die Untersuchung von Monomeren hier nur insofern zur Thematik, als für das Verständnis der Polymereigenschaften Kenntnisse über die Monomere notwendig sind. Besonders wichtig ist die Monomeruntersuchung, wenn komplexe Analysen des Systems Polymer-Monomer vorgesehen sind (6.4.2.2.). Zur Vorbereitung darauf wird als Beispiel hier eine Untersuchung des Vinylchlorids von Schenk [6.45, 6.46] kurz diskutiert.

Für die Diskussion der T_1-Messungen müssen drei Relaxationsanteile berücksichtigt werden:

$$T_1^{-1} = T_{1\,\mathrm{intra}}^{-1} + T_{1\,\mathrm{inter}}^{-1} + T_{1\,\mathrm{SR}}^{-1}\,. \qquad (6.23)$$

Während die Spin-Rotation-Wechselwirkung (Index SR, Wechselwirkung der magnetischen Kernmomente mit den durch die schnelle Rotation der Molekülladungen entstehenden lokalen Magnetfeldern) bei den untersuchten Temperaturen bis zu 50 °C noch nicht wirksam wird (es müßte ein T_1-Abfall mit steigender Temperatur erfolgen), steht die Aufgabe der Trennung der intra- und intermolekularen Beiträge der Dipol-Dipol-Wechselwirkung. Die Möglichkeit, eine magnetische Verdünnung durch Mischungen unterschiedlicher Konzentration mit perdeuterierten Molekülen der gleichen Sorte durchzuführen und durch Extrapolation auf unendliche Verdünnung die intramolekulare Relaxationsrate allein zu messen (s. [6.47]), ist aus Substanzgründen nicht gegeben. Deshalb sind theoretische Überlegungen über die Größe des intra- (s. Formel (6.3) für $\omega_0\tau_c \ll 1$) und des intermolekularen Anteiles angestellt worden. Der intermolekulare Anteil wird durch die relative translatorische Bewegung der Kernspins verschiedener Moleküle verursacht und steht in engem Zusammenhang mit der Selbstdiffusion. Die translatorische Korrelationszeit τ_t ergibt sich aus dem Selbstdiffusionskoeffizienten D_s und dem Molekülradius a zu

$$\tau_t = \frac{2a^2}{D_s}\,. \qquad (6.24)$$

Mit der Protonendichte N_p und dem Abstand der Spins vom Molekülzentrum b wird von HUBBARD [6.48] die intermolekulare Relaxationsrate für identische äquivalente Kerne mit dem Spin 1/2 eines sphärischen Moleküls für $\omega_0 \tau_t \ll 1$ berechnet:

$$\frac{1}{T_{1\,\mathrm{inter}}} = \frac{N_p \cdot \pi \cdot \gamma^4 \hbar^2 \mu_0^2}{80 \pi^2 a D_s} \left(1 + 0{,}233 \left(\frac{b}{a}\right)^2 + 0{,}15 \left(\frac{b}{a}\right)^4 + \ldots\right). \tag{6.25}$$

Mit einer Reihe weiterer Voraussetzungen (bei Kenntnis der Molekülstrukturdaten a, b und r_{ij}, der Viskosität η und Messung des Selbstdiffusionskoeffizienten D_s) gelingt es schließlich, in einem Temperaturbereich von -140 °C bis -20 °C die beiden Anteile zu trennen und den Diffusionskoeffizienten der translatorischen Bewegung $\left((0{,}4 \text{ bis } 6)\ \mathrm{m^2\,s^{-1}}\right)$, die Korrelationszeiten für die Translation $\left((25 \text{ bis } 2) \cdot 10^{-11}\ \mathrm{s}\right)$ und für die Rotation $\left((20 \text{ bis } 1) \cdot 10^{-12}\ \mathrm{s}\right)$ sowie den relativen Anteil der intramolekularen Relaxationsrate anzugeben, der im gesamten Temperaturbereich bei ca. 70% liegt.

6.2.2. Polymerlösungen

Wegen der Vielzahl der existierenden Bewegungsmöglichkeiten in einer makromolekularen Lösung sind die Relaxationsverhältnisse im Gegensatz zur niedermolekularen Flüssigkeit im allgemeinen sehr kompliziert. Deshalb ist es sinnvoll, nur das Relaxationsverhalten entweder des Makromoleküls oder des Lösungsmittels allein zu betrachten. Diese Trennung kann im Falle von Protonen- (und Deuterium-)Resonanz durch Perdeuterierung *eines* Partners erfolgen.

Die Untersuchungen an Polymerlösungen stehen in gewisser Analogie zu denen am System Polymer-Monomer (6.4.2.2.) mit unterschiedlichem Ausgangspunkt. Bei ersteren wird das Lösungsmittel in zunehmendem Maße mit dem Polymer versetzt, wobei der Charakter der Lösung noch erhalten bleibt, bei letzteren wird der Polymerfestkörper mit unterschiedlichen Monomerzusätzen als Basis gewählt.

Eine Zusammenstellung von Literaturbeispielen über die Anwendung der Impulskernresonanz zur Untersuchung der Mikrodynamik von Polymerlösungen ist in [6.49, 6.50] zu finden. Hier soll nur ein Beispiel etwas ausführlicher diskutiert werden. Von GESCHKE und Mitarbeitern [6.51, 6.52] sind an benzenischen Polystyrenlösungen temperatur- und konzentrationsabhängige T_1- und T_2-Messungen durchgeführt worden. Bei Temperaturen oberhalb 0 °C hat sich in einem Konzentrationsbereich von 5 Masse-% bis 60 Masse-% Polystyren (PS) in perdeuteriertem Benzol ein nichtexponentielles Relaxationsverhalten gezeigt. Die beiden Anteile sind entsprechend ihrer Intensität in Übereinstimmung mit Literaturdaten den Phenyl- und den Kettenprotonen des PS zugeordnet worden. Die etwa fünffachen Relaxationszeiten der Phenylprotonen haben ihre Ursache in der schwächeren Wechselwirkung mit den Nachbarprotonen aufgrund der relativ großen Abstände. Der starke Lösungsmitteleinfluß zeigt sich, indem bei etwa 6 °C (nahe dem Gefrierpunkt des Benzens) ein steiles Anwachsen von T_1 und ein deutlicher Abfall von T_2 auftritt (s. Abb. 6.5). Das weist auf einen Phasenübergang derart hin, daß der herrschende Bewegungsmechanismus des Polymers durch das erstarrende Lösungsmittel eingefroren wird und sich das Relaxationsverhalten des Polymers dem Festkörperverhalten nähert. Bei höheren Polymerkonzentrationen zeigt sich bei ca. 35 °C ein breites T_1-Minimum, das mit weiter wachsender Polymerkonzentration infolge zunehmender Bewegungsbehinderung zu höheren Temperaturen verschoben wird und eine Verringerung der Absolutwerte infolge verstärkter zwischenmolekularer Wechselwirkung erfährt. Entsprechend den Vorstellungen in

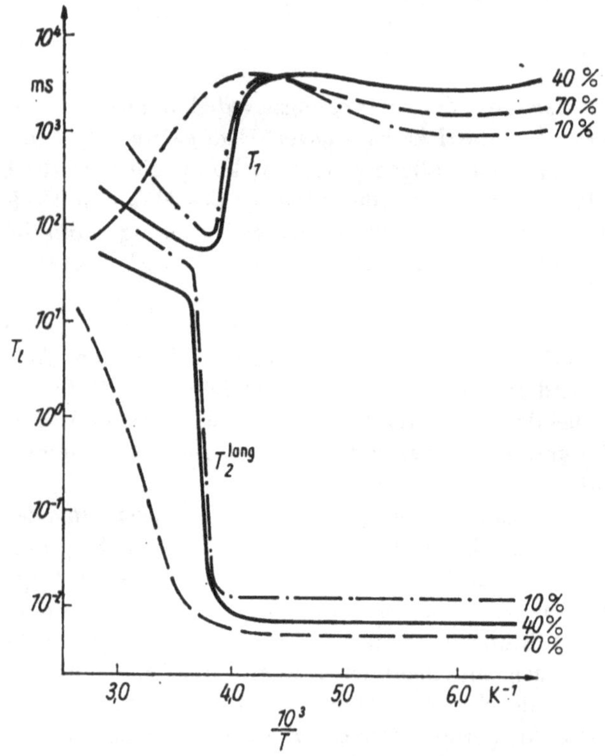

Abb. 6.5. Temperaturabhängigkeit von T_1 und T_2 (lange Komponente) für Polystyren-Perdeuterobenzen-Lösungen (nach [6.51]), Parameter: prozentuale PS-Konzentration

6.1.4.1. wird die zugehörige Korrelationszeit von $3 \cdot 10^{-9}$ s (gemäß $\omega_0 \tau_c \approx 0{,}62$ bei 30 MHz) als Mittelwert interpretiert und das Relaxationsverhalten als Ergebnis einer logarithmischen GAUSS-Verteilung der Korrelationszeit mit einer durch Anpassung erhaltenen Verteilungsbreite dargestellt.

Als Ursache des Relaxationsverhaltens in dem hier diskutierten Hochtemperaturgebiet wird die isotrope Bewegung des Makromoleküls angegeben, bei der die Phenylgruppen den Bewegungen der Hauptkettensegmente folgen. Die mit steigender Polymerkonzentration und damit mit wachsender Kettendichte zunehmende Bewegungsbehinderung führt zu einer Knäuelkontraktion und/oder zu einer stärkeren Durchdringung der Makromoleküle, wobei eine zunehmende Anzahl von Verschlaufungen entsteht. Dafür sind besonders die stärker werdenden Kontakte zwischen den Phenylgruppen der Polymerketten ausschlaggebend.

Im Tieftemperaturgebiet, in dem die Lösung im festen Zustand vorliegt, zeigt sich ein durch Spindiffusion verursachtes einfach exponentielles Verhalten der Relaxationsfunktion. Als bestimmender Bewegungsmechanismus wird eine anisotrope Torsionsschwingung der Phenylgruppen um die Bindung zum C-Atom der Hauptkette angenommen. Ein Vergleich der longitudinalen Relaxationszeiten der Phenylprotonen bei Verwendung von perdeuteriertem und protoniertem Lösungsmittel ergibt eine nur etwa 20%ige Verkürzung und damit eine Bestätigung der Annahme, daß die zusätzliche intermolekulare wesentlich geringer als die dominierende intramolekulare Wechselwirkung ist. Das wird auch durch Vergleich mit Ergebnissen aus Deuteriumrelaxationsuntersuchungen [6.53] bestätigt. In letztgenannter Arbeit wird allerdings als Bewegungsmodell anstelle der Korrelationszeitverteilung eine zusätzliche axiale Bewegung der Phenylgruppen relativ zur Hauptkette zugrunde gelegt.

Hierin zeigt sich auch ein Charakteristikum der Interpretation von Impuls NMR-Daten:

Die Aussagen haben nur zum Inhalt, daß sich die Relaxationsuntersuchungen mit einem bestimmten Modell erklären lassen, nicht aber, daß dieses Modell das einzige ist. Damit bedarf es der Stützung der Vorstellungen durch andere physikalische oder physikalisch-chemische Untersuchungsmethoden.

Interessante Ergebnisse bei der Untersuchung von Polymerlösungen liefern auch Messungen des Selbstdiffusionskoeffizienten D_s, der mit der mittleren Zeit zwischen den Sprüngen τ und der mittleren quadratischen Sprunglänge $\langle r^2 \rangle$ gemäß

$$D_s = \frac{\langle r^2 \rangle}{6\tau} \tag{6.26}$$

verknüpft ist. Dabei zeigt sich, daß die Werte der Selbstdiffusionskoeffizienten in Polymerlösungen in der Größenordnung der Werte für die freien Lösungsmittelmoleküle liegen.

Neben Anwendungen, die mit der Messung der intermolekularen Relaxationsrate verknüpft werden (s. z. B. 6.2.1.) und detailliertere Informationen über den translatorischen Bewegungsprozeß verschaffen, wird in [6.54] ein andersgeartetes Beispiel für die Untersuchung des Systems Polymer-Lösungsmittel gegeben. Die Zunahme der Kettenbeweglichkeit des Makromoleküles durch die Wirkung des Lösungsmittels bewirkt dabei eine Glastemperaturerniedrigung des Polymerfestkörpers.

6.2.3. Polymerschmelzen und gequollene Polymere

Auf die grundlegenden Arbeiten von KIMMICH, die auf den Vorstellungen von DE GENNES basieren, ist im Punkt 1 von 6.1.4.3. bereits eingegangen. Bezüglich der Anwendung des dort vorgestellten Modelles sei auf die angegebene Originalliteratur verwiesen.

Ein interessantes Beispiel zur Untersuchung von Polymerschmelzen stellt [6.75] dar. Hier kann die transversale Relaxationsfunktion für Polyethylen in vier Komponenten zerlegt werden. Die Zuordnung erfolgt mit wachsender Relaxationszeit zu den Ketten innerhalb von kleinen, fluktuierenden Bündeln, zu langen Ketten außerhalb der Bündel, zu einigen kurzen und langen Ketten bzw. zu sehr gut beweglichen kurzen Ketten.

Auf eine Untersuchung an vernetzten Polymeren unter Ausnutzung der Kombination mehrerer NMR-Verfahren von DOSKOČILOVA [6.55] soll hier besonders eingegangen werden, um die Anwendungsmöglichkeiten für solche Systeme darzustellen. Dabei werden Linienformberechnungen ausgenutzt, die in [6.56] für amphiphile Alkylketten in lamellaren Flüssigkristallen abgeleitet worden sind.

Für bezüglich des Magnetfeldes zufällig orientierte Lamellen und Alkylketten mit schneller innerer Bewegung und fester Orientierung zur entsprechenden Lamellenebene ergibt sich die experimentelle Linienform $L(\nu - \nu_0)$ als Integration über die vom Winkel Θ zwischen dem Lamellendirektor und dem Magnetfeld abhängige Linienform einer Einzelkette, die durch die nichtausgemittelte dipolare Wechselwirkung gegeben wird, über alle gleichwahrscheinlichen Werte von $\cos\Theta$:

$$L(\nu - \nu_0) = \int_0^1 |3\cos^2\Theta - 1|^{-1} f\left(\frac{\nu - \nu_0}{|3\cos^2\Theta - 1|}\right) \mathrm{d}(\cos\Theta)\,, \tag{6.27}$$

wobei in [6.56] für f eine GAUSS-Form angenommen wurde. Auch in Polymernetzwerken ist für jedes Kettenstück zwischen zwei Vernetzungspunkten trotz seiner großen Flexibilität und der komplizierten inneren Bewegung eine spezielle Richtung definiert, bezüglich derer die dipolaren Wechselwirkungen innerhalb der Segmente nicht ausgemittelt werden können. Jede Einzellinie wird jetzt zusammengesetzt aus einer

LORENTZ-Linie $S(\nu - \nu_1)$, deren Breite durch einen schnellen Linienverschmälerungsprozeß bestimmt wird, und einer Verbreiterung durch die Rest-Dipolwechselwirkung, die sich als Faltung der LORENTZ-Funktion mit der dipolaren Verbreiterungsfunktion $G(\nu - \nu_0)$ berechnet und auf eine „Super-LORENTZ"-Linie der Form (6.27) mit

$$f\left(\frac{(\nu - \nu_0}{|3\cos^2\Theta - 1|}\right) = \int_{-\infty}^{+\infty} S(\nu - \nu_1)\, G\left(\frac{\nu_1 - \nu_0}{|3\cos^2\Theta - 1|}\right) d\nu_1 \tag{6.28}$$

führt. Vergleiche mit Protonenresonanzexperimenten (Abb. 6.6) zeigen etwas überraschend beste Übereinstimmung, wenn für G eine LORENZT-Funktion benutzt wird (die allerdings als geeignete Verteilung von GAUSS-Funktionen beschrieben werden kann). Für die Untersuchungen wird die verschmälerte Linienform S direkt aus NMR-Breitlinienmessungen mit schneller Probenrotation um den magischen Winkel entnommen (Genaueres hierzu siehe 7.1.4.).

Aus Abbildung 6.6 ist ersichtlich, daß es sich bei der Untersuchung von gequollenen Polymeren um ein Zwischengebiet zwischen üblicher BNMR und der hochauflösenden hNMR in Flüssigkeiten handelt.

Die hier dargestellten Untersuchungen können in analoger Weise auch auf ähnliche Systeme mit physikalischer Vernetzung wie konzentrierte Lösungen oder Schmelzen linearer Polymere oder auf flüssig-kristalline Systeme angewandt werden.

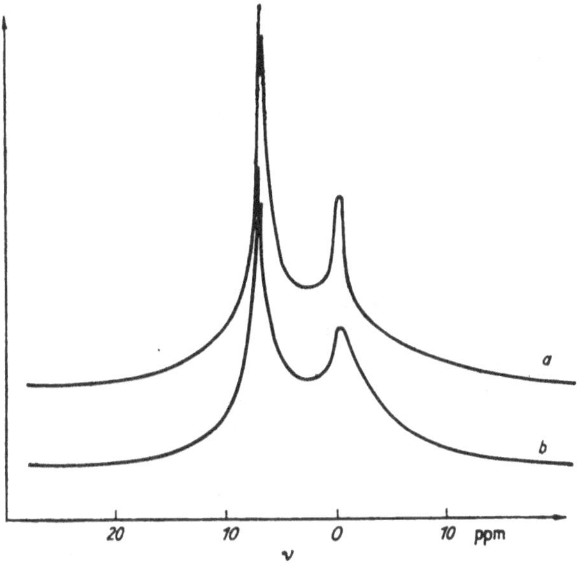

Abb. 6.6. Protonenresonanzspektren von vernetztem Polystyren, gequollen in CCl_4 bei +65 °C (nach [6.55]), *a* experimentell, *b* theoretisch (nach [6.25])

In [6.55] wird weiterhin gezeigt, daß die Protonen-NMR-Spektren mit Rotation um den magischen Winkel für vernetztes gequollenes Polystyren in einem weiten Temperaturbereich mit den konventionellen Protonenresonanzspektren einer Lösung von linearem Polystyren in CCl_4 weitgehend übereinstimmen. Analoges gilt für ^{13}C-T_1- und Linienbreitenmessungen sowie für den ^{13}C-Kern-OVERHAUSER-Faktor.

Im Gegensatz zu der oben erwähnten Linienform, die von der aufgrund der Vorzugsrichtung zwischen den Vernetzungspunkten nichtausgemittelten dipolaren Wechselwirkung verursacht wird, werden alle zuletzt aufgeführten Parameter von der Dynamik der schnellen inneren Bewegungen beeinflußt, die sich auf beide untersuchten Polymertypen in gleicher Weise auswirkt. Die im wesentlichen statischen dipolaren Wechselwirkungen mit Korrelationszeiten $> 10^{-4}$ s werden durch die schnelle Probenrotation ausgemittelt, wodurch der „Super-LORENTZ“-Charakter verlorengeht.

GESCHKE und Mitarbeiter [6.89] untersuchen den Einfluß der Vernetzung auf die Beweglichkeit von in protoniertem und deuteriertem Benzen gequollenem Polystyren. Die Verwendung perdeuterierter Substanzen erlaubt die eindeutige Zuordnung der Relaxationszeiten. Unter Einbeziehung von T_{1D}-Messungen (neben T_1 und T_2) können Beziehungen zwischen Vernetzungsdichte, Relaxations- und Korrelationszeit angegeben werden.

6.2.4. Selektive Relaxationszeitmessungen in Polymerlösungen

Abschließend wird im Rahmen des Abschnittes über flüssige Polymersysteme auf eine Meßmethode eingegangen, die zur Untersuchung von Polymerlösungen gut geeignet, nicht aber auf diese Polymersysteme beschränkt ist. Bei den bisher beschriebenen Methoden zur Messung von Relaxationszeiten handelt es sich um mittlere, gemeinsam für die nichtäquivalenten Kerne des Polymer- bzw. Lösungsmittelmoleküls gültige Zeitkonstanten. Demzufolge sind dabei auch die Anforderungen an die Homogenität des Magnetfeldes nicht so hoch wie für die hochauflösende hNMR in Flüssigkeiten. Im homogenen Magnetfeld ist jedoch bei Benutzung der FOURIER-Technik, wie im Abschnitt 1.2.3. angedeutet, eine selektive Messung der Relaxationszeiten nichtäquivalenter Kerne, deren Resonanzlinien infolge unterschiedlicher chemischer Verschiebungen getrennt erscheinen, möglich.

Selektive Relaxationszeitmessungen werden an Polymeren hauptsächlich mit dem Ziel durchgeführt, Aussagen über die Beweglichkeit von C-Atomen bzw. Kettensegmenten der Haupt- und/oder Seitenketten dieser Polymere in Lösung, in der Schmelze bzw. im nicht-starren Festkörper (oberhalb der Glastemperatur T_g) zu erhalten. So können z. B. die gemessenen T_1-Werte

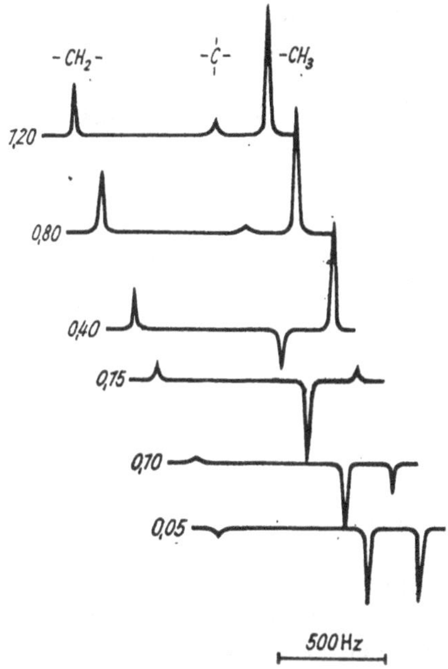

Abb. 6.7. Selektive ^{13}C-T_1-Messungen von Polyisobutylen, gelöst in CCl_4. Links neben den Spektren: Impulsabstand bei der Inversions-Erholungs-Methode in Sekunden (nach [6.57])

individueller Kerne in Teilstrukturen mit unterschiedlichem konfigurativem oder kompositivem Aufbau Informationen über die strukturabhängigen Bewegungseigenschaften dieser Sequenzen ergeben. Sie erlauben das Studium des Einflusses der Taktizität des Polymers auf die Segmentbeweglichkeit sowie auf die Gewinnung zusätzlicher Informationen über spezielle Bewegungsvorgänge, die durch nichtselektive Messungen nur schwer erfaßt werden können.

In Abbildung 6.7 erkennt man deutlich die Zunahme der Relaxationszeit von der CH_2- über die CH_3-Gruppe bis zum quarternären Kohlenstoff in Polyisobutylen. Die Absolutwerte sind etwa 0,1; 0,2 und 1,0 s. Die dominierende dipolare ^1H-^{13}C-Wechselwirkung in den erstgenannten Fällen erklärt die deutlich langsamere Relaxation der quarternären C-Kerne, müßte aber bei gleicher Beweglichkeit auch einen kürzeren T_1-Wert der CH_3- gegenüber der CH_2-Gruppe ergeben. Erstere führt jedoch schnellere Umorientierungen aus, und Verkürzung der Korrelationszeiten bedeutet auf der Hochtemperaturflanke (s. Abb. 6.1) eine Vergrößerung von T_1. Die drei T_1-Werte erweisen sich als unabhängig von der relativen Molekülmasse, woraus folgt, daß intramolekulare Segmentbewegungen für den Relaxationsprozeß entscheidend sind.

Messungen an Polyvinylacetat-Vinylacetat-Lösungen in [6.50] ergaben mit steigender PVAc-Konzentration zwar eine starke Verkürzung der Protonen-T_1-Werte des Monomers für die Methin- und Methylengruppe, aber nur eine geringfügige Verringerung für die Methylprotonen. Das weist auf eine Verkleinerung der Umorientierungszeit der VAc-Moleküle hin, wobei jedoch die Bewegung der Seitengruppen (oder mindestens die der Methylgruppen) nahezu unbeeinflußt bleibt.

Einige weitere selektive Relaxationszeitmessungen sind in [6.49] zusammengestellt. T_1-Meßwerte für Ethylen-Vinylacetat-Copolymere, CPE und CPVC, enthält [4.120]. Für den Festkörper werden in Kapitel 7 Beispiele erwähnt.

6.3. Homogene Polymerfestkörper

6.3.1. Übersicht über vorliegende Untersuchungen

Die in Abschnitt 6.1. dargestellten Möglichkeiten der Relaxationszeitmessungen werden seit ca. 25 Jahren mit den unterschiedlichsten Modifikationen und gekoppelt mit anderen Meßmethoden zur Untersuchung von zahlreichen Polymeren angewandt. Die Bedeutung der Erforschung (relativ) homogener Polymerfestkörper wird nicht abgewertet, wenn über die grundsätzlichen Bemerkungen im Abschnitt 6.1. und die im Kapitel 7 diskutierten Fragen der hNMR im Polymerfestkörper hinaus nur einige grundlegenden und zusammenfassenden Charakter tragende Arbeiten erwähnt werden.

Eine umfassende Zusammenstellung der NMR in Polymeren in russischer Sprache stellt das Buch von Slonim und Ljubimow [6.58] dar, das vorwiegend die Anwendung von Breitlinien- und Impuls-NMR-Methoden bis zum Kenntnisstand in der Mitte der sechziger Jahre beschreibt und umfangreiche Literaturhinweise enthält. Ein schon modernerer Stand ist in dem 1971 erschienenen Band 4 der Reihe „NMR-Basic Principles and Progress" unter dem Titel „Natural and Synthetic High Polymers" [6.59] enthalten. Hier sei besonders auf folgende darin enthaltene Beiträge verwiesen: Kosfeld und von Mylius [6.2] geben eine gute Zusammenstellung von Linienbreiten- und Relaxationsphänomenen und bringen einige Grundlagen der NMR im Festkörper. Slichter [6.60] stellt Relaxationsprozesse in Polymeren zusammenfassend dar, wobei er besonders auf die Einschränkungen der Segmentbewegung der Polymerketten im festen Zustand eingeht. Als Ursachen dafür werden Kristallinität, Stereoregularität, Copolymerkomposition, Molmasseneffekte, Vernetzung und mechanische Spannung diskutiert. Von Bergmann [6.61] wird eine Darstellung und Begründung der vielfach genutzten Analyse der Breitlinienspektren durch Zerlegung in mehrere Komponenten gegeben und an zahlreichen Beispielen demonstriert. Im Beitrag von CONNOR [6.62] wird die Theorie der Relaxationsmessungen im rotierenden Koordinatensystem im Vergleich mit T_1-Untersuchungen dargelegt. Als Anwendungsbeispiele auf Polymersysteme werden sowohl amorphe als auch kristalline Polymere ausführlich diskutiert. In dieser wie in den anderen erwähnten Arbeiten des Sammelbandes, der auch zahlreiche Beiträge zur hochauflösenden NMR in Flüssigkeiten enthält, sind viele wesentliche Literaturzitate enthalten.

Ein neuerer Review-Artikel unter dem Titel „Nuclear Magnetic Resonance of Solid Polymers", der den Literaturstand bis Ende der siebziger Jahre widerspiegelt, wurde von MC. BRIERTY und DOUGLASS publiziert [6.63]. Er enthält insbesondere zahlreiche Modelle für die Bewegung in festen Polymeren, diskutiert Spindiffusion und Selbstdiffusion in Polymersystemen und geht auch auf hochauflösende Festkörperexperimente sowie auf die Untersuchung von Biopolymeren ein.

Schließlich sei noch auf einige wesentliche Arbeiten hingewiesen, die die NMR-Untersuchung des Polymerfestkörpers als Ziel haben und als Sekundärliteratur nicht ersichtlich sind, wobei jeweils die neueste Arbeit zitiert wird.

Von KOSFELD und Mitarbeitern [6.64] ist in den letzten Jahren zu frequenz- und temperaturabhängigen T_1-Messungen u. a. an Siloxanpolymeren viel publiziert worden. Auch von LITWINOW u. a. [6.65] liegen Untersuchungen zu diesen Systemen vor. GÖTZ und Mitarbeiter [6.66] nutzen insbesondere das Festkörperecho und T_{1D}-Messungen für Untersuchungen des Bewegungsverhaltens im Polymerfestkörper. SILLESCU [6.67] wendet ebenfalls solid echo-Messungen an und diskutiert u. a. die Kettenfaltung in Polyethylenkristallen. NMR-Untersuchungen der Domänenstruktur von Polyurethanen werden von ASSINK [6.68] behandelt.

6.3.2. Glasübergang

Die NMR-Relaxationszeiten stellen geeignete Parameter dar, um Untersuchungen anderer (z. B. mechanischer, thermischer und dielektrischer) Meßverfahren zu Relaxationsübergängen in Polymeren besonders in Richtung höherer Frequenzen zu ergänzen. So werden z. B. in [6.42, 6.69] für partiellkristallines PE acht verschiedene Übergänge im amorphen, kristallinen und im Zwischenbereich dargestellt und diskutiert. Auf der Basis einer phänomenologischen Fluktuationstheorie des Glasüberganges von DONTH [6.70 bis 6.72] werden in diesem Abschnitt kooperative Umordnungen von Kettensegmenten in amorphen Polymeren diskutiert [6.45, 6.71].

Der Glasübergang stellt nicht nur einen Einfrierprozeß dar, der eine Substanz ohne Strukturänderung von einem flüssigkeitsähnlichen in einen festen Zustand überführt. Er charakterisiert darüber hinaus auch dynamische Prozesse, die z. B. durch NMR-Relaxationsmessungen beschrieben werden. In diesem Gebiet findet für amorphe Polymere eine signifikante Änderung wesentlicher physikalischer Eigenschaften statt. Die Kooperativität der Umorientierungsprozesse der großen Kettensegmente führt im Gegensatz zu ARRHENIUS-Prozessen, die durch eine Aktivierungsenergie beschreibbar sind, zu einem nichtlinearen Verlauf in der $\lg \nu/T$-Darstellung und wird durch die WLF-Gleichung

$$\lg\left(\frac{\nu}{\nu_0}\right) = \frac{c_1(T - T_0)}{c_2 + (T - T_0)} \tag{6.29}$$

[6.73] charakterisiert. ν_0, T_0 stellen Referenzpunkte für Frequenz und Temperatur dar, c_1 und c_2 sind Konstanten. Aus der modifizierten Darstellung

$$(T - T_\infty) \lg \frac{\nu}{\Omega} = (T_0 - T_\infty) \lg\left(\frac{\nu_0}{\Omega}\right) = -c_1 \cdot c_2 \tag{6.30}$$

ist deutlicher der Hyperbelcharakter der Kurven mit den Asymptoten

$$\nu = \Omega \text{ (obere Grenzfrequenz)} \quad \text{für} \quad T \to \infty \left(c_1 = \lg \frac{\Omega}{\nu_0}\right)$$

und

$$T = T_\infty \text{ (VOGEL-Temperatur)} \quad \text{für} \quad \nu \to 0 \; (T_\infty = T_0 - c_2)$$

zu ersehen.

Die Mittelwerte der Fluktuationen der Temperatur δT und des Logarithmus der Frequenz $\delta(\ln \nu)$, die z. B. aus der Temperatur- und Frequenzabhängigkeit der Volumenkompressibilität gewonnen werden können, werden durch das Volumen der kooperativen Umordnungsbereiche bestimmt. Aus der Fluktuationstheorie folgen die Proportionalitäten

$$V \sim \left(\frac{T}{\delta T}\right)^2 \sim [\delta(\ln \nu)]^2 \sim \left(\frac{T}{T - T_\infty}\right)^2. \tag{6.31}$$

Die „cooperatively rearranging regions" (crr) stellen dabei die kleinsten Untersysteme der Probe dar, die ohne Beeinflussung ihrer Umgebung in eine andere Konfiguration umgeordnet werden können. Ein Absolutwert für die Größe der crr ist aus Messungen der spezifischen Wärmekapazität erhältlich.

Unter Benutzung der Temperatur-Zeit-Äquivalenz in der Form

$$\nu = \frac{\dot{T}}{\delta T} \tag{6.32}$$

können die Resultate dynamischer Untersuchungen mit denen statischer Messungen, die durch eine Kühlrate $\dot{T}$ charakterisiert werden, in einer einheitlichen Darstellung betrachtet werden. Eine allgemeine Interpretation der Ergebnisse verschiedener Meßmethoden ist jedoch nur bei Benutzung der Scaling-Konzeption für kooperative Umlagerungen möglich. Diese besagt, daß innerhalb der Scaling-Grenzen keine charakteristischen Längen für diese Bewegungsform existieren; das Bewegungsverhalten bleibt gegenüber Maßstabsänderungen innerhalb dieser Grenzen invariant. Die Skaleninvarianz bedeutet weiterhin, daß die Frequenz gewisser Konfigurationsänderungen nur vom freien Volumen abhängt, das den an dieser Bewegung teilnehmenden Teilchen zur Verfügung steht. Eine dementsprechende Schar von WLF-Kurven gleicher Asymptoten liegt innerhalb einer (bezüglich der Volumina) oberen Scaling-Grenze (*a*) die durch die Entkopplung der Bewegungen in den crr gegeben und z. B. durch thermische Größen markiert ist, und einer unteren Begrenzung (*b*), die durch die molekulare Struktur charakterisiert wird und die kleinsten durch die spezielle Methode untersuchten Einheiten kennzeichnet. In diesem Bereich sind auch die NMR-Parameter angesiedelt, die wegen der r^{-6}-Abhängigkeit der Wechselwirkungen vorrangig kleine Volumina charakterisieren.

Die Zusammenstellung von Parametern unterschiedlicher Methoden in Abbildung 6.8 (s. [6.45, 6.71, 6.72]) erlaubt eine einheitliche Betrachtungsweise von Prozessen, die sich in sehr unterschiedlichen Zeitbereichen abspielen.

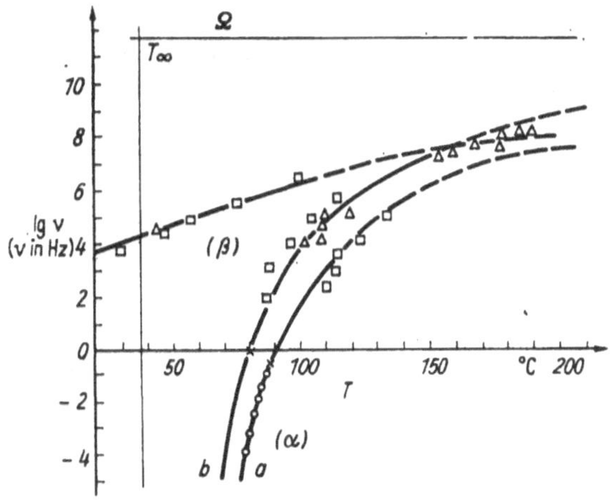

Abb. 6.8. log ν/T-Diagramm für PVC; △ NMR-, □ DK-, ○ thermische, × mechanische Untersuchungen (nach [6.71], genauere Spezifikation s. dort); *a* obere, *b* untere Scaling-Grenze

Die Einordnung der NMR-Meßwerte erfolgt entsprechend den Bedingungen für die Minima bzw. dem T_2-Übergang gemäß Tabelle 6.1, da hierfür eine eindeutige Zuordnung einer mittleren Korrelationszeit τ_c (die Korrelationsfrequenz ν_c ergibt sich aus $(2\pi\tau_c)^{-1}$) zu einer Temperatur möglich ist.

Für die Anzahl der an den kooperativen Umordnungen beteiligten Monomereinheiten ergibt sich in dem durch $T_{1\varrho}$- und T_{2e}-Messungen charakterisierten Temperaturbereich bei 105 °C bis 120 °C ca. 15 und für 150 °C bis 180 °C (T_1-Meßpunkte) ca. 5. Dieses kooperative Umordnungsvolumen stellt eine phänomenologische Größe dar und korrespondiert nicht mit speziellen strukturellen Interpretationen. Strukturelle Einheiten sind nur für die Scaling-Grenzen von Bedeutung.

Aus Abbildung 6.8 ist neben dem Glasübergangsbereich α noch ein weiterer, sekundärer Relaxationsprozeß β, der die lokale Relaxation in den Monomereinheiten charakterisiert, ersichtlich. Im Bereich der T_1-Werte gibt es eine Überlappung beider Relaxationsgebiete, so daß aus T_1-Messungen keine Abtrennung der lokalen Prozesse vom Glasübergang möglich ist. Dafür sind die anderen NMR-Relaxationszeiten und dielektrische Messungen besser geeignet. Da die T_1-Werte aber den höchsten Frequenzen in der $\lg \nu/T$-Darstellung entsprechen, sind diese Meßpunkte besonders wertvoll für die Konstruktion des WLF-Diagrammes, die Krümmung ist aus den niederfrequenten Meßwerten nicht so gut ersichtlich.

Ein Vergleich der NMR-Resultate für zwei PVC-Proben stark unterschiedlicher Polymerisationstemperatur zeigt für die Tieftemperaturprobe mit höherem syndiotaktischen Anteil und damit größerem Ordnungsgrad eine Glastemperaturerhöhung [6.45, 6.72]. Die stärkere Behinderung der kooperativen Umorientierungen führt nach [6.31] zu geringeren Frequenzfluktuationen, schmalere Frequenzverteilung bedeutet aber nach Abschnitt 6.1.4.1. auch ein kleineres (T_1/T_2)-Verhältnis am Minimum.

Eine gesonderte Auftragung der T_1-Minima für PVC bei verschiedenen Larmor-Frequenzen ω_0 einerseits und der $T_{1\varrho}$- und T_{2e}-Minima für verschiedene HF-Felder B_1 bzw. Impulsabstände τ mit dem T_2-Knickpunkt andererseits in einer $\lg \nu/T^{-1}$-Darstellung [6.72, 6.74] würde zu *scheinbaren* Aktivierungsenergien von ca. 88 kJ mol^{-1} bzw. 235 kJ mol^{-1} führen. Dieses unkorrekte Vorgehen muß durch eine Interpretation der Resultate als Glasübergang gekoppelt mit lokalen Relaxationsprozessen ersetzt werden.

Selbstverständlich gibt es außer der hier wegen des unmittelbaren Bezuges zur NMR dargestellten Fluktuationstheorie noch viele andere Vorstellungen zum Glasübergang, die z. T. die strukturellen Aspekte besser berücksichtigen als es die phänomenologische Theorie von Donth tut. Erwähnt sei hier nur die Beschreibung der Dichtefluktuation amorpher Körper von Holzmüller [6.90].

6.4. Inhomogene feste Polymersysteme

6.4.1. Partiell-kristalline Polymere

Sowohl in den Breitlinien- als auch in den Relaxationszeitmessungen sind für partiell-kristalline Polymere mindestens zwei Komponenten zu erwarten. Es soll hier an Hand der Untersuchung des „klassischen“ Vertreters für diese inhomogenen Polymere, des linearen Polyethylens, die Vorgehensweise in beiden Fällen diskutiert werden.

Bergmann [6.61] setzt für jede der drei im Breitlinienspektrum enthaltenen Komponenten voraus, daß entweder aus quantenmechanischen Berechnungen oder empirisch durch Messung einer Modellsubstanz (die z. B. 100%ig kristallin ist) das Elementarspektrum einer von ihrer Umgebung isolierten Gruppe bekannt ist. Dieses wird entsprechend der Wechselwirkung mit der Umgebung durch eine Gauss-Faltung verbreitert, und die Breitenparameter werden ebenso wie die Intensitäten der einzelnen Komponenten durch Anpassung an das experimentelle Spektrum gewonnen. Abbildung 6.9 zeigt eine solche Dreikomponentenzerlegung für lineares Polyethylen bei —20 °C. In Übereinstimmung mit dielektrischen Untersuchungen werden in [6.61] drei Relaxationsprozesse diskutiert: je eine behinderte Rotation im kristallinen und im amorphen Bereich und eine mikro-Brownsche Bewegung im amorphen. Nach einem Modell werden die breite Komponente den beiden erstgenannten Prozessen, die schmale dem letztgenannten und die mittlere allen drei Prozessen mit vorgegebenen Anteilen zugeordnet. In [6.91] wird auf analoge Weise die Phasenstruktur verschiedener Molekulargewichtsfraktionen linearen Polyethylens unterschiedlicher Herstellung untersucht.

Auch Sobottka [6.76] führt eine Dreikomponentenzuordnung durch. Er diskutiert den mittleren Bereich als eine *Wechselwirkungslinienform.*

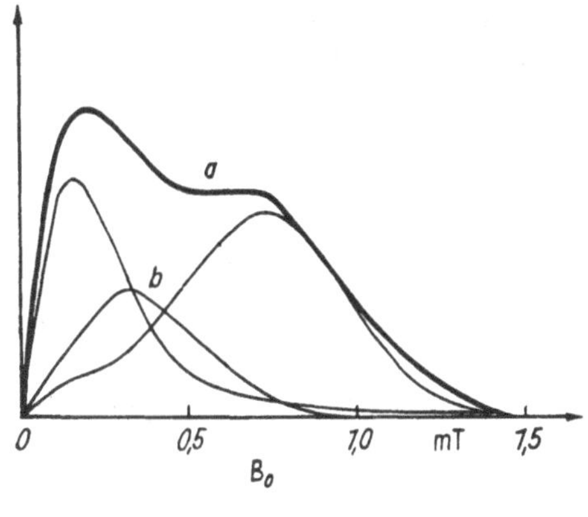

Abb. 6.9. Zerlegung eines Breitlinienspektrums von linearem Polyethylen in drei Komponenten (nach [6.61]); *a* experimentelles Spektrum, *b* Teilspektren

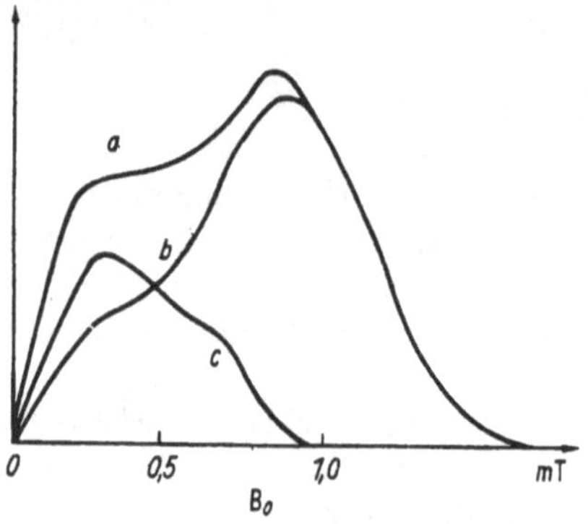

Abb. 6.10. Zerlegung eines Breitlinienspektrums von linearem Polyethylen durch Flankenanpassung (nach [6.76]); *a* experimentelles Spektrum, *b* normiertes Standardspektrum, *c* Restspektrum

Abweichend ist auch die Zerlegungsmethode, die von der Voraussetzung ausgeht, daß die äußere Flanke des Breitlinienspektrums nur von der starren Komponente beeinflußt wird. Dann ergibt eine Flankenanpassung mittels eines normierten Standardspektrums für die starre Linienform ein Restspektrum, wie es in Abbildung 6.10 dargestellt ist. Dieses spiegelt die amorphen Teile der Probe wider und besitzt selber noch eine Struktur, die auf mindestens zwei Komponenten hinweist.

Von Fedotow werden am gleichen System ausführliche Relaxationsuntersuchungen beschrieben [6.42, 6.77]. Auch er stellt aus den T_2-Untersuchungen Dreikomponentigkeit fest, die wegen der Temperaturunabhängigkeit der Anteile und der weitgehenden Übereinstimmung mit Röntgendiffraktionsdaten dem kristallinen, amorphen und einem Zwischenbereich zugeordnet werden kann. Zur Erklärung der transversalen Relaxationsfunktion benutzt er die Beziehung

$$R_z(t) = p_k R_{2k}(t) + p_z R_{2z}(t) + p_a R_{2a}(t) \tag{6.33}$$

mit den relativen Anteilen p_k, p_z, p_a (deren Summe gleich 1 ist) für den kristallinen, den Zwischen- und den amorphen Bereich und den spezifischen Relaxationsfunktionen

$$R_{2k}(t) = e^{-(a^2t^2/2)} \frac{\sin bt}{bt} \quad \text{mit} \quad M_{2k} = a^2 + \frac{1}{3} b^2 \tag{6.34}$$

sowie

$$R_{2z,a}(t) = e^{-M_{2z,a}\tau_{z,a}^2 f(t/\tau_{z,a})} \tag{6.35}$$

mit $f(t/\tau)$ nach Gleichung (6.22) (M_2 besitzt hier die Einheit s^{-2}). $R_{2z,a}$ hat für Temperaturen unterhalb T_g ($\tau \to \infty$) die Form $e^{-(M_2/2)\,t^2}$, oberhalb T_g ($\tau \to 0$) das Aussehen $e^{-M_2\tau t} = e^{-t/T_2}$. Für Polyethylen wird diese Linienform gut bestätigt, die Größe $b^2/3$ liefert sogar den richtigen intramolekularen Anteil zum zweiten Moment.

Die eindeutige Komponentenzuordnung für T_2 kann auch benutzt werden, um für andere Relaxationszeiten eine entsprechende Zuordnung zu treffen. Das wird z. B. in [6.78] für T_{1D} demonstriert, indem die Linienform der freien Induktion nach dem zweiten $(\pi/4)$-Impuls (s. Tab. 1.3) ausgewertet wird. Die T_{1D}-Werte werden von der kristallinen bis zur amorphen Phase immer kürzer.

Für $T_{1\varrho}$ ist gegenüber den drei Bereichen aus T_2- und T_{1D}-Messungen nur eine Zweikomponentigkeit meßbar, aus Intensitätsmessungen ist ein Zusammenfallen der kristallinen- und Zwischenkomponente ersichtlich. T_1 kann nach [6.79] sogar infolge Spindiffusion einphasig werden.

Die Auswertung der Ergebnisse aus mehrkomponentigen temperaturabhängigen Messungen der vier genannten Relaxationszeiten führt schließlich in [6.42, 6.80] in Übereinstimmung mit mechanischen und dielektrischen Daten zur Erklärung von acht Relaxationsübergängen in den drei Bereichen.

Eine weitere Möglichkeit der Bestimmung einzelner Komponenten in Polyethylen stellt das von WALTER u. a. [6.92] gemessene ***Festkörperecho*** (s. 7.1.2.) dar. Durch geeignete Auswertung läßt sich die magnetische dipolare Wechselwirkung der CH_2-Protonen in einen ***intrapair***- und einen ***interpair***-Beitrag aufspalten, und letzterer läßt sich wiederum in drei Komponenten zerlegen, die auf Bereiche unterschiedlicher Beweglichkeit der CH_2-Gruppen (im wesentlichen wieder amorphes, kristallines und Zwischengebiet) zurückgeführt werden.

6.4.2. Polymere mit Weichmacher oder Monomeren

6.4.2.1. Polymer-Weichmacher-Systeme

Gegenüber den im Abschnitt 6.2.2. behandelten Lösungen besitzen Polymer-Weichmacher- ebenso wie Polymer-Monomer-Systeme einen wesentlich höheren Polymergehalt. Die Untersuchungen an Systemen mit Weichmacher werden noch dadurch erschwert, daß letztere hochsiedende Flüssigkeiten mit kompliziert aufgebauten großen Molekülen sind.

Seit vielen Jahren gibt es besonders von MAKLAKOW und Mitarbeitern zahlreiche Arbeiten über die Anwendung der Impuls-NMR zur Untersuchung dieser Systeme. Zusammenfassende Bemerkungen dazu sowie Literaturangaben zu Systemen von Polymeren mit niedermolekularen Verbindungen (z. B. Weichmacher, Lösungsmittel, Quellungsmittel, adsorbierte Moleküle) sind in einer Übersichtsarbeit [6.81] enthalten. Polymer-Weichmacher-

Systeme stellen im allgemeinen Mehrphasensysteme mit langsamen Austausch dar. Der vorrangig untersuchte Abfall der transversalen Magnetisierung enthält in Systemen bis zu ca. 80% Weichmacher eine lange, dem Weichmacher entsprechende Komponente T_2^l und eine kurze T_2^k, die dem Polymer zugeordnet werden kann. In Abhängigkeit vom Gewichtsanteil des Weichmachers x_W, der im reinen Zustand eine Relaxationszeit T_2^0 besitzt, gilt oft näherungsweise

$$\lg\left(\frac{T_2^l}{T_2^0}\right) = Ax_W + B\,. \tag{6.36}$$

Das erlaubt eine Differenzierung verschiedener Weichmachertypen. Für einen *molekularen Weichmacher*, z. B. Glyzerin in PVC, erniedrigt sich die transversale Relaxationszeit durch die starke Wechselwirkung des Weichmachers mit dem Polymer um zwei bis drei Größenordnungen und nimmt besonders stark mit wachsendem Weichmacheranteil zu. Die Konstante A in (6.36) wird demzufolge groß, B klein. Dagegen führt ein sogenannter ***struktureller Weichmacher*** (z. B. Dibutylphthalat in PVC) nur zu einer relativ geringfügigen Verkürzung von T_2^l des Weichmachers im Polymeren gegenüber dem Wert T_2^0 für den reinen Weichmacher. Das drückt eine schwächere Wechselwirkung Polymer-Weichmacher aus und schlägt sich in einem kleinen A- und einem großen B-Wert nieder. Der Weichmacher befindet sich hier nur zwischen den übermolekularen Strukturen („Zwischenpäckchenweichmachung“), während er im vorhergenannten Fall in diese Strukturen eindringt und damit viel stärker mit den einzelnen Polymermolekülen wechselwirken kann („Innerpäckchenweichmachung“).

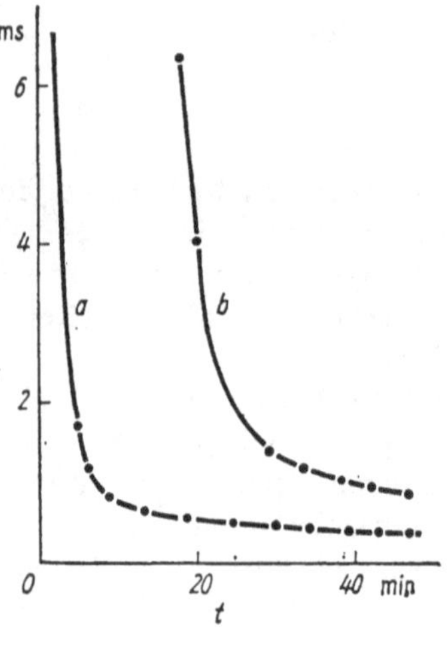

Abb. 6.11. Transversale Relaxation der Weichmacherprotonen für das System PVC-Dioktylphthalat in Abhängigkeit von der Mischungszeit bei 98 °C (nach [6.81]); *a* 40 Gewichts-%, *b* 50 Gewichts-% Weichmachergehalt

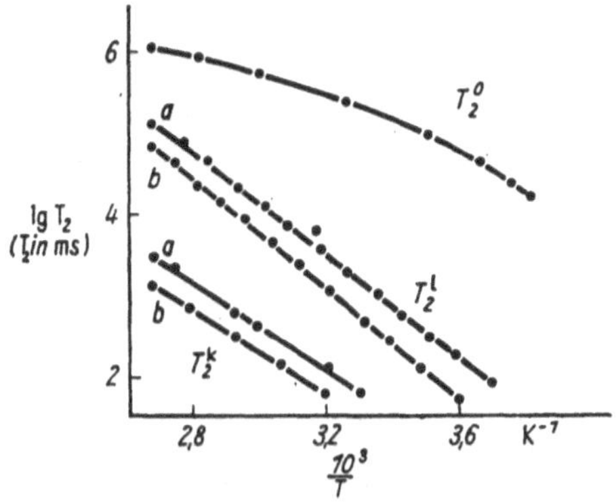

Abb. 6.12. Temperaturabhängigkeit der transversalen Relaxationszeiten T_2^0 für reines DMP sowie der Weichmacher- (T_2^l) und Polymerprotonen (T_2^k) im System PVC-DMP (nach [6.81]); Weichmachergehalt: *a* 24 Mol-%, *b* 13 Mol-%

Eine Messung der Relaxationszeit T_2^l des Weichmachers in Polymer-Weichmacher-Systemen in Abhängigkeit von der Mischungszeit der Komponenten bei erhöhter Temperatur zeigt einen Verlauf gemäß Abbildung 6.11 am Beispiel PVC-Dioktylphthalat. Er spiegelt den Vermischungsprozeß der Komponenten wider und gestattet die Bestimmung der technologisch interessanten optimalen Mischungszeit für den Weichmachungsprozeß.

In der Temperaturabhängigkeit der transversalen Relaxationszeit (Abb. 6.12) drückt sich die Verringerung der Beweglichkeit vom reinen DMP über die der Weichmachermoleküle im System PVC-DMP bis zu derjenigen der Polymerprotonen dieses Systems ebenso wie für beide Komponenten bei Erhöhung des Polymeranteiles aus.

Eine Einbeziehung der longitudinalen Relaxationszeit und anderer Informationen in die Diskussion erlaubt die Interpretation des Bewegungsverhaltens durch eine Korrelationszeitverteilung, die einem unterschiedlich starken Grad der Bewegungsbehinderung entspricht, sowie die Angabe von wahrscheinlichen Korrelationszeiten der rotatorischen und der translatorischen Bewegung der Weichmachermoleküle.

6.4.2.2. Polymer-Monomer-Systeme

Polymer-Monomer-Systeme zeigen große Ähnlichkeit mit den weichgemachten Polymeren. Das Interesse für diese Untersuchungen resultiert aus der Erkenntnis, daß grundlegende Voraussetzungen für die Bildung übermolekularer Strukturen und der aus ihnen resultierenden Polymereigenschaften bereits während des Polymerisationsprozesses entstehen und eine gezielte Beeinflussung möglich ist. Die Anzahl der Publikationen zur Frage Polymer-Monomer-Wechselwirkungen, die NMR-Relaxationsuntersuchungen zur

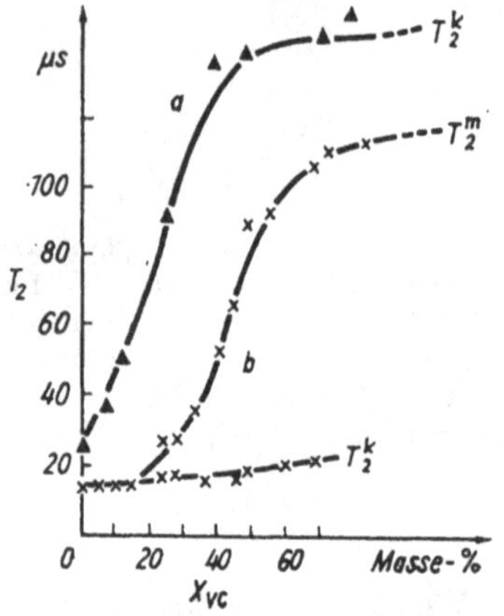

Abb. 6.13. Konzentrationsabhängigkeit der transversalen Relaxation der Polymerkomponenten (nach [6.45]); *a* 360 K (T_2^k), *b* 300 K (T_2^m und T_2^k)

Grundlage haben, ist jedoch noch sehr gering. Deshalb sollen hier am Beispiel von Arbeiten Schenks [6.45, 6.82, 6.83] einige Spezifika dieser Untersuchungen beschrieben werden.

Da die Untersuchungen der longitudinalen Relaxation im System PVC-VC recht stark von NMR-spezifischen Effekten (wie Spindiffusion oder Wechselwirkung der Chlorkerne) beeinflußt wurden, waren für eine ausführliche Diskussion umfangreiche Messungen der Temperatur- und Konzentrationsabhängigkeit von T_1, T_2 und $T_{1\varrho}$ sowie auch der Frequenzabhängigkeit von T_1 erforderlich.

Aus der Beladungsabhängigkeit der kurzen (PVC)-Komponente von T_2 (Abb. 6.13) ist (gestützt durch den Verlauf der entsprechenden VC-Komponente von T_2 sowie von T_1 des Polymers) zu schließen, daß zunächst bis zu Konzentrationen von etwa 20 Masse-% VC trotz Zunahme der sorbierten Monomermoleküle in der PVC-Matrix die Polymerbeweglichkeit unverändert bleibt. Die VC-Moleküle können z. B. an Oberflächen innermolekularer Strukturen sorbiert und in ihrer Beweglichkeit durch die elektrostatische Wechselwirkung erheblich behindert werden. Für höhere Konzentrationen treten Quellerscheinungen auf, die für Polymer und Monomer eine Beweglichkeitszunahme bedeuten. In diesem Bereich erfolgt auch bei Zimmertemperatur eine Aufspaltung des Polymeranteiles in zwei Komponenten. Da eine analoge Erscheinung mit ähnlichem Intensitätsverhältnis von langer zu kurzer Komponente von etwa 0,65:0,35 auch bei $T_{1\varrho}$-Messungen beobachtet wird, ist ein heterogener struktureller Aufbau des PVC—VC-Gels zu vermuten. Eine Hypothese hierzu wäre, daß sich nach [6.88] innerhalb der Primärkörner noch dichtgepackte, kristalline Bereiche von ca. 2 nm Abmessungen (Mikrodomänen) befinden.

Die Zunahme der molekularen Beweglichkeit oberhalb 20% VC-Konzentration würde dann in den PVC-Kettensegmenten außerhalb dieser Mikrodomänen erfolgen. Bei 40% bis 60% wird schließlich ein Sorptionssättigungswert erreicht.

Eine Temperaturabhängigkeit der PVC-Komponente von T_2 zeigt deutlich zwei Erscheinungen: Der T_2-Wert für das starre Gitter steigt mit zunehmender Beladung und weist auf eine Verringerung der Kettenabstände durch den VC-Einfluß hin, und der verringerte T_2-Anstieg belegt eine Verkleinerung der Aktivierungsenergien.

Hauptergebnisse der gesamten Relaxationsuntersuchungen am System PVC—VC sind infolge der VC-Wirkung
— eine reduzierte molekulare Beweglichkeit der Polymermoleküle

sowie
— eine Abschwächung der bewegungsbehindernden Wechselwirkungskräfte innerhalb der Polymermatrix.

Das äußert sich in einer starken Verschiebung aller NMR-Übergänge nach tiefen Temperaturen mit wachsender VC-Konzentration. Eine Interpretation der im Rahmen des Abschnitts 6.3.2. diskutierten Fluktuationstheorie des Glasüberganges ist aus Abbildung 6.14 ersichtlich. Zwei Erscheinungen sind deutlich sichtbar:
— die Verschiebung der WLF-Kurven nach tieferen Temperaturen mit wachsendem VC-Gehalt im PVC—VC-Gel und
— eine deutliche Verringerung der Krümmung der Kurven mit Vergrößerung des sorbierten Monomeranteiles.

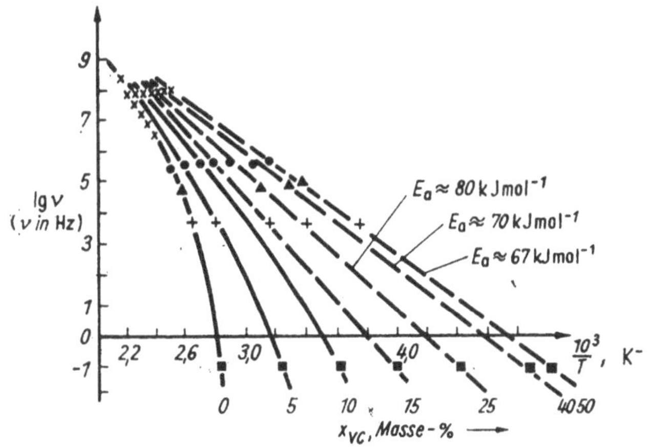

Abb. 6.14. lg ν/T^{-1}-Diagramm im System PVC-VC (nach [6.82]); × T_1, ● $T_{1\varrho}$, ▲ T_{2e}, + T_2, ■ thermomechanische Analysenwerte

Letzteres ist offenbar eine Folge der abnehmenden Kooperativität der Bewegungen am Glasübergang durch Erhöhung des freien Volumens; der Zwang zur Kooperativität verringert sich also für große VC-Konzentrationen. Die kooperativen Umordnungsbereiche werden sehr klein, was schließlich im Bereich des Sorptionssättigungswertes dazu führt, daß die hochkooperative Umlagerung am Glasübergang in seinen lokalen Umlagerungsprozeß von mäßigem Kooperationsgrad entartet. Dafür sprechen auch die aus dem (wieder „erlaubten") ARRHENIUS-Diagramm gewonnenen Werte für die Aktivierungsenergie (ca. 70 kJ mol^{-1}) bzw. für den Frequenzvorfaktor $\nu_{c0} = (2\pi\tau_{c0})^{-1}$ (s. (6.10)), die mit den entsprechenden Werten für den β-Prozeß des reinen PVC- übereinstimmen.

Aus Abbildung 6.14 ist auch ersichtlich, daß der „Weichmacher-Effekt" (T_g-Verschiebung zu niedrigeren Temperaturen) für höhere Frequenzwerte der WLF-Darstellung weniger deutlich in Erscheinung tritt. Die Glastemperaturerniedrigung für 30 Masse-% VC gegenüber reinem PVC beträgt für die thermomechanischen Messungen ca. 140 K, für $T_{1\varrho}$, T_{2e} und T_2 ca. 70 K und für T_1 ca. 30 K.

Aus diesem Abschnitt wird besonders deutlich, daß neben dem parallelen Einsatz anderer Methoden (für die WLF-Konstruktion in Abbildung 6.14 waren z. B. unbedingt Ergänzungswerte aus der thermomechanischen Analyse erforderlich) für quantitative Aussagen ausgewähltes Probenmaterial mit Variationsmöglichkeiten für die in den Modellen vorhandenen Parameter eine wichtige Voraussetzung ist.

6.4.3. Polymergemische und Copolymere

Neben den Mikrostrukturuntersuchungen durch die hochauflösende NMR in Polymerlösungen kann auch die Impuls- und Breitlinien-NMR wichtige Beiträge im Zusammenhang mit der Verträglichkeit und Mischbarkeit und zum Bewegungsverhalten des durch Abmischung oder Copolymerisation entstehenden neuen Produktes leisten. GRIEBEL [6.84] untersucht das Copolymer Ethylen-Vinylacetat (EVAc). Eine Zielstellung ist (wie auch bei SOBOTTKA [6.85]) die Aufklärung des Glasübergangsverhaltens. Interessanterweise wächst im Gegensatz zu dem in 6.4.2.2. diskutierten Sachverhalt bei Aufpfropfung von VC auf EVAc die Krümmung der WLF-Kurven und damit der Zwang zur Kooperativität. Die Versteifung durch die PVC-Seitenketten führt also zu einer Vergrößerung der kooperativen Umlagerungsbereiche. T_{1D}-Messungen an einem EVAc mit 12% Vinylacetatgehalt zeigen sowohl für $T > 273$ K als auch für $T < 228$ K ein zweikomponentiges Verhalten, jedoch einen Sprung in den relativen Anteilen. Da nur die lange Komponente für den Hochtemperaturbereich der Röntgenkristallinität entspricht (38%), wird im Tieftemperaturfall ein spindiffusionsgemittelter gemeinsamer T_1-Wert für kristallinen und Übergangsbereich (34%) angenommen, während letzterer für hohe Temperaturen mit der amorphen Komponente zusammenfällt.

Ein Vergleich der T_1-Temperaturabhängigkeit des Pfropfcopolymers (P(EVAc + VC) in Pulver- und Plattenform zeigt einen Einfluß des Verarbeitungsprozesses [6.83]. Während für die Pulverprobe bei ca. 120 °C ein schwaches Minimum erscheint, das dem (allerdings bei viel höherer Temperatur liegenden) PVC-Minimum entspricht, ist dieser Effekt nach dem Verarbeitungsprozeß verschwunden. Das spricht für eine Einarbeitung des PVC in die bewegungsbestimmende EVAc-Matrix, die zu einer gemeinsamen Beweglichkeit oder mindestens zu einer Ausmittelung führt.

Mischungen von PVC und EVAc sind auch von ELMQUIST untersucht worden [6.87]. Die Ergebnisse sind in Abbildung 6.15 dargestellt. Bei Mischungen infolge Verdampfung des Lösungsmittels aus einer PVC enthaltenden EVAc-Lösung (physikalische Mischung) liegen die reinen Komponenten vor. Die T_1-Kurven entsprechen denen von PVC und EVAc, wobei die korrekten Anteile beider Komponenten einen Spindiffusionseinfluß ausschließen. Die Fällung aus der Lösung zeigt jedoch eine stärkere Durchmischung: Neben der reinen EVAc-Phase tritt eine EVAc—PVC-Mischphase auf, die ein von 145 °C nach 110 °C verschobenes PVC-Minimum besitzt. Eine reine PVC-Phase tritt nicht auf, entweder wegen Spindiffusion zwischen dieser und der Mischphase oder wegen ihres zu geringen relativen Anteiles am Gesamtsignal.

Ein analoges Verhalten zeigt auch das mit VC gepfropfte EVAc.

MCBRIERTY und Mitarbeiter (z. B. [6.86]) untersuchen Polymermischungen, die Polyvinylidenfluorid oder Polymethylmethacrylat als eine Komponente enthalten, und wenden dabei neben T_1-, T_2- und $T_{1\varrho}$-Messungen auch Untersuchungen des OVERHAUSER-Faktors sowie der Kreuzrelaxation zwi-

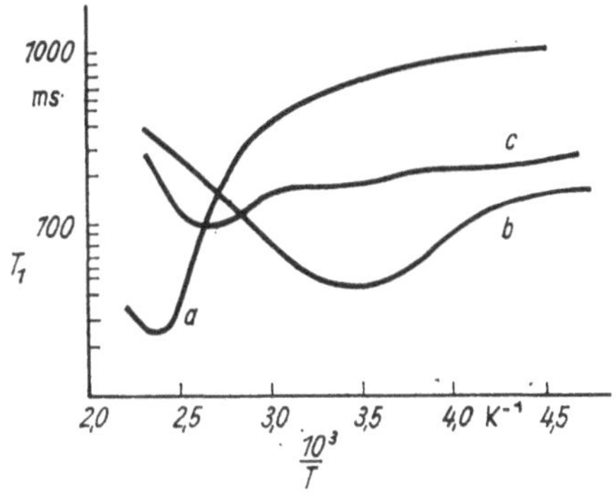

Abb. 6.15. Temperaturabhängigkeit von T_1 für PVC, EVAc und PVC-EVAc-Abmischung (nach [6.87]); *a* PVC bzw. PVC-Komponente bei Mischung durch Verdampfung, *b* EVAc bzw. EVAc-Komponente bei Mischung durch Verdampfung oder Fällung, *c* EVAc-PVC-Phase bei Mischung durch Fällung

schen Protonen und Fluorkernen an. SLICHTER [6.60] hat an Vinyl-Vinylidenchlorid-Copolymeren unterschiedlicher Zusammensetzung den interessanten Fakt festgestellt, daß die Temperatur des T_1-Minimums, die mit dem Glasübergang korrespondiert, niedriger als diejenige beider Komponenten liegt. Eine Literaturzusammenstellung zur NMR an heterogenen Systemen findet sich in [6.63].

Zusammenfassend ergibt sich, daß für die INMR und für die BNMR immer breitere Anwendungsmöglichkeiten zur Untersuchung von Polymersystemen existieren. Diese liefern in Ergänzung zu anderen Methoden wichtige Zusatzinformationen über das Bewegungsverhalten und zu Strukturfragen in Polymeren, die z. T. nur mit diesen Methoden erhältlich sind. Für eine solide Interpretation sind im allgemeinen recht anspruchsvolle Modelle erforderlich, die der Stützung durch andere Verfahren und gezielter Untersuchungen an definiertem Probenmaterial bedürfen.

7. Hochauflösende NMR im Polymerfestkörper

7.1. Grundlagen der hNMR im Festkörper

7.1.1. Vorbemerkungen

Der Teilkomplex der hNMR im Festkörper existiert erst seit der zweiten Hälfte der sechziger Jahre [7.01, 7.02, 7.32, 7.33]. Für seine schnelle Entwicklung zeichnen international viele Gruppen verantwortlich, wobei entscheidende Impulse für die meisten Neuentwicklungen von WAUGH und Mitarbeitern aus Cambridge (USA) kamen.

Ebenso wie die Impulsmethoden der NMR im herkömmlichen Sinne (Kap. 6) sind die Verfahren der Festkörperhochauflösung nicht zu Routineverfahren geworden. Das ist auch in Zukunft nur in Ausnahmefällen zu erwarten, da der Grad der Kompliziertheit der experimentellen Technik den bei anderen NMR-Methoden deutlich übertrifft, aber auch die Auswerteverfahren für viele NMR-Festkörperspektren an Polymeren einen großen theoretischen und praktischen Aufwand erfordern.

Dennoch haben die genannten Methoden bereits in der kurzen Zeit ihrer Existenz schon viele interessante Ergebnisse bei der Untersuchung des Polymerfestkörpers gebracht, so daß ihre Darstellung mit der Erklärung des Grundprinzips sowie exemplarisch die Demonstration einiger Anwendungsbeispiele sinnvoll erscheint.

Die Tatsache, daß es bereits wenige Jahre nach der Entdeckung der NMR hochaufgelöste Spektren von Flüssigkeiten und Lösungen gab, im Festkörper aber solche Messungen erst viel später möglich wurden, hat ihre Ursache in der in Flüssigkeiten vorhandenen thermischen Bewegung. Diese verursacht eine Ausmittelung der in vielen Fällen dominierenden Dipol-Dipol-Wechselwirkung (s. Kap. 4), wodurch der Nachweis der chemischen Verschiebung und der indirekten Spin-Spin-Wechselwirkung erst möglich wird. Festkörper, die um etwa fünf Größenordnungen breitere Kernresonanzlinien aufweisen als Flüssigkeiten, besitzen nur wenig strukturierte Spektren.

Zur Untersuchung der Möglichkeiten für eine Beseitigung bzw. weitgehende Reduzierung der dipolaren Wechselwirkung gehen wir vom Säkularteil des HAMILTON-Operators[1]) (s. (1.19)) aus:

$$\hat{H}_D = \sum_{i<j} \frac{\gamma_I \gamma_s \hbar}{r_{ij}^3} \cdot \frac{\mu_0}{8\pi} (3 \cos^2 \Theta_{ij} - 1) \cdot (3 I_{zi} S_{zj} - \boldsymbol{I}_i \boldsymbol{S}_j) . \qquad (7.1)$$

Jeder der drei getrennt geschriebenen Faktoren bietet eine experimentelle Variante zur Reduzierung des dipolaren Anteiles der Wechselwirkung. Magnetische Verdünnung (häufig bereits durch geringe natürliche Häufigkeit des untersuchten Isotops gegeben) führt zu einer Vergrößerung der Kernabstände im ersten Term, schnelle Probenrotation um den magischen Winkel kann zur Herausmittelung des zweiten Terms führen, und spezielle Impulsverfahren sind dazu geeignet, den Spinanteil des HAMILTON-Operators entscheidend zu verringern. (Die Vorgehensweise ist in 7.1.2. bis 7.1.4. erläutert.) Da die zu messende chemische Verschiebung und ihre Anisotropie dem äußeren Magnetfeld proportional sind, ergibt die Anwendung hoher Felder (Supraleitungsmagnete) jedenfalls eine Auflösungserhöhung und kann somit die Ergebnisse aller genannten Methoden weiter verbessern. Es entstehen dadurch jedoch zusätzliche experimentelle Probleme.

Der große experimentelle Aufwand gibt zu der Fragestellung Anlaß, ob sich der Einzatz dieser Methoden lohnt. Allgemein kann gesagt werden, daß für Untersuchungen, die auch in Lösungen möglich sind, unbedingt die hNMR in Flüssigkeiten herangezogen werden sollte. Ist dagegen das zu untersuchende Polymer schlecht löslich oder werden festkörperspezifische Fragen untersucht, wird inbsbesondere der Tensorcharakter der chemischen Verschiebung in die Auswertung einbezogen, so können diese Informationen nur durch die Festkörperspektroskopie erhalten werden.

7.1.2. Vielimpulsverfahren

Die in Tabelle 1.2 dargestellte Spin-Echo-Methode zur Messung der transversalen Relaxationszeit T_2 hat im Festkörper in entsprechender Schreibweise die Form $\pi/2|_{90}, t, \pi/2, t$, Echo [7.03] und weist T_2 als Zeitkonstante des Abfalls des Echomaximums bei t-Variation aus. Die 1966 [7.1, 7.2] entdeckte MW 4-Gruppe (s. Tab. 1.3), deren Anfang mit dem solid-echo-Verfahren identisch ist und deren Anwendung zur Messung der effektiven Relaxationszeit T_{2e} im Kapitel 6 gezeigt wurde, führte zu einer wesentlichen Vergrößerung der Abfallzeitkonstante gegenüber einer T_2-Messung aus der freien Induktion. Im Frequenzbild ist das mit einer Linienverschmälerung gleich-

[1] Die Beschränkung auf diesen Teil des Hamilton-Operators ist unter der Voraussetzung eines starken äußeren Magnetfeldes $\boldsymbol{B}_0$ berechtigt.

bedeutend. (Hier wird der Einfluß der thermischen Bewegungen auf die Linienverschmälerungsexperimente nur am Rande betrachtet.) Als Kriterium für die Verwendbarkeit einer Methode gilt daneben auch die Frage, ob eine Messung der chemischen Verschiebung möglich ist. Das ist bei der genannten MW 4-Gruppe nicht der Fall. Deshalb wird kurz dargestellt, wie man die Leistungsfähigkeit komplizierter Festkörperimpulsverfahren theoretisch einschätzen kann.

Grundlage der Betrachtungen ist das Prinzip des gemittelten HAMILTON-Operators (coherent averaging), wie es in [7.04] abgeleitet ist. Es unterteilt die Impulsfolgen in Zyklen, die dadurch charakterisiert werden, daß der Magnetisierungsvektor ohne Relaxationsprozesse am Ende des Zyklus wieder die Ausgangsrichtung besitzt. (In der MW4-Gruppe sind das z. B. vier $(\pi/2)$-Impulse um die gleiche Achse innerhalb des rotierenden Koordinatensystems.) Dabei wird die Zeitentwicklung des Spinsystems infolge des durch die Wirkung der HF-Impulse modifizierten HAMILTON-Operators durch eine MAGNUS-Entwicklung [7.05] ausgedrückt, die eine Näherungslösung gestattet. Der tatsächliche, während eines Zyklus mehrfach „umgeschaltete" HAMILTON-Operator wird durch einen mittleren konstanten Wert ersetzt, wobei die Zykluszeit T, innerhalb derer die Ausmittelung erfolgt, klein gegenüber der transversalen Relaxationszeit T_2 sein soll. (Praktisch ist in vielen Fällen die Bedingung $T \lesseqgtr T_2$ ausreichend.) Der Verlauf der Magnetisierung wird dann punktweise als Abfall des Echomaximums zwischen zwei festen Impulsen eines Zyklus zu den Zeitpunkten $t = t_0 + nT$ (n ganz) gemessen und FOURIER-transformiert, woraus sich das linienverschmälerte Spektrum ergibt.

Die Anwendung des angedeuteten theoretischen Konzeptes auf die MW4-Gruppe zeigt zwar eine Ausmittelung der dipolaren Wechselwirkung, jedoch auch des Tensors der chemischen Verschiebung. Somit ist diese Methode zur Messung der chemischen Verschiebung ungeeignet. Ein Zyklus, der letzteres jedoch gestattet und der gleichzeitig zur Grundlage vieler modifizierter Verfahren geworden ist, ist die WHH4-Impulsfolge [7.04]. Sie läßt sich in der für Tabelle 1.2 benutzten Schreibweise in der Form $P_y[t, P_{-x}, 2t, P_x, t, P_y, 2t, P_{-y}]^N$ darstellen, wobei der in eine eckige Klammer gesetzte Zyklus die Dauer $T = 6t$ besitzt und die Messung z. B. zwischen den Impulsen P_y und P_{-y} erfolgt. Diese Impulsfolge führt zu einer Ausmittelung der (homonuklearen) dipolaren Wechselwirkung in nullter und erster Ordnung, reduziert jedoch die chemische Verschiebung (sowie die heteronukleare Dipol-Dipol-Wechselwirkung) nur um den Faktor $\sqrt{3}$. Damit ist bei genügender Absicherung der experimentellen Bedingungen z. B. für Protonen oder Fluorkerne die Messung der chemischen Verschiebung möglich. Zur weiteren experimentellen Vervollkommnung wurden immer kompliziertere Impulsgruppen erprobt, die zwar schwieriger abstimmbar sind, dann aber z. B. eine Kompensation von unvermeidlichen Abweichungen in Impulsbreite, -phase und -homogenität ermöglichen.

Die für den Festkörper charakteristische Anisotropie der chemischen Verschiebung führt ihrerseits wieder zu einer Linienverbreiterung, die für eine sinnvolle Auswertung speziell für Polymerspektren noch eine weitere Reduzierung (s. 7.1.4.) erforderlich macht.

7.1.3. Kreuzpolarisationsmethode

Für magentisch verdünnte Kerne (z. B. durch ein Isotop, das kein magnetisches Moment besitzt) bzw. von vornherein für *seltene* Kerne (z. B. ^{13}C mit 1,1% natürlicher Häufigkeit) kann die homonukleare Dipol-Dipol-Wechselwirkung auf Grund der großen Abstände zu den Nachbarkernen vernachlässigt werden. Beseitigt man weiterhin durch Doppelresonanztechnik (Entkopplung) die Wechselwirkung mit einem anderen häufigen Kern (z. B. den Protonen), so kann mit einer Methode, die der ^{13}C-Fourier-Spektroskopie mit Protonenentkopplung in Flüssigkeiten entspricht, Hochauflösung erreicht werden. Auch hierfür ist wegen des geringen Signal/Rausch-Verhältnisses Signalakkumulation erforderlich. Da jedoch die für die Wiederholfrequenz entscheidenden longitudinalen ^{13}C-Relaxationszeiten häufig ein Vielfaches von 10 s betragen, würden die Akkumulationszeiten unvertretbar lang werden. Deshalb wurde 1973 von Waugh und Mitarbeitern ([7.6]) ein Verfahren zum protonenverstärkten Nachweis seltener Kerne (wie ^{13}C, ^{15}N, ^{29}Si oder ^{119}Sn; Index S) ausgearbeitet. Es setzt einen engen dipolaren Kontakt mit Kernen, die ein großes gyromagnetisches Verhältnis sowie eine hohe natürliche Häufigkeit (wie ^{1}H oder ^{19}F; Index I) besitzen, voraus.

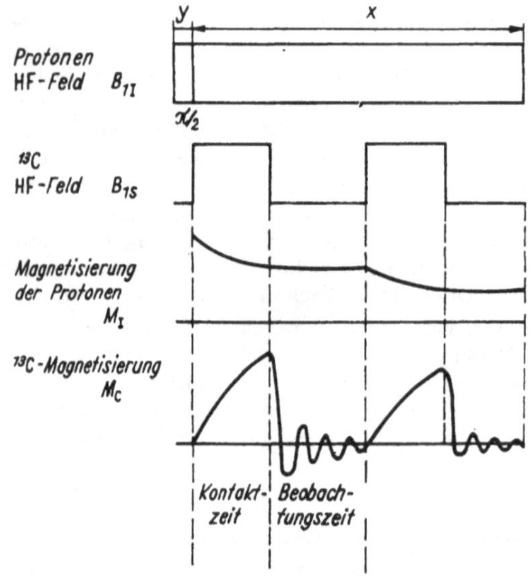

Abb. 7.1. Schematischer Ablauf des Impulsprogrammes für Kreuzpolarisationsmessungen

Der Ablauf des Impulsprogrammes für die ^{1}H- und ^{13}C-Kerne ist in Abbildung 7.1 dargestellt. Zunächst wird durch einen $(\pi/2)$-Impuls eine transversale Protonenmagnetisierung aufgebaut. Diese wird mit einem um 90° phasenverschobenen HF-Feld entsprechend einem $T_{1\varrho}$-Experiment gespeichert. Bei gleichzeitiger Einstrahlung eines zweiten HF-Feldes der LARMOR-Frequenz der ^{13}C-Kerne und Einhaltung der sogenannten HARTMANN-HAHN-Bedingung [7.7] $\gamma_I B_{1I} = \gamma_S B_{1S}$ erlaubt die Gleichheit der ZEEMAN-Aufspaltungen in den beiden rotierenden Koordinatensystemen (bzw. die Übereinstimmung der LARMOR-Frequenzen im klassischen Bild) Energieaustausch durch heteronukleare Spin-Flip-Flops, bei denen die Gesamtenergie erhalten bleibt. Dadurch wird eine Kernpolarisation von den Protonen auf die ^{13}C-Kerne übertragen, die theoretisch um einen Faktor 4 (praktisch etwa 2) größer ist als die ^{13}C-Magnetisierung nach einem einfachen $(\pi/2)$-Impuls. Nach Abschaltung des ^{13}C-Feldes, aber unter Beibehaltung desjenigen für Protonen (zur Entkopplung) ist dann die freie Induktion für die ^{13}C-Kerne meßbar. Hauptvorteil des genannten Verfahrens neben der bereits größeren Anfangsmagnetisierung ist die Tatsache, daß für die Wahl der Wiederholzeit die T_1-Relaxation der Protonen, die wesentlich kürzer ist als die der ^{13}C-Kerne, maßgeblich ist. Schließlich erlaubt die nur geringfügige Verringerung der ^{1}H-Magnetisierung nach einem ^{13}C-Kontakt grundsätzlich, sofort nach einer Messung weitere Kreuzpolarisationsvorgänge (^{13}C-Feld mit HARTMANN-HAHN-Bedingung) mit anschließender FID-Aufnahme folgen zu lassen.

Gegenüber den Vielimpulstechniken ist das Kreuzpolarisations-(CP-)Verfahren bezüglich der Abstimmungen leichter zu handhaben, die Anforderungen an Stabilität von Amplitude und Phase der HF-Ipmulse kleinerer Leistung, aber längerer Dauer, sind geringer. Kritisch sind die Fragen des Spannungsüberschlages während der relativ langen HF-Impulse.

Bezüglich der Anisotropie der chemischen Verschiebung gilt völlig analog das am Ende von 7.1.2. Gesagte.

7.1.4. Rotation um den magischen Winkel

Der Grundgedanke der Methode geht auf ANDREW und LOWE [7.8, 7.9] zurück und besteht in folgendem: Führt man mit dem Festkörper eine Probenrotation um den magischen Winkel $\alpha_M = 54°44'$ aus, so wird der zeitliche Mittelwert der einzelnen Kernverbindungsvektoren ebenfalls diesen Wert annehmen (Abb. 7.2).

Der Mittelwert für den Term $(3 \cos^2 \Theta_{ij} - 1)$ in Gleichung (7.1) wird gleich Null. Das sollte eine weitere Möglichkeit zur Unterdrückung der dipolaren Wechselwirkung darstellen und wurde auch seit 1958 verschiedentlich erprobt, da ebenso wie in der Flüssigkeits-NMR ein effektiver HAMILTON-Operator wirksam wird und damit isotrope chemische Verschiebungen und indirekte Spin-Spin-Wechselwirkungen sichtbar werden. Allerdings sind für die Rotationsfrequenzen zur Beseitigung der Dipol-Dipol-Wechselwirkung

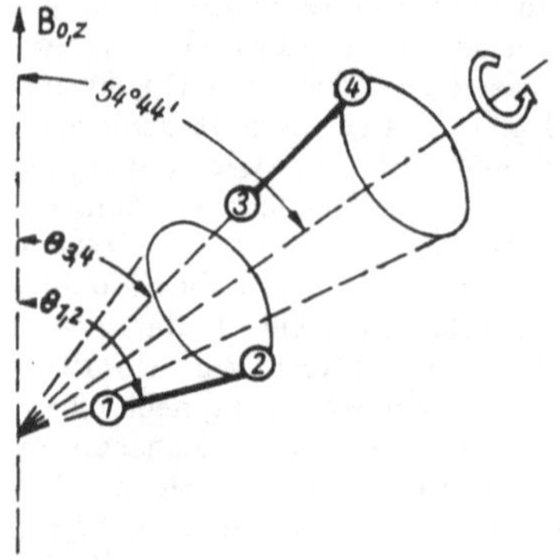

Abb. 7.2. Mittelwert des Kernverbindungsvektors bei Probenrotation um den magischen Winkel

der Protonen die technisch realisierten 10 kHz nicht ausreichend, weshalb es nur spezielle Anwendungen dieser Methode gab.

Eine ganz andere Situation entstand, als durch die Vielimpuls- bzw. die Kreuzpolarisationstechnik die Dipolverbreiterung bereits beseitigt war und nur noch die Anisotropie der chemischen Verschiebung als linienbreitenbestimmend auftrat. Bei Kopplung einer der genannten Techniken mit der schnellen Probenrotation um den magischen Winkel (MAS) sind Rotationsfrequenzen von etwa 3 kHz ausreichend. Die auf diese Weise aufgenommenen Spektren enthalten nur noch isotrope Mittelwerte der chemischen Verschiebungen und ergeben Spektren, die mit den Flüssigkeitsspektren gelöster Substanzen unmittelbar vergleichbar sind (z. B. [7.27]). Selbstverständlich wird man die kompliziertere Festkörpertechnik, wie am Ende von 7.1.1. ausgeführt, nur dann einsetzen, wenn ganz spezielle, für den Festkörper charakteristische Aussagen zu erwarten sind.

Die völlige Beseitigung der Anisotropie, die zur besten Auflösung führt, stellt natürlich auch einen Informationsverlust dar. Deshalb sind Verfahren entwickelt worden, die unter Beibehaltung einer möglichst großen Linienverschmälerung, die eine Linientrennung ermöglichen soll, noch eine Messung der Anisotropieparameter gestatten [7.28]. Hier sei nur eine geringfügige Abweichung vom magischen Winkel erwähnt, die zu einer definierten Verschmälerung um den Wert $(1-3\cos^2\alpha)$ führt.

Zur experimentellen Realisierung der Probenrotation um den magischen Winkel sind verschiedene Grundprinzipien erprobt worden, von denen die ein- und die zweiseitige Luftlagerung als am meisten verbreitete und bewährte Verfahren gelten. Dabei bietet letztere offensichtlich Vorteile für eine — eventuell bei Polymeranwendungen unbedingt erforderliche — Probentemperierung, während sich erstere bei kleinem Polschuhabstand am besten realisieren läßt. Aus Gründen der Probenkopfgeometrie ist in der Regel eine Einspulenanordnung für das Doppelresonanzexperiment wünschenswert, die sich durch Abstimmung der Probenspule mittels geeigneter ($\lambda/4$)-Leitungen für die beiden unterschiedlichen Frequenzen realisieren läßt.

Die in Kapitel 6. beschriebene erfolgreiche Anwendung der Probenrotation für Protonen ohne Vielimpulstechnik zur Untersuchung von Schmelzen beruht auf der Vorverschmälerung durch die vorhandene thermische Bewegung, die auch die Anisotropie der chemischen Verschiebung bereits stark reduziert.

7.1.5. Messung von Relaxationszeiten

Wie im Kapitel 6. bezüglich der selektiven Relaxationszeitmessungen in Flüssigkeiten dargestellt, gibt auch die hochauflösende NMR im Festkörper grundsätzlich die Möglichkeit, die Relaxationszeiten für einzelne voneinander getrennte Liniengruppen gesondert zu messen. Die hierfür erforderliche Technik in Kopplung mit der Vielimpuls- oder der Kreuzpolarisationsmethode (und gegebenenfalls auch mit der Rotation um den magischen Winkel) macht die Meßverfahren noch komplizierter, so daß als Beispiel nur die Messung von $T_{1\varrho}$ für die ^{13}C-Kerne mit der Kreuzpolarisationstechnik sowie die der Kreuzrelaxationszeit T_{IS} angegeben werden sollen. Der Unterschied der $T_{1\varrho}$ (^{13}C)-Messung zum üblichen CP-Verfahren besteht darin, daß nach der Polarisation der ^{13}C-Kerne durch den Kontakt mit den Protonen durch gleichzeitige Einstrahlung der Resonanzfelder beider Kerne (s. Abb. 7.1) eine weitere Zeit t das ^{13}C-Feld bei abgeschaltetem ^{1}H-Feld angelegt bleibt und danach wie bisher der Nachweis vorgenommen wird.

Während dieser Zeit t erfolgt die ^{13}C-Relaxation im rotierenden Koordinatensystem. Deshalb ist der erhaltene Signalabfall — nach Fourier-Transformation getrennt für jede einzelne Gruppe — durch die Relaxationszeit $T_{1\varrho}$ charakterisiert. Das Experiment muß also für verschiedene Zeiten t wiederholt werden. Aus Gründen, die in Kapitel 6 dargelegt sind, besitzt die Relaxationszeit $T_{1\varrho}$ gegenüber T_1 für Polymeruntersuchungen Vorteile. Es muß jedoch sichergestellt werden, wodurch der Relaxationsprozeß verursacht wird. Sollte die Relaxation durch die Modulation der dipolaren Wechselwirkung mit dem Protonenspinsystem infolge Protonenspin-Flips bestimmt sein, so ergeben sich lediglich Aussagen, die man auch aus einfacheren Relaxationszeitmessungen erhalten kann. Für Polymere im amorphen Zustand bei relativ großen $\boldsymbol{B}_1$-Feldern und nicht zu tiefen Temperaturen ist jedoch die eigentliche Größe $T_{1\varrho}(^{13}\mathrm{C})$, die die direkte Wechselwirkung mit dem Gitter beschreibt und damit das thermische Bewegungsverhalten charakterisiert, maßgeblich.

Gegenüber ^{1}H-Relaxationszeitmessungen kommt für die ^{13}C-Untersuchungen noch der Vorteil hinzu, daß die Größe des 2. Momentes fast nur durch intramolekulare Wechselwirkung bestimmt wird und damit z. B. die CH_2-

Gruppen besser charakterisiert werden. Wegen der großen Anisotropie der chemischen Verschiebung treten auch keine äquidistanten Energieniveaus benachbarter ^{13}C-Kerne mehr auf, wodurch innerhalb des ^{13}C-Spinsystems die störende Ausmittelung der Relaxationsprozesse durch die Spindiffusion wegfällt. Eine zweite Relaxationsgröße, die erst durch Kreuzpolarisationsmessungen zugängig wird, ist die Kreuzrelaxationszeit T_{IS}. Sie kann für die einzelnen Linien durch Variation der Kontaktzeit gesondert bestimmt werden und ist wichtig für eine sinnvolle Einstellung der Kontaktzeit. Die Magnetisierung der ^{13}C-Kerne baut sich nämlich gemäß

$$M_c \sim \left(\exp\left[-\frac{t}{T_{1\varrho}(^1\mathrm{H})}\right] - \exp\left[-\frac{t}{T_{IS}}\right]\right) \tag{7.2}$$

auf [7.15, 7.16]. Zu kurze Kontaktzeit würde zu geringe Polarisation der Kohlenstoffkerne bedeuten, zu lange Zeit kann dagegen aufgrund des Abfalles der Protonenmagnetisierung mit $T_{1\varrho}(^1\mathrm{H})$ zu einer Wiederabnahme der ^{13}C-Magnetisierung führen. Daneben ist aber T_{IS} eine interessante Größe, die die Wechselwirkung der Protonen mit den ^{13}C-Kernen charakterisiert. Einschränkend muß jedoch auf die schlechte Reproduzierbarkeit der T_{IS}-Werte wegen ihrer starken Abhängigkeit von der Einhaltung der Hartmann-Hahn-Bedingung hingewiesen werden.

7.2. Struktur und Bewegung in isotropen Polymerfestkörpern

7.2.1. Informationsgehalt der Spektren

Die wichtigste Informationsquelle der hochauflösenden Kernresonanz im Festkörper ist die Anisotropie der chemischen Verschiebung, eine Größe, die aus der Flüssigkeitsspektroskopie nicht zugängig ist, da durch thermische Bewegung nur der isotrope Mittelwert gemessen werden kann. Die Anisotropieparameter sind ihrerseits — allerdings häufig auf recht komplizierte Weise — mit der Molekülstruktur korreliert.

Die chemische Verschiebung kann durch einen Tensor 2. Stufe ausgedrückt werden. Wenn σ_{11}, σ_{22}, σ_{33} die Hauptachsenwerte[1] in einem molekülfesten Koordinatensystem darstellen, welches gegenüber dem Laborsystem (dessen z-Achse in Richtung des äußeren Magnetfeldes $\boldsymbol{B}_0$ zeigt) um die Eulerschen Winkel φ, Θ, ψ gedreht ist, so ergibt sich für die meßbare Komponente σ_{zz} (z. B. [7.6])

$$\sigma_{zz} = \sin^2\Theta\cos^2\varphi\,\sigma_{11} + \sin^2\Theta\sin^2\varphi\,\sigma_{22} + \cos^2\Theta\,\sigma_{33}\,. \tag{7.3}$$

Um zunächst für polykristallines Material die daraus resultierende Linienform zu berechnen, muß eine isotrope Wahrscheinlichkeitsverteilung für Θ und φ benutzt werden. Daraus ergibt sich ein Ausdruck für die Linienform, der qualitativ in Abbildung 7.3a)

[1] σ_{ii} wird hier z. T. vereinfacht mit σ_i abgekürzt.

dargestellt ist. Aus diesem Signal sind die Hauptachsenwerte σ_{11}, σ_{22} und σ_{33} direkt ablesbar (es gelte $\sigma_{11} < \sigma_{22} < \sigma_{33}$). Anstelle des komplizierten analytischen Zusammenhanges sei nur angegeben, daß sich die Intensitäten, charakterisiert durch die Linienformfunktion $G(\sigma)$, an den Stellen σ_{11} und σ_{22} reziprok wie die Wurzeln aus den entsprechenden Abständen zu σ_{22} verhalten,

$$\frac{G(\sigma_{11})}{G(\sigma_{33})} = \sqrt{\frac{\sigma_{33} - \sigma_{22}}{\sigma_{22} - \sigma_{11}}}\,, \tag{7.4}$$

und daß der theoretische Wert der Intensität bei $\sigma = \sigma_{22}$ divergiert. Liegt Axialsymmetrie vor, so kann

$$\sigma_{11} = \sigma_{22} = \sigma_{\perp} \quad \text{und} \quad \sigma_{33} = \sigma_{\parallel} \tag{7.5}$$

gesetzt werden, und es ergibt sich als Linienform $G(\sigma)$:

$$G(\sigma) \sim (\sigma - \sigma)^{-1/2} \quad \text{für} \quad \sigma_{\perp} < \sigma < \sigma_{\parallel} \tag{7.6}$$

und $G = 0$ sonst (Abb. 7.3 b)). Hier liegt also Divergenz für $\sigma = \sigma_{\perp}$ vor.

Die in Abbildung 7.3 dargestellten idealisierten Linienformen für polykristallines Material werden experimentell sehr selten beobachtet. Nicht vollständig beseitigte dipolare Verbreiterungen oder — besonders charakteristisch für amorphe oder partiell kristalline Stoffe, also für viele Polymere — eine Verteilung der Tensorelemente der chemischen Verschiebung führen zu Überlagerungen der dargestellten Linienformen und damit zur Abrundung der Struktur des Signales.

Für Polymeruntersuchungen ergeben sich daraus die Möglichkeiten, erstens zu versuchen, trotz der Abrundungseffekte noch die Tensorelemente zu bestimmen und daraus Strukturaussagen zu erhalten, und zweitens, wie von Hempel [7.18] gezeigt, aus der Art der Abrundung Schlüsse über Verteilungen der Tensorelemente der chemischen Verschiebung und damit über den Charakter der Amorphität zu ziehen. (Das ist in den Abschnitten 7.2.2. und 7.2.3. dargestellt.) Die genauesten Informationen aus Gleichung (7.3) wären

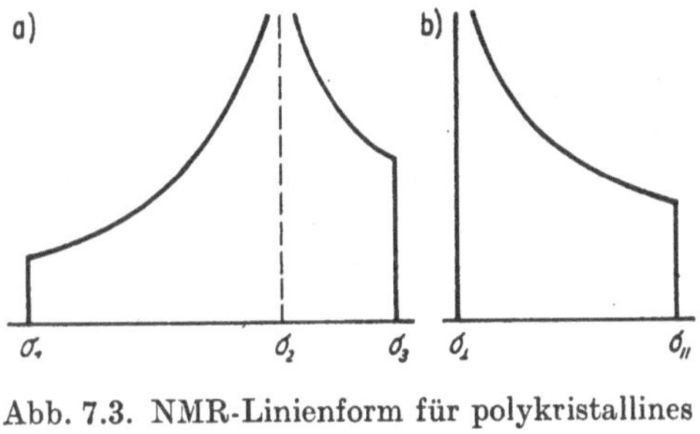

Abb. 7.3. NMR-Linienform für polykristallines Material, a) allgemeiner Fall, b) Axialsymmetrie

über Einkristalluntersuchungen möglich, da hier Orientierungsabhängigkeiten die σ_{ii} direkt zu messen gestatten. Solche Untersuchungen, die die Interpretation der Pulverspektren sehr erleichtern können, spielen leider aus Substanzbeschaffungsgründen bei Polymeren keine Rolle. Dagegen können teilweise oder weitgehend orientierte Polymere, die ausgehend von (7.3) über spezielle Winkelverteilungen zu charakteristischen Linienformen führen, recht gut mit der hNMR im Festkörper untersucht werden (s. Abschn. 7.3.).

Eine weitere grundlegende Frage ist der Einfluß der Bewegung auf Spektren. Ergebnisse einer schnellen Probenrotation um den magischen Winkel sind in Abschnitt 7.4. für einige Polymere dargestellt. Eine andere Form der Bewegung sind schnelle, angenähert isotrope molekulare Umorientierungen innerhalb des Festkörpers, die z. B. für Adamantan oder Flüssigkristalle zu einer Ausmittelung der chemischen Verschiebungsanisotropie führen und damit scharfe Linien in flüssigkeitsähnlichen Spektren zu beobachten gestatten. Hieraus sollten sich Untersuchungsmöglichkeiten für flüssigkristalline Polymere ergeben. Häufig treten jedoch — auch in Polymeren noch bei relativ niedrigen Temperaturen — stark anisotrope Bewegungen auf. Die dadurch hervorgerufene partielle Ausmittelung der chemischen Verschiebung kann in vielen Fällen zu einem axialsymmetrischen Verschiebungstensor führen. Dadurch wird im allgemeinen die Interpretation der Spektren sehr erleichtert. Schließlich ist auch zu erwarten, daß molekulare Konformationsänderungen im Festkörper ähnlich wie in der Flüssigkeits-NMR für die Spektreninterpretation bedeutsam werden.

Auch das Kreuzrelaxationsverhalten, charakterisiert durch die Wechselwirkung des Protonenspinsystems mit den ^{13}C-Kernen, hat einen großen Einfluß auf die entstehenden Signale. (Siehe dazu Abschn. 7.2.4. und auch Abschn. 7.1.5.)

7.2.2. Allgemeine Strukturaussagen ohne Kopplung mit Probenrotation

In den letzten Jahren steht einer Vielzahl von Veröffentlichungen über erfolgreiche Anwendungen der hNMR auf anorganische Festkörper oder auch auf organische Einkristalle eine relativ kleine Anzahl zur Polymeruntersuchung gegenüber. Ursache dafür ist, daß die alleinige Benutzung der Vielimpulstechnik (bei starker homonuklearer Kopplung) bzw. des Kreuzpolarisationsverfahrens (für magnetisch stark verdünnte Kerne) oder der Probenrotation um den magischen Winkel noch keine ausreichende Auflösung bringt. Häufig ergeben sich nur zwei, eventuell noch etwas strukturierte, Linien, von denen die Tieffeldresonanzen den Carbonyl-, Phenyl- und anderen Gruppen, die Resonanzen bei hohem Feld den Methyl- und Methylengruppen zugeordnet werden können.

Dabei scheint für Polymere die ^{13}C-Resonanz im Festkörper gegenüber Protonenmessungen bessere Möglichkeiten zu bieten, da der Bereich der chemischen Verschiebungen für erstere mehr als eine Größenordnung größer ist, wodurch die Chancen für eine Spektrenauflösung von vornherein besser sind. Bei Protonenresonanz reicht jedoch selbst bei relativ hohem Kristallinitätsgrad, auch wegen noch zu großer Restlinienbreiten, die Auflösung oft nicht dazu aus, die σ-Parameter (bei ohnehin geringer σ-Anisotropie) der einzelnen Protonensorten gesondert zu bestimmen. So brachte z. B. ein Vielimpulsspektrum von Polystyren [7.10] Ergebnisse, die denen eines hochaufgelösten Protonenresonanzspektrums an derselben Substanz, das in demselben Labor 1968 nur mittels schneller Probenrotation um den magischen Winkel gewonnen wurde [7.11], analog sind.

Die Temperaturabhängigkeit dieses PS-Spektrums (Abb. 7.4) zeigt zunächst eine Bewegungsverschmälerung der drei Linien mit zunehmender Temperatur, wobei die mittlere Linie Verunreinigungen zugeordnet wird und bei weiterer Temperaturerhöhung verschwindet. Erst dann ergibt sich für das Flächenverhältnis der beiden Linien der erwartete Wert von 5:3, der dem Verhältnis von Phenyl- zu Kettenprotonen entspricht. Für detailliertere Informationen sind jedoch mindestens T_{2e}- bzw. $T_{1\varrho}$-Resultate zur Diskussion heranzuziehen.

Ein weiteres Beispiel für ein Vielimpulsprotonenspektrum ergibt sich für 1,4-cis-Polybutadien [7.10]. Die zwei den (CH$\lessdot$)- und den CH_2-Gruppen entsprechenden gut aufgelösten Linien zeigen nur eine geringfügige Linienbreitenabhängigkeit von der Temperatur, was einer relativ kleinen Aktivierungsenergie für den inneren Bewegungsprozeß $E_a \approx 5 \dots 10$ kJ mol^{-1} spricht.

Eine Möglichkeit der Untersuchung von Copolymeren ist bereits 1974 in [7.29] angegeben. Für das feste Copolymer Polydimethylsiloxan-Polycarbonat

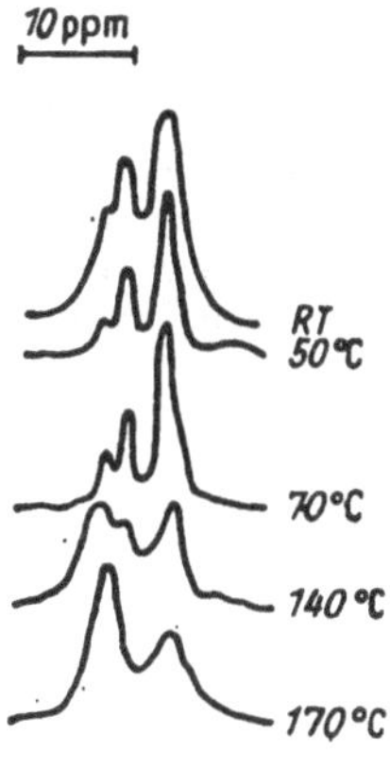

Abb. 7.4. Temperaturabhängigkeit der Protonenvielimpulsspektren von Polystyren (nach [7.10])

konnten im Vielimpuls-Protonenresonanzspektrum die Linien für die aromatischen und die Methylprotonen getrennt nachgewiesen werden. Aus den Flächen bestimmte Zusammensetzungen stimmen gut mit den für die Copolymerlösung erhaltenen Werten überein.

Umfangreicher, jedoch auch nur wenig aussagekräftiger, sind die ^{13}C-Kreuzpolarisationsuntersuchungen an Polymeren. Hier gibt es bereits Übersichten (z. B. [7.12]), in welchen Bereichen die Mittelwerte der in Festkörpern gewonnenen Tensoren der chemischen Verschiebung für verschiedene funktionelle Gruppen liegen (sie streuen z. B. von den Carbonyl- bis zu den Methylgruppen in Richtung zum höheren Feld um ca. 200 ppm) und welche Größe die Tensoren der chemischen Verschiebung für gleiche funktionelle Gruppen in unterschiedlichen Substanzen besitzen.

Als Grundlage für weiterführende Arbeiten erfolgt in [7.13, 7.14] eine Zusammenstellung von ^{13}C-Kreuzpolarisationsspektren an Polymeren im Glaszustand. Aus ihr sind empirisch gefundene optimale Werte für die Wiederholzeit bei Akkumulationen (zwischen 1,5 und 3 s) sowie für die Kontaktzeit (s. Abb. 7.1) von ca. 0,5 bis 1 ms für die betrachteten Polymere zu entnehmen. Die erhaltenen Mittelwerte sowie Tensorelemente der chemischen Verschiebung, soweit möglich getrennt für unterschiedliche funktionelle Gruppen, sind in Tabelle 7.1 zusammengestellt. Dabei fällt auf, daß die Meßfehler ziemlich groß sind, einige Linien keine eindeutige Bestimmung der Tensorhauptwerte zulassen, für einige funktionelle Gruppen sogar nicht einmal identifizierbare Signale feststellbar waren.

Einige Charakteristika der erhaltenen Spektren seien noch genannt: Die Anisotropie der chemischen Verschiebung und damit die Linienbreite wächst im allgemeinen mit geringer werdender Abschirmung gegen das äußere Feld, ist also z. B. für Phenyl- und Carbonylgruppen am größten. Die Linienabrundung infolge Amorphität (s. 7.2.3.) führt zum Verlust von Feinstrukturdetails, weshalb in einigen Fällen nicht mehr alle möglichen Tensorelemente erkennbar sind. Im Falle des PVC ruft die nicht entkoppelte ^{13}C-^{35}Cl-Wechselwirkung eine stark verbreiterte, der CHCl-Gruppe zuzuordnende Linie (Halbwertsbreite etwa 1000 ppm) hervor, die den Untergrund der schmaleren CH_2-Linie darstellt und quantitative Messungen ohne ^{35}Cl-Entkopplung verbietet. Die CH_3-Linie beim Polycarbonat stellt ein in Abschnitt 7.2.1. angedeutetes Beispiel dafür dar, daß die Rotation der CH_3-Gruppen um ihre dreizählige Achse eine durch Axialsymmetrie zu erklärende Linienform hervorruft. Die Temperaturabhängigkeit der Spektren zeigt wieder eine Linienverschmälerung bei Temperaturzunahme, die dazu führt, daß die Spektren der Schmelzen denen von gelösten Polymeren sehr ähnlich sind.

Zum Vergleich mit den Protonenspektren ist in Abbildung 7.5 die Temperaturabhängigkeit des Polystyrolspektrums angegeben [7.15, 7.16].

Eine merkliche Linienverschmälerung tritt — fast gleichzeitig für die Phenyl- und die Kettenkohlenstoffe — erst oberhalb 130 °C (also deutlich über der statischen Glastemperatur von 103 °C) auf. Die schmalen Linien für hohe Temperaturen sind gut mit dem Flüssigkeitsspektrum zu vergleichen und zeigen die eindeutige Linienzuordnung

Tabelle 7.1. Experimentell bestimmte Tensoren der chemischen Verschiebung und Kreuzrelaxationszeiten (nach [7.14])

Substanz	funktionelle Gruppe	Elemente des Tensors σ_{ii} der chemischen Verschiebung in ppm in bezug auf C_6H_6 flüssig			Mittelwert der chemischen Verschiebung in ppm	Kreuzrelaxationszeit T_{IS} in ms
		11	22	33		
Polyethylen hoher Dichte	CH_2	80 ± 8	94 ± 3	112 ± 8	95 ± 6	0,22 ± 0,06
Polyvinylchlorid	CH	*)	*)	*)		
	CH_2	+)	+)	+)	78 ± 7	0,18 ± 0,06
Polyvinylalkohol	CH	+)	+)	+)	78 ± 5	0,11 ± 0,05
	CH_2	+)	+*)	+)	108 ± 5	0,11 ± 0,05
Polyvinylacetat	CH, CH_2, CH_3	+)	+)	+)	60 ± 10	—
	COO	−135 ± 20	−10 ± 10	−12 ± 10	−44 ± 13	—
Ethylen-Vinylacetat-Copolymerisat	CH	+)	+)	+)	56 ± 4	0,19 ± 0,08
	CH_2	77 ± 12	91 ± 6	110 ± 12	93 ± 10	0,19 ± 0,08
	CH_3	*)	*)	*)		—
	COO	*)	*)	*)		—
Polycarbonat	CH_3	90 ± 3		123 ± 13	101 ± 6	0,29 ± 0,06
	COO	−105 ± 17	−36 ± 15	30 ± 20	−37 ± 17	0,23 ± 0,07
	Aromaten	−105 ± 17	0 ± 20	110 ± 20	2 ± 19	0,23 ± 0,07
Polystyren	CH, CH_2	+)	+)	+)	84 ± 2	0,5 ± 0,2
	Aromaten	− 92 ± 13	−23 ± 10	106 ± 10	6 ± 2	1,2 ± 0,4

*) Nicht identifizierbar.
+) Keine eindeutige Bestimmung der Tensorhauptwerte möglich, nur Mittelwert meßbar.

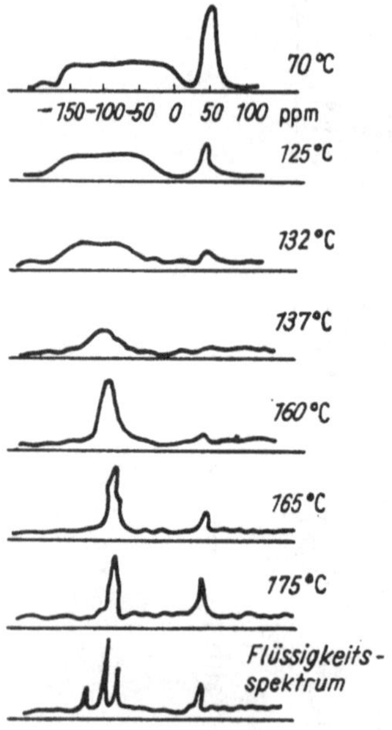

Abb. 7.5. Temperaturabhängigkeit von ^{13}C-Kreuzpolarisationsspektren von Polystyren (nach [7.15, 7.16])

der Resonanz bei tieferem Feld zu den Phenylgruppen. Ein besonderer Effekt, das Verschwinden der Linie der Kettenkohlenstoffe zwischen 135 °C und 155 °C, der reproduzierbar, unabhängig von der Temperaturänderungsrichtung und auch bei gewöhnlicher ^{13}C-Fourier-Messung mit ^{1}H-Entkopplung auftritt, wird wie folgt erklärt: Bei einer bestimmten Temperatur wird die Kreuzpolarisation infolge der zunehmenden Ausmittelung der ^{13}C-^{1}H-Wechselwirkung unwirksam. Im Gegensatz zu den Aromaten setzt für die Kettenkohlenstoffe der für Flüssigkeiten charakteristische Effekt der ^{13}C-Polarisation durch einen langen ^{13}C-HF-Impuls erst bei noch höheren Temperaturen ein.

Umfangreiche Angaben zu Kreuzpolarisationspolymerspektren sind auch in den Arbeiten von Schaefer und Stejskal (z. B. [7.17]) enthalten. Da diese aber stets als Spezialfall bei abgeschalteter Probenrotation diskutiert werden, werden sie in Abschnitt 7.4. behandelt. In der genannten Arbeit ist auch ein Beispiel enthalten, für das mit gated decoupling (s. 1.2.3. und Tab. 1.4) gemessene FT-Spektren von Polycarbonat die Bestimmung des Overhauser-Faktors für verschiedene funktionelle Gruppen analog zur Anwendung in Flüssigkeiten (s. Kap. 4.) gestatten. In [7.12] werden als hochpolymere Kohlenhydrate Zellulose und Stärke untersucht und mit Rohrzucker verglichen.

Die hier nur qualitativ auswertbaren Resultate zeigen eine gute Übereinstimmung des Zellulose- und des Rohrzuckerspektrums, hervorgerufen durch die große Ähnlichkeit der funktionellen Gruppen, obwohl es Unterschiede im geometrischen Molekülaufbau gibt. Das Spektrum des um etwa drei Größenordnungen größeren Zellulosemoleküls gestattet allerdings nicht mehr die Bestimmung aller drei Tensorhauptwerte. Noch stärker ist die Abrundung des Spektrums bei Stärke, wodurch die Tensorhauptwerte gar nicht mehr bestimmbar sind und auch die Ähnlichkeit mit dem Zucker- und Zellulosespektrum — trotz ähnlicher funktioneller Gruppen — verlorengeht. Untersuchungen in der gleichen Arbeit an verschiedenen Homo- und Copolymerisaten (mit Ethylen) von Norbornen führten auch nur zu einer wenig strukturierten Linie. Dadurch konnten keine Hinweise über das auch nach der Polymerisation erwartete Bestehenbleiben von Doppelbindungen gefunden werden. Die Ursache ist die große Anisotropie der chemischen Verschiebung von ^{13}C-Kernen mit Doppelbindung, die zu großen Linienbreiten und Überlappungen führt.

Die Schlußfolgerung, daß durch den Einsatz der Probenrotation der Informationsgehalt der Spektren wesentlich erhöht werden kann, gilt auch für viele andere Versuche, aus Kreuzpolarisationsmessungen Strukturparameter zu erhalten. Ohne Benutzung der Probenrotation — das ist auch mit den gezeigten Beispielen belegt — treten häufig Signalüberlappungen auf, und die Interpretation ist oft nur qualitativ möglich, da Tensorhauptwerte nicht ablesbar sind oder Signale aus einer Summe mehrerer Einzellinien bestehen.

Dabei bleibt die Frage noch offen, in welcher Weise die — zweifellos vorhandenen — Verknüpfungen der Tensorelemente der chemischen Verschiebung mit der Molekülstruktur quantitativ bei der Spektreninterpretation genutzt werden können.

7.2.3. Amorphität von Polymeren

Die Hauptwerte des chemischen Verschiebungstensors für verschiedene funktionelle Gruppen enthalten grundsätzlich Informationen über die elektronische Umgebung des Kerns, die ein Spiegelbild der Mikrostruktur der Probe ist. Die zur Bestimmung der Absolutwerte der σ_{ii} erforderlichen Spektren mit einer Form gemäß Abbildung 7.3a) und b) ergeben sich — wie bereits festgestellt — nur für polykristalline Substanzen. Bei der Untersuchung von Polymeren treten dagegen sehr verwaschene und abgerundete Linien auf. Eine Erklärung dafür ist in der von Ort zu Ort unterschiedlichen Umgebung eines ^{13}C-Kernes in amorphen Substanzen zu suchen, die zu einer Uneinheitlichkeit der Tensorelemente führt. Deshalb ist in [7.18] (s. auch. [7.19 bis 7.21]) versucht worden, aus der Art der Linienabrundung die Verteilung von Tensorhauptwerten zu bestimmen, um daraus Aussagen über intermolekulare Abstandsverhältnisse und Häufigkeiten verschiedener Molekülkonformatinonen zu erhalten. Das entspricht einer Verteilung der

σ_{ii} chemisch äquivalenter Kerne, die infolge der unterschiedlichen übermolekularen Umgebung voneinander leicht differerierende Tensoren der chemischen Verschiebung aufweisen. Die Breite der σ-Verteilungen stellt, allgemein gesagt, ein Maß für die Unordnung im molekularen Aufbau der Probe dar. Das wird durch Abbildung 7.6 nahegelegt, in der bei unterschiedlich vorbehandelten Proben zu erkennen ist, daß die Probe mit höherem Kristallinitätsgrad steilere Flanken und damit schmalere Verteilungen der σ-Hauptwerte aufweist als die „amorphe" Probe.

Um eine quantitative Behandlung zu ermöglichen, wird die aus der Linienform zu bestimmende Verteilungsfunktion der Tensorhauptwerte benutzt, um über einen Breitenparameter ein Maß für die Amorphität zu erhalten, eventuell eine Zerlegung in Teilkurven und deren Zuordnung zu Teilbereichen mit unterschiedlicher Ordnung entsprechend der jeweiligen Breite der Teilverteilung durchzuführen und schließlich aus der Form der Verteilung Konformationshäufigkeiten und Molekülabstandsverteilungen zu gewinnen.

Die in Abbildung 7.3 dargestellte theoretische Linienformfunktion $G^*(\sigma, \sigma_1, \sigma_2, \sigma_3)$ sowie die dreidimensionale Wahrscheinlichkeitsverteilung $K(\sigma_1, \sigma_2, \sigma_3)$ ergeben die resultierende Gesamtformfunktion durch Überlagerung aller G^* mit dem statistischen Gewicht $K \, d\sigma_1 \, d\sigma_2 \, d\sigma_3$ gemäß

$$G(\sigma) = \iiint_{-\infty}^{+\infty} G^*(\sigma, \sigma_1, \sigma_2, \sigma_3) \, K(\sigma_1, \sigma_2, \sigma_3) \, d\sigma_1 \, d\sigma_2 \, d\sigma_3 \,. \tag{7.7}$$

Da die σ_i im allgemeinen nicht vollkommen unabhängig voneinander sind (die Strukturmerkmale wirken sich nicht auf einen Hauptwert allein aus), wird zur Vereinfachung von (7.7) vorausgesetzt, daß die Breite der Verteilungen klein gegen den Abstand der Verteilungsschwerpunkte untereinander ist. Diese Voraussetzung ist praktisch dann

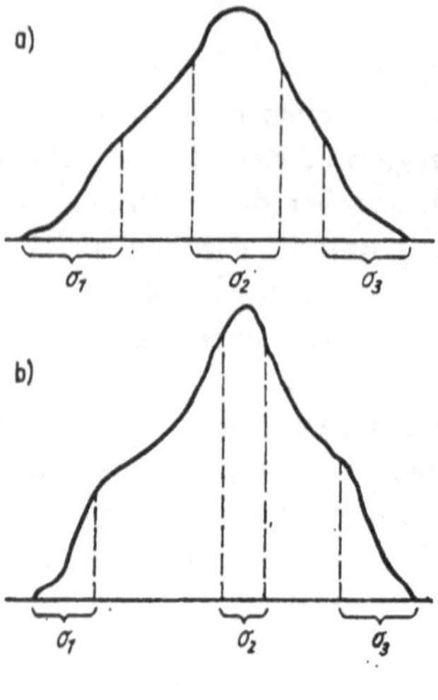

Abb. 7.6. ^{13}C-Kreuzpolarisationsspektren zweier unterschiedlich vorbehandelter Polyethylenproben (nach [7.22]), a) unbehandelt, b) 6 h bei 120 °C getempert und langsam abgekühlt

erfüllt, wenn die ursprüngliche Form G^* noch nicht vollständig durch die Abrundung überdeckt ist. Dann haben die K_2 und K_3 keinen Einfluß auf die Linienform im Bereich der σ_1-Flanke, und nach Einführung effektiver Werte $\sigma_{2\text{eff}}$ und $\sigma_{3\text{eff}}$ nach dem Mittelwertsatz der Integralrechnung und von σ_{1u} als untere Grenze aller nichtverschwindenden Werte der $K(\sigma_1)$-Verteilung folgt

$$G(\sigma) = \int_{\sigma_{1u}}^{\sigma} d\sigma_1\, K_1(\sigma_1)\, G^*(\sigma, \sigma_1, \sigma_{2\text{eff}}, \sigma_{3\text{eff}})\,. \tag{7.8}$$

Aus dieser Gleichung läßt sich mittels eines in [7.19] und [7.23] dargestellten Integralumkehrformalismus (der für Integrale anwendbar ist, bei denen ein Parameter des Integranden auch in einer der Integrationsgrenzen enthalten ist) die gesuchte Funktion $K(\sigma_1)$ bestimmen. Die nach diesem Verfahren berechneten Werte der Verteilungsfunktion bestätigen ihrerseits wieder durch Einsetzen in (7.7), daß die Voraussetzungen gut erfüllt waren. Weitere theoretische Überlegungen und experimentelle Vorkehrungen sind erforderlich, um unerwünschte Einflüsse auf die Verteilungsfunktion so weit wie möglich zu verringern. Dabei muß insbesondere der störende Einfluß der ^{13}C-^{13}C-Wechselwirkung durch die zusätzliche Einstrahlung einer Vielimpulsfolge unterdrückt werden.

Unter den genannten Voraussetzungen sind in [7.22] Verteilungen für Polycarbonat und Polyethylen unterschiedlichen Kristallinitätsgrades sowie für Hexamethylbenzol aus den Spektren berechnet. Dabei ergibt sich (genauer bei Berücksichtigung der ^{13}C-^{13}C-Verbreiterung) ein eindeutiger Zusammenhang zwischen der Verteilungsbreite und dem Kristallinitätsgrad. Die aus Abbildung 7.7 folgende lineare Abnahme ist bei der Kompliziertheit der Abhängigkeiten überraschend und kann zufallsbedingt sein. Für Polycarbonat gelingt es, die $X(\sigma_\perp)$-Verteilung der CH_3-Linie in zwei Anteile zu zerlegen. Die Komponente mit gegenüber der anderen halber Breite besitzt ca. 25% Anteil an der Gesamtfläche. Dieser Wert korreliert gut mit dem allgemein angegebenen kristallinen Anteil des partiell-kristallinen Polycarbonates.

Bei nicht vorhandener ^{13}C-^{13}C-Entkopplungsmöglichkeit kann die wahre σ_1-Verteilung durch eine mathematische Rückfaltung mit einer LORENTZ-Funktion geeigneten Parameters berechnet werden. Diese „künstliche Auf-

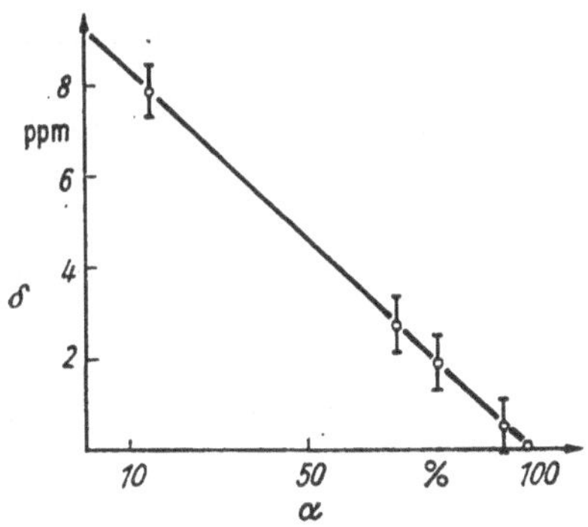

Abb. 7.7. Zusammenhang zwischen Verteilungsbreite für die Komponente $\sigma_\perp$ des Tensors der chemischen Verschiebung und der Kristallinität (nach [7.22])

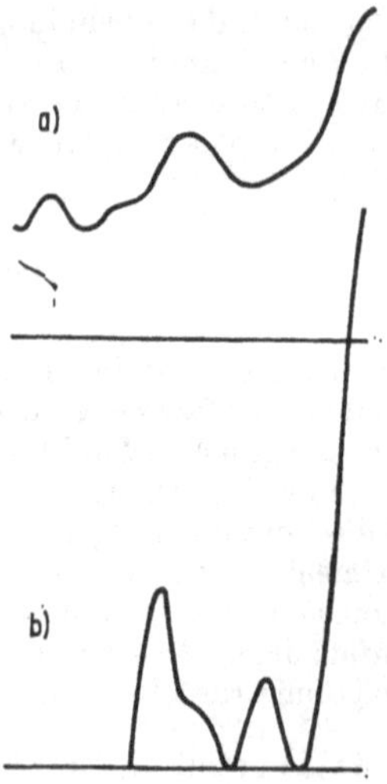

Abb. 7.8. Wirkung der mathematischen Entfaltung auf die Verteilungsfunktion $K(\sigma_\perp)$ der Komponente $\sigma_\perp$ des chemischen Verschiebungstensors für Polyethylen (nach [7.18]); a) ohne Entfaltung, b) Entfaltung mit einer LORENTZ-Linie von 114 Hz Halbwertsbreite

lösungsverbesserung" verschlechtert naturgemäß das Signal/Rausch-Verhältnis (Abb. 7.8), ist aber für Polyethylen als Grundlage für weitere Auswertungen benutzbar.

Die Verbindung zwischen der chemischen Verschiebung und der übermolekularen Struktur wird in Festkörpern hauptsächlich dadurch hergestellt, daß die im Magnetfeld polarisierten Elektronenhüllen nicht nur die in ihnen selbst enthaltenen Kerne abschirmen, sondern auch weiter entfernte Kerne beeinflussen. Das kann in erster Näherung als dipolare Wechselwirkung behandelt werden und ermöglicht mit einem geeigneten Modell die Bestimmung der Tensorhauptwerte für verschiedene Polyethylenkonformationen. Durch Vergleich dieser Möglichkeiten mit den experimentell erhaltenen $K(\sigma_i)$ ergeben sich die Anteile der einzelnen Konformationen im Polyethylen als etwa 90%ig mit trans-Gestalt, die restlichen 10% entfallen auf gauche beiderlei Drehsinns.

Durch verbesserte Meßverfahren (^{13}C-^{13}C-Entkopplung) und genauere Rechnungen sind zwar noch verfeinerte Ergebnisse zu erwarten (einschließlich Schlußfolgerungen für die übermolekulare Struktur), dennoch wird diese Variante der Spektrenauswertung wegen ihrer Kompliziertheit keine routinemäßige Anwendung finden. Für spezielle Fragestellungen sind jedoch die Resultate als Ergänzungen zu anderen Methoden sehr interessant, in anderen Fällen wird es genügen, eine Grobinterpretation der Verteilungsfunktionen durchzuführen, um Aussagen über den Ordnungsgrad bzw. Bereiche unterschiedlicher Ordnung zu erhalten.

Das Verfahren wird auch für andere Polymere als Polyethylen theoretisch komplizierter, ist nicht einsetzbar, wenn das Spektrum von Fremdkernen stark beeinflußt wird, und erfordert bei Überlagerung mehrerer Linien in einem Spektrum die Erhöhung der Auflösung durch schnelle Probenrotation, wobei z. B. durch Anweichung vom magischen Winkel die Anisotropie der chemischen Verschiebung nicht völlig ausgemittelt werden darf.

7.2.4. Einsatz von Relaxationszeitmessungen

An Hand von zwei Beispielen wird auf die Bestimmung der ^{13}C-Relaxationszeit $T_{1\varrho}$ im rotierenden Koordinatensystem eingegangen, deren relativ kompliziertes Meßprinzip im Abschnitt 7.1.5. beschrieben ist, sowie auf die Messung der Kreuzrelaxationszeit T_{IS}, die die Geschwindigkeit der Polarisation der ^{13}C-Kerne durch die Protonen charakterisiert.

$T_{1\varrho}$-^{13}C-Messungen werden am Copolymer Ethylen-Vinylacetat (EVAc, Vinylacetatanteil ca. 20 Masse-%) beschrieben [7.24]. Da hierfür (s. auch Tab. 7.1) keine eindeutige Linientrennung möglich war, wurden durch Auftragung des integrierten FID-Abfalles für das Gesamtpolymer charakteristische Relaxationskurven gewonnen, die sich in eine Summe zweier Exponentialkurven zerlegen ließen. Abbildung 7.9 zeigt die Ergebnisse für zwei unterschiedliche B_1-Feldstärken, verglichen mit der (einkomponentigen) Darstellung der $T_{1\varrho}$-^{13}C-Ergebnisse für PEHD. Die Kurvendiskussion zeigt einen Verlauf, der — in stärkerem Maße für niedrigere Hochfrequenzfelder — bei tiefen Temperaturen von den unerwünschten Spin-Flips der Protonen beeinflußt wird, im Bereich des Minimums aber eine Diskussion der Bewegungsvorgänge zuläßt. Die Lage des Minimums — und damit die dynamische Glastemperatur — ist bei EVAc gegenüber PEHD um 50 K zu tieferen Temperaturen verschoben, und zwar einheitlich für beide Komponenten. Das Vinylacetat führt zu einer Aufweitung der amorphen Bereiche, so daß sich die Beweglichkeit erhöht. Die Interpretation der beiden Komponenten, deren Intensitäten sich über den gesamten Temperaturbereich im Rahmen der Fehlergrenzen wie 1:1 verhalten, ist nicht völlig widerspruchsfrei. Gestützt durch $T_{1\varrho}$ (PEHD)-Messungen ist die kurze Komponente den kristallinen und die lange den amorphen Bereichen zugeordnet. Berücksichtigt man 1. gleiche Temperaturlage der Minima, 2. Gleichheit der Korrelationszeiten bei Zimmertemperatur, 3. den vierfachen Absolutwert von $T_{1\varrho}$ der amorphen Komponente, also um einen Faktor 4 unterschiedliche 2. Momente, sowie 4. die gegenüber den experimentell bestimmten um ein Vielfaches größeren theoretischen 2. Momente, so ergibt sich eine mögliche Interpretation: In beiden Fällen liegt offensichtlich eine stark behinderte

Bewegung, z. B. Oszillationen um einen bestimmten Winkel, vor, wobei die Oszillationsfrequenz gleich ist. Die im kristallinen Fall stärkere Bewegungsbehinderung drückt sich in einer geringeren Amplitude der Oszillationen aus. Dagegen führt die noch stärkere Einschränkung der Bewegungsmöglichkeiten beim PEHD zu langsameren Oszillationen. Schließlich gestattet die Gleichheit des Anstieges der Hochtemperaturflanke bei EVAc mit der Änderungsrichtung der $T_{1\varrho}$-Minima bei verschiedenen B_1-Feldstärken die Angabe einer Aktivierungsenergie von ca. 85 kJ mol^{-1}.

Zur Charakterisierung des Kontaktes zwischen den Protonen und den ^{13}C-Kernen sind in Polystyren (PS) die T_{IS}-Zeiten mit ca. 0,5 ms für die Ketten sowie 1,2 ms für die Phenylringe bestimmt worden [7.15, 7.16]. Andere Kreuzrelaxationszeiten für verschiedene Polymere aus [7.13, 7.14] sind in Tabelle 7.1 enthalten. Natürlich muß bei der Diskussion des Unterschiedes der erwähnten Relaxationszeiten auch berücksichtigt werden, daß die Kettenkohlenstoffe im Mittel mehr Protonen in unmittelbarer Nachbarschaft haben als die in den Phenylringen.

Auch die Ergebnisse der Relaxationszeitmessungen an festen Polymeren mittels Festkörperhochauflösung werden wesentlich aussagekräftiger, wenn

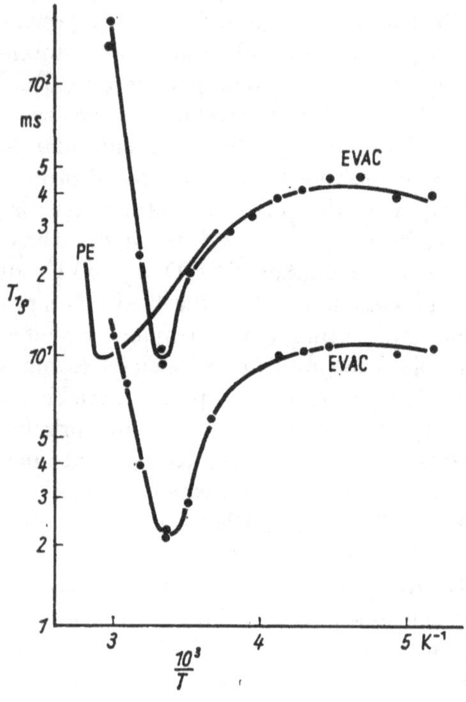

Abb. 7.9. Temperaturabhängigkeit von $T_{1\varrho}(^{13}C)$ für Polyethylen hoher Dichte und Polyethylenvinylacetat (nach [7.24])

mittels schneller Probenrotation selektive Messungen durchführbar sind. Allerdings können die $T_{1\varrho}$-Werte durch die Probenrotation verfälscht werden (s. 7.4.).

7.3. Untersuchung von orientierten Polymeren

7.3.1. Weitgehend orientierte Polymere

Liegen Abweichungen von einer isotropen Verteilung der EULERschen Winkel φ und Θ vor, die die Lage des Hauptachsensystems des chemischen Verschiebungstensors relativ zum LARMOR-System, das durch das äußere Magnetfeld $\boldsymbol{B}_0$ festgelegt ist, charakterisieren, so gibt es charakteristische Abweichungen der durch Abbildung 7.3 dargestellten Linienform. Deshalb muß nach HEMPEL prinzipiell die Möglichkeit bestehen, aus dieser Linienform Rückschlüsse auf Neigungswinkel einzelner Atomgruppen bezüglich der Streckrichtung bzw. auf Verteilungen der Abweichungen von der mittleren Orientierung zu ziehen [7.18 bis 7.21, 7.23]. Hierbei wird das Vorliegen einer Axialsymmetrie der Orientierungswahrscheinlichkeit in dem Sinne vorausgesetzt, daß die untersuchten Proben nur eine (z. B. durch Streckung hervorgerufene) Vorzugsrichtung besitzen, aber bezüglich der Rotation um diese alle Molekküllagen gleich wahrscheinlich sind.

Für den Fall sehr starker Orientierung, in dem die Abweichungen von gewissen mittleren Neigungen gering bleiben, muß noch der eigentlich gesuchte Winkel β zwischen der Streckrichtung und einer Achse des molekülfesten σ-Hauptachsensystems eingeführt werden. In Abhängigkeit von diesem sowie vom Winkel, den Streckrichtung und $\boldsymbol{B}_0$-Feld miteinander bilden, ergibt sich eine komplizierte, in [7.18] angegebene Formel für eine Linienform $G(\sigma)$, die außerdem natürlich noch die Größen σ_{11}, σ_{22} und σ_{33} enthält und drei Polstellen besitzt.

Für die Anwendung geht man besser zu Spezialfällen über und erhält für den Fall, daß die Streckrichtung zum äußeren Feld parallel liegt, eine δ-Linie und für senkrechte Lage eine Art von Dublettaufspaltung, wobei neben den σ-Hauptwerten der Winkel β für die Lage der Polstellen maßgeblich ist. Diese beiden Spezialfälle wurden bei ultraorientiertem Polyethylen beobachtet und interpretiert [7.25]. Ein weiterer Spezialfall läge vor, wenn eine σ-Hauptachse in die Streckungsrichtung zeigen würde. Dafür ergeben sich wiederum zwei Polstellen, die ihrerseits den Winkel zwischen Streckungsrichtung und Magnetfeld bestimmen lassen. Das ist exemplarisch für Hexamethylbenzen getestet worden [7.18], da sich diese niedermolekulare Verbindung im Sinne des genannten Spezialfalles wie ein Polymer verhält. Die ursprünglich pulverförmige Probe wurde nach Schmelzen und Wiedererstarren nochmals untersucht und zeigte bei Zimmertemperatur solche Linienaufspaltungen, die auf die Bildung größerer Kristallite hinwiesen, durch die nur noch sechs diskrete Richtungen der Molekülachsen bezüglich $\boldsymbol{B}_0$, deren Winkel angegeben wurden, auftraten. Wenn es gelingt, die für die Linienbreiten maßgebliche ^{13}C-^{13}C-Wechselwirkung experimentell auszuschließen (s. 7.2.3.), so werden auch Angaben über Abweichungen der Moleküllagen innerhalb eines Kristallites von der Vorzugsorientierung möglich werden.

Ein schönes Beispiel für die Leistungsfähigkeit der Methode zur Bestimmung von Neigungswinkeln einzelner Atomgruppen wird in [7.18] an Hand der Untersuchung von Polyimidfasern (Terlon) der Strukturformel

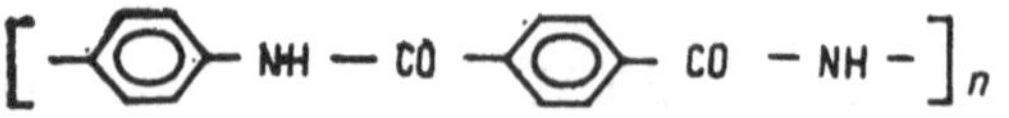

angegeben. Hier werden die Spektren für den isotropen Fall sowie für Streckungsrichtung parallel und senkrecht zur $\boldsymbol{B}_0$-Feldrichtung ausgewertet. Obwohl Carbonyl- und Aromatenkohlenstoffe Spektren liefern, die sich in Lage und Anisotropie nur sehr wenig unterscheiden und damit kaum auflösbar sind, kann durch einen glücklichen Umstand ein Teil der Signale abgetrennt werden. Die ^{14}N-Kerne rufen über die dipolare Wechselwirkung eine so starke Verbreiterung der Linien der benachbarten ^{13}C-Kerne hervor, daß sowohl die Signale der CO-Gruppen als auch die der unmittelbar benachbarten Aromatenkohlenstoffe mehr als 10 kHz Breite erreichen und damit praktisch aus dem Spektrum verschwinden. Somit wird nur das Signal der restlichen ^{13}C-Kerne aus den Phenylringen registriert, von denen jedoch noch weitere von den ^{14}N-Kernen beeinflußt werden, was zu einer Abrundung der Linien führt, die Auswertbarkeit aber nicht entscheidend beeinflußt. Die Unterschiede der Abschirmtensoren der verbleibenden drei Sorten von chemisch äquivalenten ^{13}C-Kernen werden im Verhältnis zur Spektrenausdehnung als gering und innerhalb der Fehlergrenzen liegend angenommen.

Zunächst kann aus den beiden anisotropen Spektren geschlußfolgert werden, daß die Ringnormalen mit der Streckrichtung einen rechten Winkel bilden. Damit kann die Anzahl der möglichen Strukturen erheblich eingeschränkt werden. Es ergeben sich drei mögliche Molekülformen, deren Spektren berechnet und mit den experimentellen verglichen werden. In allen drei Fällen sind die Spektren nicht durch die vorgeschlagenen Strukturen zu erklären. Es läßt sich aber recht detailliert eine Kombination zweier Strukturen mit einer gewissen begrenzten Verteilung der Bindungsrichtungen zur Streckungsrichtung angeben, die vorwiegend ebenen Charakter besitzt und die erhaltenen Spektren zu erklären erlaubt.

Mit den hier erhaltenen Aussagen über Lage und Orientierung der einzelnen Atomgruppen hat das Kreuzpolarisationsverfahren seine Leistungsfähigkeit bewiesen. Es kann durchaus als Alternative zu Röntgen- und Breitlinien-NMR Untersuchungen angesehen werden. Wenn auch der Aufwand bei der Interpretation relativ groß ist, so existieren doch eindeutige Formeln und Meßvorschriften, die unter der Voraussetzung einer möglichen Linientrennung auf andere stark orientierte Proben angewandt werden können.

7.3.2. Partiell orientierte Polymere

Wenn die Orientierung nicht mehr so stark ausgeprägt ist, wie es im Abschnitt 7.3.1. vorausgesetzt worden ist, so interessieren neben mittleren Neigungswinkeln vor allem die Häufigkeiten, mit der bestimmte Orientierungen in der Probe auftreten, es wird also eine Verteilung der Neigungswinkel γ einer gewissen Segmentrichtung $\boldsymbol{S}$ gegenüber der Streckungsrichtung gesucht. Der Streckungsgrad einer Probe ist dagegen nur ein integraler Parameter, der sich aus dem Mittelwert der gegebenen Verteilung bestimmen läßt.

Als Segment soll hier ein charakteristischer Molekülabschnitt, z. B. eine Monomereinheit, bezeichnet werden. Die Verteilungsfunktion wird so definiert, daß sich im Falle einer isotropen Probe eine Gleichverteilung ergibt; deshalb wird die Bestimmung der Verteilungsfunktion $K(\cos\gamma)$ angestrebt. Die in [7.18, 7.22] angegebene Behandlung gilt ausschließlich für das Vorliegen von axialer Symmetrie, ließe sich aber — bei weitaus größerem Aufwand — grundsätzlich erweitern.

Aus (7.3) folgt in diesem Falle mit (7.5)

$$\sigma = \sigma_{||} \cos^2 \Theta + \sigma_{\perp} \sin^2 \Theta \,. \tag{7.9}$$

Die Linienformfunktion ergibt sich als Verteilungsfunktion der chemischen Verschiebungen aus der Verteilung von $\cos\Theta$ durch

$$G(\sigma) = f(\cos\Theta) \left| \frac{\mathrm{d}(\cos\Theta)}{\mathrm{d}\sigma} \right| . \tag{7.10}$$

Im isotropen Fall liegt für $f(\cos\Theta)$ eine Gleichverteilung vor (also $f(\cos\Theta) = 1$), und man erhält für die isotrope Linienform $G_0(\sigma)$

$$G_0(\sigma) = \left| \frac{\mathrm{d}(\cos\Theta)}{\mathrm{d}\sigma} \right| \tag{7.11}$$

mit $\cos\Theta$ aus (7.9). Das Ergebnis ist Gleichung (7.6). Liegt jedoch eine abweichende Verteilung $f(\cos\Theta)$ vor, so ergibt sich für die zugehörige Linienform im anisotropen Fall

$$G(\sigma) = f(\cos\Theta)\, G_0(\sigma) \,. \tag{7.12}$$

Für den axialsymmetrischen Fall erhält man also die Verteilungsfunktion des Kosinus des Winkels Θ zwischen der Tensorhauptachsenrichtung $\boldsymbol{T}$ und dem $\boldsymbol{B}_0$-Feld, indem man die Linienformfunktionen der orientierten und der isotropen Probe punktweise dividiert. Um einen Bezug zu unserer Problemstellung zu erhalten, die eine Verteilung des Kosinus des Winkels γ zwischen Streckrichtung $\boldsymbol{V}$ und Segmentorientierung $\boldsymbol{S}$ zum Ziele hat, wird zunächst für diesen Abschnitt vorausgesetzt, daß die Streckrichtung immer in Magnetfeldrichtung zeigen soll. Damit läßt sich $f(\cos\Theta)$ als ein Integral über $K(\cos\gamma)$ ausdrücken, welches die Eigenschaft besitzt, daß die obere Grenze des Integrals von einem im Integranden vorhandenen Parameter abhängt. Somit kann man aus diesem Integral wiederum (wie in Abschnitt 7.2.3. angeführt) nach einem Integralumkehrformalismus auf numerischem Wege die gesuchte Verteilungsfunktion $K(\cos\gamma)$ aus der gemäß (7.12) experimentell bestimmten Verteilung berechnen. Auf diese Weise kann die Verteilung der Segmentorientierungen gegenüber der Streckungsrichtung gewonnen werden, eine Strukturinformation, die von allen NMR-spezifischen Parametern befreit ist.

Die Anwendung wurde an den Systemen Polycarbonat (PC), Polystyren und an EVAc-Copolymeren getestet. Für die beiden letztgenannten Spektren waren keine auswertbaren Unterschiede zwischen den isotropen und orientierten Proben zu erkennen. Obwohl Polystyren auf die vierfache Ausgangslänge gedehnt worden war, betrug auch der röntgenographisch bestimmte Ordnungsgrad nur 3%. Für die Nichtauswertbarkeit der EVAc-Spektren sind mehrere Faktoren verantwortlich, wobei in keinem Falle eine getrennte Linie mit ausreichender Anisotropie und Axialsymmetrie vorlag.

Dagegen eignete sich eine auf das 1,7-fache der ursprünglichen Länge gestreckte PC-Probe mit einem Ordnungsgrad von 25% vorzüglich zur Testung des neuen Verfahrens. Die Linie der Methylgruppen besitzt Axialsymmetrie und erscheint getrennt von den anderen Resonanzen im Spektrum. Aus Symmetriegründen ist bereits aus dem Aufbau der Monomereinheit

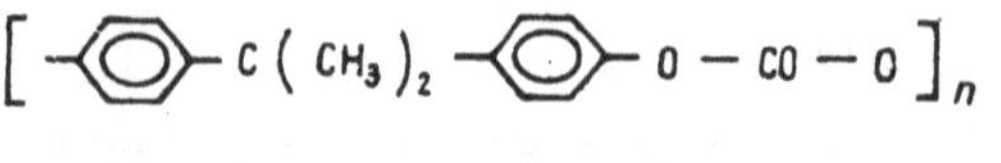

zu entnehmen, daß die CH_3-Gruppen und damit auch eine Tensorrichtung senkrecht auf der Segmentrichtung stehen. Das führt zu einer weiteren Vereinfachung des Formalismus. Aus dem isotropen und dem anisotropen Spektrum (Abb. 7.10) ergibt sich gemäß (7.12) die Verteilungsfunktion $f(\cos\Theta)$ und daraus $K(\cos\gamma)$ (Abb. 7.11a)). Aus dieser Darstellung, besonders deutlich auch aus der von $K(\cos\gamma)$ in Polarkoordinaten (Abb. 7.11b)), folgt die Möglichkeit der Zerlegung in einen Bereich mit vollkommener Isotropie (ca. 65%) und einen mit hohem Molekülausrichtungsgrad (ca. 35%), in dem

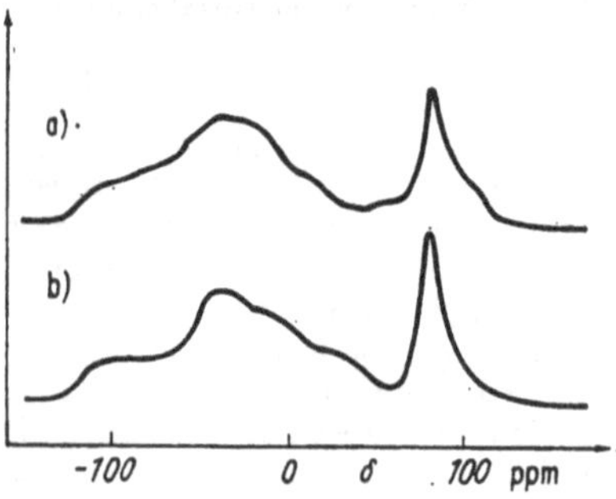

Abb. 7.10. ^{13}C-Kreuzpolarisationsspektrum für Polycarbonat (nach [7.21]); a) isotrop, b) gestreckt

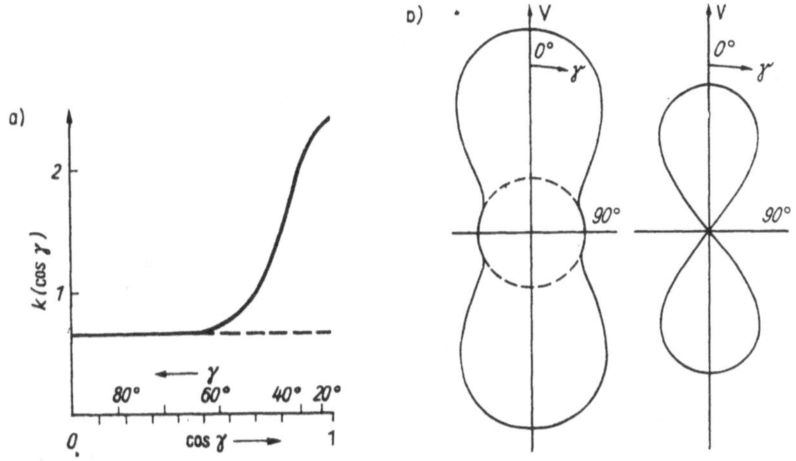

Abb. 7.11. Verteilungsfunktion $K(\cos\gamma)$ für gestrecktes Polycarbonat (γ: Winkel zwischen Segmentorientierung und Streckrichtung) (nach [7.21]); a) kartesische Koordinaten, b) Polarkoordinaten

Winkel zwischen 60° und 90° nicht vorkommen. Je nach Bestimmung des Ordnungsgrades aus dem arithmetischen (S_1) oder quadratischen (S_2) Mittel (wobei stets $S_i = 0\%$ für isotrope und $S_i = 100\%$ für vollständig orientierte Proben gilt) gemäß

$$S_1 = (2\,\overline{\cos\gamma} - 1) \cdot 100\% \tag{7.13a}$$

bzw.

$$S_2 = \tfrac{1}{2}\,(3\,\overline{\cos^2\gamma} - 1) \cdot 100\% \tag{7.13b}$$

ergibt sich für den orientierten Teil ca. 74% bzw. 64% und damit für die Gesamtkurve ca. 26% bzw. 23% in guter Übereinstimmung mit dem Röntgenwert. Die letzte Information ist nur zur Kontrolle herangezogen, sie wäre mit weniger aufwendigen Methoden erhältlich.

Eine Zusatzinformation besteht in der Bestätigung der beiden Teilbereiche unter Angabe ihrer Größe und ihres zugehörigen Orientierungsgrades.

Aber selbst die zuletzt genannten Angaben tragen noch integralen Charakter. Abbildung 7.12 enthält sogar die Detailinformation, daß $\left(K(\cos\gamma)\,\mathrm{d}(\cos\gamma)\right)$ Segmente eine Richtung besitzen, deren Kosinus zur Streckungsrichtung im Bereich von $\cos\gamma$ bis $\cos\gamma + \mathrm{d}(\cos\gamma)$ liegt. Es ist offensichtlich, daß diese Angaben eine Erweiterung der bisherigen pauschalen Orientierungsinformationen darstellen.

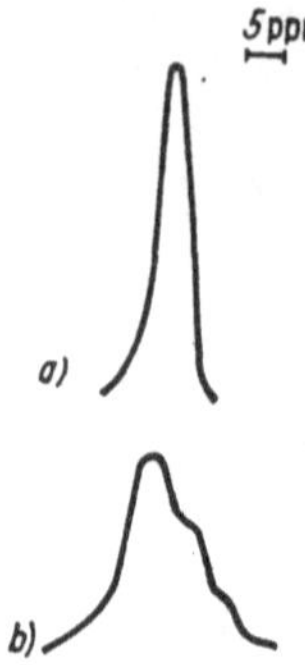

Abb. 7.12. Vergleich der ^{13}C-Kreuzpolarisationslinie der Carbonylresonanz in Polymethylmethacrylat mit schneller Probenrotation (nach [7.26]); a) magischer Winkel, b) 6° Abweichung davon

In [7.18, 7.23] wird auch noch demonstriert, welche weiteren Schlußfolgerungen aus den vorliegenden Ergebnissen gezogen werden können. Mit einer Reihe von statistischen Überlegungen wird unter Benutzung des stark orientierten Anteiles der Verteilung $K(\cos\gamma)$ ein mittlerer Wert für das Verhältnis von Längs- und Querausdehnung eines Moleküls zu 36 (bei einer Streckung der Probe auf das 1,7-fache!) in dem hochorientierten Teilbereich berechnet. Daraus kann ein Streckungsmechanismus vorgeschlagen werden. Er besagt, daß sich bereits in der isotropen Probe geordnete Bereiche befinden, in denen die Ketten parallel zueinander liegen und ein großes Verhältnis von Längs- zu Querausdehnung besitzen. Bei der Streckung werden diese Bereiche so gedreht, daß die Moleküle nahezu in Streckungsrichtung zeigen, während in den amorphen Bereichen die Ordnung nicht vergrößert wird. Wird vollständige Ausrichtung der Kristallite erreicht, so kann die Probe nicht weiter gedehnt werden und reißt.

Auch dieses Verfahren zur Untersuchung von Orientierungsverhältnissen in Polymeren hat seine Vorteile als Ergänzung zu weniger aufwendigen anderen Methoden mit diesem Anwendungsbeispiel eindeutig bewiesen. Im Gegensatz zum Einsatz der in 7.3.1. beschriebenen Methodik sind jedoch hier für viele Polymere die Voraussetzungen für eine Nutzung — Existenz eines axialsymmetrischen Verschiebungstensors und gute Signaltrennung — nicht gegeben, und eine theoretische Erweiterung auf allgemeine Symmetrie liegt noch nicht vor.

In einem Review-Artikel von Spiess [7.30] über NMR-Untersuchungen an orientierten Polymeren, der auch eine gute Literaturübersicht zu dieser Problematik enthält, werden unter anderem verschiedene Methoden für die Untersuchung orientierter Polymere mit geeigneten Verteilungsfunktionen verglichen. Experimentelle Beispiele für die getrennte Untersuchung kristalliner und amorpher Bereiche in einfachen Polymersystemen wie Polyethylen werden diskutiert. Auch flüssig-kristalline Polymere werden mit einbezogen. Dabei sind hauptsächlich Deuteriumresonanzuntersuchungen ausgenutzt worden (z. B. [1.54]), da diese über die Quadrupolwechselwirkung der ^{2}H-Kerne mit dem elektrischen Feldgradiententensor am Ort des Deuteriums Strukturinformationen aus den Richtungen der C-H-Bindungen liefern.

7.4. Erkenntnisgewinn durch Kopplung mit Probenrotation

Bei der Schlußfolgerung, daß die Kopplung der Vielimpulstechnik oder des Kreuzpolarisationsverfahrens mit der schnellen Probenrotation um den magischen Winkel die Aussagefähigkeit der Spektren wesentlich erhöhen könnte (s. 7.2. und 7.3.), gilt für die im Abschnitt 7.2.3. angegebene Methode zur Bestimmung des Ordnungszustandes (über Verteilungen der Tensorelemente der chemischen Verschiebung) ebenso wie für die im Abschnitt 7.3. diskutierten Verfahren zur Untersuchung der Orientierungsverhältnisse in gestreckten Polymeren, daß die Anisotropie nicht völlig beseitigt werden darf, da ihre Eigenschaften ganz wesentliche Grundlagen der Interpretation darstellen. Die Probenrotation wird also zur Verringerung der Anisotropie eingesetzt, damit eine Trennung der Linien unterschiedlicher funktioneller Gruppen möglich wird, und darf diese nicht zu stark reduzieren. Bei kleinerer Anisotropie würde wiederum die Gefahr bestehen, daß zahlreiche im Abschnitt 7.2.3. nur angedeutete Störfaktoren — falls sie nicht durch Wirkung der Rotation ebenfalls reduziert werden — relativ stärker ins Gewicht fallen und störende Abrundungen der Linien hervorrufen können, die die Auswertung beeinträchtigen oder gar verhindern. In diesem Fall ist es erforderlich, die geeigneten Parameter für das Experiment in Abhängigkeit von der jeweiligen Untersuchungssubstanz zu wählen und dann zu entscheiden, ob das Verfahren anwendbar ist. Abbildung 7.12 zeigt, daß die bei 6° Abweichung vom magischen Winkel gemessene Carbonyllinie von PMMA gegenüber dem „richtigen" MAS-Signal noch deutlich den anisotropen Charakter besitzt, während sie ohne Probenrotation nicht abtrennbar und damit nicht auswertbar war [7.26]. Weniger eingeschränkt ist die Anwendbarkeit der Methode der schnellen Probenrotation um den magischen Winkel, wenn die Anisotropie der chemischen Verschiebung keine Rolle spielt und, wie in 7.2.1. beschrieben, nur die isotropen Mittelwerte der chemischen Verschiebung untersucht werden sollen bzw., wie in 7.2.3. angedeutet, Relaxationszeiten selektiv gemessen werden sollen. Die erhaltenen Spektren sind recht gut mit Flüssigkeitsspektren vergleichbar und weichen im allgemeinen nur weniger als 1 ppm von diesen ab. Es sollen hier einige Beispiele aus [7.17], alle mittels CP-Verfahren gewonnen, diskutiert werden. In dieser Arbeit handelt es sich um Spektren von sieben Polymeren im Glaszustand, die alle so gut aufgelöst sind, daß eine eindeutige Zuordnung der Resonanzen erfolgen kann, die von den Seiten — sowie von den Hauptketten-C-Atomen herrühren. Das ermöglicht eine Analyse der Relaxationsparameter bezüglich verschiedener Bewegungsformen im festen Polymer.

Abbildung 7.13 zeigt für PMMA mit der Struktur $[-CH_2-C(CH_3)(COOCH_3)-]_n$ den Vergleich von ^{13}C-Kreuzpolarisations-(CP-)Messungen mit und ohne magic angle spinning (MAS) mit ca. 3 kHz bei 22,6 MHz und ausreichendem Entkopplungsfeld (0,8 mT) der Protonen. Im Spektrum sind — von links beginnend — in Richtung zu größeren Feldstärken die Carboxyl-, die Methylester-, die quarternären und die α-Methylkohlenstoffe zu unterscheiden, während die etwas breitere Methylenkohlenstofflinie von den Zentrallinien überdeckt wird. Die Spektren für die gleiche Substanz werden sowohl in Abhängigkeit von der Kontaktzeit als auch von der Zeit, in der die Kohlenstoffmagnetisierung im rotierenden Koordinatensystem ohne CP-Kontakt gehalten wurde, angegeben, erlauben also die gesonderte Bestimmung von T_{IS} und $T_{1\varrho}(^{13}C)$ für die einzelnen Linien. Dabei sind durchaus qualitative Unterschiede feststellbar, indem z. B. die Carbonylkohlenstoffe sowohl bezüglich T_{IS} als auch $T_{1\varrho}$ am langsamsten relaxieren, die quarternären Kohlenstoffe aber ein kurzes $T_{1\varrho}$ und eines der längsten T_{IS} besitzen. Kurze Kontaktzeiten gestatten auch die oben erwähnte Zuordnung der Methylenkohlenstofflinie, da diese Kerne die schnellste Kreuzrelaxationszeit haben.

Die am meisten überraschende Eigenschaft der $T_{1\varrho}$-Spektren ist die ungewöhnlich schnelle Relaxation der quarternären Kohlenstoffkerne sowohl im Vergleich zu den anderen Kernen im PMMA als auch zu nichtprotonierten ^{13}C-Kernen in anderen Polymeren. Als Erklärung wird eine Bewegung des quarternären Kohlenstoffs relativ zu den vier benachbarten Methylenprotonen angegeben, eine Möglichkeit dafür sei eine 10-kHz-

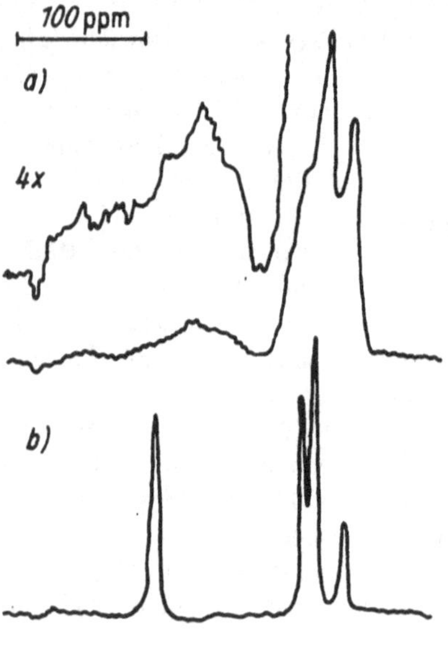

Abb. 7.13. ^{13}C-Kreuzpolarisationsmessungen an Polymethylmethacrylat (nach [7.17]); a) ohne, b) mit 3 kHz-Probenrotation um den magischen Winkel

Kurbelwellenrotation von jeweils vier Kohlenstoffen der Hauptkette, beschränkt auf Oszillationen innerhalb fester Konformationen. Die Hauptkettentorsionsbewegung in PMMA ist keine weitreichende Bewegung, da das Fehlen einer deutlichen $T_{1\varrho}$-Verteilung auf geringe Kooperativität hinweist, und sie ist auch nicht mit der stark eingeschränkten Seitengruppenbewegung gekoppelt.

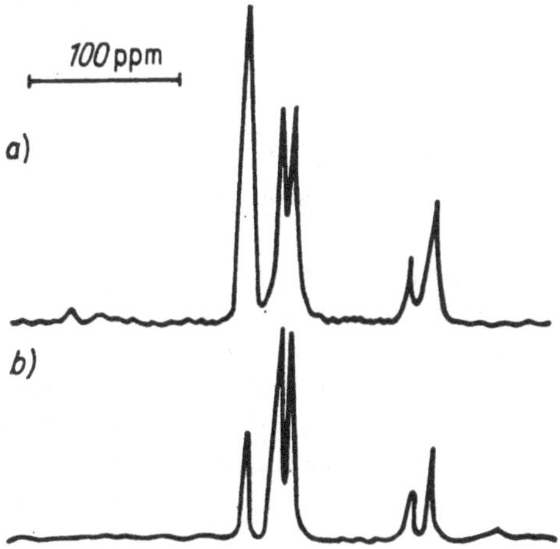

Abb. 7.14

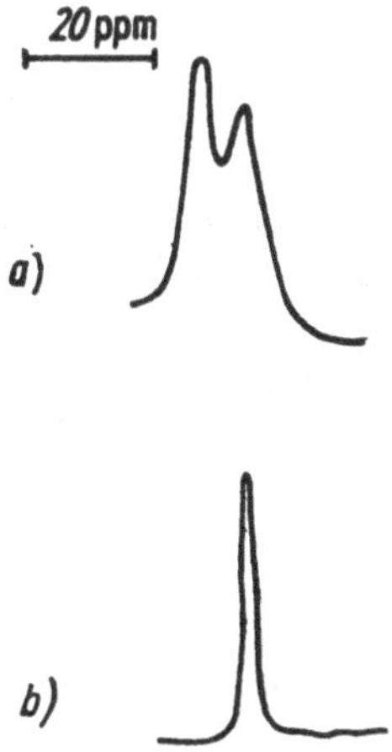

Abb. 7.15

Abb. 7.14. ^{13}C-Spektren für Polycarbonat (nach [7.17]); a) Kreuzpolarisationsmessung mit Rotation um den magischen Winkel, b) FOURIER-Spektrum der Lösung
Abb. 7.15. ^{13}C-Linie der protonenbehafteten Aromatenkohlenstoffe in Polyphenylenoxid (nach [7.17]); a) Kreuzpolarisationsmessung mit Rotation um den magischen Winkel, b) FOURIER-Messung der Lösung

Bei der Interpretation der $T_{1\varrho}$-Messungen muß berücksichtigt werden, daß bei tiefen Temperaturen durch die Probenrotation eine Verfälschung auftreten kann, da die „scheinbare" Korrelationszeit außer von der thermischen auch von der Rotationsbewegung beeinflußt wird, und auch die Wirkung der störenden Spin-Flips (s. 7.1.5.) verstärkt werden kann.

Ein Beispiel für die gute Übereinstimmung von CP-MAS-Spektren und ^{13}C-FOURIER-Spektren mit Protonenentkopplung in Lösung zeigt Abbildung 7.14, wobei das FT-Spektrum zum Vergleich nachträglich verbreiterte Linien besitzt und nicht voll ausrelaxiert ist, wodurch die Intensitätsunterschiede erklärbar werden.

Anhand der Linien der protonenbehafteten Aromatenkohlenstoffe für Polyphenylenoxid (PPO) der Struktur

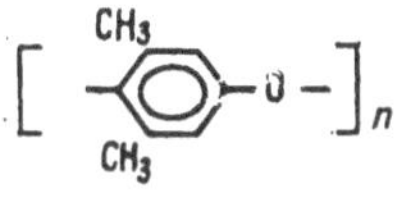

in Lösung und im festen Zustand (Abb. 7.15) innerhalb sonst gut übereinstimmender Spektren wird eine für den Festkörper charakteristische Eigenschaft nachgewiesen. Das ist ein Ausdruck der Nichtlinearität der C—O—C-Bindung, die eine Nichtäquivalenz der beiden protonierten Aromatenkohlenstoffe hervorruft. Die freie Rotation um die O—C-Bindung, die in Lösung, aber nicht im festen PPO auftritt, führt zur Äquivalenz und verursacht daß im FT-Spektrum die Aufspaltung der CP-MAS-Linie nicht mehr auftritt.

Untersuchungen am Polyvinylchlorid (PVC) ($[-CHCl-CH_2-]_n$) zeigen, daß MAS nicht immer eine merkliche Auflösungsverbesserung bringt. Die Methinkohlenstoffresonanz ist aufgrund der statischen dipolaren Wechselwirkung mit den direktgebundenen Chlorkernen so stark verbreitert, daß sie nicht meßbar ist (in [7.13, 7.14] ist sie mit mehr als 20 kHz Breite angegeben), und die Verbreiterung der verbleibenden Linie wird ebenfalls durch Fremdkernwechselwirkung mit den Quadrupolkernen ^{35}Cl und ^{37}Cl hervorgerufen und kann durch Probenrotation mit derzeit möglichen Drehzahlen nicht beseitigt werden. Ein hierfür notwendiges Entkoppelfeld für die dritte Kernart würde extreme Anforderungen an die Leistungen stellen, die gegenwärtig noch unreal erscheinen.

In [7.31] werden die Fakten ausgenutzt, daß in partiell-kristallinem Polyethylen zwar nur eine funktionelle Gruppe vorhanden ist, die ^{13}C-Resonanz aber die kristallinen und nichtkristallinen Bereiche getrennt nachzuweisen gestattet, und daß eine Variation der CP-MAS-Methode zur einfachen ($\pi/2$) (^{13}C)-MAS-Technik mit Protonenentkopplung zu einer Schwächung der Linie des kristallinen Bereiches führt (da in letzterem Falle die sehr großen T_1 (^{13}C)-Werte des kristallinen Anteiles wirksam sind). Damit wird eine Trennung beider Anteile sowie der zugehörigen Relaxationszeiten möglich.

Schließlich soll noch auf einen ebenfalls in [7.17] dargestellten, zunächst empirisch gefundenen Sachverhalt hingewiesen werden, der von praktischem Interesse sein könnte. Es zeigte sich, daß eine direkte Korrelation zwischen dem Verhältnis der Relaxationszeiten $T_{1\varrho}(^{13}C)$ zu T_{IS} für protonierte Kohlenstoffe der Hauptkette und der mechanischen Schlagfestigkeit besteht. Natürlich stellt die NMR keine „Anzeigemethode“ dar, und einen rein zufälligen Zusammenhang zweier ihrer Natur nach anscheinend zusammenhangloser Größen würden wir nicht erwähnen. Es zeigt sich jedoch, daß die Energiedissipation für Ketten im amorphen Zustand mit niederfrequenten kooperativen Bewegungen im Zusammenhang steht, die durch die gleichen sterischen Inter- und Intrakettenwechselwirkungen bestimmt werden, die auch die NMR-Relaxationsparameter charakterisieren.

Die angedeuteten Beispiele lassen erkennen, daß die Einsatzmöglichkeiten der hochauflösenden Kernresonanz im Festkörper durch die Kopplung mit der schnellen Probenrotation um den magischen Winkel stark erweitert werden. Eine notwendige Voraussetzung dafür ist die Schaffung von Temperiermöglichkeiten, die sich noch nicht im ausgereiften Stadium befinden.

Es kann als sicher angesehen werden, daß die in diesem Kapitel beschriebene Methodik, insbesondere auch hinsichtlich ihrer Anwendungsmöglichkeiten zur Untersuchung des Polymerfestkörpers, rasch weiterentwickelt wird. Die experimentelle Basis ist noch zu festigen, ohne daß momentan wesentliche neue Trends abzusehen sind. Die Auswertetechnik muß teilweise noch vervollkommnet und vereinfacht werden und das theoretische Gebäude ist für spezielle Fragestellungen zu erweitern. Mehr und mehr können damit hochauflösende Kernresonanzuntersuchungen an festen Polymeren als wichtige Ergänzung anderer Untersuchungsmethoden eingesetzt werden.

8. Literaturverzeichnis

Literatur zu Kapitel 1

[1.01] Sawoiski, E. K. (Завойский, Е. К.): J. Phys. USSR 9 (1945) 211, 245

[1.02] Bloch, F., W. W. Hansen, M. E. Packard: Phys. Rev. 69 (1946) 127

[1.03] Purcell, E. M., H. C. Torrey, R. V. Pound: Phys. Rev. 69 (1946) 37

[1.04] Lösche, A.: Kerninduktion. VEB Deutscher Verlag der Wissenschaften, Berlin 1957

[1.05] Ingram, D. J. E.: Free Radicals as Studied by Electron Spin Resonance. Butterworths, London 1958

[1.06] Bljumenfeld, L. A., W. W. Wojewodskij, A. G. Semjonow: Die Anwendung der paramagnetischen Elektronenresonanz in der Chemie. Akademische Verlagsgesellschaft Geest & Portig, K. G., Leipzig 1966

[1.07] Schoffa, G.: Elektronenspinresonanz in der Biologie. Verlag G. Braun, Karlsruhe 1964

[1.08] Ebert, I., G. Seifert: Kernresonanz im Festkörper. Akademische Verlagsgesellschaft Geest & Portig, K. G., Leipzig 1965

[1.09] Slonim, I. Ja., A. N. Ljubimov (Слоним, И. Я., А. Н. Любимов): Ядерный магнитный резонанс в полимерах. Издательство ,,Химия", Moskau 1966. Engl. Übersetzung: The NMR of Polymers. Plenum Press, New York 1972

[1.10] Sillescu, H.: Kernmagnetische Resonanz, Springer-Verlag, Berlin — Heidelberg — New York 1966

[1.11] Ayscough, P.: Electron Spin Resonance in Chemistry. Methaen and Co., London 1967

[1.12] Atkins, P. W., M. C. R. Symons: The Structure of Inorganic Radicals. Elesevier Publishing Company, Amsterdam — London — New York 1967

[1.13] Strehlow, H.: Magnetische Kernresonanz und chemische Struktur (Fortschritte der physikalischen Chemie 7). Dr. Steinkopf Verlag, Darmstadt 1968

[1.14] Scheffler, K., H. B. Stegmann: Elektronenspinresonanz, Grundlagen und Anwendung in der organischen Chemie. Springer-Verlag, Berlin — Heidelberg — New York 1970

[1.15] Diel, P., E. Fluck, R. Kosfeld (Eds.): NMR-Basic Principles and Progress, Vol. 4, Natural and Synthetic High Polymers. Springer-Verlag, Berlin — Heidelberg — New York 1971

[1.16] Bovey, F. A.: High Resolution NMR of Macromolecules. Academic Press, New York — London 1972

[1.17] PFEIFER, H.: Nuclear Magnetic Resonance and Relaxation of Molecules adsorbed on Solids, in: NMR-Basic Principles and Progress, Vol. 7. Springer-Verlag, Berlin — Heidelberg — New York 1972

[1.18] BREITMAIER, E., W. VOELTER: ^{13}C-NMR-Spectroscopy. Verlag Chemie, Weinheim/Bergstraße 1974

[1.19] HUMMEL, D. O. (Ed.): Polymer Spectroscopy. Verlag Chemie, Weinheim/Bergstraße 1974

[1.20] RANBY, B., J. F. RABEK: ESR Spectroscopy in Polymer Research. Springer-Verlag, Berlin — Heidelberg — New York 1977

[1.21] MUUS, L. T., P. W. ATKINS, K. A. MCLAUCHLAN, J. B. PEDERSEN (Eds.): Chemically Induced Magnetic Polarization. Reidel Publishing Company, Dordrecht/Holland 1977

[1.22] ZSCHUNKE, A.: Kernmagnetische Resonanzspektroskopie in der organischen Chemie. Akademie-Verlag, Berlin 1977

[1.23] STEIGEL, A., H. W. SPIESS: Dynamic NMR Spectroscopy, in: NMR-Basic Principles and Progress, Vol. 15. Springer-Verlag, Berlin — Heidelberg — New York 1978

[1.24] LEBEDEW, JA. S., D. M. TSCHERNIKOWA, N. N. TICHOMIROVA (Лебедев, Я. С., Д. М. Черникова, Н. Н. Тихомирова): АТЛАС спектров электронного парамагнитного резонанса. АНССР, 2 Bände, Moskau 1962/1964. Engl. Übersetzung: Atlas of electron spin resonance spectra. Consultans Bureau, New York 1963/1964

[1.25] LEBEDEW, JA. S., W. I. MUROMZEW (Лебедев, Я. С., В. И. Муромцев:) ЭПР и релаксация стабилизированных радикалов. Издателсьтво ,,Химия'', Moskau 1972

[1.26] BRESLER, S. E., E. N. KAZBEKOW: Fortschritte Hochpolymerenforschung **3** (1964) 488

[1.27] PFEIFER, H.: Wiss. Z. Karl-Marx-Universität, Leipzig, Math.-Nat. Reihe **14** (1965)

[1.28] FISCHER, H.: Adv. Polymer Sci. **5** (1968) 463;
FISCHER, H., D. O. HUMMEL: In: [1.19], S. 289—354

[1.29] HUDSON, A., G. R. LUCKHARST: Chem. Rev. **69** (1969) 191

[1.30] ROTH, H.-K., P. WÜNSCHE: Herbstschule HF-Spektroskopie. Binz 1971, 415—482

[1.31] ENGELHARDT, G.: Chem. Ges. DDR **18** (1971) 169—179

[1.32] KAUSCH, H. H., J. BECHT: Kolloid-Z. und Z. Polymere **250** (1972) 1048

[1.33] TORMÄLÄ, P., J. J. LINDBERG: In: Structural Studies of Macromolecules by Spectroscopic Methods. Ed. by K. I. IVIN, Wiley, London 1976

[1.34] ROTH, H.-K., D. GESCHKE, F. KELLER: Faserforschung u. Textiltechnik, Acta Polymerica **29** (1978) 2, 119—132

[1.35] ROTH, H.-K., P. WÜNSCHE: Acta Polymerica (im Druck)

[1.36] WÜNSCHE, P., H.-K. ROTH, T. TAPLIK: Acta Polymerica (im Druck)

[1.37] MCCONNEL, H. M.: J. Chem. Phys. **24** (1956) 764

[1.38] HELLER, H. C., H. M. MCCONNEL: J. Chem. Phys. **32** (1960) 1532

[1.39] PRIMAS, H.: Helv. Phys. Acta **31** (1958) 17

[1.40] FARRAR, T. C., E. D. BECKER: Pulse and Fourier-Transform NMR. Academic Press, New York 1971

[1.41] WAUGH, J. S., L. M. HUBER, M. HAEBERLEN: Phys. Rev. Lett. **20** (1968) 180

[1.42] ERNST, R. R., W. A. ANDERSON: Rev. Sci. Instr. **37** (1966) 93

[1.43] Hill, H. D. W., R. Freeman: Introduction to Fourier-Transform NMR. Palo Alto 1970
[1.44] Meiling, W.: Digitalrechner in der elektronischen Meßtechnik. Akademie-Verlag, Berlin 1978
[1.45] Cooley, J. W., J. W. Tuckey: Math. Comp. 19 (1965) 297
[1.46] Salichow, K. M., A. G. Semjonow, Yu. D. Zwetkow (Салихов, К. М., А. Г. Семенов, Ю. Д. Цветков): Электрон спин эхо и его применении. Наука, Nowosibirsk 1976
[1.47] Trifunac, A. D., J. R. Norris, R. G. Lawler: J. Chem. Phys. 71 (1979) 4380
[1.48] Holzmüller, W., K. Altenburg: Physik der Kunststoffe. Akademie-Verlag, Berlin 1961
[1.49] Elias, H.-G.: Makromoleküle, Struktur — Eigenschaften — Synthesen — Stoffe. Hüthig & Wepf Verlag, Basel — Heidelberg 1972
[1.50] Bovey, F. A., F. H. Winslow: Macromolecules. An Introduction to Polymer Science. Academic Press, New York 1979
[1.51] Bartenev, G. M., Ju. V. Zelenev: Physik der Polymere. VEB Deutscher Verlag für Grundstoffindustrie, Leipzig 1979
[1.52] Michel, D.: Grundlagen und Methoden der kernmagnetischen Resonanz. Akademie-Verlag, Berlin 1981
[1.53] Abragam, A.: The Principles of Nuclear Magnetism. Clarendon Press, Oxford 1961
[1.54] Hentschel, D., H. Sillescu, H. W. Spiess: Makromol. Chem. 180 (1979) 241

Literatur zu Kapitel 2

[2.01] Livingston, R., H. Zeldes: J. Chem. Phys. 44 (1966) 1245; J. Amer. Chem. Soc. 88 (1966) 4333
[2.02] Fessenden, R. W., R. H. Schuler: J. Chem. Phys. 39 (1963) 2147
[2.03] Dixon, W. T., R. U. C. Norman: J. Chem. Soc. (1963) 3119
[2.04] Bresler, S. E., E. N. Nikasbekow, E. M. Saminski (Бреслер, С. Е., Е. Н. Никазбеков, Е. М. Саминский): Вызокомол. Соед. 1 (1959) 132, 1374
[2.05] Fischer, H.: Kunststoffe 55 (1965) 344
[2.06] Yoshida, H., B. Ranby: J. Polymer Sci. C 16 (1967) 1333;
Takakura, K., B. Ranby: J. Polymer Sci. A18 (1970) 77
[2.07] Bamford, C. H., A. D. Jenkings, D. J. E. Ingram, M. C. R. Symons: Nature 175 (1955) 894;
Bamford, C. H., M. C. R. Symons, M. G. Towusend: J. Polymer Sci. 34 (1959) 181
[2.08] Campbell, D.: J. Polymer Sci. D4 (1970) 91
[2.09] Fischer, H., D. O. Hummel: In: Polymer Spectroscopy. Ed. by. D. O. Hummel, Verlag Chemie, Weinheim/Bergstraße 1974, S. 289
[2.10] Ranby, B., J. F. Rabek: ESR Spectroscopy in Polymer Research. Springer-Verlag, Berlin — Heidelberg — New York 1977
[2.11] Roth, H.-K., P. Wünsche: Acta Polymerica 32 (1981) 491
[2.12] Klimes, M., G. Lassmann, B. Ebert: J. Magn. Res. 37 (1980) 53
[2.12a] Hore, P. J., K. A. McLauchlan: Molec. Phys. 42 (1981) 533; 42 (1981) 1009
[2.13] Trifunac, A. D., J. R. Norris, R. G. Lawler: J. Chem. Phys. 71 (1979) 4380
[2.14] Roth, H.-K.: Wiss. Z., Karl-Marx-Universität, Leipzig, Math.-Nat. Reihe 21 (1972) 637
Roth, H.-K., G. Fleischer: J. Polymer Sci. SN 42 (1973) 369

[2.15] HELLEBRAND, J., T. NÖBEL, H. KASPERSKI, P. WÜNSCHE: Plaste u. Kautschuk **23** (1976) 100, 249
[2.16] FUKAYA, M., H. MUTO, K. TROIYAMA, M. IWASAKI: J. Phys. Chem. **80** (1976) 728
[2.17] ZOTT, H., H. HEUSINGER: Radiat. Phys. Chem. **10** (1977) 277
[2.18] CHEN, K. S., T. FOSTER, J. K. S. WAN: J. Phys. Chem. **84** (1980) 2473
[2.19] TAPLICK, T., M. ARNOLD, M. RÄTZSCH: Plaste u. Kautschuk **27** (1980) 377
[2.20] KASPERSKI, H., J. LINKE, P. WÜNSCHE, H.-K. ROTH: Polymer Photochemistry **2** (1982) 151
[2.21] ROTH, H.-K., J. HELLEBRAND, P. WÜNSCHE: Plaste u. Kautschuk **24** (1977) 736
[2.22] KASPERSKI, H., J. HELLEBRAND, H.-K. ROTH, M. RÄTZSCH: Z. Phys. Chem., Leipzig **259** (1978) 167
[2.23] ATKINS, P. W., M. C. R. SYMONS: The Structure of Inorganic Radicals. Elsevier Publishing Company, Amsterdam — London — New York 1967
[2.24] SCHEFFLER, K., H. B. STEGMANN: Elektronenspinresonanz, Grundlagen und Anwendung in der organischen Chemie. Springer-Verlag, Berlin — Heidelberg — New York 1970
[2.25] BRENDHAUGEN, K., M. KOLDERUP, H. M. SEIP: Acta Chem. Scand. **27** (1973) 1101
[2.26] FISCHER, H.: Z. Naturforsch. **19a** (1964) 866, 883; Kolloid-Z. **206** (1965) 131; Ber. Bunsenges. **73** (1969) 129
[2.27] COCHRAN, E. L., F. J. ADRIAN, V. A. BOWERS: J. Chem. Phys. **40** (1964) 213
[2.28] KASAI, P. H., E. B. WHIPPLE: Am. Chem. Soc. **89** (1977) 71
[2.29] REDFIELD, A. G.: Advan. Magn. Res. **1** (1965) 1
[2.30] BRIERE, R., M. LEMAIRE, A. RASSAT: Bull. Soc. Chim. France (1965) 3273
[2.31] WÜNSCHE, P., J. HELLEBRAND: Z. phys. Chem. (Leipzig) **258** (1977) 263, 481
[2.32] LINKE, J., P. WÜNSCHE, H.-K. ROTH: Polymer Photochemistry **2** (1982) 367;
LINKE, J., H. FRISCHLEDER: Z. phys. Chem. (Leipzig) **263** (1982) 401;
LINKE, J., H. ROTH: Z. phys. Chem. (Leipzig) **262** (1981) 201; **263** (1982) 397;
LINKE, J.: Dissertation, Karl-Marx-Universität, Leipzig 1982
[2.33] STOKE, E. W., A. H. MAKI: J. chem. Phys. **36** (1967) 1944;
VINCOW, G., G. K. FRAENKEL: J. Chem. Phys. **34** (1961) 1333;
KATARAMAN, V., B. G. SEGAL, G. K. FRAENKEL: J. Chem. Phys. **30** (1959) 1006;
PEDERSON, J. A., J. SPANGET-LARSEN: Chem. Phys. Lett. **35** (1975) 4; J. Magn. Res. **31** (1975) 383;
PEDERSON, J. A.: J. Chem. Soc. Perkin II (1973) 424;
SPANGET-LARSEN, J.: Theoret. Chim. acta (Berlin) **47** (1978) 315
[2.34] LIM, Y. Y., E. A. SMITH, M. C. R. SYMONS: J. C. S. Faraday I **72** (1976) 2878;
JACKSON, S. E., E. A. SMITH, M. C. R. SYMONS: Faraday Discuss., Chem. Soc. **64** (1978) 173;
GRILLER, D.: J. Amer. Chem. Soc. **100** (1978) 5240;
ABDEL-MONEM, S. A., A. ROCKENBAUER, F. TÜDOS: Adv. Mol. Relax. Interact. Processes **15** (1979) 207
[2.35] BECKER, D., P. WÜNSCHE: Tagungsband EPR-Frühjahrsschule, Phys.-Ges. DDR, Berlin 1980;
MONCHICK, L., F. ADRIAN: J. Chem. Phys. **68** (1978) 4376
[2.36] BUTSCHATSCHENKO, A. A., R. S. SAGDEJEW, K. M. SALICHOW (Бучаченко, А. А., Р. З. Сагдеев, К. М. Салихов): Магнитные и спиновые эффекты в химических реакциях. Наука, Nowosibirsk 1978

[2.37] WERNER, H.-J., Z. SCHULTEN, K. SCHULTEN: J. Chem. Phys. 67 (1977) 646; WERNER, H.-J., K. SCHULTEN, A. WELLER: Biochem. Biophys. Acta 502 (1978) 255
[2.38] FREED, J. H., J. B. PEDERSEN: In: Advances in Magnetic Resonance 8 (1976) 1–84, Ed. by J. S. WAUGH, Academic Press, New York – London 1976
[2.39] HÖRNIG, S., H.-K. ROTH, P. WÜNSCHE: Abstr. 4th Spec. Colloque Ampere, Leipzig 1979, S. 138
[2.40] PEDERSEN, J. B., C. E. HANSEN, H. PARBI, L. T. MUUS: J. Chem. Phys. 63 (1975) 2398
[2.41] BAMBFORD, C. H., W. G. BARF, H. D. JENKINS: The Kinetics of Vinyl Polymerization by Radical Mechanism. Butterworths, London 1958;
RÄTZSCH, M., M. ARNOLD: Hochpolymere und ihre Herstellung. VEB Fachbuchverlag, Leipzig 1973
[2.42] FISCHER, H.: Makromol. Chem. 98 (1966) 179
[2.43] HELLEBRAND, J., P. WÜNSCHE: Faserforschung u. Textiltechnik 27 (1976) 589, 621
[2.44] HÖRNIG, S., H.-K. ROTH, P. WÜNSCHE: Mitteilungsblatt Chem. Ges. DDR 37 (1981) 52 (7. Hochpolymerentagung)
[2.45] SATO, T., M. ABE, T. OTSU: Makromol. Chem. 180 (1979) 1165
SATO, T., M. METSUGI, T. OTSU: Makromol. Chem. 180 (1979) 1175
SATO, T., S. KATA, T. OTSU: Makromol. Chem. 180 (1979) 1911
[2.46] TAPLICK, T., M. ARNOLD, M. RÄTZSCH: Mitteilungsblatt Chem. Ges. DDR 37 (1981) 63 (7. Hochpolymerentagung)
[2.47] TANAKA, H., T. SATO, T. OTSU: Makromol. Chem. 180 (1979) 267; Makromol. Chem. 181 (1980) 2421;
SATO, T., H. TANAKA, M. IMAMURA: J. Polymer Sci., Lett. Ed. 18 (1980) 189
[2.48] NOSAKA, A., A. KIRA, M. IMAMURA: J. Am. Chem. Soc. 102 (1980) 1949
[2.49] MUUS, L. T., P. W. ATKINS (Eds.): Electron Spin Relaxation in Liquids. Plenum Press, New York – London 1972
[2.50] BASU, S., K. A. MCLAUCHLAN, G. R. SEALY: Chem. Phys. Letters 88 (1982) 84
[2.51] TRIFUNAC, A. D., R. G. LAWLER: Magnetic Resonance Rev. 7 (1982) 147
[2.52] TRIFUNAC, A. D., J. P. SMITH: Chem. Phys. Letters 73 (1980) 94
[2.53] ROTH, H.-K., S. HÖRNIG, P. WÜNSCHE: Polymer Photochemistry (im Druck)

Literatur zu Kapitel 3

[3.01] KEYSER, R. M., K. TSUJI, F. WILLIAMS: Macromolecules 1 (1968) 289
[3.02] FISCHER, H., D. O. HUMMEL: In: Polymer Spectroscopy. Ed. by. D. O. HUMMEL, Verlag Chemie, Weinheim/Bergstraße 1974, S. 289
[3.03] SHIMADA, S., H. KASHIWARA, J. SOMA, S. NARA: Rep. Progr. Polymer Sci. Japan 11 (1968) 471; Jap. J. Appl. Phys. 8 (1969) 145
[3.04] HÖRNIG, K., u. a.: unveröffentlichte Ergebnisse
[3.05] KAUSCH, H. H., J. BECHT: Kolloid-Z. und Z. Polymere 250 (1972) 1048
[3.06] SHIMADA, S., M. MAEDA, Y. HORIAND, H. KASHIWABARA: Polymer 18 (1977) 19
[3.07] FUJIMURA, T., N. HAYAKAWA, N. TAMURA: J. Macromol. Sci. Phys. B16 (1979) 511
[3.08] KURITA, Y.: J. Chem. Soc. Japan 85 (1964) 833
[3.09] IWASAKI, M., T. ICHIKAWA, T. OHNORI: J. Chem. Phys. 50 (1968) 1984, 1991
[3.10] GILLBAO, T., P. O. KINNEL, A. LUND: J. Polymer Sci. A2, 9 (1971) 1495

[3.11] HESS, P., H. HEUSINGER: Int. J. Radiat. Phys. Chem. **7** (1975) 1

[3.12] IWASAKI, M., K. TORIYAMA, H. MUTO, K. NUNOME: J. Phys. Chem. Lett. **39** (1976) 90; J. Chem. Phys. **65** (1976) 596

[3.13] FUJIMURA, T., N. HAYAKAWA, N. TAMURA: Rep. Prog. Polymer Phys. Japan **14** (1971) 557;
FUJIMURA, T., N. TAMURA: J. Polymer. Sci., Polymer. Lett. Ed. **10** (1972) 469

[3.14] FUJIMURA, T., N. TAMURA: J. Phys. Chem. **79** (1975) 1859

[3.15] WUENSCHE, P., O. E. YAKIMTSCHENKO, YA. S. LEBEDEW: Chem. Phys. Lett. (im Druck)

[3.16] SCHEFFLER, K., H. G. STEGMANN: Elektronenspinresonanz. Springer-Verlag, Berlin — Heidelberg — New York 1970

[3.17] BRESLER, S. E., S. N. SHURKOW, E. N. KASBEKOW, E. M. SAMINSKI, E. E. TOMASCHEWSKI: (Ъреслер, С. Е., С. Н. Журков, Э. Н. Казбеков, Е. М. Саминский, Э. Е. Томашевский): Журн. Техн. Физ. **29** (1959) 358

[3.18] SHURKOW, S. N., E. E. TOMASCHEWSKI, W. A. SAKREWSKI: (Журков, С. Н., Э. Е. Томашевский, В. А. Закревский): Физика твердого тела **3** (1961) 2841

[3.19] SHURKOW, S. N., W. A. SAKREWSKI, W. E. KORSUKOW, W. S. KUKSENKO (Журков, С. Н., В. А. Закревский, В. Е. Корсуков, В. С. Куксенко): Физика твердого тела **13** (1971) 2004

[3.20] SHURKOW, S. N., K. J. FRIEDLAND, V. J. VETTEGREEN: Tagungsband Polymerphysik, Leipzig 1974, Teil 1, S. 95

[3.21] SAKAGUCHI, M., J. SOHMA: J. Polymer. Sci., Phys. Ed. **13** (1975) 1233;
YAMAKAWA, H., M. SAKAGUCHI, J. SOHMA: Rep. Prog. Polymer. Phys. Japan **19** (1976) 477

[3.22] PILAR, J., K. ULBERT: J. Polymer Sci., Phys. Ed. **16** (1978) 1973

[3.23] OPREA, C. V., M. POPA: Angew. Makromol. Chem. **92** (1980) 73

[3.24] SHURKOW, S. N.: Z. phys. Chem. (Leipzig) **213** (1960) 183;
SHURKOW, S. N., V. S. KUKSENKO, A. I. SLUZKER (engl. Umschrift: A. J. SLUTSKER) (Журков, С. Н., В. С. Куксенко, А. И. Слуцкер): Физика твердого тела **11** (1969) 269

[3.25] CAMPBELL, D., A. PETERLIN: Polymer Lett. **6** (1968) 481
VERMA, G. S. P., A. PETERLIN: Polymer Preprints **10** (1969) 1051

[3.26] BECHT, J., H. FISCHER: Kolloid-Z. und Z. Polymere **240** (1970) 766; Angew. Makromol. Chem. **18** (1971) 81; J. Polymer Sci. **C32** (1971) 319

[3.27] KAUSCH, H. K., J. BECHT: Kolloid-Z. und Z. Polymere **250** (1972) 1048

[3.28] SAKREWSKI, W. A., E. E. TOMASCHEWSKI, W. W. BAPTISMANSKI (Закревский, В. А., Э. Е. Томашевский, В. В. Баптизманский): Физика твердого тела **9** (1967) 1434

[3.29] TSUJI, K.: J. Polymer Sci., Chem. Ed. **11** (1973) 467

[3.30] JOFFE, Z., B. RANBY, J. F. RABEK: In: Nobel-Symposium Nr. 22, ESR-Applications to Polymer Research. Ed. by P. O. KINELL, B. RANBY, Almqvist Wiksell, Stockholm 1973, S. 171 und S. 201

[3.31] TAPLICK, T., M. RÄTZSCH: Faserforschung u. Textiltechnik, Z. Polymerenforschung **29** (1978) 396

[3.32] RANBY, B., J. F. RABEK: Singlet Oxygen. Wiley, Chichester — New York — Brisbane — Toronto 1978, S. 211, 264

[3.33] GIBB, W. H., J. R. MACCALLUM: Europ. Polymer J. **10** (1974) 533

[3.34] GUILLET, J. E.: Naturwissenschaften **59** (1972) 503

[3.35] Trozzolo, A. M., F. H. Winslow: Macromolecules 1 (1968) 98
[3.36] Roth, H.-K.: Dissertation, Karl-Marx-Universität, Leipzig 1969; Roth, H.-K., H. Haser: Plaste u. Kautschuk 17 (1970) 552
[3.37] Bljumenfeld, L. A., W. W. Wojewodskij, A. G. Semjonow: Die Anwendung der paramagnetischen Elektronenresonanz in der Chemie. Akademische Verlagsgesellschaft Geest & Portig, K.G., Leipzig 1966, S. 127
[3.38] Grinberg, O. Ja., A. A. Dubinski, W. F. Schuwalow, L. G. Oranski, W. I. Kurotschkin, Ja. S. Lebedew (О. Я. Гринберг, А. А. Дубинский, В. Ф. Шувалов, Л. Г. Оранский, В. И. Курочкин, Я. С. Лебедев): Докл АНСССР 230 (1976) 884
[3.39] Grinberg, O. Ja., A. A. Dubinskij, A. P. Porawski, W. F. Schuwalow, Ja. S. Lebedew (Гринберг, О. Я., А. А. Дубинский, А. П. Поравский, В. Ф. Шувалов, Я. С. Лебедев): Proc. 20th Congress Ampere, Tallinn 1978
[3.40] Ranby, B., J. F. Rabek: ESR Spectroscopy in Polymer Research. Springer-Verlag, Berlin — Heidelberg — New York 1977
[3.41] Hedvig, P., J. Dobo: 2. Symposium on Radiation Chemistry, Tihany 1966, S. 12; J. Polymer Sci. Al. 7 (1969) 1145
[3.42] Wuensche, P., H.-J. Limburg, H.-K. Roth: J. Macromol. Sci. Phys. B22 (1983) 169
[3.43] Nava, S., S. Shimada, H. Kashiwara, J. Sohma: J. Polymer Sci., Phys. Ed. 6 (1968) 1435
[3.44] Dole, M., C. S. Hsu, V. M. Patel: J. Phys. Chem. 79 (1975) 2472
[3.45] Kryszewski, M., B. Nadolski, M. Zujewicz: J. Polymer Sci., Symp. 57 (1976) 129
[3.46] Shimada, S., Y. Hori, H. Kashiwabara: Polymer 18 (1977) 1367
[3.47] Lebedew, Ja. S. (Лебедев, Я. С.): Кинетика и катализ 19 (1978) 1367
[3.48] Haser, H., H.-K. Roth: Plaste u. Kautschuk 16 (1969) 484
[3.49] Ueda, H., P. Yashiro: Bull. Chem. Soc. Japan 44 (1971) 595
[3.50] Deutschbein, L., H. Götz: Wiss. Z. Pädagogische Hochschule, Erfurt, Math.-Nat. Reihe 16 (1980) 116
[3.51] Törmälä, P., H. Lättilä, J. J. Lindberg: Polymer 14 (1973) 481; Weber, G., P. Törmälä: Colloid and Polymer Sci. 256 (1978) 638; Törmälä, P.: J. Macromol. Sci., Rev. Macromol. Chem. C17 (1979) 297; Lindberg, J. J., P. Kaila: Acta Chem. Scand. B34 (1980) 757
[3.52] Sakaguchi, M., H. Kashiwabara: J. Polymer Sci., Polymer Lett. Ed. 18 (1980) 563
[3.53] Zlatkevich, L. Y., N. T. Crabb: J. Polymer Sci., Polymer Phys. Ed. 19 (1981) 1177
[3.54] Klimovič, J.: Persönliche Mitteilung
[3.55] Wünsche, P.: J. Macromol. Sci. (in Vorbereitung)

Literatur zu Kapitel 4

[4.001] Fahr, E.: Z. Anal. Chem. 281 (1976) 1; Fette, Seifen, Anstrichmittel 78 (1976) 399
[4.002] Becker, R., W. Liebscher: Plaste u. Kautschuk 24 (1977) 790; 25 (1978) 91
[4.003] Zschunke, A.: Wiss. Z., Martin-Luther-Universität, Halle 24 (1975) 29
[4.004] Markert, G.: Makromol. Chem. 126 (1969) 166

[4.005] KELLER, F.: Investigation of Polymer Microstructure Using Carbon-13 NMR. Hauptvortrag auf der Schule ,,NMR of Polymers" des Institutes für Polymerchemie der Polnischen Akademie der Wissenschaften, Zabrze/VR Polen 1975. Plaste u. Kautschuk **22** (1975) 969
[4.006] MJAGTSCHENKOW, W. A., S. JA. FRENKEL (Мягченков, В. А., С. Я. Френкель): Успехи химии **47** (1978) 1261
[4.007] CATTIAUX, J., T. SUZUKI, H. J. HARWOOD: J. Appl. Polymer Sci., Appl. Polymer Symp. **34** (1978) 1
[4.008] MAYO, F. R., F. M. LEWIS: J. Amer. Chem. Soc. **66** (1944) 1594
[4.009] ALFREY, T., F. R. MAYO, F. T. WALL: J. Polymer Sci. **1** (1946) 581
[4.010] ALFREY, T., C. C. PRICE: J. Polymer Sci. **2** (1947) 101
[4.011] FLEISCHER, G., F. KELLER: Plaste u. Kautschuk **19** (1972) 721
[4.012] FLEISCHER, G.: Plaste u. Kautschuk **20** (1973) 10
[4.013] TOSI, C.: Adv. Polymer Sci. **5** (1968) 451
[4.014] HARWOOD, H. J., W. M. RITCHEY: J. Polymer Sci., Part B, Polymer Lett. **2** (1964) 601
[4.015] ALFREY, T., G. GOLDFINGER: J. Chem. Phys. **12** (1944) 205
[4.016] PRICE, F. P.: J. Chem. Phys. **36** (1962) 209
[4.017] HARWOOD, H. J.: Angew. Chemie **77** (1965) 405, 1124
[4.018] HARWOOD, H. J.: J. Polymer Sci., Part C, **25** (1968) 37
[4.019] JOHNSEN, U.: Ber. Bunsenges. phys. Chem. **70** (1966) 320
[4.020] FRISCH, H. L., C. L. MALLOWS, F. A. BOVEY: J. Chem. Phys. **45** (1966) 1565
[4.021] BOVEY, F. A.: High Resolution NMR of Macromolecules. Academic Press, New York — London 1972
[4.022] WILKES, C. E., J. C. WESTFAHL, M. BACKDERF: J. Polymer Sci., Part A-1, **7** (1969) 23
[4.023] RING, W.: J. Polymer Sci., Part B, Polymer Lett. **1** (1963) 323; Dechema Monographie **49** (1964) 75; Makromol. Chem. **101** (1967) 145
[4.024] KELLER, F., G. FLEISCHER, H. OTTO: Plaste u. Kautschuk **20** (1973) 15
[4.025] GRONSKI, W., E. KLESPER, H. J. CANTOW: J. Polymer Sci., Symp. **42** (1973) 217
[4.026] GRONSKI, W., E. KLESPER: J. Polymer Sci., Polymer Phys. Ed. **11** (1973) 1963
[4.027] STROGANOW, L. B., N. A. PLATÉ und Mitarbeiter (Строганов, Л. Б., Н. А. Платэ и др.): Высокомол. соед., **A16** (1974) 2616
[4.028] KLESPER, E.: J. Polymer Sci., Part A-1, **8** (1970) 1191
[4.029] KLESPER, E., W. GRONSKI: J. Polymer Sci., Part B **7** (1969) 661
[4.030] PLATÉ, N. A., O. W. NOA (engl. Transkription: O. V. NOAH) (Платэ, Н. А., О. В. Ноа): Высокомол. соед. **A21** (1979) 467; Adv. Polymer Sci., **31** (1979) 134
[4.031] PLATÉ, N. A., A. D. LITMANOWITSCH, O. W. NOA (engl. Transkription: A. D. LITMANOVICH, O. V. NOAH) (Платэ, Н. А., А. Д. Литманович, О. В. Ноа): Макромолекулярные реакции. Издательство ,,Химия", Moskau 1977
[4.032] KLESPER, E., W. GRONSKI, V. BARTH: Makromol. Chem. **150** (1971) 223
[4.033] LITMANOWITSCH, A. D. (Литманович, А. Д.): Докл. АН СССР **165** (1965) 354
[4.034] KRENZEL, L. B., A. D. LITMANOWITSCH (engl. Transkription: KRENTSEL, L. B., A. D. LITMANOVICH) (Кренцель, Л. Б., А. Д. Литманович): Высокомол. соед., **B9** (1967) 175
[4.035] KELLER, F.: Plaste u. Kautschuk **26** (1979) 136
[4.036] FRENSDORFF, H. K., O. EKINER: J. Polymer Sci., Part A-2, **5** (1967) 1157

[4.037] DEININGER, D., D. MICHEL: Wiss. Z., Karl-Marx-Universität, Leipzig, Math.-Nat. Reihe 22 (1973) 551
[4.038] RADEGLIA, R.: Z. Chem. 14 (1974) 82
[4.039] ROBINSON, M. E. R., D. I. BOWER, W. F. MADDAMS, H. PYSZORA: Makromol. Chem. 179 (1978) 2895
[4.040] HASSAN, A. M.: J. Polymer Sci., Part A-2, 12 (1974) 655
[4.041] YOSHINO, T., J. KOMIYAMA: J. Polymer Sci., Part B, Polymer Lett. 3 (1965) 311; SEGRE, A. L.: Macromolecules 1 (1968) 93
[4.042] JOHNSEN, U., K. KOLBE: Kolloid-Z. und Z. Polymere 221 (1967) 64
[4.043] DOSKOČILOVA, D., J. STOKR und Mitarbeiter: J. Polymer Sci., Part C 16 (1967) 215
[4.044] KELLER, F.: Plaste u. Kautschuk 19 (1972) 108
[4.045] INOUE, Y., I. ANDO, A. NISHIOKA: Polymer J. 3 (1972) 246
[4.046] CARMAN, C. J.: Macromolecules 6 (1973) 725
[4.047] RANDALL, J. C.: Polymer Sequences Determination Carbon-13 NMR Method. Academic Press, New York — San Francisco — London 1977
[4.048] SANDERS, J. M., R. A. KOMOROSKI: Macromolecules 10 (1977) 1214
[4.049] RANDALL, J. C.: Macromolecules 11 (1978) 33
[4.050] KELLER, F.: Plaste u. Kautschuk 22 (1975) 8
[4.051] HOFFMANN, W., F. KELLER: Plaste u. Kautschuk 21 (1974) 359
[4.052] TING KAI WU, D. W. OVENALL, G. S. REDDY: J. Polymer Sci., Polymer Phys. Ed. 12 (1974) 901
[4.053] KELLER, F.: Plaste u. Kautschuk 18 (1971) 657
[4.054] KELLER, F.: Plaste u. Kautschuk 23 (1976) 730
[4.055] KELLER, F., B. SANDNER: Faserforschung u. Textiltechnik, Z. Polymerforschung 27 (1976) 45
[4.056] SCHAEFER, J.: J. Phys. Chem. 70 (1966) 1975
[4.057] TING KAI WU: J. Phys. Chem. 73 (1969) 1801; J. Polymer Sci., Part A-2, 8 (1970) 167
[4.058] DELFINI, M., A. L. SEGRE, F. CONTI: Macromolecules 6 (1973) 456
[4.059] IBRAHIM, B., A. R. KATRITZKY und Mitarbeiter: J. Chem. Soc. Perkin Transactions II (1974) 1537
[4.060] ROTH, H. K., D. GESCHKE, F. KELLER: Faserforschung u. Textiltechnik, Z. Polymerforschung 29 (1977) 119
[4.061] ROTH, H., F. KELLER (Рот, Х., Ф. Келлер): Высокомол. соед., A21 (1979) 2665
[4.062] JOHNSEN, A., E. KLESPER, T. WIRTHLIN: Makromol. Chem. 177 (1976) 2397
[4.063] GERMAN, A. L., D. HEIKENS: Europ. Polymer J. 11 (1975) 555
[4.064] MORITANI, T., H. IWASAKI: Macromolecules 11 (1978) 1251
[4.065] CARMAN, C. J., R. A. HARRINGTON, C. E. WILKES: Macromolecules 10 (1977) 536
[4.066] KELLER, F., E. KOWASCH, J. SOBOTTKA: Plaste u. Kautschuk 22 (1975) 248; Z. phys. Chem. (Leipzig) 255 (1974) 1166
[4.067] PRIMAS, H., R. ERNST, R. ARNDT: Vortrag auf dem Internationalen Meeting of Molecular Spectroscopy. Bologna, September 1959;
BOMMER, P.: Dissertation, Eidgenössische Technische Hochschule, Zürich 1963
[4.068] GRANT, D. M., E. G. PAUL: J. Amer. Chem. Soc. 86 (1964) 2984
[4.069] LINDEMAN, L. P., J. Q. ADAMS: Analytic. Chem. 43 (1971) 1245
[4.070] ENGELHARDT, G., E. LIPPMAA, T. PEHK: J. prakt. Chem. 312 (1970) 935
[4.071] CLERC, J. T., E. PRETSCH, S. STERNHELL: ^{13}C-Kernresonanzspektroskopie — Methoden der Analyse in der Chemie. Akademische Verlagsgesellschaft Frankfurt/Main 1973

[4.072] KELLER, F., C. MÜGGE: Faserforschung u. Textiltechnik, Z. Polymerforschung 27 (1976) 347
[4.073] KELLER, F.: Faserforschung u. Textiltechnik. Z. Polymerforschung 28 (1977) 515
[4.074] KELLER, F., S. ZEPNIK, B. HÖSSELBARTH: Faserforschung u. Textiltechnik, Z. Polymerforschung 29 (1978) 490
[4.075] KELLER, F., C. MÜGGE: Plaste u. Kautschuk 24 (1977) 88, 179, 239
[4.076] KELLER, F., B. HÖSSELBARTH: Faserforschung u. Textiltechnik, Z. Polymerforschung 29 (1978) 152
[4.077] PINTHER, P., F. KELLER, M. HARTMANN: Acta polymerica 31 (1980) 299
[4.078] HOFFMANN, W. D., G. ECKARDT und Mitarbeiter: Acta polymerica 31 (1980) 233
[4.079] FERGUSON, R. C.: ACS Div. Polymer Chem. Polymer Prepr. 8 (1967) 1026
[4.080] LISSAC, P., P. BERTICAT, PHAM, QUANG-THO: J. Macromol. Sci. Chem. A5 (1971) 901
[4.081] GOTO, K., A. NISHIOKA: Bull. Chem. Soc. Japan 44 (1971) 877
[4.082] RANDALL, J. G.: J. Polymer Sci., Polymer Phys. Ed. 11 (1973) 275
[4.083] BOVEY, F., A., F. C. SCHILLING und Mitarbeiter: Macromolecules 9 (1976) 76
[4.084] DORMAN, D. E., E. P. OTOCKA, F. A. BOVEY: Macromolecules 5 (1972) 574
[4.085] AXELSON, D. E., L. MANDELKERN, G. C. LEVY: Macromolecules 10 (1977) 557
[4.086] CARMAN, C. J., A. R. TARPLEY JR., J. H. GOLDSTEIN: Macromolecules 6 (1973) 719
[4.087] HAMA, T., T. SUZUKI, K. KOSAKA: Kobunshi Ronbunshu 32 (1975) 91
[4.088] CUDBY, M. E. A., A. BUNN: Polymer 17 (1976) 345
[4.089] RANDALL, J. C.: J. Appl. Polymer Sci. 22 (1978) 585
[4.090] EHRLICH, P., G. A. MORTIMER: Adv. Polymer Sci. 7 (1970) 386
[4.091] SPEVAČEK, J.: Polymer 19 (1978) 1149
[4.092] CHENG, H. N., F. C. SCHILLING, F. A. BOVEY: Macromolecules 9 (1976) 363
[4.093] BENNETT, R. L., A. KELLER, J. STEJNY: J. Polymer Sci., Polymer Chem. Ed. 14 (1976) 3021, 3027
[4.094] ABBAS, K. B.: J. Macromol. Sci., Phys. B 14 (1977) 159
[4.095] SCHAEFER, J.: Macromolecules 4 (1971) 107
[4.096] STEJSKAL, E. O., J. SCHAEFER: Macromolecules 7 (1974) 14
[4.097] SANDNER, B., F. KELLER, H. ROTH: Faserforschung u. Textiltechnik, Z. Polymerforschung 26 (1975) 278
[4.098] KELLER, F.: Plaste u. Kautschuk 26 (1979) 80, 136
[4.099] KELLER, F., B. HÖSSELBARTH und Mitarbeiter: Faserforschung u. Textiltechnik, Z. Polymerforsch. 26 (1975) 329; 27 (1976) 453
[4.100] KELLER, F., S. ZEPNIK, B. HÖSSELBARTH: Faserforschung u. Textiltechnik, Z. Polymerforschung 28 (1977) 287
[4.101] KELLER, F., P. PINTHER, M. HARTMANN: Acta polymerica 31 (1980) 439; 32 (1981) 82
[4.102] KOLINSKY, M., D. DOSKOČILOVA, B. SCHNEIDER und Mitarbeiter: J. Polymer Sci., Part A-1, Polymer Chem. 9 (1971) 791, 2753
[4.103] SAITO, T., Y. MATSUMURA, S. HAYASHI: Polymer J. 1 (1970) 639
[4.104] SAITO, T., K. YAMAGUCHI, S. HAYASHI: Kobunshi Kagaku (Chem. High Polymers, Tokyo) 29 (1972) No. 322, 78, 83
[4.105] KRENZEL, L. B., A. D. LITMANOWITSCH (engl. Transkription: KRENTSEL, L. B., A. D. LITMANOVICH) (Кренцель, Л. Б., А. Д. Литманович): Высокомол. соед. A13 (1971) 2489

[4.106] USMANOW, T. I., L. B. KRENZEL (engl. Transkription: USMANOV, T. I., L. B. KRENTSEL) und Mitarbeiter (Усманов, Т. И., Л. Б. Кренцель и др.): Кинетика и Катализ 18 (1977) 337
[4.107] SCHÖNIGER, W.: Microchim. Acta (Wien) (1955) 123
[4.108] LETSCHEW, P., G. ARGIROW: und Mitarbeiter: Plaste u. Kautschuk **20** (1973) 684
[4.109] HUMBERT, G., B. M. QUENUM und Mitarbeiter: Makromol. Chem. **175** (1974) 1597
[4.110] SCHWIND, H., F. KELLER: Faserforschung u. Textiltechnik, Z. Polymerforschung **29** (1978) 135
[4.111] KELLER, F., M. MICHAILOV, S. STOEVA: Acta polymerica **30** (1979) 694
[4.112] HÖSSELBARTH, B., F. KELLER und Mitarbeiter: Plaste u. Kautschuk **24** (1977) 32
[4.113] KELLER, F., A. PREISS, H. DEUTHER: Plaste u. Kautschuk **26** (1979) 248
[4.114] KRUSE, R. L.: J. Polymer Sci., Part B, **5** (1967) 437
[4.115] MERZ, E., T. ALFREY, G. GOLDFINGER: J. Polymer Sci., **1** (1946) 75
[4.116] ITO, K., Y. YAMASHITA: J. Polymer Sci., Part A, **3** (1965) 2165
[4.117] PYUN, C. W.: J. Polymer Sci., Part A-2, **8** (1970) 1111
[4.118] TOSI, C.: Makromol. Chem. **150** (1971) 199
[4.119] CHUJO, R., H. UBARA, A. NISHIOKA: Polymer J. **3** (1972) 640
[4.120] KELLER, F.: Dissertation B, Karl-Marx-Universität, Leipzig 1983
[4.121] LUKAS, R., J. SVETLY, M. KOLINSKY: J. Polymer Sci., Polymer Chem. Ed. **19** (1981) 295
[4.122] KOMOROSKI, R. A., R. G. PARKER, M. H. LEHR: A 50,3 MHz ^{13}C NMR Study of CPVC Mircrostructure. Vortrag M 6, auf dem 22. Mikrosymposium der JUPAC in Prag, ČSSR (20.—23. July 1981); Macromolecules **15** (1982) 844
[4.123] KELLER, F., B. HÖSSELBARTH, C. MÜGGE: Veröffentlichung in Vorbereitung
[4.124] KELLER, F.: Plaste u. Kautschuk **29** (1982) 634

Literatur zu Kapitel 5

[5.01] BRIEGLEB, G.: Elektronen-Donator-Akzeptor-Komplexe. Springer Verlag, Berlin — Göttingen — Heidelberg 1961
[5.02] ROSE, N. J., R. S. DRAGO: J. Amer. Chem. Soc. **81** (1959) 6138;
DRAGO, R. S., N. J. ROSE: J. Amer. Chem. Soc. **81** (1959) 6142
[5.03] TSUCHIDA, E., T. TOMONO, H. SANO: Makromol. Chem. **151** (1972) 245
[5.04] HANNA, M. W., A. L. ASHBAUGH: J. Phys. Chem. **68** (1964) 811
FOSTER, R., C. A. FYFE: Trans. Faraday Soc. **61** (1965) 1626; **62** (1966) 1400
[5.05] BENESI, H. A., J. H. HILDEBRAND: J. Amer. Chem. Soc. **71** (1949) 2703
[5.06] BERTRAM, H.: Diplomarbeit, Sektion Physik, Karl-Marx-Universität, Leipzig 1980
[5.07] STAMM, H., W. LAMBERTY, J. STAFE: Tetrahedron **32** (1976) 2045
[5.08] RÄTZSCH, M., M. ARNOLD, R. HOYER: Plaste u. Kautschuk **24** (1977) 729
[5.09] GUTMANN, V.: Allg. prakt. Chemie **21** (1970) 116;
BRUNN, J., M. GROSSMANN: J. prakt. Chemie **317** (1975) 812
[5.10] FUCHS, O.: Angew. Makromol. Chem. **6** (1969) 79; Fortschr. chem. Forsch. **11** (1968) 74; Dt. Farben-Z. **23** (1969) 111
[5.11] KUHN, R., H.-J. CANTOW, W. BURCHARD: Angew. Makromol. Chem. **2** (1968) 146
[5.12] BEREK, D., B. BÖHMER, D. LATH: Angew. Makromol. Chem. **6** (1969) 156; Plaste u. Kautschuk **14** (1967) 556

[5.13] SELENEW, JU. W., G. M. BARTENEW: Plaste u. Kautschuk **17** (1970) 731
[5.14] BENDEL, R., G. KUBITZ: Diplomarbeit, Sektion Physik, Karl-Marx-Universität Leipzig 1974
[5.15] SPEVAČEK, J., B. SCHNEIDER: Makromol. Chem. **175** (1974) 2939
[5.16] LIU, K. J., W. BURLANT: J. Polymer Sci., Part A-1, **5** (1967) 1407
[5.17] SPEVAČEK, J., B. SCHNEIDER: Makromol. Chem. **176** (1975) 3409
[5.18] WILKES, C. J.: Macromolecules **4** (1971) 443
[5.19] ABDEL-ALIM, A. H., A. E. HAMIELEC: J. Appl. Europ. Polymer Sci. **16** (1972) 1093; **17** (1973) 3033
[5.20] SPEVAČEK, J., N. SCHNEIDER, M. MICHAILOV, S. DIRLIKOV: Europ. Polymer J. **13** (1977) 625
[5.21] SPEVAČEK, J., B. SCHNEIDER: Colloid and Polymer Sci. **258** (1980) 621; Polymer Bull. **2** (1980) 227
[5.22] ROTH, H.-K., D. GESCHKE, F. KELLER: Faserforschung u. Textiltechnik, Z. Polymerforschung **29** (1977) 119
[5.23] ROTH, H.-K., U. DECKER, H. ROTH, A. I. KOLZOW, A. W. GRIBANOW: Faserforschung u. Textiltechnik, Z. Polymerforschung **29** (1977) 142
[5.24] POPKOW, S. P. (Попков, С. П.): Высокомол. соед. **A19** (1977) 3
[5.25] GRIBANOW, A. W., N. G. BLINIKOWITCH, A. I. KOLZOW, S. JA. FRENKEL (Грибанов, А. В., Н. Г. Блиникович, А. И. Колцов, С. Я. Френкель): Вызокомол. соед. **B18** (1976) 440
[5.26] SUHR, H.: Anwendung der kernmagnetischen Resonanz in der organischen Chemie. Springer-Verlag, Berlin — Heidelberg — New York 1965, S. 35
[5.27] KURZE, W., A. W. GRIBANOW, H.-K. ROTH (Курце, В., А. В. Грибанов, Х.-К. Рот): Высокомол. соед. **B22** (1980) 668
[5.28] SOBAJIMA, S.: J. Phys. Soc. Japan **23** (1967) 1070
[5.29] IIZUKU, J.: J. Phys. Soc. Japan **34** (1973) 1054
[5.30] FISCHER, H.: Topics Curr. Chem., Fortschr. Chem. Forsch. **24** (1971) 1
[5.31) RICHARD, C., P. GRANGER: Chemically Induced Dynamic Nuclear and Electron Polarization, in: NMR — Basic Principles and Progress, Vol. 8. Springer-Verlag, Berlin — Heidelberg — New York 1974
[5.32] BUCHACHENKO, A. L.: In: FLUCK, E., V. E. GOLDANSKI (Eds.): Modern Physics in Chemistry. Academic Press, London — New York — San Francisco 1976, S. 197ff.
[5.33] BUTSCHATSCHENKO, A. L. (engl. Transkription: BUCHACHENKO, A. L.), R. S. SAGDEJEW, K. M. SALICHOW (Бучаченко, А. Л., Р. З. Сагдеев, К. М. Салихов): Магнитные и спиновые эффекты в химических реакциях, Наука Nowosibirsk 1978
[5.34] BARGON, J., H. FISCHER, U. JOHNSON: Z. Naturforsch. **20a** (1967) 1551
[5.35] WARD, H. R., R. G. LAWLER: J. Amer. Chem. Soc. **89** (1967) 5518
[5.36] CLOSS, G. L.: J. Amer. Chem. Soc. **91** (1969) 4552
[5.37] KAPTEIN, R., L. J. OOSTERHOFF: Chem. Phys. Lett. **4** (1969) 195, 214
[5.38] SAGDEJEW, R. S., K. M. SALICHOW, T. W. LESCHINA, M. A. KANICHA, JU. N. MOLIN (Сагдеев, Р. С., К. М. Салихов, Т. В. Лешина, М. А. Каниха, Ю. Н. Молин): Известия АН СССР, Сер. Хим. **9** (1972) 2128; Журн. эксп. теор. физ. **16** (1972) 599
[5.39] WONG, S. K., D. A. HUTCHINSON, J. K. S. WAN: J. Chem. Phys. **58** (1973) 985
[5.40] MUUS, L. T., P. W. ATKINS, K. A. MCLAUCHLAN, J. B. PEDERSEN (Eds.): Chemically Induced Magnetic Polarization. Reidel Publishing Company, Dordrecht Holland 1977

[5.41] BARGON, J.: Polymer Lett. 9 (1971) 681
[5.42] BARGON, J.: Ind. Chim. Belg. **36** (1971) 1061
[5.43] ROTH, H. D., M. L. MANION: J. Amer. Chem. Soc. **101** (1979) 1898
[5.44] BORER, A., R. KIRCHMAYR, G. RIST: Helv. Chim. Acta 61 (1978) 305
[5.45] DEKANTER, F. J. I., J. A. HOLLANDER, A. H. HUIZER, R. KAPTEIN: Mol. Phys. **34** (1977) 857
[5.46] LIU, K.-J.: J. Polymer Sci., Part A-2, **5** (1967) 1209
[5.47] LIU, K.-J., R. ULLMANN: J. Polymer Sci., Part A-2, 6 (1968) 451
[5.48] TING KAI WU: Macromolecules **2** (1969) 520

Literatur zu Kapitel 6

[6.01] PAKE, G. E.: J. Chem. Phys. 16 (1948) 327
[6.02] KOSFELD, R., U. v. MYLIUS: In: [6.59], S. 181
[6.03] PFEIFER, H.: Nuclear Magnetic Resonance and Relaxation of Molecules adsorbed on Solids, in: NMR — Basic Principles and Progress, Vol. 7. Springer-Verlag, Berlin — Heidelberg — New York 1972, S. 55
[6.04] FENZKE, D., W. RINCK, H. SCHNEIDER, Proc. 1th Spec. Colloque Ampere, Krakow 1973, S. 156
[6.05] VAN VLECK, J. H., Phys. Rev. 74 (1948) 1168
[6.06] LÖSCHE, A., Kerninduktion. VEB Deutscher Verlag der Wissenschaften, Berlin 1957
[6.07] SCHNEIDER, H.: Wiss. Z. Karl-Marx-Universität, Leipzig **20** (1971) 585
[6.08] KOSFELD, R., L. ZUMKLEY: Colloid and Polymer Sci. **254** (1976) 565
[6.09] BLOEMBERGEN, N., E. M. PURCELL, R. V. POUND: Phys. Rev. **73** (1948) 679
[6.10] KUBO, R., K. TOMITA: J. Phys. Soc. Japan 9 (1954) 888
[6.11] ABRAGAM, A.: The Principles of Nuclear Magnetism. Clarendon Press, Oxford 1961
[6.12] CONNOR, T. M.: Polymer 7 (1966) 426
[6.13] GRÜNDER, W.: Dissertation, Karl-Marx-Universität, Leipzig 1972
[6.14] AILION, D., C. P. SLICHTER: Phys. Rev. **137A** (1965) 235
[6.15] FENZKE, D.: Ann. Phys. (Leipzig) **16** (1965) 281
[6.16] SCHNEIDER, H.: Z. Naturforsch. **19a** (1964) 510
[6.17] SCHNEIDER, H.: Ann. Phys. (Leipzig) **13** (1964) 313
[6.18] SCHNEIDER, H.: Ann. Phys. (Leipzig) **16** (1965) 135
[6.19] TORREY, H. C.: Phys. Rev. **92** (1953) 962
[6.20] PASEMANN, L., H. SCHNEIDER: J. Magn. Res. 9 (1973) 255
[6.21] NOACK, F.: Nuclear Magnetic Relaxation Spectroscopy, in: NMR — Basic Principles and Progress, Vol. 3. Springer-Verlag, Berlin — Heidelberg — New York 1971, S. 84
[6.22] VOIGT, G., R. KIMMICH: J. Magn. Res. **24** (1976) 149
[6.23] CONNOR, T. M.: In: [6.59], S. 256
[6.24] ZIMMERMANN, J. R., W. E. BRITTIN: J. Phys. Chem. **61** (1957) 1328
[6.25] WINKLER, H.: Habilitationsschrift, Karl-Marx-Universität, Leipzig 1966
[6.26] BLICHARSKI, J. S., H. SCHNEIDER: Ann. Phys. (Leipzig) **22** (1969) 306
[6.27] SCHNEIDER, H., J. S. BLICHARSKI: Ann. Phys. (Leipzig) **23** (1969) 139
[6.28] CONNOR, T. M.: J. Polymer Sci., Part A-2, 8 (1970) 191
[6.29] NOWICK, A. S., B. S. BERRY: IBM J. Res. Dev. **5** (1961) 297
[6.30] WOESSNER, D. E.: J. Chem. Phys. **36** (1962) 1
[6.31] SCHNEIDER, H.: Dissertation, Karl-Marx-Universität, Leipzig 1964
[6.32] WOESSNER, D. E.: J. Chem. Phys. **37** (1962) 647

[6.33] Cohen-Addad, J. P.: J. Chem. Phys. **60** (1974) 2440
[6.34] Skirda, W. D., A. I. Maklakow, H. Schneider (Скирда, В. Д., А. И. Маклаков, Х. Шнайдер): Высокомол. соед. **A20** (1978) 1412
[6.35] Kimmich, R.: Polymer **18** (1977) 233
[6.36] de Gennes, P. G.: Macromolecules **9** (1976) 587
[6.37] Kimmich, R., Kh. Schmander: Polymer **18** (1977) 241
[6.38] Kimmich, R., H. Koch: Colloid and Polymer Sci. **258** (1980) 261
[6.39] Schenk, W.: Dissertation, Technische Hochschule, Leuna-Merseburg 1981, Kapitel 5
[6.40] Kimmich, R., G. Voigt: Z. Naturforsch. **33a** (1978) 1294
[6.41] Voigt, G., R. Kimmich: Progr. Colloid and Polymer Sci. **66** (1979) 273
[6.42] Fedotow, W. D. (Федотов, В. Д.): Автореферат докторской диссертации, Kasan 1980
[6.43] Fedotow, W. D., W. M. Tschernow, T. N. Chasanowitsch (Федотов, В. Д., В. М. Чернов, Т. Н. Хазанович): Высокомол. соед. **A20** (1978) 919
[6.44] Fuoss, B. R., J. C. Kirkwood: J. Amer. Chem. Soc. **63** (1941) 385
[6.45] Schenk, W., Dissertation, Technische Hochschule, Leuna-Merseburg 1981
[6.46] Schenk, W., H. Schneider: Wiss. Z. Technische Hochschule, Leuna-Merseburg **21** (1979) 1
[6.47] Zeidler, M. D.: Ber. Buns. Phys. Chem. **75** (1971) 769
[6.48] Hubbard, P. S.: Phys. Rev. **131** (1963) 275
[6.49] Roth, H.-K., D. Geschke, F. Keller: Faserforschung u. Textiltechnik Z. Polymerforschung **29** (1977) 119
[6.50] Kurze, W.: Dissertation, Karl-Marx-Universität, Leipzig 1975
[6.51] Geschke, D., W. Kurze, H. Brückner: Faserforschung u. Textiltechnik, Z. Polymerforschung **29** (1978) 148
[6.52] Geschke, D.: Acta Polymerica **32** (1981) 11
[6.53] Grandjean, J., H. Sillescu, B. Willenberg: Makromol. Chem. **178** (1977) 1445
[6.54] Gross, B., R. Kosfeld: Meßtechnik 7/8 (1969) 171
[6.55] Doscočilova, D., B. Schneider, J. Jakes: J. Magn. Res. **29** (1978) 79
[6.56] Wennerström, H.: Chem. Phys. Lett. **18** (1973) 41
[6.57] Inoue, Y., A. Nishioka, R. Chujo: J. Polymer Sci. **11** (1973) 2237
[6.58] Slonim, I. Ja., A. N. Ljubimow: (Слоним, И. Я., А. Н. Любимов): Ядерный магнитый резонанс в полимерах. Издательство ,,Химья", Moskau 1966
[6.59] Diel, P., E. Fluck, R. Kosfeld (Ed.): NMR — Basic Principles and Progress, Vol. 4, Natural and Synthetic High Polymers. Springer-Verlag, Berlin — Heidelberg — New York 1971
[6.60] Slichter, W. P.: In: [6.59], S. 209
[6.61] Bergmann, K.: In: [6.59], S. 233
[6.62] Connor, T. M.: In: [6.59], S. 247
[6.63] McBrierty, V. J., D. C. Douglass: Phys. Reports **63** (1980) 61
[6.64] Grapengeter, H. H., R. Kosfeld, H.-W. Offergeld: Colloid and Polymer Sci. **258** (1980) 564
[6.65] Litwinow, W. M., B. D. Lawruchin, A. A. Shdanow, K. A. Andrianow (Литвинов, В. М., Б. Л. Лаврухин, А. А. Жданов, К. А. Андрианов): Высокомол. соед. **A20** (1978) 2455

[6.66] GÖTZ, H., B. WALTER, L. DEUTSCHBEIN: Tagungsmaterial „Organische Festkörper“, Karl-Marx-Stadt 1981
[6.67] VOELKEL, R., H. SILLESCU: Macromolecules, Comm. to the Editor **12** (1979) 162
[6.68] ASSINK, R. A.: J. Polymer Sci. **15** (1977) 59
[6.69] FEDOTOW, W. D., N. A. ABDRASCHITOWA: (Федотов, В. Д., Н. А. Абдрашитова): Высокомол. соед. **A21** (1979) 2275
[6.70] DONTH, E.: Glasübergang. Akademie-Verlag, Berlin 1981
[6.71] DONTH, E., W. SCHENK, A. EBERT: Acta Polymerica **30** (1979) 540
[6.72] SCHNEIDER, H.: Abstr. 4th Spec. Colloque Ampere, Leipzig 1979, S. 110
[6.73] WILLIAMS, M. L., R. F. LANDEL, J. D. FERRY: J. Amer. Chem. Soc. **77** (1955) 3701
[6.74] SCHENK, W., A. EBERT: Acta Polymerica **31** (1980) 41
[6.75] GÖLZ, W. L. F., H. G. ZACHMANN: Makromol. Chem. **176** (1975) 2721
[6.76] SOBOTTKA, J., K. WUNDERLICH, B. PREIDEL: Faserforschung u. Textiltechnik, Z. Polymerforschung **27** (1976) 343
[6.77] FEDOTOW, W. D., N. A. ABDRASCHITOWA (Федотов, В. Д., Н. А. Абдрашитова): Высокомол. соед. **A22** (1980) 624
[6.78] FEDOTOW, W. D., A. EBERT, H. SCHNEIDER: phys. stat. sol. (a) **63** (1981) 209
[6.79] FEDOTOW, W. D., A. N. TEMNIKOW (Федотов, В. Д., А. Н. Темников) Высокомол. соед. **B21** (1979) 656
[6.80] siehe [6.69] 2278
[6.81] MAKLAKOW, A. I., W. S. DERINOWSKI (Маклаков, А. И., В. С. Дериновский): Успехи химии **48** (1979) 749
[6.82] SCHENK, W., E. DONTH: Plaste u. Kautschuk **27** (1980) 12
[6.83] SCHNEIDER, H., W. SCHENK, G. GRIEBEL: Wiss. Z. Technische Hochschule, Leuna-Merseburg **20** (1978) 227
[6.84] GRIEBEL, G.: Dissertation B, Technische Hochschule, Leuna-Merseburg 1982
[6.85] FRITZSCHE, B., R. TRETTIN, J. SOBOTTKA: Plaste u. Kautschuk **20** (1973) 125
[6.86] DOUGLASS, D. C., V. J. MCBRIERTY: Macromolecules **11** (1978) 766
[6.87] ELMQVIST, C.: Europ. Polymer J. **13** (1977) 95
[6.88] BEHRENS, H.: Persönliche Mitteilung
[6.89] GESCHKE, D., K. PÖSCHEL, K. LUDWIGS: Polymer Bull. **5** (1981) 341
[6.90] HOLZMÜLLER, W.: Adv. Polymer Sci. **26** (1978) 1
[6.91] KITAMARU, R., F. HORII: Adv. Polymer Sci. **26** (1978) 139
[6.92] WALTER, B., T. WILLING, H. GÖTZ: Wiss. Z. Pädagogische Hochschule, Erfurt-Mühlhausen **17** (1981) 44

Literatur zu Kapitel 7

[7.01] OSTROFF, E. D., J. S. WAUGH: Phys. Rev. Lett. **16** (1966) 1097
[7.02] MANSFIELD, P., D. WARE: Phys. Lett. **22** (1966) 133
[7.03] POWLES, J. G., P. MANSFIELD: Phys. Lett. **2** (1962) 58
[7.04] WAUGH, J. S., L. M. HUBER, U. HAEBERLEN: Phys. Rev. Lett. **20** (1968) 180
[7.05] MAGNUS, W.: Commun. Pure Appl. Math. **7** (1954) 649
[7.06] PINES, A., M. G. GIBBY, J. S. WAUGH: J. Chem. Phys. **59** (1973) 569
[7.07] HARTMANN, S. R., E. L. HAHN: Phys. Rev. **128** (1962) 2042
[7.08] ANDREW, E. R.: Arch. Sci. (Geneva) **12** (1959) 103
[7.09] LOWE, I. J.: Phys. Rev. Lett. **2** (1959) 285
[7.10] MÜLLER, R.: Dissertation B, Friedrich-Schiller-Universität, Jena 1979

[7.11] Schnabel, B., T. Taplick: Phys. Lett. **27A** (1968) 310
[7.12] Posern, A.: Dissertation, Friedrich-Schiller-Universität, Jena 1980
[7.13] Richter, B.: Diplomarbeit, Technische Hochschule, Leuna-Merseburg 1978
[7.14] Hempel, G., R. Richter, H. Schneider: Plaste u. Kautschuk **27** (1980) 130
[7.15] Richter, R.: Diplomarbeit, Technische Hochschule, Leuna-Merseburg 1977
[7.16] Richter, R., G. Hempel, H. Schneider: Plaste u. Kautschuk **25** (1978) 625
[7.17] Schaefer, J., E. O. Stejskal, R. Buchdahl: Macromolecules **10** (1977) 384
[7.18] Hempel, G.: Dissertation, Technische Hochschule Leuna-Merseburg 1981
[7.19] Schneider, H., G. Hempel: Proc. 20th Congress Ampere, Tallinn 1978, S. 94
[7.20] Schneider, H.: Abstr. 4th Spec. Colloque Ampere, Leipzig 1979, S. 110
[7.21] Schneider, H., G. Hempel: Wiss. Z., Technische Hochschule, Leuna-Merseburg **22** (1980) 407; Hempel, G., H. Schneider: Pure and Appl. Chem. **54** (1982) 635
[7.22] Fiebig, J.: Dipolomarbeit, Technische Hochschule, Leuna-Merseburg 1979
[7.23] Hempel, G.: Plaste u. Kautschuk **26** (1979) 361
[7.24] Hand, A.: Diplomarbeit, Technische Hochschule, Leuna-Merseburg 1980; Hempel, G., H. Schneider: Polymer Bull. **6** (1981) 7
[7.25] Opella, S. J., J. S. Waugh: J. Chem. Phys. **66** (1977) 4919
[7.26] Richter, R., H. Schneider: Plaste u. Kautschuk **29** (1982) 689
[7.27] Lippmaa, E. T., M. A. Alla, T. J. Pehk, G. Engelhardt: J. Amer. Chem. Soc. **100** (1978) 1929
[7.28] Lippmaa, E. T., M. A. Alla, T. Tuhern: Proc. 19th Congress Ampere, Heidel-Berg 1976
[7.29] Lind, A. C., D. P. Ames: J. Polymer Sci. **B12** (1974) 339
[7.30] Spiess, H. W.: NMR in Oriented Polymers, in: Developments in Oriented Polymers, Vol. 1, Applied Science Publishers, Barking 1981
[7.31] Schröter, B., A. Posern: Makromol. Chem. **182** (1981) 675
[7.32] Haeberlen, U.: High Resolution NMR in Solids, Selective Averaging, in: Advanced in Magnetic Resonance. Academic Press, New York — San Francisco — London 1976
[7.33] Mehring, M.: High Resolution NMR Spectroscopy in Solids, in: NMR — Basic Principles and Progress, Vol. 11. Springer-Verlag, Berlin — Heidelberg — New York 1976

9. Sachverzeichnis

FSC
www.fsc.org
MIX
Papier | Fördert
gute Waldnutzung
FSC® C083411

Kolibri 360 GmbH
Ferdinand-Jühlke-Straße 7
99095 Erfurt, Deutschland
produktsicherheit@kolibri360.de